集成电路新兴领域
"十四五"高等教育教材

微纳集成电路制造工艺

主　编　戴显英
副主编　赵　杰　毛　维
参　编　魏　葳　赵天龙
　　　　宋建军　刘宏伟
　　　　刘海涛

中国教育出版传媒集团
高等教育出版社·北京

内容简介

本书为集成电路新兴领域"十四五"高等教育教材。本书共五篇23章。第一篇介绍集成电路制造器件基础，包括MOSFET器件、功率器件、逻辑芯片和存储芯片；第二篇介绍集成电路制造工艺设计基础，包括工艺设计套件、光刻版技术、光学邻近修正（OPC）、集成电路工艺及器件仿真工具TCAD；第三篇介绍集成电路制造基本工艺，包括光刻工艺、刻蚀工艺、薄膜工艺、掺杂工艺、清洗工艺与化学机械研磨；第四篇介绍集成电路制造工艺集成技术，包括阱工艺、浅槽隔离工艺、栅极工艺、源漏工艺、金属硅化物工艺、接触孔/通孔工艺和金属互连工艺；第五篇介绍集成电路制造后端工艺，包括晶圆测试、封装技术、品质认证及智慧制造。

本书的特色是结合了集成电路制造工程实践中遇到的实际问题及其解决方案，使读者能够深入理解和掌握集成电路工艺实现的各个环节。

本书可作为集成电路设计与集成系统、微电子科学与工程专业高年级本科生和研究生的教材，也可作为从事集成电路设计和研发的技术人员的参考书。

图书在版编目（CIP）数据

微纳集成电路制造工艺/戴显英主编；赵杰，毛维副主编．-- 北京：高等教育出版社，2025．8．
ISBN 978-7-04-064038-0

Ⅰ．TN405

中国国家版本馆CIP数据核字第2025UE4006号

Weina Jicheng Dianlu Zhizao Gongyi

策划编辑	张子安	责任编辑	金春英	封面设计	姜　磊	版式设计	杜微言
责任绘图	于　博	责任校对	刘娟娟	责任印制	刁　毅		

出版发行	高等教育出版社	网　　址	http://www.hep.edu.cn
社　　址	北京市西城区德外大街4号		http://www.hep.com.cn
邮政编码	100120	网上订购	http://www.hepmall.com.cn
印　　刷	涿州市京南印刷厂		http://www.hepmall.com
开　　本	787mm×1092mm　1/16		http://www.hepmall.cn
印　　张	18.25		
字　　数	420千字	版　　次	2025年8月第1版
购书热线	010-58581118	印　　次	2025年8月第1次印刷
咨询电话	400-810-0598	定　　价	46.00元

本书如有缺页、倒页、脱页等质量问题，请到所购图书销售部门联系调换
版权所有　侵权必究
物 料 号　64038-00

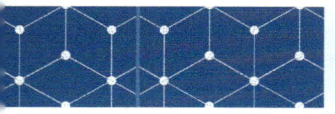

新形态教材网使用说明

微纳集成电路
制造工艺

主　编　戴显英
副主编　赵　杰　毛　维

1. 计算机访问 https://abooks.hep.com.cn/64038 或手机微信扫描下方二维码进入新形态教材网。
2. 注册并登录后，计算机端进入"个人中心"，点击"绑定防伪码"，输入图书封底防伪码（20位密码，刮开涂层可见），完成课程绑定；或手机端点击"扫码"按钮，使用"扫码绑图书"功能，完成课程绑定。
3. 在"个人中心"→"我的学习"或"我的图书"中选择本书，开始学习。

　　受硬件限制，部分内容可能无法在手机端显示，请按照提示通过计算机访问学习。

　　如有使用问题，请直接在页面点击答疑图标进行咨询。

https://abooks.hep.com.cn/64038

丛书序言

集成电路是现代电子工程技术的重要分支，涉及半导体材料、半导体器件、集成电路设计与制造、集成电路封装与测试、集成电路装备与仪器等领域。集成电路是推动信息化与智能化技术和产业发展的重要支撑，对提升电子产品计算性能、减低电子系统能耗和成本、实现电子装备微小型化和高可靠性，以及促进科技进步和经济发展等方面具有重要意义，已经成为现代科技和信息社会的基石。当前集成电路技术已进入后摩尔时代，如何适应信息化和智能化的需求，进一步实现集成电路芯片高算力、低功耗、高密度（集成度）、多功能、低成本，是集成电路科学与工程面临的重要挑战。

随着全球半导体产业格局不断重塑，我国集成电路产业正站在一个新的历史起点上，既面临着国际竞争的激烈挑战，也承载着国内产业升级与技术创新的巨大需求。在这样的背景下，培养一批高质量集成电路拔尖创新人才，成为推动国家科技进步、保障产业链安全、提升国际竞争力的关键所在。党的二十大报告指出"教育、科技、人才是全面建设社会主义现代化国家的基础性、战略性支撑。必须坚持科技是第一生产力、人才是第一资源、创新是第一动力，深入实施科教兴国战略、人才强国战略、创新驱动发展战略，开辟发展新领域新赛道，不断塑造发展新动能新优势"。习近平总书记在2024年全国科技大会上指出"要坚持以科技创新需求为牵引，优化高等学校学科设置，创新人才培养模式，切实提高人才自主培养水平和质量"。

高校是教育、科技、人才的集中交汇点，为积极响应国家号召，满足新时代集成电路领域对高素质人才的需求，我国集成电路领域优势学科高校、领军企业的近100名一线教师和业内专家，共同编撰完成了这套战略性新兴领域——新一代信息技术（集成电路）"十四五"高等教育系列教材，共同推进教育、科技、人才"三位一体"协同融合发展。系列教材内容全面覆盖了集成电路专业概览与启蒙、半导体材料与器件、集成电路设计与工艺制造、集成电路封装与测试等专业核心课程、实验实践课程和交叉课程，是一套体系完备的集成电路学科相关专业本科教育教学用书。

我们在这套系列教材编制过程中，一是注重理论教学、实践教学和产业实际案例深度融合，使学生在掌握相关理论知识的同时，注意提升解决实际问题的能力；二是积极探索数字教材的新形态，在部分教材中提供动图动画、MOOC视频、工程案例、虚拟仿真实验等数字化教学资源,以适应数字化时代学生多样化学习需求;三是紧盯国际集成电路科技和产业发展前沿,立足集成电路发展的中国特色,力求教材内容更具前瞻性和实用性。

系列教材的出版是集成电路领域人才培养核心要素改革的一项重要探索,也是不断更新、不断完善的有力实践。科技在发展、知识在更新、社会在进步,系列教材也需不断完善和发展。大家共同努力,为适应集成电路领域学科专业教育教学需求,培养具有竞争力的高素质集成电路专业人才,为推动我国集成电路产业高质量发展注入更新的活力与动能。

中国科学院院士

前　言

集成电路是信息技术与产业的基石，是支撑经济社会发展和保障国家安全的战略性、基础性和先导性技术，而集成电路制造又是我国自主集成电路技术与产业发展存在的关键问题和卡脖子技术最多的领域。

如今，中国半导体集成电路产业的发展处在一个关键时期。随着中美贸易冲突，特别是美国政府对中兴和华为两家通信公司下达的禁售令，让全社会突然认识到半导体集成电路的重要性。2018年3月5日，十三届全国人大一次会议的政府工作报告里强调："加快制造强国建设。推动集成电路、第五代移动通信、飞机发动机、新能源汽车、新材料等产业发展，实施重大短板装备专项工程，推进智能制造，发展工业互联网平台，创建'中国制造2025'示范区。"政府工作报告将集成电路列入制造强国建设的首位，凸显出集成电路产业的重要性、先导性和迫切性。

本书建立在西安电子科技大学六十多年本科"集成电路制造技术"课程和二十多年研究生"微电子制造工艺"课程教学的基础上。西安电子科技大学自1959年设立半导体器件物理专业就开设了"半导体工艺"课程，并于1970年5月7日自主建立了国内高校首个半导体工艺生产线，该生产线至今仍在为教学服务。

作者于二十多年前开始讲授"集成电路制造技术"课程，最初采用自编讲义，后陆续采用过王阳元主编的《集成电路工艺基础》和关旭东主编的《硅集成电路工艺基础》，近十年采用国际著名微电子学者施敏主编的《半导体制造基础》。这些优秀教材为课程教学质量提升提供了保障，但多年的教学效果表明，这些教材仅限于工艺原理且理论篇幅过多过深，工艺应用不足，适于微电子与集成电路设计专业读者学习，但不适于非微电子与集成电路设计专业读者学习。

十年前，作者曾向中国科学院院士、西安电子科技大学微电子学院郝跃教授请教如何编写集成电路制造技术的教材。郝跃院士明确表示，教材一定要反映集成电路制造产业的需求，要以先进工艺流程为主线。虽然当时作者讲授"集成电路制造技术"课程已有十多年，且曾负责集成电路制造生产实习，但没有集成电路生产制造的工作经历，因此一直未敢动笔，直到遇见了赵杰先生。

赵杰先生曾先后供职于中芯国际和联华电子，从事110/90 nm DRAM工艺运营，90 nm

到 22 nm 相关逻辑嵌入式存储、RF-SOI、高压显示驱动、图形处理等工艺的开发和量产运营工作，有着较高水平的工艺开发能力和极为丰富的工艺运营管理经验。

2021 年疫情期间，偶然的机会与赵杰先生相识。我邀请赵杰先生为我主讲的"集成电路制造技术与工艺实践"课程开发了产教融合的"光刻分辨率增强的计算光刻工艺设计与仿真"实践，担任课程企业导师，并亲自讲课，学生反映教学效果极佳。鉴于此次良好的合作，又恰逢高等教育出版社约稿，我遂向赵杰先生提出合作出版集成电路制造技术教材的愿望。赵杰先生欣然允诺，并迅速组建了教材编写企业团队。经过两年多的共同努力，这本教材终于成稿。

在本次编撰过程中，编写组秉持严谨与理性的态度，充分结合了工程实践与理论依据。教材系统性地回顾了集成电路中基础 MOSFET 器件的核心理念与知识。通过详细阐述以 VDMOSD 为代表的功率芯片、SRAM 为标志的逻辑芯片，以及 NAND 和 NOR Flash 等存储芯片的相关知识，逐步引导读者认识集成电路工艺的主要技术范畴。在后续章节，依据集成电路工艺实现的流程，教材从工艺开发的前置作业（包括工艺设计套件 PDK、计算光刻 OPC、光罩 MASK 等）开始，逐步深入到集成电路制造的基础工艺、集成工艺及阶段性工艺的实现过程，最后对包括集成电路晶圆测试、先进封装技术以及智慧制造技术等流片后置作业领域进行了介绍，详尽地阐述了从工艺设计到集成电路实现的具体技术细节。同时，还结合了工程实践中遇到的实际问题及其解决方案，使读者能够深入理解和掌握集成电路工艺实现的各个环节，既具备坚实的理论基础，又掌握实际工艺设计与模拟仿真的相关技术。

本书是集成电路新兴领域"十四五"高等教育教材，本教材编写团队已入选教育部"战略新兴领域'十四五'高等教育教材体系建设团队。

本书共 23 章，分为五篇。

第一篇介绍集成电路制造器件基础，共四章，由企业团队负责编写。第 1 章 MOSFET 器件由赵杰和刘宏伟编写，主要介绍 MOSFET 器件结构、电流方程、短沟道效应以及与集成电路工艺相关的器件设计；第 2 章功率器件由刘宏伟和赵杰编写，主要介绍功率 MOS 器件和沟槽栅 MOS 芯片；第 3 章逻辑芯片由赵杰和刘宏伟编写，主要介绍反相器和静态随机存储器；第 4 章存储芯片由刘宏伟和赵杰编写，主要介绍非易失性存储器件结构、工作原理及设计。

第二篇介绍集成电路制造工艺设计基础，共 4 章。第 5 章工艺设计套件（PDK）由赵杰编写，主要介绍 PDK 开发流程、设计规范、物理验证、器件模型和可制造性设计；第 6 章光刻版技术由赵杰编写，主要介绍光刻版流片流程的光刻版申请单、数据准备、Frame 制备、Dummy/OPC 处理和 GDS-MEBES 处理；第 7 章光学邻近修正（OPC）由赵杰编写，主要介绍 OPC 开发流程的关键图形目标尺寸定义、OPC 建模、数据表及 OPC 验证；第 8 章集成电路工艺及器件仿真工具 TCAD 由赵杰编写，主要介绍集成工艺仿真系统、器件结构编辑工具、器件仿真工具、器件仿真调阅工具和集成电路虚拟制造系统。

第三篇介绍集成电路制造基本工艺，共 5 章，由西安电子科技大学团队及企业团队负责编写。第 9 章光刻工艺由戴显英编写，主要介绍光刻重要性、光刻工艺流程、光刻分辨率、光刻机、曝光光源、光刻胶、光刻版以及光刻最新前沿技术；第 10 章刻蚀工艺由戴显英编写，主要介绍刻蚀工艺参数、湿法刻蚀及应用、干法刻蚀及应用、刻蚀机设备等；第 11 章薄膜工艺由毛维编写，主要介绍氧化、化学气相淀积（CVD）、物理气相淀积（PVD）和外延等薄膜工艺技术及最新前沿技术；第 12 章掺杂工艺由赵天龙编写，重点介绍离子注入的工艺特性、注入原理、注入机理、浓度分布、工艺参数、注入损伤与退火、离子注入应用以及先进的离子注入技术；第 13 章清洗工艺与化学机械研磨由企业团队的刘海涛和赵杰编写，主要介绍化学机械平坦化（CMP）技术、湿法清洗技术及清洗技术最新发展趋势。

第四篇介绍集成电路制造工艺集成技术，由西安电子科技大学团队负责编写。第 14 章阱工艺由企业团队的赵杰编写，主要介绍阱工艺技术原理、工艺流程、阱光刻工艺考量、阱工艺离子注入工艺和考量以及阱工艺热处理参数考量；第 15 章浅槽隔离工艺由宋建军编写，主要介绍浅槽隔离工艺原理、技术特性、工艺流程、工艺参数考量及最新前沿技术；第 16 章栅极工艺由宋建军编写，主要介绍自对准多晶硅栅工艺、先栅和后栅的高 k 介质金属栅工艺，以及二氧化硅、氮氧化硅、高 k 栅介质等栅介质；第 17 章源漏工艺由赵天龙编写，主要介绍大分子离子注入、低温离子注入和共同离子注入等轻掺杂漏区离子注入技术，以及晕环离子注入的工艺原理、工艺流程和反短沟道效应；第 18 章金属硅化物工艺由魏葳编写，主要介绍金属硅化物、自对准金属硅化物工艺技术、自对准金属硅化物工艺流程，以及金属硅化物技术发展；第 19 章接触孔/通孔工艺由魏葳编写，主要介绍接触孔/通孔工艺原理、技术特性、工艺流程及最新技术发展；第 20 章金属互连工艺由魏葳编写，主要介绍金属互连材料特性、铝合金互连工艺、铜互连大马士革工艺、钝化层与铝板工艺，以及新型互连技术及其发展。

第五篇介绍集成电路制造后端工艺，由企业团队负责编写。第 21 章章晶圆测试由刘宏伟和赵杰编写，主要介绍电性测试、良率测试和可靠性测试；第 22 章封装技术由刘海涛和赵杰编写，主要介绍封装技术原理、工艺流程以及先进的封装技术；第 23 章品质认证及智慧制造由刘宏伟和赵杰编写，主要介绍集成电路 FAB 品质认证、集成电路 FAB 结构及设计、集成电路 FAB 智慧制造等。本书最终由戴显英进行统稿和定稿。

感谢荆熠博对本书部分章节的图、表及公式进行了编辑制作，他还对全书的章节标题、图表公式及目录进行了编辑。

衷心感谢清华大学微电子学研究所前所长许军教授对本书的审阅，许军教授是我国微电子集成电路领域高等教育教学的资深教授，曾主持"02 专项"的极大规模集成电路制造装备及成套工艺项目，对我国集成电路制造产业的水平、存在的问题和发展路径有着深刻的认识。

最后，特别感谢高等教育出版社对本书出版给予的大力支持，十分感谢平庆庆、张子安编辑对本书编写给予的具体指导。

书中不妥之处，敬请广大读者提出宝贵意见，来函请至：xydai@xidian.edu.cn。

2024 年 8 月 10 日中国七夕节于西安电子科技大学长安校区

目 录

第一篇 集成电路制造器件基础 / 1

第1章 MOSFET器件 / 2
1.1 MOSFET器件工作原理 / 2
    1.1.1 MOSFET器件结构 / 2
    1.1.2 MOSFET器件工作原理 / 3
1.2 MOSFET器件电流特性简介 / 3
    1.2.1 漏极电压几乎为0的情况 / 3
    1.2.2 漏极电压有限的情况 / 3
1.3 短沟道MOSFET器件效应 / 4
    1.3.1 短沟道效应 / 4
    1.3.2 漏致势垒降低效应 / 5
    1.3.3 热载流子效应 / 6
小结 / 6
思考与习题 / 7

第2章 功率器件 / 8
2.1 功率器件概述 / 8
    2.1.1 功率器件分类 / 8
    2.1.2 功率器件损耗 / 8
2.2 功率MOSFET器件 / 9
    2.2.1 功率MOSFET器件结构 / 9
    2.2.2 功率MOSFET电学特性 / 10
2.3 VDMOS功率器件 / 11
    2.3.1 工作原理 / 11
    2.3.2 静态电性参数 / 11
小结 / 12
思考与习题 / 12

第3章 逻辑芯片 / 13
3.1 逻辑芯片概述 / 13
    3.1.1 逻辑芯片工作原理 / 13
    3.1.2 逻辑芯片类型 / 13
3.2 反相器 / 14
    3.2.1 反相器结构 / 14
    3.2.2 反相器的直流特性 / 15
3.3 静态随机存取存储器（SRAM）/ 15
    3.3.1 SRAM结构 / 15
    3.3.2 SRAM的基本操作 / 16
小结 / 17
思考与习题 / 17

第4章 存储芯片 / 18
4.1 存储芯片概述 / 18
4.2 非易失性存储器件（NVM）工作原理 / 19
    4.2.1 NOR Flash / 21

4.2.2　NAND Flash / 22

小结 / 24

思考与习题 / 24

第二篇　集成电路制造工艺设计基础 / 25

第 5 章　工艺设计套件 / 26

5.1　PDK 架构 / 26

　　5.1.1　设计规范手册（DRM）/ 26

　　5.1.2　物理验证规则（PV）/ 27

　　5.1.3　器件模型（device model）/ 27

　　5.1.4　可制造性设计（DFM）/ 27

　　5.1.5　工艺设计套件包（PDK package）/ 27

5.2　PDK 技术发展及生态构建 / 28

小结 / 28

思考与习题 / 28

第 6 章　光刻版技术 / 29

6.1　光刻版技术概述 / 29

　　6.1.1　光刻板制作工艺流程 / 29

　　6.1.2　光刻版类型 / 29

　　6.1.3　EUV 光刻版 / 30

　　6.1.4　光刻版的技术特征 / 30

6.2　光刻版流片流程 / 31

　　6.2.1　光刻版 Tapeout 信息集合 / 32

　　6.2.2　数据预处理 / 32

　　6.2.3　Frame 制备 / 32

　　6.2.4　Dummy/OPC 处理 / 35

　　6.2.5　GDS-MEBES 处理 / 35

6.3　光刻版技术发展及生态构建 / 35

小结 / 36

思考与习题 / 36

第 7 章　光学邻近修正（OPC）/ 37

7.1　OPC 基本介绍 / 37

　　7.1.1　OPC 技术基本概念 / 37

　　7.1.2　OPC 修正 / 38

　　7.1.3　OPC 分类 / 38

7.2　OPC 技术开发流程 / 39

　　7.2.1　关键图形的目标尺寸定义（anchor point）/ 39

　　7.2.2　OPC Model 的建立 / 40

　　7.2.3　数据表（data table）的建立 / 41

　　7.2.4　其他特殊补偿 / 41

　　7.2.5　OPC 检查（verification）/ 41

7.3　OPC 技术发展及生态构建 / 41

7.4　集成电路制造计算光刻（OPC）虚拟仿真实验 / 42

小结 / 43

思考与习题 / 43

第 8 章　集成电路工艺及器件仿真工具 TCAD / 44

8.1　集成工艺仿真系统 Sentaurus Process / 44

　　8.1.1　Sentaurus Process 功能 / 44

　　8.1.2　Sentaurus Process 脚本语言 / 45

8.2　器件结构编辑工具 Sentaurus Structure Editor / 45

8.3　器件仿真工具 Sentaurus Device / 47

8.4　器件仿真调阅工具 Sentaurus Visual / 48

8.5　集成电路虚拟制造系统 Sentaurus Workbench / 49

小结 / 50

思考与习题 / 50

第三篇 集成电路制造基本工艺 / 51

第 9 章 光刻工艺 / 52

- 9.1 光刻工艺的三要素 / 52
  - 9.1.1 光刻机 / 52
  - 9.1.2 光刻版 / 52
  - 9.1.3 光刻胶 / 53
- 9.2 光刻工艺的重要性 / 53
  - 9.2.1 光刻工艺决定了特征尺寸 / 53
  - 9.2.2 光刻工艺时间最长 / 54
  - 9.2.3 光刻工艺成本最高 / 54
- 9.3 光刻工艺流程及其工艺原理 / 54
  - 9.3.1 清洗 / 55
  - 9.3.2 预烘和打底膜 / 55
  - 9.3.3 涂胶 / 56
  - 9.3.4 前烘 / 56
  - 9.3.5 对准 / 57
  - 9.3.6 曝光 / 57
  - 9.3.7 后烘 / 58
  - 9.3.8 显影 / 59
  - 9.3.9 坚膜 / 60
  - 9.3.10 图形检测 / 61
- 9.4 光刻分辨率 / 61
  - 9.4.1 分辨率表示方法 / 61
  - 9.4.2 光衍射对光刻分辨率的影响 / 62
  - 9.4.3 光刻分辨率 / 62
- 9.5 光刻机 / 67
  - 9.5.1 接触式光刻机 / 67
  - 9.5.2 接近式光刻机 / 67
  - 9.5.3 投影式光刻机 / 68
  - 9.5.4 步进重复光刻机 / 68
  - 9.5.5 步进扫描光刻机 / 69
- 9.6 曝光光源 / 69
  - 9.6.1 紫外光源及应用 / 69
  - 9.6.2 准分子激光器深紫外光源 / 70
  - 9.6.3 极紫外光源 / 70
- 9.7 光刻胶 / 71
  - 9.7.1 光刻胶的特性 / 71
  - 9.7.2 光刻胶基本组成 / 72
  - 9.7.3 光刻胶的感光和显影机理 / 73
  - 9.7.4 光刻胶对比度（γ）/ 74
  - 9.7.5 光刻胶光敏度（S）/ 75
  - 9.7.6 光刻胶抗蚀能力 / 75
  - 9.7.7 光刻胶工艺仿真 / 76
- 9.8 光刻版 / 77
  - 9.8.1 基板材料 / 77
  - 9.8.2 掩模材料 / 78
  - 9.8.3 抗反射层 / 78
  - 9.8.4 保护膜 / 78
- 9.9 先进的光刻技术 / 78
  - 9.9.1 193 nm 浸入式光刻技术 / 78
  - 9.9.2 极紫外光刻技术 / 79
  - 9.9.3 纳米压印光刻技术（NIL）/ 80
  - 9.9.4 导向自组装光刻技术 / 82
- 小结 / 83
- 思考与习题 / 84

第 10 章 刻蚀工艺 / 85

- 10.1 刻蚀工艺参数 / 85
  - 10.1.1 刻蚀的基本概念 / 85
  - 10.1.2 刻蚀工艺参数 / 86
- 10.2 湿法刻蚀 / 89
  - 10.2.1 工艺原理与技术特性 / 89
  - 10.2.2 SiO_2 的湿法刻蚀 / 90
  - 10.2.3 硅的湿法刻蚀 / 90
  - 10.2.4 氮化硅的湿法刻蚀 / 91
  - 10.2.5 金属的湿法刻蚀 / 91
- 10.3 干法刻蚀 / 93

10.3.1 干法刻蚀的工艺原理与技术特性 / 93
10.3.2 干法刻蚀的工艺方法、刻蚀机理及技术特性 / 94
10.3.3 干法刻蚀的应用 / 96
10.3.4 等离子体干法刻蚀设备 / 100
10.4 先进的原子层刻蚀技术 / 103
10.4.1 工艺原理 / 104
10.4.2 技术特性 / 104
小结 / 105
思考与习题 / 105

第 11 章 薄膜工艺 / 107

11.1 硅的热氧化工艺 / 107
11.1.1 二氧化硅的结构与性质 / 107
11.1.2 热氧化工艺技术 / 108
11.1.3 热氧化生长动力学与生长模型 / 109
11.1.4 热氧化工艺技术应用 / 118
11.1.5 氧化工艺技术发展 / 120
11.2 物理气相淀积工艺 / 121
11.2.1 真空蒸发工艺 / 122
11.2.2 溅射工艺 / 125
11.2.3 PVD 工艺技术应用 / 128
11.2.4 PVD 工艺技术发展 / 129
11.3 化学气相淀积工艺 / 131
11.3.1 化学气相淀积工艺原理 / 131
11.3.2 CVD 工艺技术应用 / 135
11.3.3 CVD 工艺技术发展 / 142
11.4 外延工艺 / 144
11.4.1 外延工艺原理 / 144
11.4.2 外延工艺技术应用 / 149
11.4.3 外延工艺进展 / 152
小结 / 155
思考与习题 / 155

第 12 章 掺杂工艺 / 156

12.1 硅掺杂基础知识 / 156

12.2 扩散工艺 / 157
12.2.1 扩散工艺原理与技术特性 / 157
12.2.2 扩散机理 / 158
12.2.3 扩散杂质的浓度分布 / 159
12.2.4 扩散工艺仿真 / 162
12.3 离子注入工艺 / 163
12.3.1 离子注入工艺原理与工艺特性 / 163
12.3.2 离子注入设备结构 / 164
12.3.3 离子注入机理 / 165
12.3.4 注入离子的浓度分布 / 166
12.3.5 离子注入沟道效应 / 167
12.3.6 离子注入工艺参数 / 168
12.3.7 离子注入工艺仿真 / 168
12.4 离子注入损伤与退火 / 170
12.4.1 离子注入损伤 / 170
12.4.2 离子注入退火 / 170
12.5 离子注入应用 / 172
12.5.1 阱注入 / 172
12.5.2 阈值调整注入 / 172
12.5.3 源漏轻掺杂（LDD）注入 / 173
12.6 先进的离子注入技术 / 173
12.6.1 超浅结注入 / 174
12.6.2 低能离子注入 / 174
12.6.3 中性束流注入 / 174
12.7 离子注入工艺的安全性 / 175
12.7.1 化学危险源 / 175
12.7.2 高压危险源 / 175
12.7.3 辐射危险源 / 176
小结 / 176
思考与习题 / 176

第 13 章 清洗工艺与化学机械研磨 / 177

13.1 清洗工艺技术 / 177
13.1.1 RCA 清洗工艺 / 177

13.1.2 常见清洗工艺缺陷 / 178
13.2 化学机械研磨 / 179
　　13.2.1 CMP 工艺原理 / 179
　　13.2.2 浅槽隔离化学机械研磨工艺
　　　　　（STI CMP）/ 180
　　13.2.3 层间介质层化学机械研磨工艺
　　　　　（ILD CMP）/ 181
　　13.2.4 钨化学机械研磨工艺
　　　　　（W CMP）/ 181
　　13.2.5 铜化学机械研磨工艺
　　　　　（Cu CMP）/ 181
　　13.2.6 常见的 CMP 缺陷 / 182
小结 / 183
思考与习题 / 183

第四篇　集成电路制造工艺集成技术 / 185

第 14 章　阱工艺 / 186

14.1 阱工艺原理和流程 / 186
　　14.1.1 阱工艺原理 / 186
　　14.1.2 阱工艺流程 / 186
14.2 阱工艺（参数）考量 / 187
　　14.2.1 阱光刻工艺考量 / 187
　　14.2.2 阱工艺离子注入工艺参数
　　　　　考量 / 187
　　14.2.3 阱工艺热处理参数考量 / 188
小结 / 188
思考与习题 / 189

第 15 章　浅槽隔离工艺 / 190

15.1 STI 关键工艺 / 190
　　15.1.1 STI 工艺技术特性 / 190
　　15.1.2 STI 沟槽刻蚀工艺 / 191
　　15.1.3 STI 沟槽填充工艺 / 192
　　15.1.4 STI 平坦化工艺 / 192
15.2 STI 工艺流程 / 192
　　15.2.1 平面 MOSFET STI 工艺
　　　　　流程 / 192
　　15.2.2 FinFET 的 STI 工艺 / 195
小结 / 195
思考与习题 / 195

第 16 章　栅极工艺 / 197

16.1 MOSFET 栅 / 197
　　16.1.1 栅结构及其组成材料 / 197
　　16.1.2 IC MOSFET 栅极线宽 / 198

16.2 自对准多晶硅栅工艺 / 199
　　16.2.1 栅氧介质氧化与多晶硅
　　　　　制备 / 199
　　16.2.2 多晶硅栅刻蚀 / 199
　　16.2.3 自对准轻掺杂源漏 LDD / 200
　　16.2.4 侧墙制备 / 200
　　16.2.5 自对准重掺杂源漏 / 200
　　16.2.6 自对准金属硅化物接触
　　　　　电极 / 201
16.3 高 k 介质金属栅（HKMG）工艺
　　　/ 202
　　16.3.1 先栅工艺 / 202
　　16.3.2 后栅工艺 / 203
　　16.3.3 混合栅工艺 / 203
　　16.3.4 平面 MOSFET 高 k 后栅工艺
　　　　　流程 / 203
　　16.3.5 FinFET 高 k 后栅工艺流程
　　　　　/ 206
小结 / 207
思考与习题 / 207

第 17 章　源漏工艺 / 209

17.1 轻掺杂漏区 / 209
　　17.1.1 工艺原理与技术特性 / 209
　　17.1.2 工艺流程 / 209
　　17.1.3 先进的 LDD 注入技术 / 211
17.2 晕环离子注入 / 213
　　17.2.1 工艺原理与技术特性 / 213

17.2.2 工艺流程 / 214
17.2.3 反短沟道效应 / 214
17.3 源漏重掺杂 / 215
17.3.1 工艺原理与技术特性 / 215
17.3.2 工艺流程 / 215
17.3.3 侧墙工艺发展 / 216
小结 / 217
思考与习题 / 217

第18章 金属硅化物工艺 / 218

18.1 典型的金属硅化物 / 218
18.1.1 硅化钛 / 219
18.1.2 硅化钴 / 219
18.1.3 硅化镍 / 219
18.2 金属硅化物工艺特性 / 219
18.2.1 侧墙工艺 / 220
18.2.2 金属淀积工艺 / 220
18.2.3 退火工艺 / 220
18.2.4 刻蚀工艺 / 221
18.3 自对准金属硅化物工艺流程 / 221
18.3.1 硅化钛工艺流程 / 221
18.3.2 硅化钴工艺流程 / 222
18.3.3 硅化镍工艺流程 / 222
18.3.4 Ni 与 GeSi 的金属硅化物工艺流程 / 223
18.4 金属硅化物技术发展 / 223
小结 / 224
思考与习题 / 224

第19章 接触孔/通孔工艺 / 225

19.1 接触孔/通孔工艺原理与技术特性 / 225
19.1.1 工艺原理 / 225
19.1.2 接触孔/通孔刻蚀 / 226
19.1.3 金属铝接触孔/通孔工艺特性 / 226
19.1.4 先进的钨接触孔工艺 / 226
19.1.5 阻挡层 / 227
19.1.6 焊接层 / 227
19.2 接触孔/通孔工艺流程 / 228
19.2.1 氮化硅沉积 / 228
19.2.2 层间介质层沉积 / 228
19.2.3 层间介质层平坦化 / 229
19.2.4 接触孔光刻 / 229
19.2.5 接触孔刻蚀 / 229
19.2.6 接触孔清洗 / 230
19.2.7 接触孔黏合层沉积 / 230
19.2.8 接触孔钨栓沉积 / 230
19.2.9 接触孔钨栓平坦化 / 231
小结 / 231
思考与习题 / 231

第20章 金属互连工艺 / 232

20.1 金属互连材料特性 / 232
20.1.1 金属铝 / 232
20.1.2 金属铜 / 233
20.1.3 金属钛 / 235
20.1.4 金属钨 / 235
20.1.5 金属钽 / 236
20.1.6 金属钴 / 236
20.1.7 金属镍 / 236
20.2 铝合金互连工艺 / 236
20.2.1 绝缘介质工艺 / 237
20.2.2 钨塞工艺 / 237
20.2.3 铝合金工艺 / 237
20.2.4 CMP 工艺 / 237
20.2.5 工艺流程 / 237
20.3 铜互连大马士革工艺 / 239
20.3.1 低 k 介质 / 239
20.3.2 铜淀积 / 239
20.3.3 大马士革镶嵌工艺 / 240
20.4 钝化层与铝板工艺 / 241
20.4.1 氮化硅/氧化硅层淀积 / 242
20.4.2 氮化硅/氧化硅层刻蚀 / 242
20.4.3 金属铝淀积 / 242

20.4.4 金属铝刻蚀 / 243

20.4.5 覆盖层淀积 / 243

20.4.6 覆盖层刻蚀 / 243

20.5 新型互连技术及其发展 / 244

小结 / 245

思考与习题 / 245

第五篇 集成电路制造后端工艺 / 247

第 21 章 晶圆测试 / 248

21.1 WAT 测试 / 248

    21.1.1 生产工艺相关部分 / 248

    21.1.2 器件性能相关部分 / 248

21.2 良率测试 / 249

    21.2.1 CP 良率测试 / 249

    21.2.2 晶圆的可测试性设计 / 250

21.3 可靠性测试 / 250

    21.3.1 热载流子注入 / 252

    21.3.2 电迁移 / 253

    21.3.3 介电层的瞬时击穿和经时击穿 / 253

小结 / 253

思考与习题 / 254

第 22 章 封装技术 / 255

22.1 封装技术概述 / 255

22.2 先进封装技术 / 256

    22.2.1 倒装类封装 / 256

    22.2.2 立体封装 / 258

小结 / 260

思考与习题 / 261

第 23 章 品质认证及智慧制造 / 262

23.1 集成电路 FAB 品质认证 / 262

    23.1.1 ISO9001 质量管理体系简介 / 262

    23.1.2 IATF16949 质量体系简介 / 262

23.2 FAB 结构及设计 / 264

    23.2.1 FAB 结构 / 264

    23.2.2 FAB 设计 / 264

23.3 集成电路 FAB 智慧制造 / 268

    23.3.1 程式管理系统（RMS）/ 268

    23.3.2 先进工艺控制（APC）/ 268

    23.3.3 设备自动化（EAP）/ 269

    23.3.4 自动物料搬运系统（AMHS）/ 269

小结 / 269

思考与习题 / 269

参考文献 / 271

第一篇

集成电路制造器件基础

第1章 MOSFET 器件

金属－氧化物－半导体场效应晶体管（metal-oxide-semiconductor field-effect transistor，MOSFET）是现代超大规模集成电路最基本的元器件之一，其原理与特点是用栅极电压控制漏极电流。MOSFET 通过器件状态的 0 和 1 转变进而产生布尔代数运算，构建集成电路的庞大系统。

本章主要介绍 MOSFET 器件结构及其工作原理，并对 MOSFET 电流特征和短沟道效应进行阐述，为学习 MOSFET 集成电路制造工艺及其他特殊器件打下基础。

1.1 MOSFET 器件工作原理

MOSFET 器件依据其导电沟道类型，分为 P 型沟道（PMOSFET）和 N 型沟道（NMOSFET）两种，PMOSFET 主要依赖于空穴的输运形成电流，而 NMOSFET 则主要依赖电子的输运形成电流。

1.1.1 MOSFET 器件结构

如图 1-1-1 所示，典型的 MOSFET 器件为四端器件，包含栅极（gate）、源极（source）、漏极（drain）和衬底电极（substrate）。NMOSFET 器件在 P-Si 衬底表面进行制备，其中源极和漏极由重掺杂的 N^+ 区域构成；而在源极与漏极之间，设计有 MOS 电容结构，作为栅极。

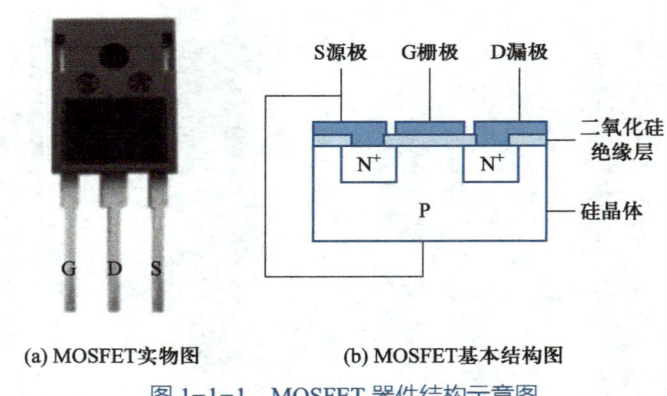

(a) MOSFET实物图   (b) MOSFET基本结构图

图 1-1-1　MOSFET 器件结构示意图

对于器件的源、漏重掺杂 N^+ 区域，采用离子注入的方式制作，先进技术节点中会采用外延生长 SiGe 等方式来实现。源极和漏极间的区域是器件的沟道，沟道上方为 MOS 电容结构，其采用 SiO_2、SiON 或高介电常数（high-k）介质作为栅绝缘层，并以重掺杂的多晶硅或金属作为栅电极材料。

1.1.2　MOSFET 器件工作原理

MOSFET 器件的工作原理可通过 MOS 电容的电学特性进行精确推导。MOSFET 器件在沟道长度方向上可被视作两个反向连接的 PN 结二极管,当栅极电压为零时,P-Si 表面将呈现耗尽或积累状态,此时源极与漏极间仅存在极其微弱的漏电流。一旦在栅极上施加足够大的正电压(针对 NMOSFET),沟道表面的 Si 将发生反型,形成 N 型导电沟道。此时,源极与漏极间的电势差将在沟道中引发显著的电流流动。

值得注意的是,MOSFET 器件的栅极与衬底在电学上呈现绝缘状态,栅极中无直流电流通过。沟道是通过电容耦合的方式,由栅极电压在栅绝缘层中产生的电场感应而产生的。

按照制作工艺,MOSFET 可以分为增强型、耗尽型;P 沟道、N 沟道共组合为 4 种类型,相应的电气图形符号如图 1-1-2 所示,中间箭头指向内部的是 N 沟道,反之,则是 P 沟道。

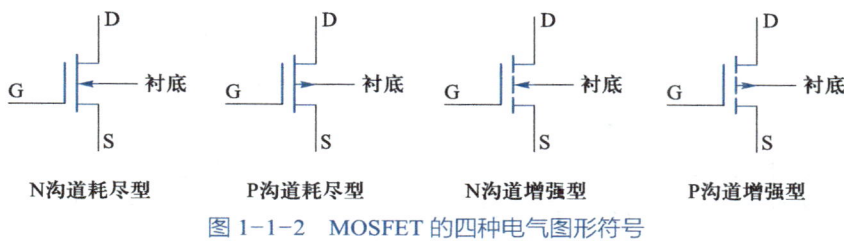

图 1-1-2　MOSFET 的四种电气图形符号

1.2　MOSFET 器件电流特性简介

MOSFET 的工作原理是通过改变栅极电压控制源极和漏极之间的电流,这种方式使得 MOSFET 在设计中能够实现精确的电流调节。

1.2.1　漏极电压几乎为 0 的情况

在漏极电压 V_d 处于极低水平时,源极与漏极之间的电位差异几乎可忽略不计。在此,我们定义阈值电压 V_{th} 为在半导体/栅绝缘层界面处开始显著积累电荷时,所需的栅极与衬底之间的电势差值。当栅极电压逐渐提高并超越 V_{th} 时,半导体表面将发生反型现象,即少数载流子(电子)在沟道区域开始累积。

1.2.2　漏极电压有限的情况

在 V_d 值增加的情况下,沟道内的电位与从源端至漏端的位置 y 之间存在明确的线性关联,而这种电位的变动对沟道内的载流子浓度产生直接影响。如图 1-2-1 所示为 MoSFET 器件沟道中的电势分布情况,我们设定源极与沟道的交会点为原点,并沿沟道方向定义位置 y 的数值。进而,我们定义在任意 y 点处的电位为 V_y。

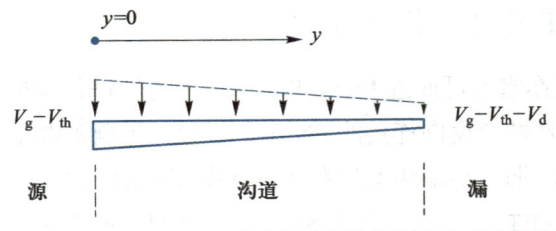

图 1-2-1　MOSFET 器件沟道中的电势分布变化情况

1.3　短沟道 MOSFET 器件效应

MOSFET 器件沿沟道长度方向的电场变化并非必然小于垂直于沟道平面方向的电场变化,但随着 MOSFET 器件沟道长度 L_g 的持续缩减,短沟道 MOSFET 器件所展现的电学特性与长沟道器件相比,具有显著的差异。

1.3.1　短沟道效应

图 1-3-1(a)与图 1-3-1(b)分别展示了沟道长度为 2 μm 和 350 nm 的 MOSFET 器件的电势等能面分布情况,通过对比分析,观察到以下显著区别。

首先,长沟道 MOSFET 器件的等能面呈现与沟道表面平行的状态,其电位变化主要集中于垂直于沟道平面的 x 轴方向上。相反,在短沟道器件中,等能面不仅在垂直于沟道平面的 x 轴方向上有所变化,同时在平行于沟道长度的 y 轴方向上也出现显著变化,表现出明显的二维分布特性。

其次,在给定条件下,即以衬底电位为 0 V,对器件施加 3 V 的漏极电压,并将栅极电压调至接近阈值电压的状态时,长沟道器件在接近沟道表面的区域展现的电势约为 0.45 V。而在短沟道器件中,沟道表面处的电势超过 0.65 V,这一数值明显高于长沟道器件中的相应值。

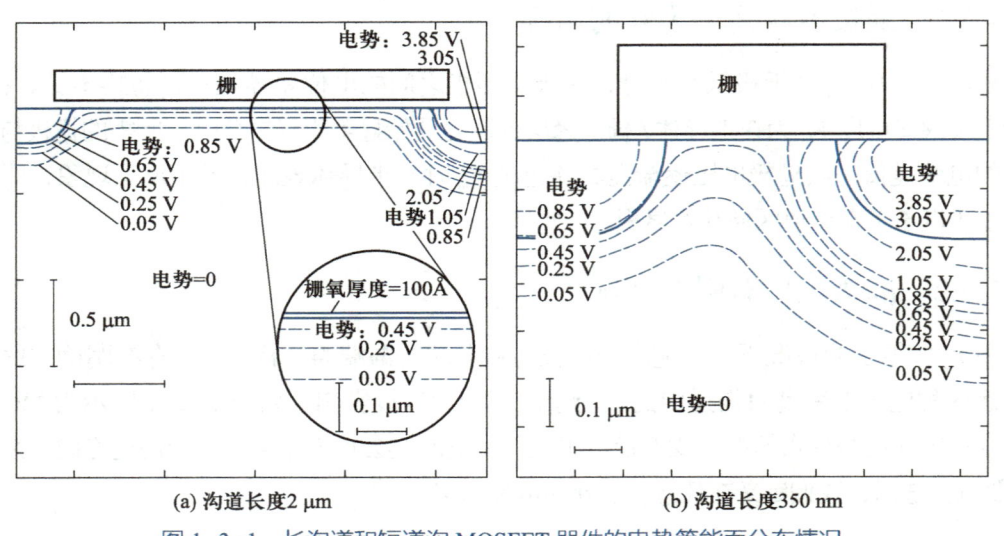

图 1-3-1　长沟道和短道沟 MOSFET 器件的电势等能面分布情况

这两种现象的出现，源于长沟道器件中沟道电位主要受栅极电压调制，而短沟道器件中沟道电位则同时受到栅极电压和漏极电势的调制。在短沟道 MOSFET 中，沟道长度与 Si 中的耗尽区宽度相近或更小。由于源/漏区域的掺杂类型与衬底相反，源/漏外侧将形成由源/漏-衬底 PN 结引起的耗尽区。此耗尽区在短沟道器件中加剧了沟道内的能带弯曲，导致阈值电势降低。在短沟道 MOSFET 器件中，随沟道长度缩短，阈值电势降低的现象被称为短沟道效应。

当场效应晶体管器件沟道长度缩短时，栅极对沟道电位的调制作用减弱。为克服短沟道效应，已研发出高介电常数栅氧/金属栅（high-k/metal gate）、鳍型场效应晶体管（FinFET）及绝缘层上硅（silicon on insulator，SOI）等技术，这些技术均以增强栅极的经典控制能力为主要目标。

1.3.2 漏致势垒降低效应

随着沟道长度的缩减，除栅极电压（V_g）对器件电学性能产生差异化调控外，漏极电压（V_d）对器件的电学特性也会产生显著影响（源极接地）。作为热载流子发射器件，MOSFET 在关断状态下，沟道区域的势垒阻止了载流子从源极流向漏极。当 V_g 小于阈值电压（V_{th}）时，仅少数载流子能越过势垒，形成漏极电流 I_{do}。沟道区域的势垒高度受栅极电压 V_g、源极电压 V_s 以及漏极电压 V_d 的联合调制。其中，源极电压 V_s 和漏极电压 V_d 主要对源极/沟道边缘区域和沟道/漏极边缘区域的势垒起调制作用。

如图 1-3-2 所示，在长沟道情况下，沟道中远离源漏区域的势垒高度主要由 V_g 调制。随着沟道长度的缩短，源极电压 V_s 和漏极电压 V_d 能够调制的区域占比逐渐增大，这导致源极和漏极间的势垒高度降低。因此，在沟道长度相同的情况下，较大的漏极电压会导致器件具有更小的阈值电压；而在漏极电压相同的情况下，较短的沟道长度亦会使器件呈现更小的阈值电压，如图 1-3-3 所示。该效应被称为漏致势垒降低（DIBL）效应。

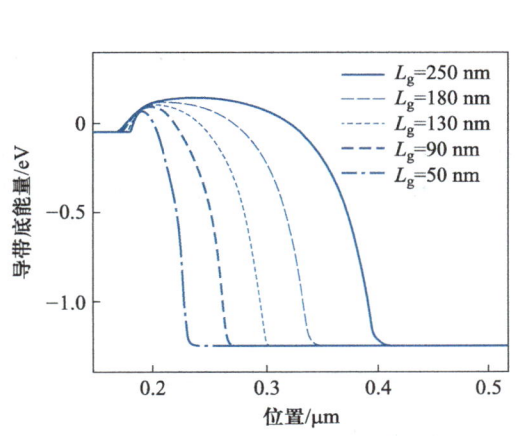

图 1-3-2 不同沟道长度的 MOSFET 器件中导带底能量随位置变化情况

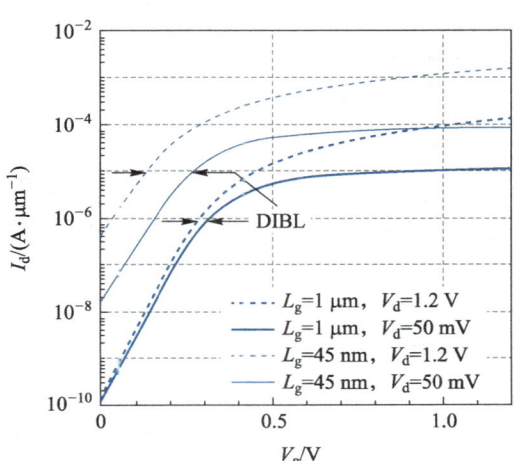

图 1-3-3 不同沟道长度 MOSFET 器件的转移特性（I_d-V_g）对比

1.3.3 热载流子效应

以硅 NMOSFET 器件为例,图 1-3-4 详细描绘了沟道热载流子效应在器件内部产生的物理过程。在给定条件下,即当栅极电压 V_g 大于阈值电压 V_{th},并且漏极施加电压 V_d 时,漏极附近区域会形成强电场空间电荷区。在此区域中,电子在电场作用下向漏极漂移,并通过空间电荷区中的电场获得能量。当这些高能量的电子接近漏极时,它们与硅晶格发生碰撞,产生碰撞电离现象,进而生成电子空穴对。碰撞过程中产生的空穴,在电场的驱动下,会流向衬底,最终形成衬底电流 I_{sub}。

MOSFET 器件中 I_{sub} 和 I_d 随 V_g 变化的典型曲线详见图 1-3-5。在此曲线中,衬底电流 I_{sub} 在亚阈值区域随着栅极电压的增大而逐步增大,直至达到其最大值,随后随着栅极电压的进一步增大,衬底电流将呈现减小的趋势。对于衬底电流与栅极电压之间的依赖关系,我们可依据以下机理进行定性的解释:产生碰撞电离现象的电子主要源自漏极。

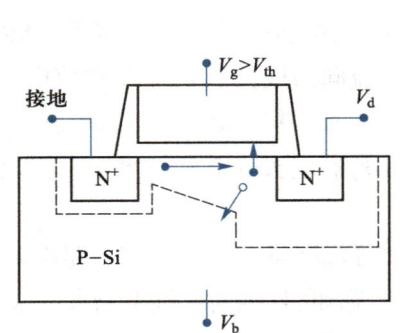

图 1-3-4 沟道热载流子效应在器件内部产生的物理过程

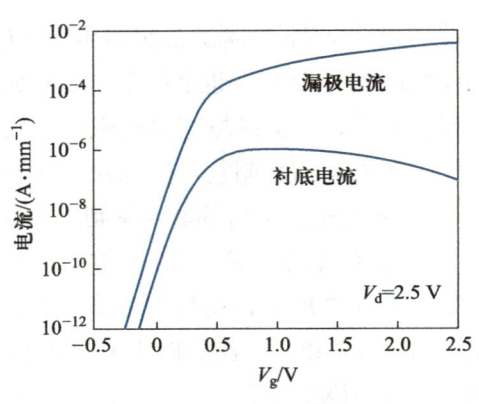

图 1-3-5 MOSFET 器件中 I_{sub} 和 I_d 随 V_g 变化的典型曲线

在 $V_d < V_{th}$ 的条件下,沟道表面尚未形成反型层,且硅材料中靠近漏极的最大电场与栅极电压无直接关联。

当 $V_{th} < V_g < V_d$ 时,沟道表面开始形成反型层,然而此时的栅极电压相较于漏极电压较小,导致沟道在漏极附近发生夹断现象。

当 $V_g > V_{th}$ 时,热电子主要集中于漏极附近,并在该区域注入栅绝缘层,进而导致栅极漏电流 I_g 的产生。这种栅极漏电流可能会对硅内部和栅绝缘层/硅界面造成损害,形成缺陷。

小结

本章学习了 MOSFET 的基本结构、工作原理、电学图形表示,并对 MOSFET 的电流特性做了简介,在此基础上,我们介绍了短沟道效应、DIBL 效应,以及以热载流子效应为代表的 MOSFET 常见效应。为进一步理解和掌握后续集成电路的其他章节内容奠定了基础。

思考与习题

1. 试画出一种 MOSFET 结构，并描述其工作原理。
2. 什么是短沟道效应？并简述技术上如何降低其影响。
3. 什么是漏致势垒降低效应？并简述技术上如何降低其影响。
4. 什么是热载流子效应？并简述技术上如何降低其影响。

第 1 章进阶习题

第 2 章　功率器件

功率半导体器件主要应用于现代电子系统电能的变换和控制，包括变频、变压、变流和功率管理等功率处理电路，是当今消费类电子、工业控制、汽车电子和国防装备的关键技术。

本章主要介绍了常见功率器件的种类、结构及其工作原理，并以垂直双扩散金属-氧化物-半导体场效应晶体管（vertical double diffused MOSFET，VDMOS）为例介绍其工作原理及其静态电性参数。

2.1　功率器件概述

2.1.1　功率器件分类

根据产品形态区分，功率半导体可分为两大类。

一是功率集成电路（power IC），典型产品为电源管理芯片和各类驱动芯片。其在传统的互补金属氧化物半导体（complementary metal oxide semiconductor，CMOS）平台上，通过增加几道定制化的光刻版，实现双极晶体管（Bipolar）和横向扩散金属氧化物半导体（laterally diffused metal oxide semiconductor，LDMOS）器件的引入，而且 CMOS、Bipolar 和 LDMOS 这三种器件在集成后能具有各自分立时所具有的良好性能。基于芯片器件的组合，其产品平台可分为双极 CMOS（BiCMOS）工艺、高压（HV）工艺和 BCD（Bipolar-CMOS-DMOS）工艺等。

二是功率半导体器件（power semiconductor device），简称"功率器件"，又称电力电子器件（power electronic device），属分立器件。功率器件是用于实现电器电能变换和电路控制的电子器件，主要为实现电路逆变（DC 转 AC）、整流（AC 转 DC）、变压（DC 转 DC）和变频（AC 转 AC）等功能。相比于功率集成电路，功率器件结构简单，对工艺线宽要求不高且产品商业周期很长。功率半导体器件主要包括功率二极管、晶闸管、功率 MOSFET、功率绝缘栅双极型晶体管（insulated gate bipolar transistor，IGBT）以及氮化镓（GaN）、碳化硅（SiC）宽禁带功率半导体器件等，功率 MOSFET 在整个功率半导体器件中占据最大比重，其次为功率二极管和 IGBT。

2.1.2　功率器件损耗

功率器件损耗主要分为三类：驱动功率器件产生的驱动损耗，器件接通或断开时产生的开关损耗以及器件接通条件下产生的传导损耗。开关频率低于 10 kHz 时，功率器件损耗主要来自传导损耗。随着开关频率升高，驱动损耗和开关损耗将成为主要损耗。如图 2-1-1 所示，栅极电荷（Q_g）可用于计算驱动损耗，通过栅极电阻 R_g 和器件寄生电容能够计算开关损耗，传导损耗可以借助导通电阻 R_{on} 算出。

器件寄生电容分为输入电容（C_{iss}）、输出电容（C_{oss}）和反向传输电容（C_{rss}）。栅极电荷 Q_g 是完全启动功率器件需要的电荷总量，可以视为描述器件输入电容非线性特征的参数（$C_{iss} = C_{gs} + C_{gd}$）。如图 2-1-2 所示，导通电阻和器件寄生电容是造成高开关频率功率器件低 FOM（品质因数）的重要原因，FOM 可以表达为 Q_g 和 R_{on} 的乘积。

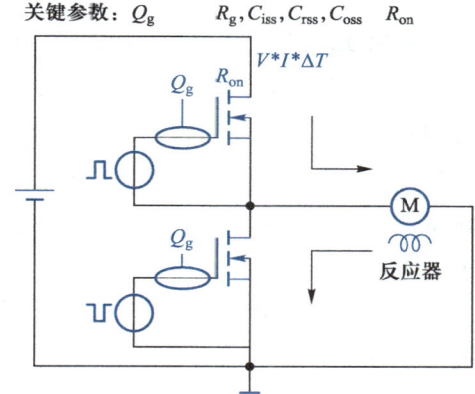

图 2-1-1 功率损耗计算参数和原理图

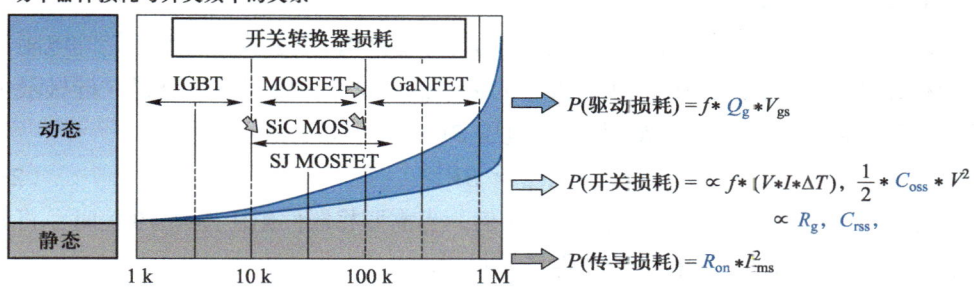

图 2-1-2 功率器件损耗和开关频率的关系图

2.2 功率 MOSFET 器件

2.2.1 功率 MOSFET 器件结构

如图 2-2-1 所示，功率 MOSFET 器件主要包括平面型（VDMOS 为代表）、槽栅型（Trench MOSFET 为代表）和超结型 SJ（super-junction）。

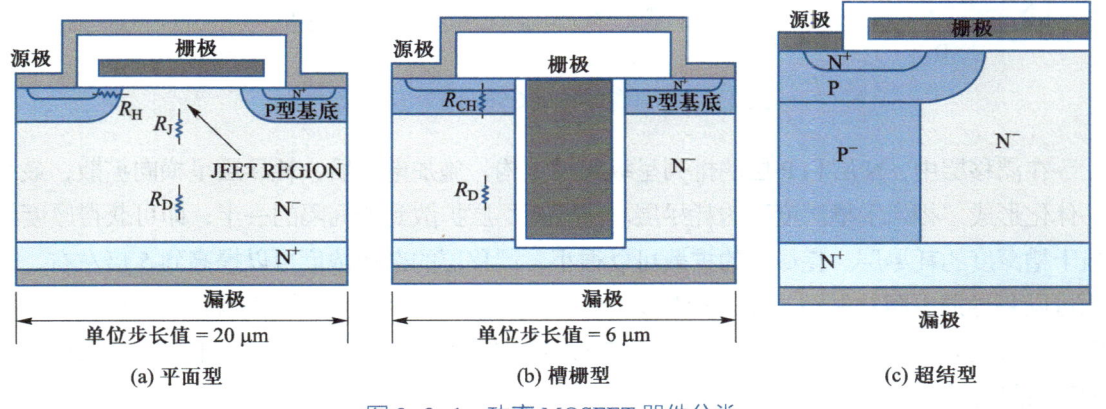

图 2-2-1 功率 MOSFET 器件分类

2.2.2 功率 MOSFET 电学特性

功率 MOSFET 是一种功率场效应器件,其导通电阻 R_{on} 的正温度系数特性有利于多个元胞并联,从而获得较大电流。为减小功率 MOSFET 的导通电阻,除优化器件结构外,一个有效的办法就是增加单位面积内的元胞数量。因此,高密度成为制造高性能功率 MOSFET 的技术关键。而对于常规平面 VDMOS,进一步减小元胞尺寸会受到结构中相邻元胞间 JFET (junction field-effect transistor,结型场效应晶体管)效应的限制,这使功率槽栅 MOSFET 在低压低功耗领域迅速发展。

功率槽栅 MOSFET 结构中没有平面栅功率 MOSFET 所固有的 JFET 电阻,使得功率槽栅 MOSFET 的单元密度可以随着加工工艺特征尺寸的降低而迅速提高。为适应同步整流技术的发展,众多厂家从器件结构和封装技术着手,发展了更低 $R_{on} \cdot Q_g$ 值的功率 MOSFET。如窄沟槽(narrow trench)结构、槽底厚栅氧(thick bottom oxide)结构、W 形槽栅(W-shaped gate trench MOSFET)结构和深槽积累层结构等。

"硅极限"理论:即使漂移层以外的电阻无限接近于 0,由于残留在漂移层的电阻值的影响,也会存在"导通电阻无法进一步下降"的临界值。这个"临界值"就是"硅极限(理论临界)"。经验上来说,导通电阻 R_{on} 与击穿电压 BV 的关系如下所示:

$$R_{on} \propto BV^{2.5} \tag{2-2-1}$$

这表明耐压提升 2 倍将导致导通电阻提高 5.6 倍,当需要将器件耐压提高 10 倍时,将导致导通电阻提升 316 倍,从而带来极大的器件传导损耗。

功率 MOSFET 很早之前就基本上达到了临界高耐压,不得不寻求新的突破。如图 2-2-2 所示为超结结构 MOSFET 的耐压原理,其是一种超过该理论临界的硅基功率 MOSFET 新技术。

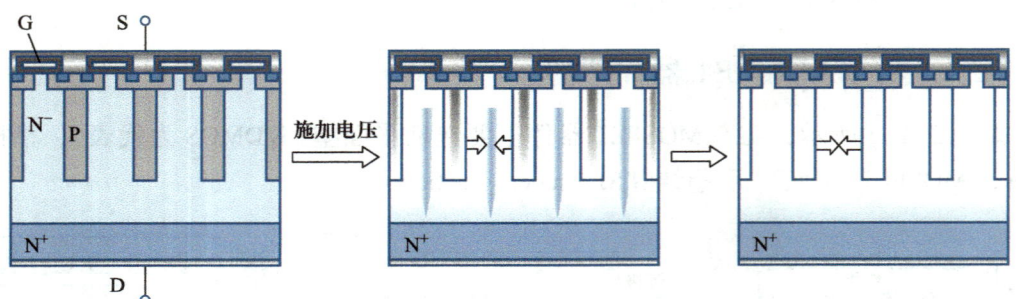

图 2-2-2 超结结构 MOSFET 的耐压原理

在漂移层中,N 层和 P 层的排列呈纵向槽结构,施加电压后,耗尽层呈横向扩散,最终一体化形成"相当于槽深度"的耗尽层。只要耗尽层扩散到槽间隔的一半,即可获得厚度相当于槽深度的耗尽层。耗尽层的扩散可以很小,漂移层的杂质浓度可以提高到 5 倍左右,因此可以将导通电阻控制得很小。根据这个原理可知,如果将槽与槽的间隔做得更细、更深,则效果会更好。由于采用了与传统 MOSFET 不同的机制来形成耐压,因此可以实现超出所谓硅极限的性能。

2.3 VDMOS功率器件

在过去十几年里，MOSFET 引发了电源工业的革命，大大促进了电子工业的发展。其中，又以功率垂直双扩散金属 氧化物 半导体场效应晶体管（power VDMOS）近年来的发展最引人注目。

2.3.1 工作原理

功率 VDMOS 管是三端管脚的电压控制型开关器件，在开关电源电路中的使用和双极晶体管类似。其电气符号如图 2-3-1 所示，三端引脚分别定义为栅极 G、漏极 D 和源极 S。

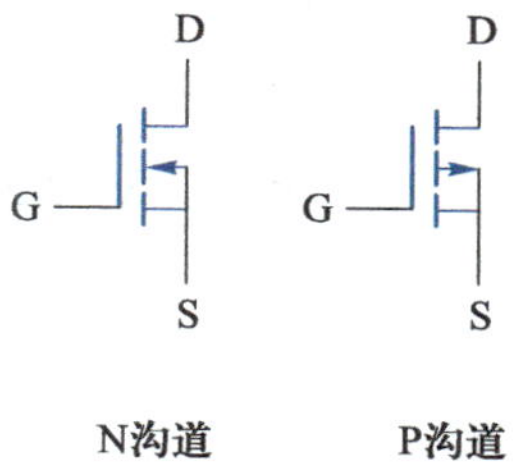

功率 VDMOS 管按器件的栅结构，可以分为平面、沟槽两大类。由于两者电参数定义相同，所以本文仅就沟槽功率 VDMOS 管进行讨论（以下简称 DMOS）。

大部分 DMOS 管是 N 沟道型的，图 2-3-2 给出了 N 沟道 DMOS 管的剖面图。当栅极有驱动电压时，沟道发生反型，在漏端电压的偏置下，电流从漏极通过沟道流向源极，DMOS 管导通。当栅极无驱动电压时，DMOS 管的沟道关断，此时 DMOS 管承受的电压等于输入电压或输入电压值的几倍。这就是 DMOS 管的基本工作原理。从图中可以看出，DMOS 管内部存在着很多 PN 结构，这些结构对电参数有着重要的影响，DMOS 器件的电参数就是用来直接或间接反映这些 PN 结构状态的。

图 2-3-1 功率 VDMOS 管电气符号

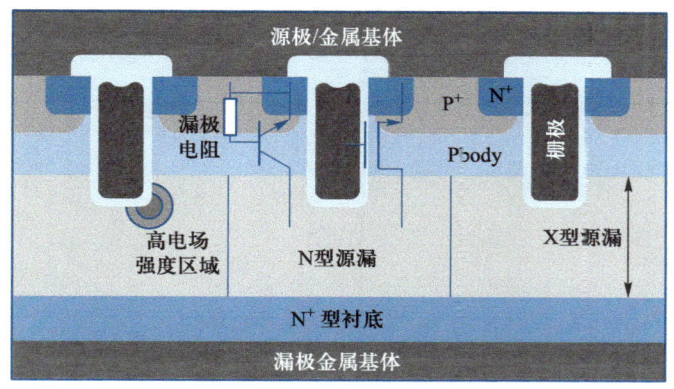

图 2-3-2 N 沟道 DMOS 管的剖面图

2.3.2 静态电性参数

在额定电流以及额定电压确定之后，器件电性参数测试一般分为静态和动态两种，静态电参数是表征芯片工艺的直接手段，且直接出现在各类电性和良率的数据报告中，是工程师判断器件是否合格的主要依据。常用的静态电参数主要包括：栅源驱动电流及反向电流（I_{GSS}）、开启电压（V_{GS}）、饱和漏源电流（I_{DSS}）、漏源击穿电压（BV_{DSS}）、导通电阻 $R_{DS(on)}$ 和正向导通电压（V_{SD}）等。

小结

本章学习了功率器件的分类、功耗分类，介绍了功率器件的典型结构及相应电学特性。在此基础上学习了 VDMOS 管的基本工作原理。

思考与习题

1. 功率器件从产品形态上可分为哪两种？其应用场景是什么？
2. 试画出一个平面型的功率器件原理图。
3. 什么是 VDMOS 管？其工作原理是什么？

第 2 章进阶习题

第 3 章 逻辑芯片

集成电路可细分为承担计算功能的逻辑芯片（Logic IC）、承担存储功能的存储芯片（memory IC）、承担传输与能源供给功能的模拟芯片（Analog IC）以及将运算、存储等功能集成于一个芯片的微控制单元（microcontroller unit），其中逻辑芯片与存储芯片市场份额占比较高。

本章主要介绍逻辑芯片常见种类及其工作原理，并重点阐述反相器以及 SRAM（static random-access memory）的结构与直流特性。

3.1 逻辑芯片概述

自然界是一个模拟信号的世界，我们听到的声音、看到的景象、触摸到的凹凸感，以及环境和物体的温度都是模拟信号。鉴于模拟信号无法存储，自然界的声音、图像、温度和运动轨迹等模拟信号被采样和量化后，便转化成了数字 0/1 信号的编码，而处理这些 0/1 信号的芯片，就是逻辑芯片。

3.1.1 逻辑芯片工作原理

逻辑芯片是一种 CMOS 集成电路，每个晶体管都可以被控制来执行特定的逻辑功能。逻辑芯片的理论基础就是数字逻辑代数，0 和 1 就是逻辑芯片的一切。

逻辑芯片工艺比较统一，目前大多为片上系统（system on chip，SoC）化，手机中大部分逻辑芯片都集成到了几个核心芯片中。逻辑芯片工艺紧随摩尔定律，尤其是应用于高性能计算的处理器，几乎每款高端产品都使用了当前最先进的工艺，如华为海思的麒麟系列和苹果 A 系列。

3.1.2 逻辑芯片类型

一、中央处理器（central processing unit，CPU）

CPU 是大家最为熟悉的逻辑器件，由运算、控制以及存储三个单元组成，是计算机操作与控制的核心。CPU 是使用最为广泛的计算机系统主控芯片，应用于个人 PC 机与数据终端服务器。全球 CPU 行业由英特尔与 AMD 垄断，国内 CPU 领域代表企业为龙芯中科、海光信息与兆芯科技。

二、图形处理器（graphics processing unit，GPU）

相对于 CPU 的串行计算，GPU 采用的是并行计算。GPU 是专门在个人电脑、工作站、游戏机和智能手机上执行绘图运算工作的处理器。相对于 CPU，GPU 舍弃了部分控制单元，拥有更多的计算单元，可以高密度执行大量同质化数据运算，如图形渲染等，显卡的处理器就是 GPU。GPU 擅长的是大规模并发计算，这也正是密码破解等所需要的。除了图像处理，GPU 也越来越多地参与到计算中来，成为人工智能计算的核心。

三、专用集成电路（application specific integrated circuit, ASIC）

随着芯片的集成度越来越高，出现了以用户参加设计为特征的 ASIC。根据用户的具体需求，ASIC 将 CPU、GPU、存储器乃至蓝牙等数十个小规模集成电路模块集成在一块芯片上，这样的做法也被称为 SOC。智能手机是 ASIC 的主要应用场景，华为的麒麟芯片便属于 ASIC。

四、现场可编程逻辑门阵列（field programmable gate array, FPGA）

ASIC 虽然优化了整机电路，有效缩减了智能设备的体积，但芯片设计的复杂度大大提升，流片失败的风险增大。

FPGA 最大的特点在于现场可编程。无论是 CPU、GPU 还是 ASIC，在芯片制造后芯片的功能即被固定。而 FPGA 在制造完成后功能未被固定，使用者可使用 FPGA 芯片提供商的软件对芯片进行功能配置，将芯片上空白的模块转化为自身所需的具备特定功能的模块。FPGA 具有强大的灵活性，相比 ASIC，FPGA 能够降低流片失败的风险。

3.2 反相器

反相器（inverter）可以实现将输入信号取反的功能，是数字逻辑芯片的基本功能模块。锁存器、数据选择器、译码器和状态机等精密数字元件都需要使用基本反相器。

3.2.1 反相器结构

反相器是最基础的数字逻辑门，CMOS 集成电路的反相器由两个互补的晶体管 NMOS 和 PMOS 组成。

图 3-2-1（a）是一个静态 CMOS 反相器的电路图，由上拉 PMOS 器件和下拉 NMOS 器件组成。通过使用如图 3-2-1（b）所示的 MOS 管的开关模型，可以将其等效成右边所示

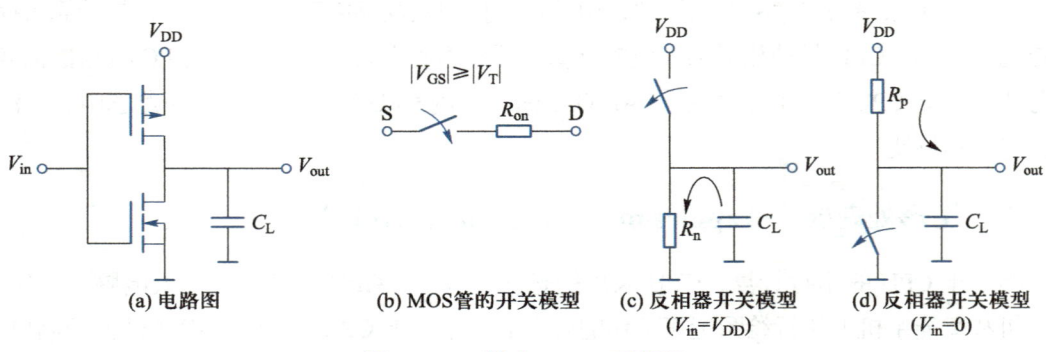

图 3-2-1　静态 CMOS 反相器

的反相器开关模型。当输入低压 $V_{in} = V_{DD}$ 时,下拉 NMOS 器件开始工作,PMOS 器件断开,将存储在负载电容 C_L 上的电压放电至 0 V,如图 3-1-2(c)所示。当 $V_{in} = 0$ V 时,上拉 PMOS 器件开始工作,NMOS 器件断开,向负载电容 C_L 充电至电源电压 V_{DD},如图 3-1-2(d)所示。

3.2.2 反相器的直流特性

反相器的直流特性又称为电压转移特性,指的是 CMOS 反相器在给定不同输入电压时,CMOS 反相器达到稳态时的输出电压,如图 3-2-2 所示。在逻辑功能上,反相器输入高电平以获得低电平,输入低电平以获得高电平。但真实情况下的电压转移曲线表明,当输入电压在 V_{OL} 和 V_{OH} 之间时,会存在平滑的电平切换的过程。

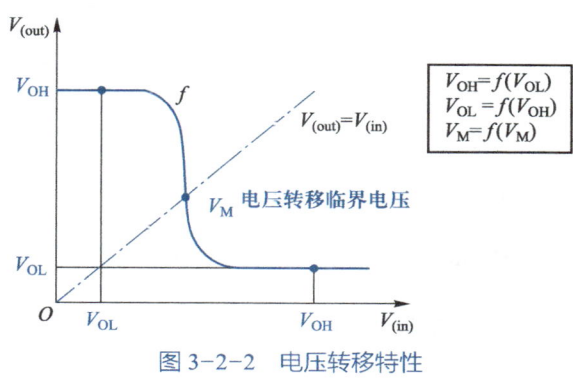

图 3-2-2 电压转移特性

3.3 静态随机存取存储器(SRAM)

SRAM 是随机存取存储器的一种,所谓"静态",是指只要保持通电,里面的数据就可以一直保存。

SRAM 的版图具有高度规律性,其设计规则也是整个工艺口最严格的。SRAM 的尺寸及良率反映了晶圆厂的工艺能力。因其工艺与逻辑工艺可完全兼容,几乎所有的逻辑芯片都嵌入了 SRAM 作为数据处理过程中的缓存区。如图 3-3-1 所示为 CPU 芯片中的缓存(cache memory):除了逻辑核心(Core),有大片的缓存区(Shared L3 Cache)。

3.3.1 SRAM 结构

图 3-3-2 所示为最小的 SRAM 单元(Bit),称为 1 个比特(Bit),只能存储一个信号 **0** 或 **1**。1 个 Bit 由 6 个晶体管构成,其中有 2 个 PMOS(PU-pull up),4 个 NMOS(PD-pull down、PG-pass gate)。PU 和 PD 形成一个反相器,两个反相器形成互锁结构,通过这样的特性来实现数据的保存。PU 的功能是实现节点的高电位,即 **1** 的状态。PD 的功能是实现节点的低电位,即 **0** 的状态。1 个 Bit 中的两个节点(SNL 和 SNR)高低电位互换,就能实现 **0** 和 **1** 两种状态的存储。PG 的功能是实现 Bit Line 的接入,以实现读写功能。

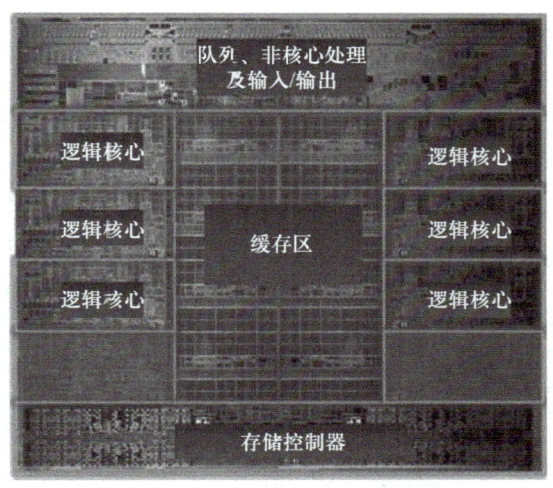

图 3-3-1 Intel Core i7 3960X(Sandy Bridge E)

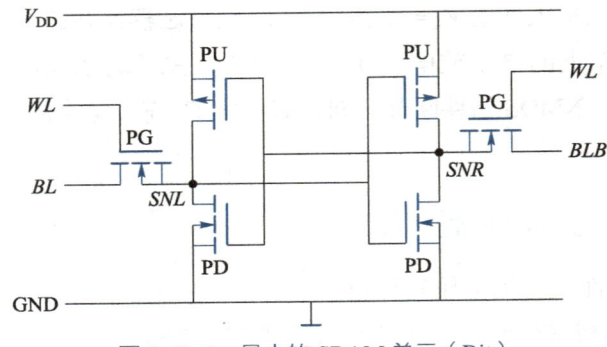

图 3-3-2　最小的 SRAM 单元（Bit）

3.3.2　SRAM 的基本操作

SRAM 有三种基本操作：读取、写入以及保持。

一、读取操作

SRAM 是依靠两条 Bit Line（BL 和 BLB）的电压信号差来读取信号的。假设 Bit 存储数据为 **0** 时对应的 $SNL=0$、$SNR=1$，存储数据为 **1** 时对应 $SNL=1$、$SNR=0$。

例如，Bit 里面存储的数据为 **0**（$SNL=0$，$SNR=1$），在读取时对 BL 和 BLB 进行预充电，对应的测试条件如下：$BL=BLB=1$，$WL=1$。如图 3-3-3 所示，$SNL=0$ 处于低电位，$SNR=1$ 处于高电位，左侧的 PU 关断，PD 开启，右侧的 PU 开启，PD 关断。右侧的 BLB 会保持电压不变，但是左侧的 PD 开启，导致电流由 BL 流向 GND，会导致 BL 的电位下降。初始时 $BL=BLB=1$，BL 电位下降之后，BL 和 BLB 会出现电压差，这个信号会通过外围放大电路输出，自此 SRAM 的信号读取完成。在这样的条件下，为了保证信号能够准确读取，需要使 PD 的电流大于 PG 的电流，以此来保证 BL 与 BLB 的电位差足够大，能够准确读取。

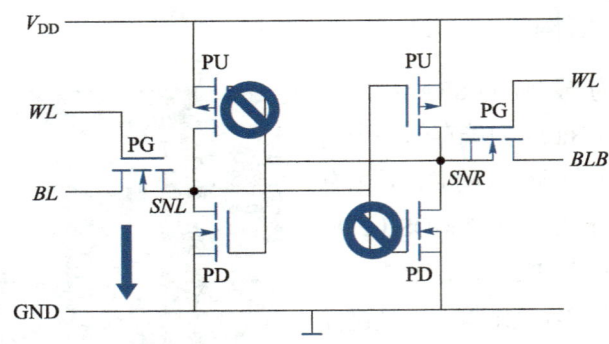

图 3-3-3　SRAM 的信号读取

二、写入操作

假设 Bit 里面存储的数据为 **0**（$SNL=0$，$SNR=1$），写操作就是将 SNL 和 SNR 的电位反转，以此达到写入的目的。

在写入的时候对 BL、BLB 进行预充电，对应的测试条件如下：$BL=1$，$BLB=0$，$WL=1$。此时左侧的状态与读取时相同，而右侧由于 $BLB=0$，SNR 的电位会逐渐下降。SNR 的电位下降又会导致左侧 PU 的开启和 PD 的关断。这样，SNL 电位会逐步抬升到 1，右侧的 PD 打开，PU 关断，数据翻转完成。

为保证写入的顺利，SNR 的电位必须能够下降，所以 PU 的电流必须小于 PG，这样 PU 的高电位就不足以拉升 SNR 的电位，SNR 的电位由 BLB 的电位决定。

三、数据保持的操作

在 $BL=BLB=1$ 和 $WL=0$ 时，PG 关断，BL 及 BLB 不能对 Bit 中保持的数据进行修改。

小结

本章学习了逻辑芯片的基本原理及主要分类，着重讲解了逻辑电路的基础单元"反相器"的基本结构和工作原理，并在此基础上介绍了 SRAM 的构成和基本读写操作。

逻辑芯片电路是集成电路中发展最快的分支之一，高度依赖于设计、工艺等环节的协同化发展。通过本章的学习，能够了解逻辑电路的基本分类以及反相器与 SRAM 的基本工作原理。

思考与习题

1. 常见的逻辑芯片有哪些？各有何特点？
2. 试画出一种反相器结构，并描述其原理。
3. 试画出 6TSRAM 的基本结构，并简述其工作原理。

第 3 章进阶习题

第4章 存储芯片

存储芯片是电脑、智能手机、服务器等设备的核心组件。集成电路中晶体管的数量表征着算力大小，而算力要有其用武之地，需有足够的数据进行调取，这个工作需要存储芯片来完成。

本章主要介绍常见存储芯片的种类及其工作原理，重点阐述非易失性存储器件的种类、工作原理及应用等。

4.1 存储芯片概述

如图 4-1-1 所示为存储器分类，存储芯片根据其断电后是否保留存储的信号可分为易失性存储芯片（volatile memory）和非易失性存储芯片（non-volatile memory，NVM）。

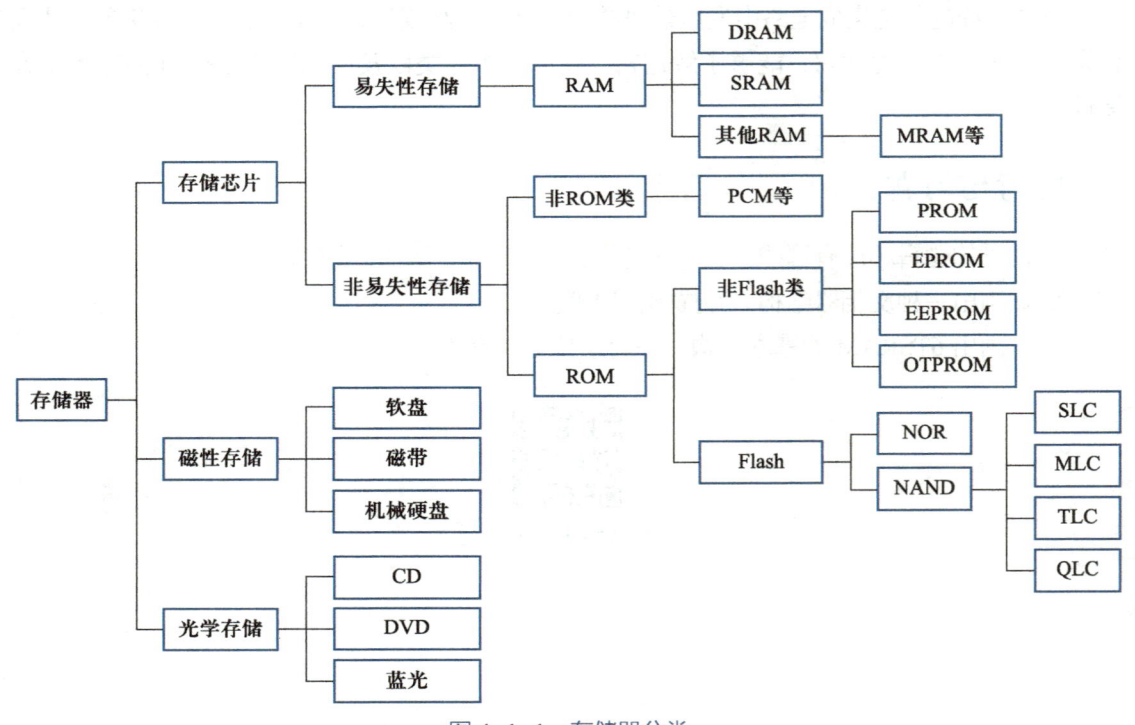

图 4-1-1 存储器分类

易失性存储芯片中，随机存储内存的一个重要分支是动态随机访问存储器（dynamic random-access memory，DRAM），主要用于计算机和手机内存等。另一个重要分支就是 SRAM，主要用于逻辑处理芯片的高速缓存，例如 CPU 的一级/二级高速缓存。

非易失性存储芯片主要应用于存储卡、U盘、SSD固态硬盘等。

易失性存储芯片在断电后无法保留信息，而非易失性存储芯片在重新通电后数据依然可完整调用。虽然易失性存储芯片无法在断电后保留数据，但能快速读取信息，一般被用于为操作系统或其他运行中的程序提供运算时中间代码及数据的临时存储。

易失性存储芯片的原理是将 MOS 管的状态通过电容器存储下来。如图 4-1-2 所示，一组 MOS 管和电容器组成一个 DRAM 的存储单元。写入数据时，通过 MOS 管的通断控制电容的充电或放电，就表示数据中的 1 位。读取数据时，电容器的状态会被读取出来，进而确定数据位的值。

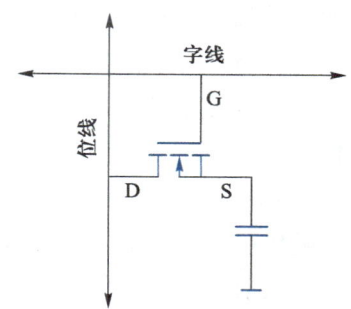

图 4-1-2　DRAM 的存储单元

4.2　非易失性存储器件（NVM）工作原理

非易失性存储芯片在断电后依然确保数据不丢失，其方式就是把电子"锁"了起来。MOS 的通断决定了电信号状态，于是在 MOS 管栅极加入一层多晶硅，两侧用很薄的绝缘层封起来，构成电子"陷阱"。这种带"陷阱"的 MOS 管称作浮栅 MOS 管，如图 4-2-1 所示。

以可擦可编程只读存储器隧道氧化层（erasable programmable read-only memory tunnel oxide，ETOX）架构为例，存储单元是一个含有源极、漏极与栅极的三端器件。栅极施加正向偏压时，电子在隧穿效应下从隧穿层进入浮栅存储起来，阈值电压较高，对应逻辑为 **0**。栅极施加

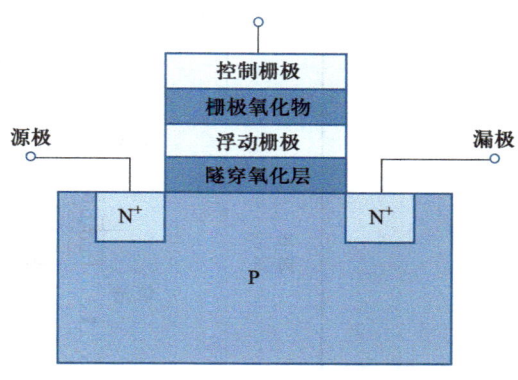

图 4-2-1　浮栅 MOS 管

负向偏压时，浮栅中的电子退出隧穿层，阈值电压较低，对应逻辑为 **1**，这个过程完成了信息的存储。即使电流消失，阻挡层与隧穿层也能保证浮栅中的电子不丢失，从而保证数据的完整性。

NVM 具有非易失、按字节存取、存储密度高、低能耗等优点，读写性能接近 DRAM，但读写速度不对称，读远快于写，寿命有限。NVM 主要有两类产品：只读存储器和闪存。

只读存储器（read-only memory，ROM）的特性是一旦存储数据就无法再将之改变或删除，且内容不会因为电源关闭而消失，通常用以存储不需经常变更的程序或数据。根据程序是否可编程，主要有以下几种类别：

（1）可编程只读存储器（programmable read-only memory，PROM）。

（2）电可改写只读存储器（electrically alterable read only memory，EAROM）。

（3）可擦可编程只读存储器（erasable programmable read only memory，EPROM）。

（4）一次编程只读存储器（one time programmable read only memory，OTPROM）。

（5）电可擦可编程只读存储器（electrically erasable programmable read only memory，EEPROM）。

闪存（flash memory）是一种电子式可清除程序化只读存储器，允许在操作中被多次擦或写。闪存主要用于一般性数据存储，如 U 盘。闪存是一种特殊的、以宏块抹写的 EEPROM。闪存的成本远比 EEPROM 低，是非易失性固态存储最广为采纳的技术。

随着芯片技术的飞速发展，多个新的架构的 NVM 产品也随之产生。例如，阻变随机存储器（resistance random-access memory，ReRAM）、铁电随机存储器（ferroelectric random-access memory，FeRAM）、相变存储器（phase-change random-access memory，PCM）和磁性随机存储器（magnetoresistive random-access memory，MRAM）。

目前市面上的闪存产品有两种，NAND Flash 和 NOR Flash，其架构如图 4-2-2 所示。并行接口的 Parallel Flash 是基于 NOR Flash 架构的，而 SSD 硬盘、U 盘和 SD 卡等通常是基于 NAND Flash 架构的。

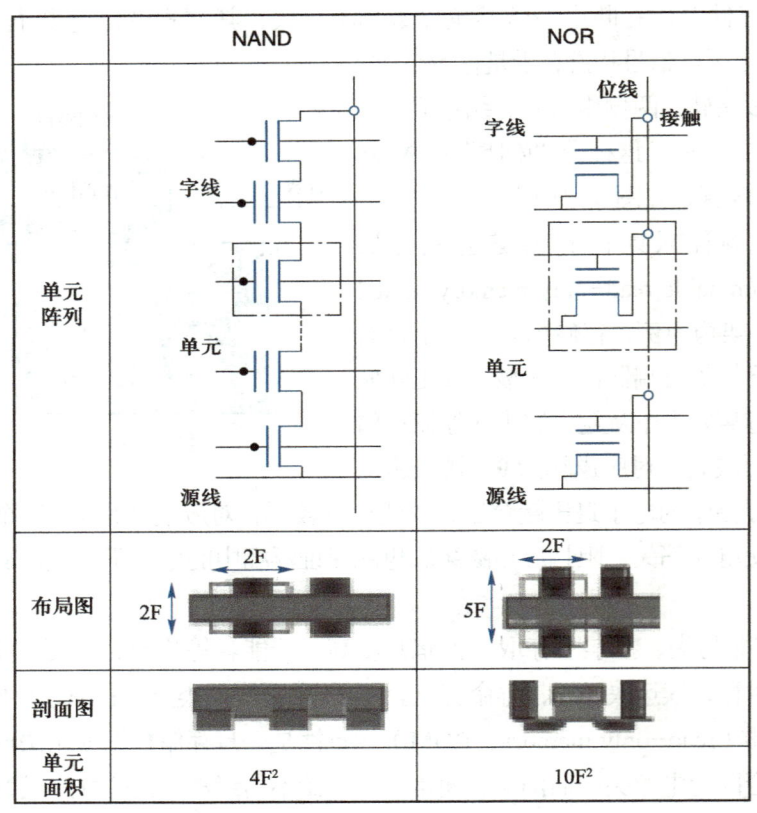

图 4-2-2　NAND Flash 和 NOR Flash 架构对比

如图 4-2-3 所示，NOR Flash 容量较小，随机读写速度较快，支持芯片内执行（execution in place，XIP）。但单位容量成本较高，一般用作代码存储，如嵌入式系统的启动代码 U-Boot 通常存在 Parallel NOR Flash 中。

NAND Flash 容量大，支持整页（page）读写和编程，单位容量成本更低，但随机读写速度较慢，且不支持 XIP，一般用来存放大容量的数据。

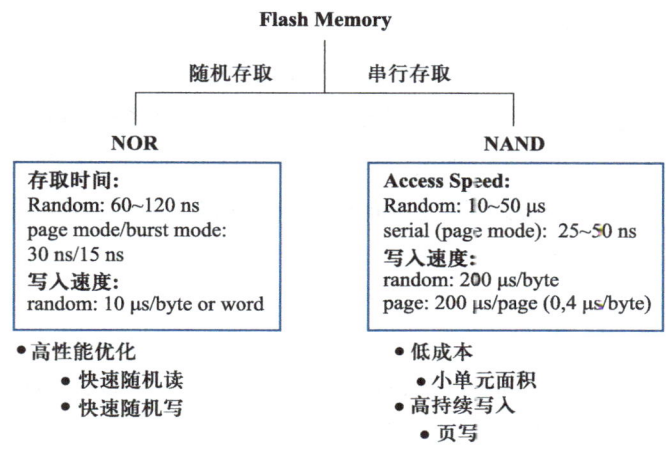

图 4-2-3　NAND Flash 和 NOR Flash 的读写速度比较

4.2.1　NOR Flash

目前 NOR Flash 的主流 Si 平面工艺包括浮栅 ETOX 和电荷俘获的 SONOS（silicon-oxide-nitride-oxide-silicon）工艺结构。

如图 4-2-4 所示，ETOX 结构存储器主要由衬底、隧道氧化层、浮栅、栅间绝缘层和控制栅组成，通过向浮栅中注入电子或拉出电子实现写入和擦除操作。ETOX 工艺是目前大多数 NOR Flash 厂商采用的主流工艺，在大容量领域具备更好的面积优势、更强的安全性和稳定性。

如图 4-2-5 所示，SONOS 是以 ONO 堆栈为栅介质的结构。SONOS 结构被广泛地应用于嵌入式非易失性存储器和 MCU 等器件中，具备成本低、操作电压低等特性。SONOS 结构存储器使用绝缘层（如氮化硅）作为电荷存储层，氮化物中的电荷陷阱俘获从通道注入的载流子并保留电荷，因此这种存储机制对隧道氧化缺陷的敏感度较低，利于数据保存。

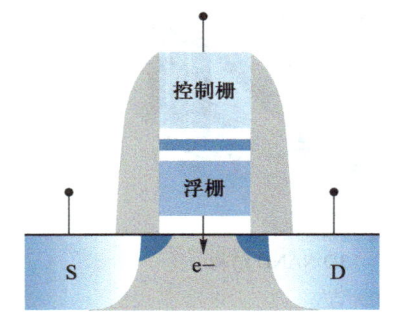

图 4-2-4　ETOX 工艺存储单元结构

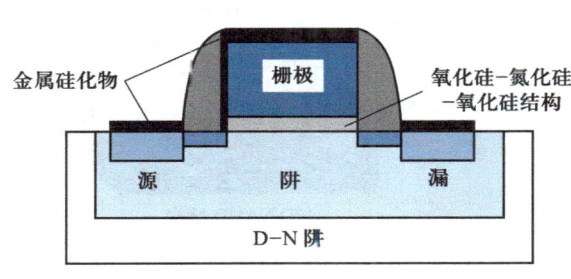

图 4-2-5　SONOS 晶体管横截面示意图

SONOS 工艺采用电荷俘获原理，为双管结构（存储晶体管+选择晶体管），平台设计简洁，需要较低工作电压，同时产生较少功耗损伤，光刻版层数更少，具备高性价比、低功耗等优势，此外还可支持页擦除等功能，擦除更快、耐擦写能力强。ETOX 工艺是目前大多数 NOR Flash 厂商采用的主流工艺，基于热电子效应，为单管结构，在大容量领域具备更好的面积优势、更强的安全性和稳定性。

基于 SONOS 的工艺已经实现了从 55 nm 向 40 nm 的迭代，未来可持续推进到 2X nm 节点，实现更优芯片性能和更高性价比。ETOX 目前主流工艺为 65/55 nm，由于热电子效应对物理长度的限制，导致沟道尺寸较难进一步缩小，因此向 4X nm 节点以下迭代具备一定难度。基于上述工艺差别，未来的 NOR Flash 领域格局将是中小容量产品以 SONOS 为主，大容量以 ETOX 为主。

4.2.2 NAND Flash

最初的闪存多属于平面闪存（planar NAND），也称为 2D NAND。为了提高容量，NAND 闪存在工作原理和电路设计上，逐渐从单层单元存储技术（single-level cell，SLC）发展到多层单元（multi-level cell，MLC）、三层单元（trinary-level cell，TLC）甚至四层单元（quad-level cell，QLC）存储技术。

为进一步提高容量、降低成本，NAND 工艺也在不断进步，从 90 nm 到 2X nm。但 NAND 闪存跟处理器不一样，在先进工艺带来容量提升、成本降低的同时，可靠性及性能都在下降。因为工艺越先进，NAND 氧化层越薄，可靠性也越差。

如图 4-2-6 所示，3D NAND（垂直堆叠三维 NAND）使厂商不需要费尽心思去提高工艺水平，转而堆叠更多的层数就能有效解决问题。3D NAND 存储单元中，电荷的存储层可以是浮栅（floating gate）或氮化硅电荷俘获层（charge-trapping layer，CTL）。三维 CTL 垂直沟道型 NAND 闪存基于无结型（junction less，JL）薄膜场效应晶体管（thin film transistor，TFT），具有更好的可靠性。

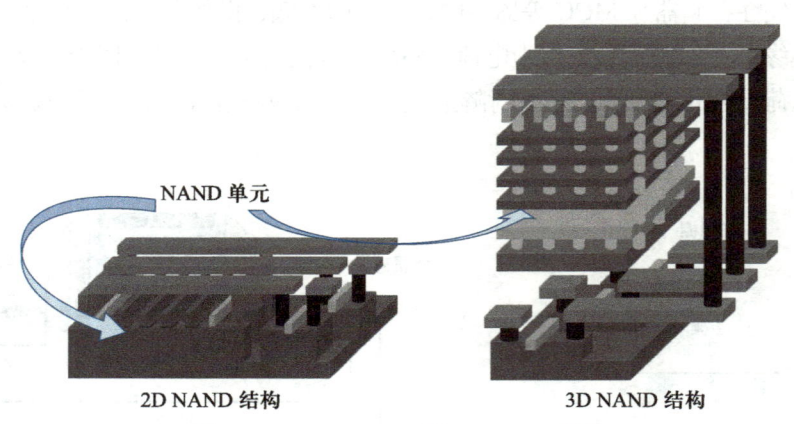

图 4-2-6 2D NAND 和 3D NAND 结构

图 4-2-7 所示为 3D NAND 闪存器件结构示意图。底层的选通晶体管（CSL/GSI）为反型晶体管，其余每个存储单元的晶体管均为无结型薄膜晶体管（JL-TFT）。晶体管关闭时，多晶硅薄膜沟道处于全耗尽状态，开关电流比大于 10^6。存储层采用的是基于氮化硅的高陷阱密度材料（电子/空穴在存储层中的横向扩散会降低 3D NAND 的可靠性），电荷存储单元之间的耦合效应低。写入/擦除操作分别使用电子和空穴的 FN 隧道穿透，隧道穿透层通常

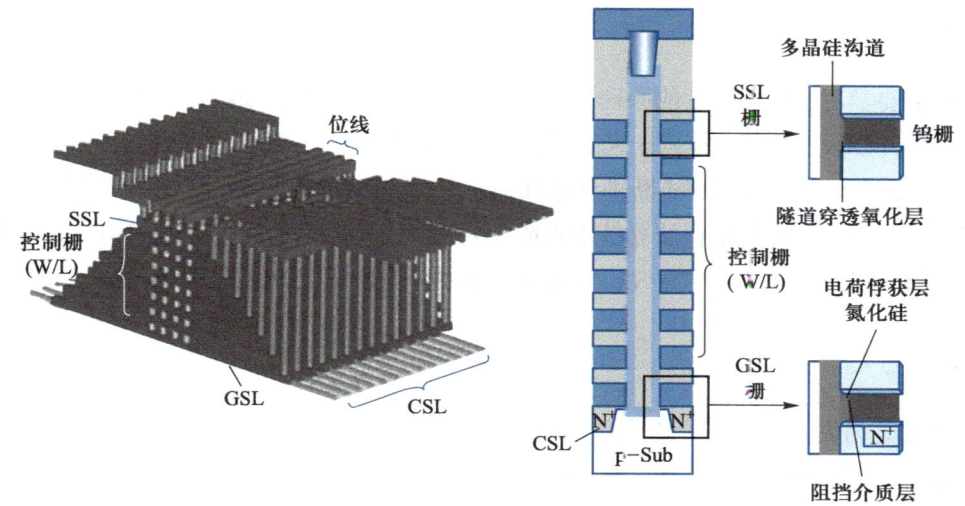

图 4-2-7　3D NAND 闪存器件结构示意图

是基于氧化硅和氮氧化硅叠层材料结构的，阻挡层采用氧化硅或氧化铝等材料（目的是降低栅反向注入）。3D NAND 存储单元的存储性能优异，具有快速的写入/擦除速度及优异的器件可靠性。

图 4-2-8 所示为 3D NAND 闪存器件制造工艺流程示意图。在完成 CMOS 源漏后，开始沉淀多层氧化硅/氮化硅，然后进行光刻和沟道超深孔刻蚀（深宽比大于 30∶1），沉淀高质量的多晶硅薄膜和沟道深孔填充并形成栅衬垫阵列（gate pad）。接下来进行光刻和字线刻、离子注入形成 CSL 线、湿法去除氮化硅、沉淀栅介质和电荷俘获 ONO 薄膜（其特点是厚度和组分均匀，沟道-介质界面缺陷密度低）、沉积钨薄膜作为栅极，并刻蚀钨以分开字线。完成上述工艺后，继续进行后段（BEOL）工艺。

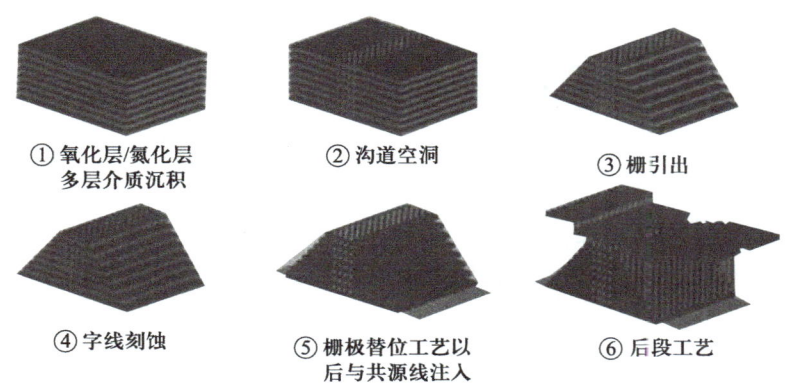

图 4-2-8　3D NAND 闪存器件制造工艺流程示意图

总而言之，3D NAND 工艺经垂直结构的晶体管的搭建，实现了闪存存储单元的垂直堆叠。

小结

本章主要学习了存储芯片的原理与应用，重点介绍了 NOR Flash 和 NAND Flash 的基本结构和工作机理，并对相应技术未来的发展趋势进行了展望。

在未来，存储芯片技术将不断地创新和进步。3D NAND 闪存技术、磁存储器（MRAM）技术和量子存储技术等新型存储器技术将成为未来的发展趋势。这些新技术将为计算机、移动设备、物联网等领域带来更高效、更可靠、更安全的数据存储解决方案。

思考与习题

1. 什么是易失性存储芯片和非易失性存储芯片？NVM 产品主要有哪些？
2. 请介绍 Flash 产品的主要特点及种类。
3. 试画出 SONOS 结构的 Flash 结构图。
4. 试阐述 NOR 和 NAND 芯片的结构及应用场景的差异。

第 4 章进阶习题

第二篇

集成电路制造工艺设计基础

第 5 章 工艺设计套件

在芯片生产前，设计公司需选择晶圆厂进行代工。由于各晶圆厂的工艺标准、能力各不相同，设计公司须配合晶圆厂工艺特征推出其最优的电子电路设计方案。为此，设计公司借助晶圆厂的工艺设计套件（process design kit，PDK）进行电子电路设计、仿真和设计验证等，最终将经过优化的电子电路设计交付晶圆厂进行流片生产。

本章主要介绍了 PDK 的重要性、PDK 的主要架构以及 PDK 技术发展。

5.1 PDK 架构

PDK 是一种文件资料库，其包含了晶圆厂特定工艺的信息资料，一般由晶圆厂建立并维护。PDK 是晶圆厂和设计公司的沟通桥梁，一个准确性高的 PDK 能提升一次流片成功率，降低设计公司流片成本，提高竞争力。

PDK 的架构包含设计规范手册（design rule manual，DRM）、物理验证规则（physical verification，PV）、器件模型（device model）、可制造性设计（design for manufacturability，DFM）以及工艺设计套件包（PDK package）。

5.1.1 设计规范手册（DRM）

设计规范手册主要包括设计规则（design rule），版图设计技术文件（layout tech file），光刻版层（mask layer）以及器件物理层结构表（truth table）等信息。

设计规则指的是电子电路图形的设计规则，它既制定了各掩模版层内各种图形的设计规范（如最小线宽、最小图形面积等），也制定了不同掩模版层图形与图形之间的设计规范（如接触孔与栅极的最小距离等）。设计规则也包含其他多种信息，如后段金属层布线方案、芯片引线脚（PAD）设计等。

一套成熟的设计规则蕴含了晶圆厂内特定工艺的技术经验总结，一般而言芯片设计师需遵守此规范来设计电子电路。规格过于严谨的设计规则有碍于吸引客户。相反，规格过于松的设计规则虽然有利于吸引客户（有实现芯片面积缩减等便利），但不利于晶圆厂的良率提升或日常运营。

设计规则的规格是一个晶圆厂的工艺、市场占有率、客户绑定度的综合实力体现。有时晶圆厂为了争取竞争对手的客户，可允许客户不必遵循已有设计规则，此类情况须进行严谨的工艺窗口验证。

layout tech file 定义了电子电路设计中使用的所有物理层，也包含了设计数据层和物理层的关系定义、电气规则等信息。

truth table 是器件物理层结构表，为设计师提供结构参考信息。

5.1.2 物理验证规则（PV）

PV 主要包括设计规则验证（design rule check，DRC）、版图原理图一致性比对（layout versus schematic，LVS）和寄生电阻电容参数抽取（parasitic extraction，PEX）三部分。

DRC 是晶圆厂对芯片的电子电路图形进行严格的检查，以确保其图形符合晶圆厂制定的设计规则，使芯片结果符合预期。DRC 需要利用各设计规则来编写对应的技术执行文件，一般在设计公司将其电子电路图形文件交付于晶圆厂后（晶圆厂内叫 GDS-in），由晶圆厂执行此操作。如有违反设计规则，则需要晶圆厂技术人员与设计公司共同评估及协商是否需要进行图形修改，或者评估晶圆厂是否能通过一系列特殊管控保证流片成功。

LVS 是指版图（layout）与原理图（schematic）的一致性比对。为了确保芯片设计师设计的电子电路图形与设计时的原理图逻辑上一致，并且能实现相对应的电子电路功能，芯片设计公司需利用专用工具对即将交付给晶圆厂的版图进行 LVS 检查，来保证所使用的器件尺寸、电路连接和功能模块等符合预期。一致性对比检查完全通过的电子电路图形设计才会被晶圆厂接受并进行流片生产。使用 LVS 可以让计算机系统正确提取电子电路图形中的器件和电路，LVS 也是电子电路设计进行物理层寄生参数抽取，并进行精确仿真的前提。

5.1.3 器件模型（device model）

器件模型是一组仿真模型文件，由晶圆厂建立并维护。器件模型是 PDK 里面很重要的组成部分，由于其包含了特定工艺技术下所用到器件的电气及物理特性模型，设计师可以利用其中的模型进行模拟或预测器件在实际应用中的行为。器件模型在晶圆厂内通常指 SPICE（Simulation Program with Integrated Circuit Emphasis）模型。SPICE 是一种电路仿真工具，其适用于模拟和数字电子电路设计，可以快速提供器件的基本电性分析。SPICE 包含仿真和元器件模型两部分。仿真部分需要解读输入的网表，再根据仿真指令执行计算或电子电路分析。元器件模型用于定义各种元器件（如晶体管、电容、电阻等）的行为特征（如电性参数等）。

要建立起一套准确的器件模型，晶圆厂技术人员需要设计一套测试图形，经过多次流片、数据收集，然后由器件工程师建立起器件模型，再根据器件所需的目标值，结合测试曲线制定器件模型。规模较小的晶圆厂也可以把此类工作外包给第三方专业机构进行作业。

5.1.4 可制造性设计（DFM）

DFM 要求芯片设计师在电子电路设计阶段就要考虑芯片产品的可制造性以及维护生产所需的低成本和高效率。DFM 是为了确保芯片产品能够被顺利地生产，并得到更高的产能、性能和可靠性而建立的一组工具及规则。DFM 检查规则可以理解为 DRC 的一个补充，其对电子电路设计图形的线宽、间距、套刻精度有着更为严格的要求。DFM 也对电子电路图形的布局，化学机械研磨效应等方面提出了优化要求及策略。

5.1.5 工艺设计套件包（PDK package）

一个完整的 PDK package 包含了各种设计规则（前述的 DRC、LVS 及 DFM）、器件模型、电子电路图形生成工具（电子电路布局工具、标准元件库）、原理图设计工具（Symbol Library & View）、参数化单元（parameterized cell，PCell）、组件描述格式和器件属性描述（Component Description Format & Device Callback）、各种技术文件、各种仿真及验证工具（模型仿真工具、DRC 工具、LVS 工具）等。

5.2　PDK 技术发展及生态构建

PDK 技术的发展体现在标准化和互操作性的发展、芯片结构从二维到三维的发展和更新型器件的支持等方面。随着工艺技术的发展，PDK 需支持更高级的工艺制程，包括更复杂的器件模型和设计规则。在高需求的背景下，未来的 PDK 会集成人工智能，以优化各种设计规则、提高仿真精度。

构建一个完整、准确性高的 PDK 是一个庞大的工作，需要团队各成员间紧密合作。大型晶圆厂拥有庞大的、完整的技术人员结构，可组建自己的团队来建立并维护 PDK。规模较小的晶圆厂可与业界的 PDK 服务提供商或者 EDA 公司合作，共同开发专属 PDK。PDK 建立的时效周期往往又影响着项目的研发进度，所以选择优秀的 PDK 工具也是非常重要的。

当下国际上主流采用的是 Cadence 公司和 Synopsys 公司的 PDK 工具。国内的 PDK 工具提供商也在稳步发展，华大九天、概伦电子等企业也能提供对应的 PDK 工具。针对 PDK 中的不同板块可选择不同的工具提供商，做到择优处理。近年来，开源 PDK 的出现推动了芯片设计的创新和合作，使更多的设计者能参与到先进工艺的设计中来。

小结

本章学习了工艺设计套件（PDK）的定义及其各部分组成内容，列举了 PDK 包含的主要内容，包括设计规范手册、物理验证规则、器件模型等。

PDK 是连接集成电路设计公司与制造公司之间的桥梁，是双方信息交互的主要载体，设计公司需要依据晶圆制造企业提供的 PDK 来定制化开发具备竞争力的产品，晶圆制造企业也需要通过 PDK 来约定自己的工艺能力水平。伴随着晶圆工艺尺寸逐步微缩，PDK 也在逐步完善。

思考与习题

1. 什么是 PDK？晶圆厂为什么需要准备 PDK？
2. 举例说明 PDK 包含哪些内容，并简要介绍其中 2 个板块的主要功能。
3. 什么是 DFM？为什么伴随着晶圆工艺尺寸的微缩，DFM 变得越来越重要？

第 5 章进阶习题

第 6 章 光刻版技术

光刻版技术是光刻技术进步、工艺制程微缩发展不可逾越的一个重要环节。最先进的光刻版技术使极紫外光刻（extreme ultra-violet，EUV）等高分辨率光刻技术得以实现，使更小的器件尺寸和更高的芯片集成度成为可能，从而推动摩尔定律的延续。

本章主要介绍光刻版的分类、相关概念以及光刻版流片流程和各环节内容。

6.1 光刻版技术概述

光刻版，业界又称掩模版、光刻掩模版和光罩等，晶圆厂内也习惯称 Mask 或 Reticle。光刻版制造工厂采用光刻方式将设计公司的电子电路图形（版图）刻在玻璃载体的不透光掩模层上，再通过晶圆代工厂的光刻工艺把光刻版上的图形复刻到光刻胶上。

6.1.1 光刻板制作工艺流程

如图 6-1-1 所示，光刻版工艺流程主要包括：光刻、显影、挡光掩模层蚀刻、去胶、关键尺寸量测、套刻精度量测、缺陷检查、清洗和保护膜（pellicle）包裹等步骤。与晶圆厂内的流片步骤相仿。当下主流光刻版为 6 英寸、4 倍规格，其他尺寸和倍率较少使用。

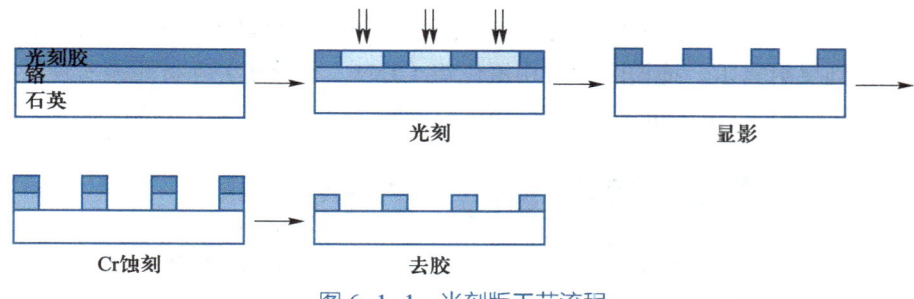

图 6-1-1 光刻版工艺流程

制备光刻版的核心设备为光刻机，其主要有激光（laser）和电子束（e-beam）类别。激光主要用于关键尺寸较大的光刻版生产，而电子束主要用于关键尺寸较小的先进工艺光刻版生产，其成本高，周期长。

6.1.2 光刻版类型

按照光刻工艺技术的要求，光刻版分为二元光刻版（binary intensity mask，BIM）、移相光刻版（phase shift mask，PSM）、半透式移相光刻版（half-tone PSM，HTPSM，主要为 6% 透光率）、交互式移相光刻版（alternating PSM，ATPSM）等。

BIM 光刻版主要用于关键尺寸较大的工艺层，如 0.13 μm 工艺节点的金属层、55 nm 工艺节点的离子注入层。

为提升光刻成像精度及工艺窗口，业界引入了 PSM 技术。如图 6-1-2 所示，PSM 技术的原理是，通过在光刻版相邻光透过窗口增加 180 度相位差的相变层来提升光强对比度。自 0.13 μm 工艺通孔层（VIA）开始，便常使用 PSM 光刻版。

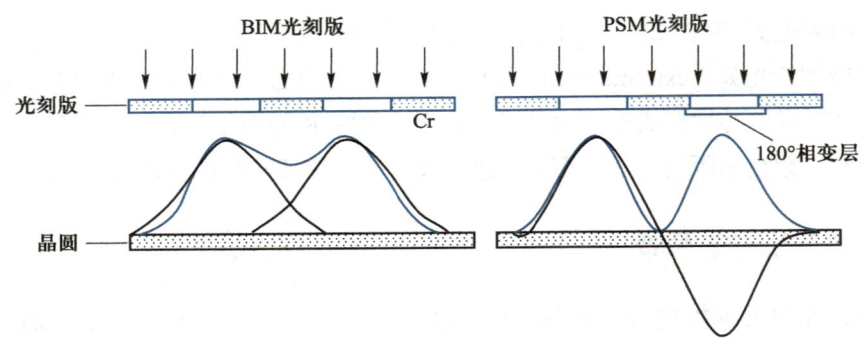

图 6-1-2　BIM 光刻版和 PSM 光刻版

为满足晶圆厂工艺制程微缩、工艺窗口增大或光刻版使用周期延长等需求，光刻版厂需要做积极应对。例如，负型光刻胶的选用，铬（Cr）层厚度的优化，无硫元素清洗等。光刻版厂必须维持生产设备的稳定性，力求关键尺寸均匀度高和光学邻近效应保持平稳。

6.1.3　EUV 光刻版

传统光刻版采用的是透光模式，但 EUV 光容易被玻璃材质吸收，故 EUV 光刻版采用反射方式。如图 6-1-3 所示为 EUV 光刻版示意图，一般在石英玻璃衬底上沉积约 40 层的钼和硅薄层来达到反射需求。掩模图形可用氮化钽（TaN，不透光）等材质来实现，并在反射层与吸收层之间沉积一薄的辅助层（如钌，Ru）来增强两者的黏附力和强度。

图 6-1-3　EUV 光刻版示意图

6.1.4　光刻版的技术特征

业界用 MEEF（mask error enhancement factor）来表征光刻版误差对晶圆光刻胶图形的误差，其表达式如式（6-1-1）所示。

$$MEEF = \frac{\nabla_{CD_{wafer}}}{\nabla_{CD_{mask}}} \quad (6\text{-}1\text{-}1)$$

式中，$\nabla_{CD_{wafer}}$ 是晶圆上的特征尺寸变化量，$\nabla_{CD_{mask}}$ 是光刻版上的特征尺寸变化量。例如，

MEEF = 2 表示光刻版上的特征尺寸（mask CD）每增加 1 nm（按 1 倍计算），晶圆上的特征尺寸（wafer CD）将增加 2 nm。*MEEF* 与诸多因素相关，如晶圆厂光刻胶、特征图形的疏密度等。*MEEF* 也是晶圆厂进行光刻胶评估的一大要素。

光刻版的验收规格主要有特征尺寸大小（CD tolerance）、特征尺寸平均值偏离度（CD mean-to-target）、特征尺寸数值范围（CD range）、光刻版套刻精度、光刻版缺陷等项目。光刻版的验收规格由晶圆厂按工艺需求来提出，规格的松紧会直接影响光刻版报价，有时光刻版厂为了应对高要求的规格会同时流片 2~3 片光刻版，力求一次流片就能完成交付。

由于静电会对光刻版的实体或者功能产生损害，故光刻版在运输、保存和使用期间都需要去静电保护，现代晶圆厂光刻区都装有除静电装置。

6.2 光刻版流片流程

光刻版的流片称为 Tapeout（某些场合也称为 Tooling），现代晶圆代工厂的光刻版流片一般由光刻版工程服务部门（MES），通过一定规则把光刻版信息集合（表 6-2-1）交予光刻版厂进行生产流片。光刻版信息集合包括公司基本信息、客户电子电路设计图、光刻部门的对准图形、用于生产监控的量测图形、用于电性与可靠性等量测的图形，以及光刻版量测图形等各种特定测试图形，数据将以 GDSII 或 OASIS 等文件类型传输给光刻版厂。

表 6-2-1 光刻版信息集合表

光刻版信息集合						
核心机密	基本信息		各种特定量测图形			
客户电路设计图	公司信息	产品信息	光刻对准图形	生产量测图形	电性可靠性等图形	其他图形

如图 6-2-1 所示，主流晶圆代工厂光刻版流片工作步骤分为以下几部分：Tapeout 信息集合，Frame（切割道区域总称）制备，数据预处理，虚拟图形（Dummy）/光学邻近修正（OPC，optical proximity correction）处理，文件类型转换，光刻版生产及交付。

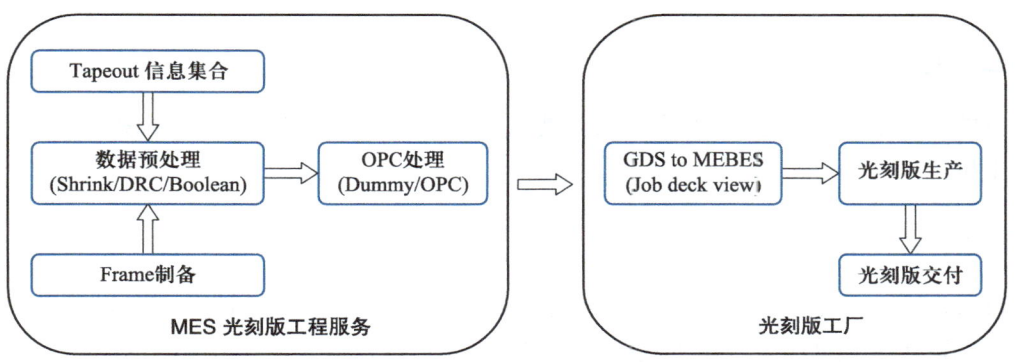

图 6-2-1 光刻版流片工作步骤

6.2.1 光刻版 Tapeout 信息集合

该信息集合是晶圆厂和光刻版厂信息记录和沟通的桥梁,其中的信息只会部分传输给光刻版厂,具体要看晶圆厂的信息保密级别。

6.2.2 数据预处理

数据预处理就是为了光刻版顺利流片而做的工作,主要包括设计规则检查、逻辑运算和微缩等。

一、设计规则检查(DRC)

DRC 需写特定程序(deck file)检查客户的电子电路设计文件是否符合晶圆厂制定的设计规范手册。

二、逻辑运算

逻辑运算是一种定制化运算,主要包括逻辑运算(logic operation)和异或运算(boolean operation),如某些离子注入层图形的产生,图形的尺寸增大(sizing up)、尺寸缩小(sizing down)、去除(smoothing)以及合并(merge)等操作。总而言之,逻辑运算是为了得到正确的图形,或者去除错误的或不必要的图形,如图 6-2-2 所示。

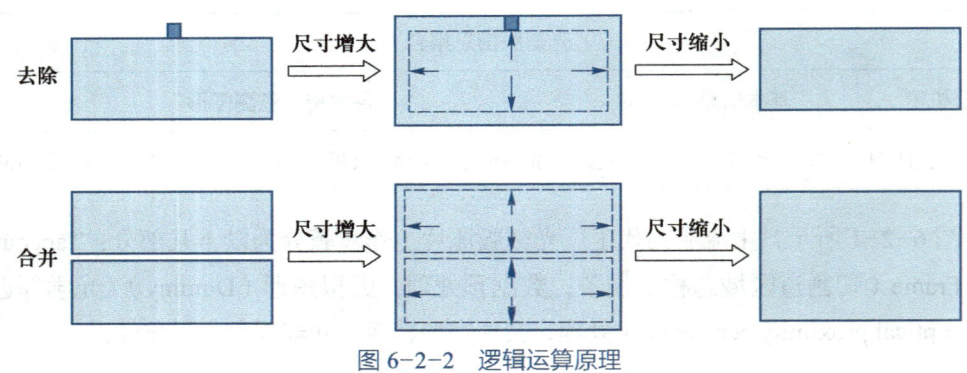

图 6-2-2 逻辑运算原理

三、微缩

某些设计公司设计的电子电路图形需要执行微缩流程,但需提前商议由设计公司还是晶圆厂来执行。

6.2.3 Frame 制备

Frame 制备包括光刻版上除了客户电子电路设计版图的所有定制化图形的制备以及版图摆放,图形主要包括了光刻版外围图形、切割道图形以及位于电子电路图形区内(In-die)图形。

一、版图摆放

版图摆放主要有图 6-2-3 所示的几种形式。用于一般量产的摆放以 MP（main product）形式为主，以量产和验证为目的则以 MP+TK（testkey）形式为主，以多客户或者多芯片验证为目的则以多项目晶圆（multiple project wafer，MPW）形式为主，以节约成本为主的小批次生产或验证则主要以多层掩模（multiple-layer-reticle，MLR）形式为主。

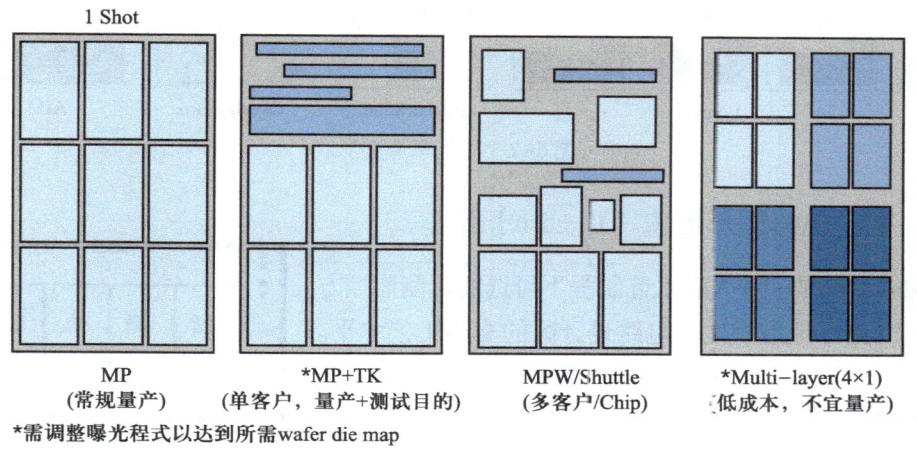

图 6-2-3　版图摆放形式

二、光刻版外围图形

光刻版外围图形（如图 6-2-4 所示）包括了光刻版编号对应的条形码，用于光刻机对准光刻版的图形。此类固定图形通常由晶圆厂与光刻版厂制定操作规范后就直接套用，极少更改。特定图形需符合设备供应商的设计标准，如 ASML、Nikon 的光刻版图形设计标准。

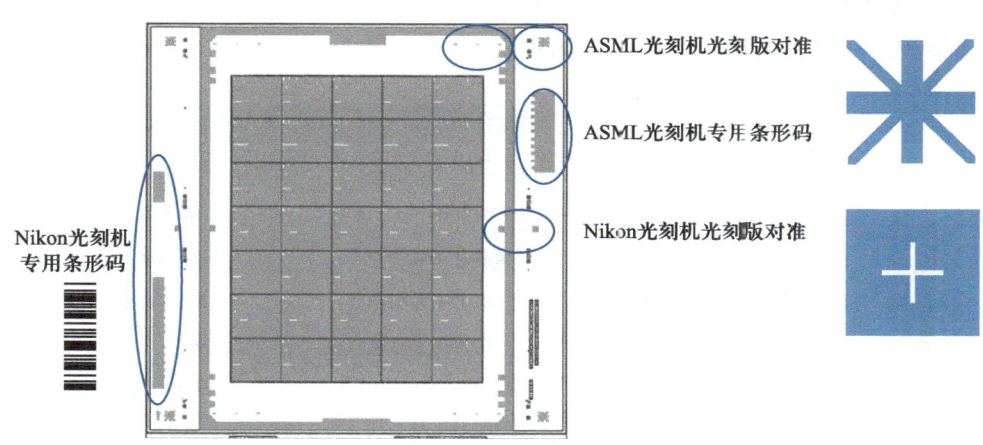

图 6-2-4　光刻版外围图形

三、切割道图形

如图 6-2-5 所示，切割道图形包括标识类的 Logo、产品号码、光刻版厂量测用的图形

Registration、晶圆厂生产监控所用的量测图形（如套刻精度测量所用的 Overlay Box、AIM 等），以及电性、可靠性量测图形等。各量测图形除了符合设计需求之外，还要结合工艺特征，以免产生负面影响。量测图形设计上，尽量能代表客户电子电路设计里的环境特征，各图形的选择需要光刻和工艺整合部门充分了解各层的工艺特征。

图 6-2-5　切割道图形

四、电子电路图形区内（In-die）图形

In-die 量测是一种先进工艺制程下可选的量测监控方式，其可以更好地监控电子电路设计区的真实工艺水平。主要用来配合 ASML 系统来做更好的建模及补偿。但此举需制定专门的设计规则来做量测图形的设计及放置，需客户配合更改原版图设计。In-die 示意图如图 6-2-6 所示。

五、晶圆芯片布局图（wafer map）

Frame 制备所产生的晶圆芯片布局图（图 6-2-7）有一个非常重要的指标就是单片晶圆上的芯片数量（die count）。其需要 IT 算法支援，计算最佳布局以获得最大芯片数量。切割道尺寸以及晶边预留尺寸等皆会影响其结果。单片晶圆上的芯片数量也是晶圆厂之间可比较的项目之一。

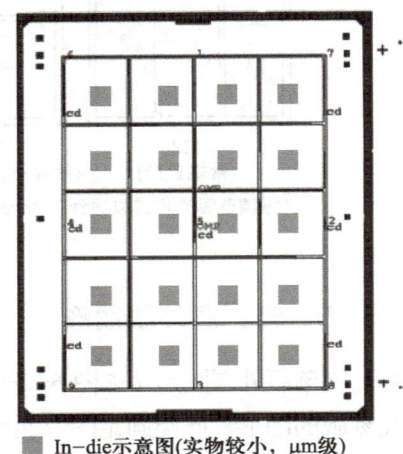

■ In-die示意图(实物较小，μm级)

图 6-2-6　In-die 示意图

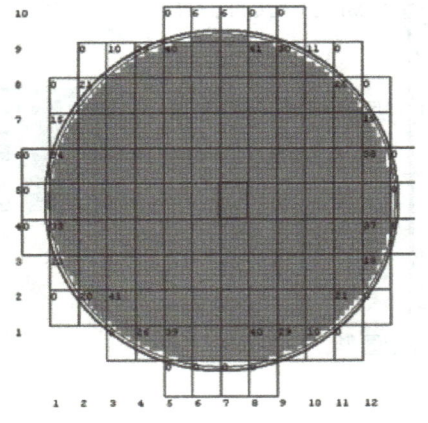

项目	值
产品编号	J001
晶圆直径	300 mm
晶圆有效直径	294 mm
一次光刻大小(X/Y)	26/33 mm
一次光刻芯片数(X/Y)	3/4
切割道宽度(X/Y)	60/60 μm
晶圆编号区	/
输出_布局最佳位移(X/Y)	650/1 200 μm
输出_最大芯片数量	2 000

图 6-2-7　晶圆芯片布局图

6.2.4　Dummy/OPC 处理

一、Dummy 处理

如图 6-2-8 所示，通过插入适当的 Dummy 图形，可增加工艺窗口（减少负载效应 Loading effect 或镜头热效应 Lens Heating）。Dummy 图形可以留在晶圆上，其不同于一般的 OPC SRAF（sub-resolution assistant feature）光学辅助图形。

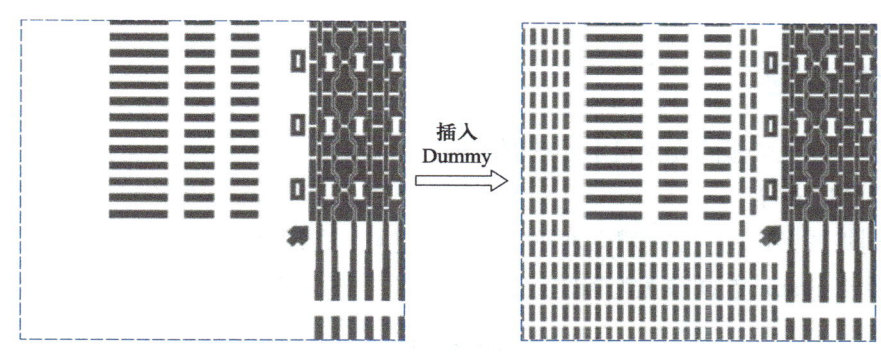

图 6-2-8　Dummy 图形插入示意图

二、OPC 处理

主要包括 OPC 修正及其维修（repair）工作发包等。OPC 对 CPU 的频率及数量要求较高，需在资金与时效性上做平衡。针对庞大的硬件设施，需要建设与之相对应的数据机房。

6.2.5　GDS-MEBES 处理

光刻版厂在接收到晶圆厂版图文件后会进行文件格式转换，一般为 GDSII 转为 MEBES。此处会进行一个最终版图确认，称为 JDV（job deck view）。相关负责人（光刻、工艺整合、OPC、客户等）会通过专门的软件进行图形确认，包括图形的坐标和关键尺寸等。

6.3　光刻版技术发展及生态构建

光刻版主要由透光的基板和不透光的掩模构成。常见的基板主要有树脂和玻璃类型，掩模一般使用铬或者硅等。主流晶圆厂所使用的光刻版多以石英玻璃为基板，铬掩模。光刻版原材料的供应主要集中在日本信越（ShinEtsu）和尼康，国内的菲利华也能提供部分石英基板。

光刻版的生产有两种类型，晶圆厂自建的光刻版厂和第三方专业的光刻版厂。大型晶圆厂如台积电、中芯国际等都有自己的光刻版厂，既可以缩减成本，也能缩短交期。由于先进的光刻版生产需要极大的投资，所以拥有光刻版厂的晶圆厂也会向第三方光刻版厂订购。

第三方专业光刻版厂主要有日本凸版（Toppan）、日本 DNP（Dai Nippon Printing）以及美国的 Photronics。中国除厦门美日丰创（PDMCX）外，山东的泉意光罩和广州新锐光掩模科技也已参与到行业竞争当中。

小结

本章学习了光刻版的种类、基本技术以及其流片环节的各种关键信息,同时也阐述了光刻版切割道的组成。

随着工艺的迭代,光刻版技术的发展也面临各种挑战,在 14 nm 以下节点的图形拆解,进而实现多重曝光技术也变得尤为重要,此举可以暂时突破光刻机单次光刻解析度的物理极限。

思考与习题

1. 用于生产光刻版的光刻机主要有哪两种?
2. 何为 MEEF ?
3. 光刻版图形布局主要有哪几种形式?试阐述其主要用途。
4. 为什么 Frame 的摆放尤为重要?

第 6 章进阶习题

第 7 章 光学邻近修正（OPC）

光学邻近修正（optical proximity correction，OPC），也称计算光刻。从 0.18/0.13 μm 工艺制程开始，便广泛应用 OPC。随着工艺制程的发展，OPC 越发重要。在新工艺的研发中，OPC 起着至为关键的作用。

本章主要介绍了 OPC 的基本概念和 OPC 开发流程，以及开发实操中的一些注意事项。

7.1 OPC 基本介绍

OPC 是一种对光学或工艺的特定补偿，也可以是一种定制化修正，其补偿或修正的对象是电子电路图形。

7.1.1 OPC 技术基本概念

在学习 OPC 之前，先了解一些 OPC 技术的基本概念。

一、步长值 Pitch

如图 7-1-1 所示，步长值 = 线宽 + 线槽宽（Pitch=line width+space width），类似一种特征间距。

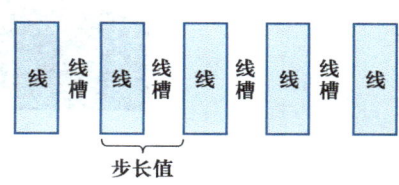

图 7-1-1 步长值示意图

二、步长值组（Through Pitch）

步长值组是指一组如上述图线（line）尺寸固定，线槽（space）由小到大排列的 Pitch 图形组合（图形从密到疏的变化）。通过量测此组图形的关键尺寸来表征某种设计尺寸下的光学邻近效应或者蚀刻负载效应。

三、光学邻近效应（optical proximity effect）

光学邻近效应的产生主要是由于光干涉导致光刻后的光刻胶图形与光刻版图形或原设计图形有尺寸或者形状上的差异（如图 7-1-2 所示）。造成该差异最基本的原因是图形本身的疏密度（透光比例），另外底层图形和薄膜层的反射、漫反射也会造成此种影响。为消除光学邻近效应，可通过改善生产工艺来优化，但效果并不理想，这时采用 OPC 做光学邻近效应的修正就显得直接而有效。

四、光刻辅助图形（SRAF）

如图 7-1-3 所示，SRAF 是一种不会在晶圆上成像的光学辅助图形，其通过弱光强来补足某些图形的光刻工艺窗口。通俗讲，就是通过增加 SRAF 来让某些图形自身环境显得更"密"。SRAF 与 Dummy 都是辅助图形，其不同在于 Dummy 图形最终存在于晶圆上（工艺辅助），而 SRAF 不存在于晶圆上（光学辅助）。

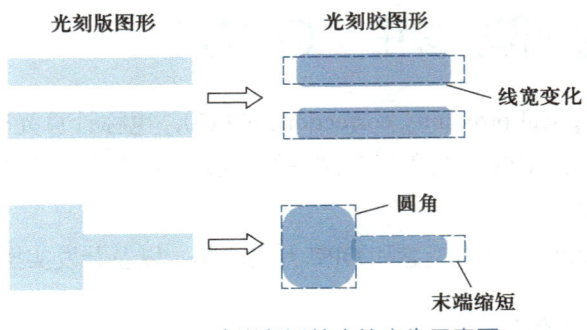

图 7-1-2　光学邻近效应的产生示意图

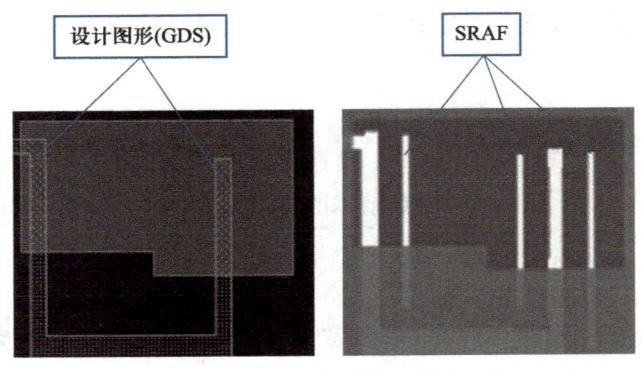

图 7-1-3　光刻辅助图形

7.1.2　OPC 修正

电子电路设计文件经过 OPC 修正后，将会传输给光刻版厂进行对应的光刻版生产。如图 7-1-4 所示，光刻部门会使用经过 OPC 修正的光刻版进行光刻工艺，为后续工序提供合适的光刻胶图形。当然，并非所有的光刻层都需要 OPC 修正。

图 7-1-4　OPC 在流程中的位置

7.1.3　OPC 分类

OPC 分为基于规则（Rule-based）和基于模型（Model-based）两种。基于规则的 OPC 是指通过图形简单的二维尺寸来做关键尺寸的增减等动作，类似一种如表 7-1-1 的查询表。基于规则的 OPC 多用在 0.13 μm 工艺制程以前，或者某些较为简单的修正需求，现在一般多使用基于模型的 OPC 或者混合式 OPC（Rule-based、Model-based 并用）。

基于模型的 OPC 需要建立一个 Model，此 Model 包含特定工艺条件下的各种图形的光学行为等资料。采用基于模型的 OPC 时，系统会利用此 Model 将每根图线（polygon）进行光学模拟，并把每根图线的边进行一定规则的切割（dissection）模拟运算，对模拟后不符合目标尺寸的地方进行修正，如图 7-1-5 所示。此模式下的 OPC 修正会比基于规则的 OPC 来的精准得多。

表 7-1-1　基于规则的光学邻近修正（Rule-based OPC）（单位：nm）

宽度＼间距	…	250	255	260	265	270	275	280	285	…
200	…	2	2	3	3	4	4	4	4	…
205	…	2	2	3	3	4	4	4	4	…
210	…	3	3	4	4	4	4	5	5	…
215	…	3	4	4	4	5	5	5	5	…
220	…	4	4	5	5	6	6	6	6	…
225	…	5	5	6	6	6	6	8	8	…
230	…	7	7	7	8	8	8	8	8	…
…	…	…	…	…	…	…	…	…	…	…

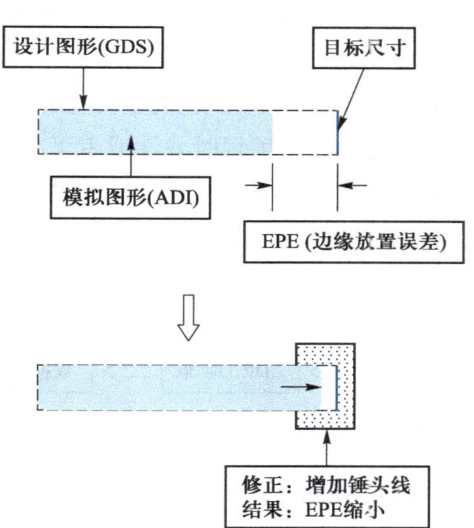

图 7-1-5　基于模型的光学邻近修正（Model-based OPC）

7.2　OPC 技术开发流程

如图 7-2-1 所示，常见的 OPC 程式包括 OPC Model，OPC Recipe 以及 OPC 检查程序（OPC verification），当然不同的 OPC 供应商可能会有不同的实现方式。本文将以成熟工艺来叙述 OPC 开发流程所需要的环节。

7.2.1　关键图形的目标尺寸定义（anchor point）

在 OPC 程式建立前，各光刻层需选出一种关键图形作为特征图形，有时会选最小设计尺寸的图形，有时会选最关键器件图形。再根据最终电性能或者实物切片确定其蚀刻图形关键尺寸（AEICD），结合蚀刻偏差（etch bias）数据可反推出大概的光刻图形关键尺寸（ADICD）。当然，期间可以做些简单的光学模拟来评估各种光刻指标。Anchor Point 的确定对后面 OPC 测试光刻版的设计以及后续生产工艺的确定都有指标性的作用。

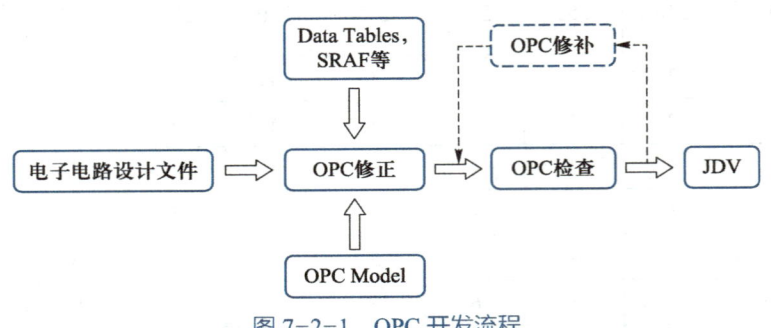

图 7-2-1　OPC 开发流程

7.2.2　OPC Model 的建立

OPC Model 的建立是一个复杂又耗时的过程（简单流程如图 7-2-2 所示），晶圆代工厂往往需要 OPC 系统供应商的专业协助。规模较大的晶圆代工厂也常常组建有自己的 OPC 团队来完成此类工作。OPC Model 是一个晶圆厂工艺的重要组成部分，不同的工艺平台有不同的 OPC Model，但业界实操中有时会基于项目时效性或者工艺相似性暂时调用其他产品的 OPC Model，此时必须加强监测各种关键目标图形的实际结果。

图 7-2-2　OPC Model 建立的简单流程

OPC 测试光刻版的设计。OPC Model 主要包含了特定工艺下的所有图形的光学行为，所以要建立一个 OPC Model，首先需要设计一套 OPC 专用的光刻版（业界称 OPC Test Mask）。此光刻版主要包含：各种设计线宽的 Through Pitch 图形组，SRAF 图形组，MEEF 测试图形组，蚀刻工艺调试图形组等。有时也会摆放些 IP（如 SRAM）以做前期工艺研发数据收集。

晶圆薄膜的考量。通常情况下，某光刻层 OPC Model 数据收集所需要的晶圆是裸片晶圆，但一般需要生长底层薄膜。此薄膜所需底层薄膜可根据全工艺流程中该光刻层所对应的薄膜，当然也有可能需要跨层薄膜，具体情况需参考光刻或者蚀刻效应。

光刻条件的考量。OPC Model 晶圆在光刻时所用的光刻条件须与未来量产参数一致，否则会严重影响光学准确度。至于能量（energy）、焦深（focus）等参数可以与量产参数有些许差异，毕竟此晶圆与全流程晶圆底层或平坦度皆有不同。可以使用一片单一光刻条件（固定 energy、focus）晶圆和一片额外晶圆（检视工艺窗口）来收集对应数据。

量测数据的考量。由于 OPC Model 需成千上万组关键尺寸量测,所以数据量测的一致性要求非常高。尽量使用将来量产用的关键尺寸量测设备(扫描电子显微镜,CDSEM),并且最好搭配自动化率高的辅助系统,如 Hitachi 的 Design Gauge 系统。

7.2.3 数据表(data table)的建立

有些 OPC 平台会把诸如光刻数据表或蚀刻数据表等独立出来处理,所以晶圆厂会依上述 OPC 测试光刻版中对应的 Through Pitch 来收集光刻、蚀刻图形关键尺寸以及特定图形工艺窗口等数据。

一般情况下,蚀刻数据表可把不同 Through Pitch 的实际蚀刻偏差整理成类似表格的形式,Through Pitch 的范围以当前光刻层设计规则为考量。光刻数据表需要考量不同图形的工艺窗口进行特定补偿。

除了光刻数据表和蚀刻数据表,还有很多其他数据集需要补充,例如图形线性度、图形头对头(head-to-head)设计等补偿。

7.2.4 其他特殊补偿

一般来说,OPC Model 针对的都是一般图形,此类图形是按照设计规则来定义其目标值的。但是在一个产品里面,存在着各种图形(如 SRAM,ROM 等),其最终尺寸有可能不遵守设计规则定义,或者最终尺寸是由电性能这类需求值来决定的。对这类图形我们需要定制化的补偿值,使其在进入 Model 后得出的结果符合最终的需求,如图 7-2-3 所示为定制化 OPC Model。

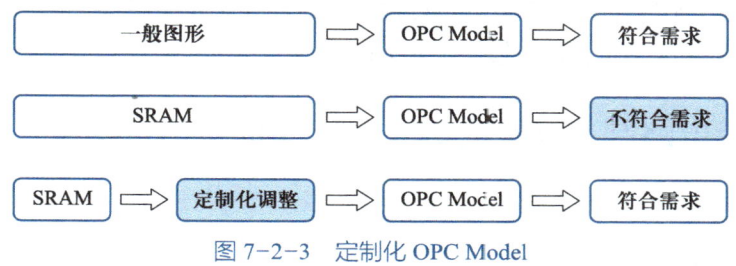

图 7-2-3 定制化 OPC Model

7.2.5 OPC 检查(verification)

常见 OPC 的后道检查分为单纯 OPC 后图形尺寸校验和基于 OPC Model 模拟尺寸校验。晶圆厂会基于业界标准及晶圆厂内工艺经验来制定对应的规格,对不符合规格的图形进行报警处理,相关负责人需要进行判断,如果工艺窗口允许则进行放行处理(waive),如不允许则进行 OPC 修补。

7.3 OPC 技术发展及生态构建

随着工艺制程的发展,设计公司对晶圆上电子电路图形尺寸精度以及规格要求越来高。同时由于生产设备的能力极限，不得不在 OPC 环节上引入更多的辅助技术，力求生产出来的芯片符合设计公司的设计期望。

AEI OPC Model。 OPC 从 Rule-based 转换到 Model-based 时期，OPC 主要还是在进行光学补偿。随着关键尺寸的微缩，蚀刻在不同图形区域的负载效应（loading effect）就变得不能忽视了。毕竟最终影响器件性能的是蚀刻后的图形，而不是光刻胶图形（此处指蚀刻层）。AEI Model 需要把蚀刻偏差作为输入项目，蚀刻偏差资料越详细，Model 越准确。一般情况下，从 90 nm 工艺制程的关键层便开始引入 AEI OPC Model。

离子注入层 OPC Model。 一般来说，离子注入层并没有蚀刻工艺，所以早期离子注入层的 OPC Model 是仅基于光片（bare wafer）或者带简单薄膜层的光片进行数据收集并建立起来的。然而随着工艺制程的发展，很多离子注入层会出现较为明显的光刻缺陷，如光刻胶图形倒塌（photoresist collapse）、底部残留（residue）等。原因多是由于底层材质反射率不一致（如氧化物和硅化物反射率差异较大）或者底层图形反射等影响。针对此类光刻缺陷，我们可以设计测试图形（test pattern），收集并整理对应关系，然后把类似数据补偿进 OPC 里。一般来说 40 nm 或者 28 nm 工艺制程的关键离子注入层就需要考虑此类影响。

其他 OPC 技术，如 14 nm 工艺制程时需要的双重光刻（double patterning，DP），在 OPC 里也需要对应的 DP 技术。另外 7 nm 及以下节点的 EUV 光刻，需对光刻版三维效应（mask 3D effect）和狭缝效应（through slit effect）等做出特殊补偿。

现阶段国际上主要的 OPC 提供商有 Siemens EDA、Synopsys 及 ASML-Brion 三家。现阶段 Siemens EDA 在中国大陆晶圆厂的使用率比较高，而 Synopsys 常见于中国台湾主要晶圆厂。ASML-Brion 的优势是 14 nm 及以下工艺制程的光源掩模协同优化（SMO）。国内自主的 OPC 供应商还不成熟，一些实力相对较小的公司处于试验阶段，但仍有一些合资公司扮演着重要的自主品牌角色，进步较快，实力较强。

7.4 集成电路制造计算光刻（OPC）虚拟仿真实验

一、实验目的和意义

计算光刻就是使用仿真软件，对复杂的光学与化学过程进行详尽而精确的仿真，从理论上探索提升光刻分辨率、拓宽工艺窗口的有效途径，为工艺参数的优化提供科学指导。

二、实验原理

在计算光刻中，基于规则的 OPC 以及基于模型的 OPC 等方法，旨在有效缓解光刻与蚀刻流程中引发的图形畸变问题。本实验利用 OPC 模型对 OPC 修正后的 GDS（图形数据系统，graphic data system）图形进行仿真，以得到对应的光刻图形仿真。这一过程不仅聚焦于技术层面的调整与优化，还通过对基础 GDS 图形的精细校正操作，进一步加深了对计算光刻工艺原理及其实现路径的深入理解。

三、实验步骤

a. 准备一个 GDS 文件，如图 7-4-1 所示。
b. 给定一个相关 OPC Model。
c. 通过对 GDS 文件的某些特定区域（要明确哪些特定区域）的手动修正，实现对 Rule-based、Model-based OPC 的模拟仿真。
d. 通过修正完的 GDS，在 OPC Model 的辅助下，实现光刻图形仿真。
e. 对比仿真结果与原 GDS 设计的差异，理解计算光刻的过程。

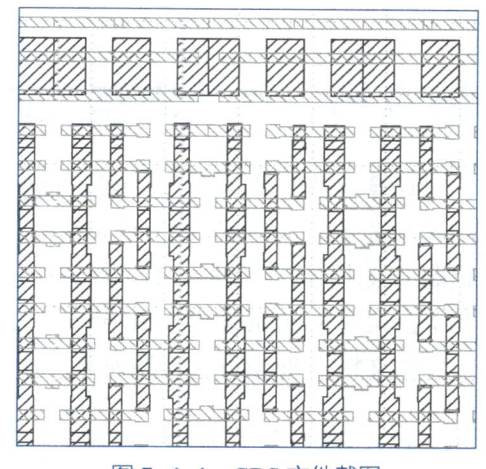

图 7-4-1　GDS 文件截图

四、实验要求

a. 给出原始 GDS 的图形（截图文件）。
b. 给出同一个位置，三种不同的手动修正后的 GDS 图形（截图文件）。
c. 给出步骤 b 中三种修正后的 GDS 图形的光刻图形仿真与原 GDS 的对比（截图文件）。

小结

本章主要学习了 OPC 的一些基本概念以及 OPC 的主要用途。还学习了 OPC 测试光罩的主要内容以及 OPC 开发的内容及流程。晶圆制造步入 12 英寸之后，在芯片制造工艺逐渐升级的今天，计算光刻的地位将不断地提升。OPC 技术是晶圆代工厂里最核心的板块之一。

通过本章节的学习，希望大家可以掌握计算光刻的基本概念，理解计算光刻的流程及每个关键环节的主要技术概述，进一步了解计算光刻对于先进集成电路工艺技术的重要性。

思考与习题

1. OPC 除了可以用来修正光学邻近效应，还有哪些用途？
2. 什么是 SRAF？它与 Dummy 最主要的区别是什么？
3. 什么是 Anchor Point？一般如何确定 Anchor Point 大小？
4. 现阶段 OPC 供应商主要有哪些？各有何优点？
5. 一套 OPC Test Mask 主要包含哪些内容？

第 7 章进阶习题

第8章 集成电路工艺及器件仿真工具 TCAD

计算机辅助设计技术（technology computer aided design，TCAD）在集成电路工艺开发和器件设计的流程中发挥着重要作用，而工艺开发的主要环节在晶圆厂中进行。随着集成电路制造技术的不断发展，TCAD 软件也持续地进行着优化和更新。在市场上，Synopsys（新思）公司的 Sentaurus 软件和 Silvaco 公司的相关软件占据了主导地位。

本文将以 Sentaurus 软件为例，对 TCAD 技术进行详细的介绍。

8.1 集成工艺仿真系统 Sentaurus Process

Sentaurus Process 是 Synopsys 公司开发的基于集成电路工艺的仿真软件，通过仿真和优化工艺参数来提高器件性能和生产效率，被广泛用于集成电路制造。Sentaurus Process 最基本的功能是利用其精确的物理模型对集成电路制造中各工艺步骤（如薄膜沉积、蚀刻、离子注入等）进行仿真，预测工艺过程中的物理和化学变化。Sentaurus Process 拥有全面且高度灵活的多维工艺建模能力，并通过广泛的最新实验数据进行校准，可以为现代硅和非硅技术提供独特且精准的预测能力。

8.1.1 Sentaurus Process 功能

Sentaurus Process 可仿真物理气相沉积（physical vapor deposition，PVD）、化学气相沉积（chemical vapor deposition，CVD）等薄膜沉积的过程，也可仿真如图 8-1-1 所示的硅在氧气环境中被氧化形成二氧化硅的氧化工艺过程。

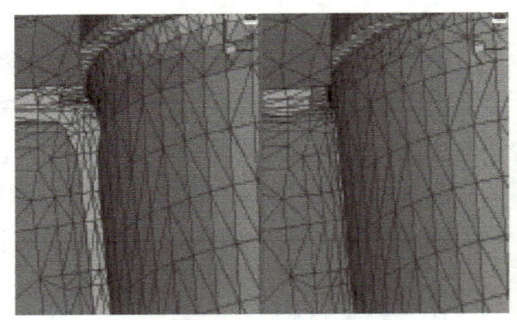

图 8-1-1 氧化工艺仿真示意图

同样地，对于离子注入工艺，Sentaurus Process 不仅可以对各向同性及各向异性蚀刻过程进行仿真，预测材料蚀刻情况，还可以对掺杂分布、晶格损伤和退火恢复晶格进行仿真，并可针对离子注入过程中晶圆的各种状态（倾斜度、转速、屏蔽度等）进行有效仿真。

Sentaurus Process 不仅可以对工艺步骤进行深度仿真，提供详细的掺杂分布图，还可以仿真工艺过程中产生的应力和应变，预测压力应变对器件性能的影响，如图 8-1-2 所示。

Sentaurus Process 通过工艺仿真以寻找最佳的工艺参数，并且通过分析工艺参数变化对器件性能的影响，确定其工艺窗口。如图 8-1-3 所示，Sentaurus Process 不仅可以对器件进行 2D（二维）仿真，还能进行 3D（三维）仿真，工程师可以通过仿真评估或优化新的器件结构。

图 8-1-2 硅晶圆的机械应力和应变仿真示意图

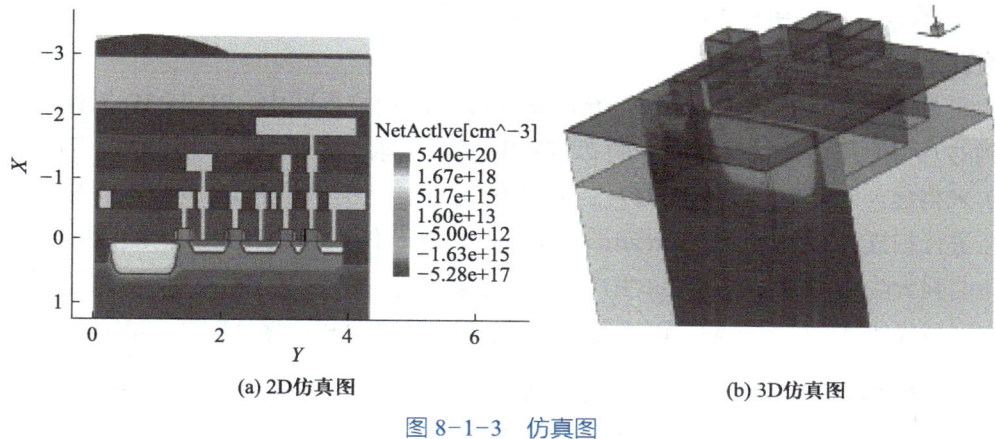

图 8-1-3 仿真图

通过利用 Sentaurus Process 精确的物理模型进行仿真，避免了多次流片验证的长周期和高成本，提高了晶圆厂的竞争力。

8.1.2 Sentaurus Process 脚本语言

除了 TCL（tool command language，Sentaurus Process 主要脚本语言）脚本，Sentaurus Process 还可以使用 Alagator 脚本语言。Alagator 是用来自动生成网格（mesh）的脚本语言，是专门设计用来描述和控制半导体器件及结构的网格形成过程的。通过 Alagator 脚本可实现特定的仿真需求，或者根据不同的仿真需求，定义不同的网格密度，提高仿真精度和效率，甚至可以通过脚本自动化网格生成过程来提高工作效率。Alagator 脚本与 TCL 脚本共同支持工程师高效地进行集成电路工艺仿真和优化。

Sentaurus Process 包括用于模拟 SiGe 和应变硅的晶格失配模型、Monte Carlo 注入的仿真算法、解析注入算法和损伤模型以及最先进的扩散模型。当 Process 模块构建复杂结构时还可利用与 Sentaurus Structure Editor 的接口，采用 Sentaurus Structure Editor 快速三维蚀刻得到结果。

Sentaurus Topography 3D 是一个三维模拟器，用于评估和优化关键的三维工艺步骤，如蚀刻和薄膜沉积。Sentaurus Topography 的二维模式使物理模型也可用于 2D 结构。Sentaurus Topography 3D 的高级蚀刻和沉积建模功能也可用于 Sentaurus Process 和 Sentaurus Interconnect。这种集成使 Sentaurus Process 和 Sentaurus Interconnect 的用户能够轻松地将一个或多个蚀刻和薄膜沉积工艺步骤合并到他们的工艺流程中，而无须为 Sentaurus Topography 3D 创建单独的命令文件和模拟节点。此外，通过从 Sentaurus Topography 3D 中调用 Sentaurus Lithography 命令，可使用 Sentaurus Topography 3D 仿真高级光刻工艺。

8.2 器件结构编辑工具 Sentaurus Structure Editor

Sentaurus Structure Editor 是一款集 2D 和 3D 半导体器件结构编辑以及 3D 工艺仿真于一体的专业工具。它支持三种独立而灵活的操作模式，包括 2D 结构编辑器、3D 结构编辑器和

3D 工艺仿真器，允许用户根据实际需求自由混合使用几何编辑和工艺仿真操作，以满足多样化的设计和分析需求。

如图 8-2-1 所示，在 Sentaurus Structure Editor 的用户界面中，2D 与 3D 器件模型均基于精确的几何原理，通过组合大量的 2D 或 3D 基础元素（如长方形、多边形、圆柱体、球体等）来构建。同时，为了生成更为复杂的 3D 结构，还提供了对 2D 对象进行拉伸或沿特定路径进行扫描的高级功能。Sentaurus Structure Editor 不仅支持实时显示所创建的结构，且其配备的强大的视图查看器还允许用户针对特定需求进行精细的视图控制，例如选择性地查看特定区域或使某些区域透明，以确保在模型创建和审查过程中保持较高的清晰度和效率。

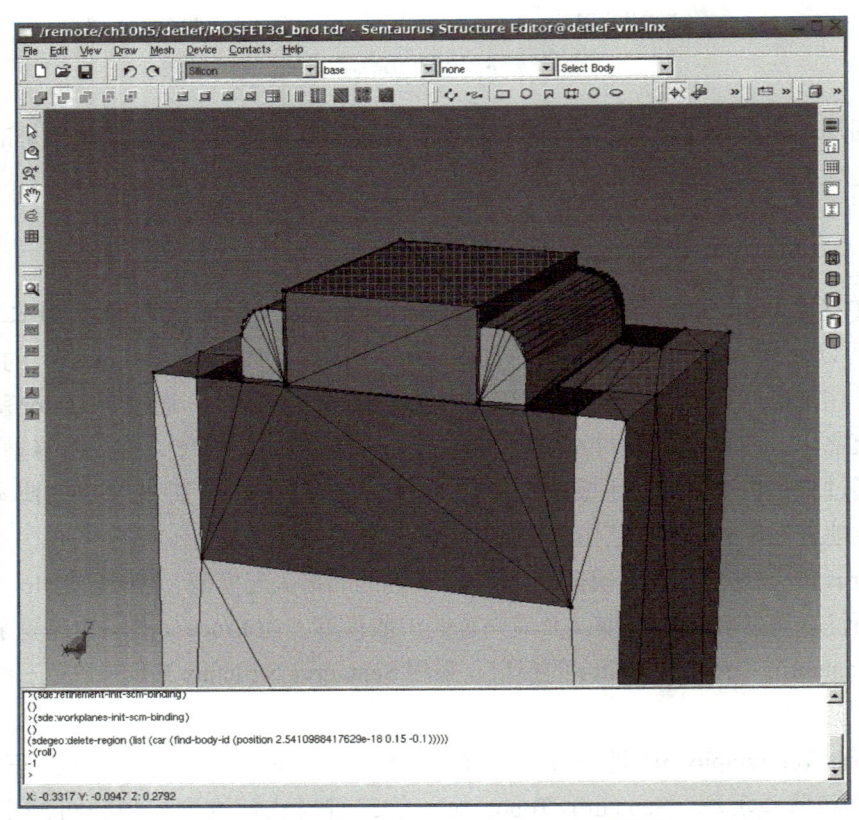

图 8-2-1 Sentaurus Structure Editor 用户界面

此外，用户界面设置命令行窗口，该窗口内 Sentaurus Structure Editor 将实时展示与用户界面操作相匹配的脚本命令。同时，用户亦可在命令行窗口中直接键入脚本命令。该工具支持基于原始几何结构与几何操作快速构建 2D 器件结构，同时兼容图形化界面（GUI）操作与批处理（batch）模式操作。其命令窗口还具备脚本形式自动记录 GUI 操作的功能，以便用户后续进行修改和重复使用。

Sentaurus Structure Editor 是 Sentaurus 仿真软件系列里不可缺少的一部分，因为当 Sentaurus Process 工艺仿真所产生的器件结构和网格等信息文件不能被 Sentaurus Device 直接调用时，必须使用 Sentaurus Structure Editor 来完成一定的处理（如电极激活、参杂信息调用、网格优化等），才能进行下一步的器件物理特性仿真。

如图 8-2-2 所示，Sentaurus Structure Editor 可读取 layout 文件（电路设计），并根据 layout 信息产生相应结构；支持网格划分和掺杂分布的 3D 设置；支持多种网格划分和多种掺杂分布的设置。

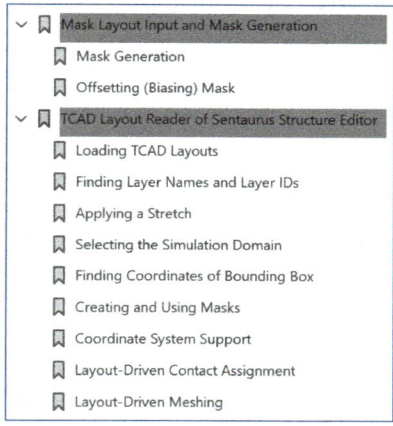 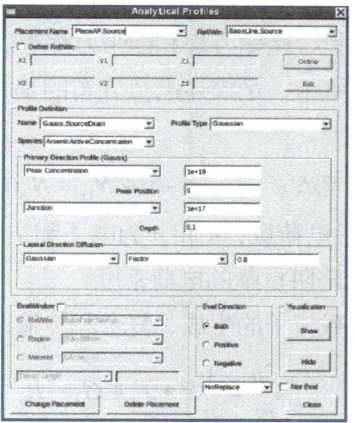 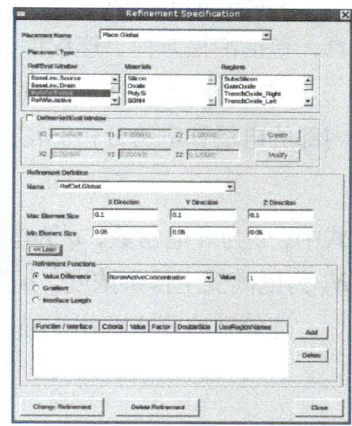

图 8-2-2　layout 信息窗口

8.3　器件仿真工具 Sentaurus Device

如图 8-3-1 所示，Sentaurus Device 是新一代的器件物理特性仿真工具，可以对半导体器件的电学、热学和光学特性进行仿真。它可处理 1D、2D 和 3D 几何形状、具有紧凑模型的混合模式电路仿真和数字器件，并提供了一套全面的物理模型，可应用于所有相关的半导体器件。

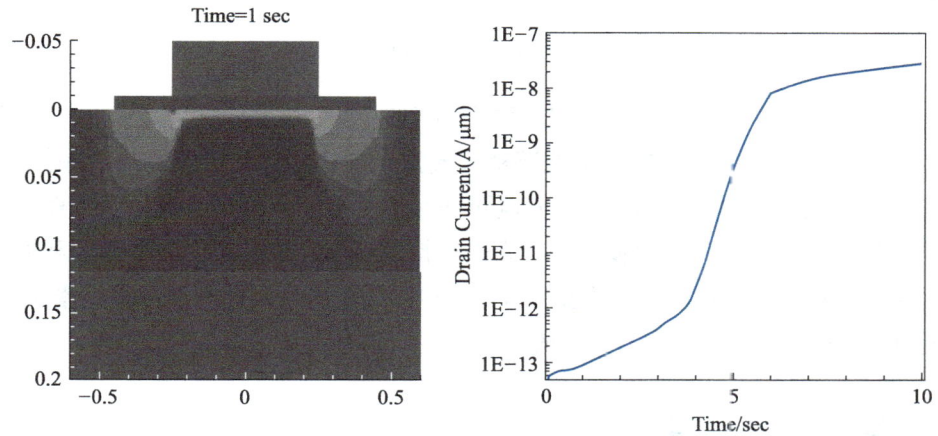

图 8-3-1　Sentaurus Device 仿真 SOI MOS 在光照 50 krad/s，栅极偏压 0 V，漏端 2 V 条件下得到的漏电流

Sentaurus Device 用于评估和理解半导体器件的工作原理、优化器件以及在开发周期的早期提取 SPICE 模型和统计数据。Sentaurus Device 的应用对象包括：先进逻辑器件（如绝

缘体上硅 SOI 和鳍式场效应晶体管 FinFET）、化合物半导体器件（如高电子迁移率晶体管 HEMT 和异质结双极晶体管 HBT）、光电子器件、功率器件（如 IGBT 和 LDMOS）及存储器器件（如浮栅器件和闪存存储器）等。另外，Sentaurus Device 还可以对由多个器件组成的单元及电路进行物理特性分析。

Sentaurus Device 主要通过一系列的物理方程来实现半导体器件的电学和热学等行为的仿真，包括泊松方程、连续性方程、运输方程和能带方程等。

泊松方程如式（8-3-1）所示，是描述电势分布的基本方程之一，对于描述半导体器件内部的电场和电势分布非常重要。

$$\nabla \varepsilon \nabla \varphi = -q(p - n + N_D - N_A) - \rho \qquad (8\text{-}3\text{-}1)$$

式中，ε 为介电常数，q 为电子电荷量，n 和 p 为电子和空穴浓度，N_D 为电离施主掺杂浓度，N_A 为电离受主掺杂浓度，ρ 为陷阱贡献的电荷密度。

连续性方程主要用于描述载流子的生成、复合和传输，分别适用于电子和空穴。

$$\frac{\partial n}{\partial t} = \frac{1}{q} \nabla \cdot J_n + G_n - R_n \qquad (8\text{-}3\text{-}2)$$

$$\frac{\partial p}{\partial t} = -\frac{1}{q} \nabla \cdot J_p + G_p - R_p \qquad (8\text{-}3\text{-}3)$$

上述式（8-3-2）为电子连续性方程，式（8-3-3）为空穴连续性方程。其中 n 和 p 分别为电子和空穴浓度，J_n 和 J_p 分别为电子和空穴的电流密度，G_n 和 G_p 分别为电子和空穴的生成率，R_n 和 R_p 分别为电子和空穴的复合率。

运输方程主要用来描述半导体器件中电子和空穴的运动行为，如式（8-3-4）及式（8-3-5）所示。其中 μ_n 和 μ_p 分别为电子和空穴的迁移率，φ_n 和 φ_p 分别为电子和空穴的准费米电势。

$$J_n = -qn\mu_n \nabla \varphi_n \qquad (8\text{-}3\text{-}4)$$

$$J_p = -qn\mu_p \nabla \varphi_p \qquad (8\text{-}3\text{-}5)$$

通过这些方程，Sentaurus Device 能够精确模拟半导体器件的电学、热学和其他物理行为，帮助工程师进行器件设计和优化。其既可在制造工艺尚未确定时进行新器件特性研究，也可对半导体器件的电学、热学和光学行为进行特性表征，快速实现原型验证和性能优化。通过仿真获得的具有深刻物理意义的实验数据，可以缩短研发周期。通过研究器件特性相对于工艺变量的敏感度，可以优化产品的成品率。

8.4　器件仿真调阅工具 Sentaurus Visual

Sentaurus Visual，作为 TCAD 中的数据观测与分析工具，以其图形化用户界面（GUI）为基础，支持通过脚本进行数据的批量处理与参数提取。该工具还具备自动记录 GUI 操作的功能，通过脚本形式实现，以便用户进行后续的修改与重复使用。在同一 GUI 界面中，用户可以同时观测 3D、2D、1D 结构内的数据分布并进行曲线分析。此外，Sentaurus Visual 还提供了结构缩放、旋转、移动、切割面/切割线、材料或区域的透明化或隐藏、边界轮廓与内部数据分布对比、积分等一系列操作功能,以满足用户在不同应用场景下的需求。

Sentaurus Visual 主要用于对 Sentaurus Process 或 Sentaurus Device 等工具生成的数据进行分析和可视化,能帮助工程师快速理解和优化半导体器件和工艺的仿真结果。其不仅支持 2D 和 3D 数据的可视化(包括掺杂分布、载流子浓度、电势分布、电流密度等),也可生成特定平面或线上的剖面图,以详细观察特定区域的数据分布,还能通过等值线和等值面图显示物理量的分布情况。并且可以绘制各种指标随时间、位置或其他参数的变化曲线(如 $I\text{-}V$ 曲线)。允许比较不同仿真条件下的结果,帮助工程师优化参数。Sentaurus Visual 也可提供强大的数据提取功能,从仿真结果中提取特定的数值用于进一步分析。

Sentaurus Visual 支持 TCL 脚本进行自动化操作,方便工程师进行批量处理和自定义操作。

Sentaurus Visual 是一个强大而有效的工具,它通过详细的可视化和分析功能,既可帮助资深工程师深入优化集成电路工艺和器件的仿真结果,也可帮助新工程师在培训中理解复杂的集成电路工艺和器件行为,通过直观的图形展示加强学习效果。

8.5 集成电路虚拟制造系统 Sentaurus Workbench

Sentaurus Workbench 是一个完整的图形化操作平台,用于创建、管理、执行和分析仿真,如图 8-5-1 所示为其用户界面。工程师可在该直观的图形化界面创建与管理仿真项目、添加与组织仿真工具以组建工具流、提交和运行仿真任务、观察与分析仿真结果,也可使用数学表达式和逻辑表达式动态地预处理仿真输入。该平台 GUI 支持参数化实验设计(DOE),支持成百上千条 DOE,以及快速 DOE Node Explorer。在该平台 GUI 以及同一模拟器环境下,可以进行统一的 1D/2D/3D 模拟,这些不同维度的模拟无须变换模拟器环境,也无须变换平台环境。

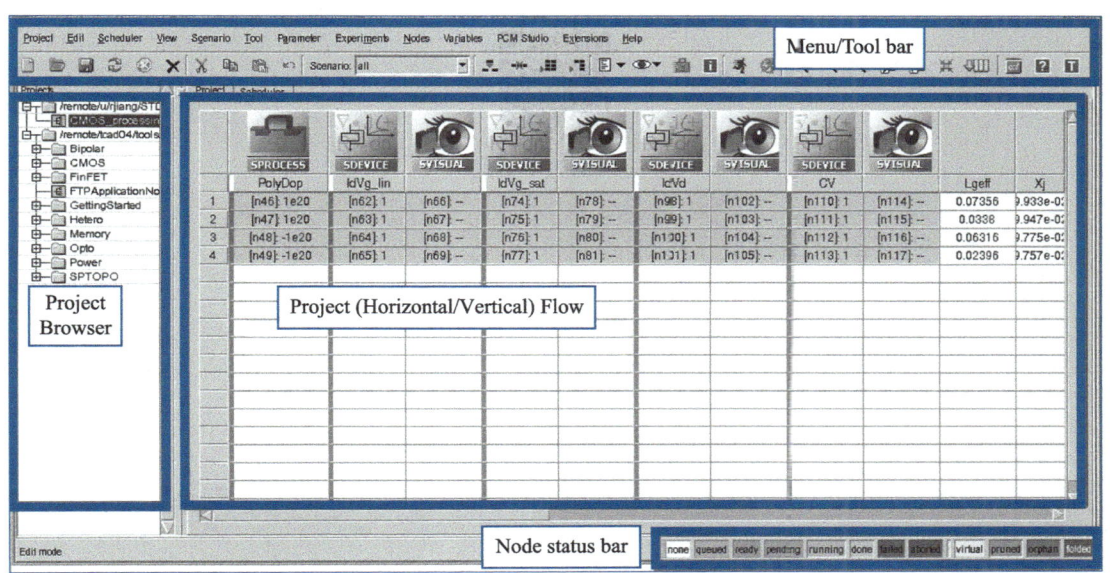

图 8-5-1　Sentaurus Workbench 用户界面

Sentaurus Workbench 支持实验设计优化、参数提取、结果分析和参数优化等，实现了一体化的任务安排，从而最大限度地利用了可计算资源，加速仿真的运行。Sentaurus Workbench 支持使用 TCL 脚本进行自动化操作，工程师可以编写脚本来自动执行一系列仿真任务，减少人工操作。Workbench 也可以自动化进行参数扫描和优化，通过改变参数值进行多次仿真，以找到最佳方案。

总之 Sentaurus Workbench 提供了一个高效、灵活且功能全面的平台，使工程师能够高效地管理和执行复杂的半导体仿真任务，从而加速研发和优化过程，提高生产效率和器件性能。

小结

TCAD 的主要功能是提供对半导体器件行为、电流、电压、电场、载流子传输等物理特性的建模和仿真能力，帮助工程师更好地了解和预测器件行为，优化电路结构、工艺参数，以满足特定的性能需求，提高芯片设计的成功率。本章主要以 Synopsys 公司的 Sentaurus 软件为例，学习了 TCAD 的一些知识，了解了工艺仿真的基本概念和作用，也了解了器件物理特性仿真的概念。

思考与习题

1. Sentaurus Process 可以作哪些仿真？
2. Sentaurus Process 使用脚本语言的目的是什么？
3. 试述泊松方程。
4. 试述 Sentaurus Device 的应用场景。
5. 试述 Sentaurus Visual 对教育训练的作用。

第 8 章进阶习题

第三篇

集成电路制造基本工艺

第 9 章　光刻工艺

光刻工艺（photolithography）是集成电路制造最重要的工艺技术，最直接体现了集成电路制造工艺的先进程度。光刻工艺决定了集成电路的最小特征尺寸、工艺制程、规模、性能、成品率和可靠性，集成电路的各功能区域也都由光刻工艺定义。因而，光刻工艺成本和工艺时间也是集成电路制造中最高的。

本章主要阐述光刻工艺三要素及其重要性、光刻工艺流程及其工艺原理、光刻分辨率及提高光刻分辨率的途径、方法与挑战、曝光光源的技术演进、光刻胶与光刻版、光刻工艺仿真以及光刻工艺最新技术发展趋势等内容，重点是光刻工艺流程及其工艺原理和光刻分辨率及提高光刻分辨率的途径与方法，难点是提高光刻分辨率的途径、方法与挑战。

9.1　光刻工艺的三要素

光刻工艺是通过投影和曝光，将光刻版图形转移到光刻胶上的工艺过程。由光刻工艺确定的光刻胶图形仅仅是集成电路图形的印模，还需要通过刻蚀工艺，将光刻胶图形转移到晶圆表面组成集成电路的各个材料层。

要完成光刻工艺，获得高分辨率的图形，必须借助光刻机、光刻胶和光刻版这三个要素。

9.1.1　光刻机

光刻机用来提供光刻工艺所必需的曝光光源，实现图形对准和曝光，是集成电路制造中最重要和最昂贵的设备。

光刻机的重要性体现在三个方面：一是光刻机决定了器件和集成电路的最小图形尺寸，即特征尺寸（critical dimension，CD）；二是光刻机由工作台、光源和投影三大系统组成，仅投影系统就有数千块光学透镜，其技术难度是所有设备中最高的；三是光刻机的成本最高，一台最先进的极紫外（EUV）光刻机售价高达 10 亿元人民币。

图 9-1-1 所示是荷兰阿斯麦尔公司（Advanced Semiconductor Material Lithography，ASML）制造的全球最先进的极紫外光刻机。

【思考】为什么说光刻机决定了集成电路的特征尺寸？

微视频：
9-1 光刻工艺的三要素

9.1.2　光刻版

光刻版（Mask/Reticle）也称掩模版或掩模，是一块印制了集成电路版图图形的石英板，其作用是提供曝光所需要的图形。根据光刻机的不同类型，光刻版分为 1∶1 的 Mask 和 4∶1 或 5∶1 的 Reticle，如图 9-1-2 所示。

光刻版的质量决定了器件和集成电路芯片的质量，若每块光刻版上图形成品率为 90%，6 块光刻版工艺的管芯图形成品率为 53%，10 块光刻版工艺的管芯图形成品率为 35%，15

图 9-1-1　ASML 极紫外光刻机

块光刻版工艺的管芯图形成品率为 21%，最后的管芯成品率当然比其图形成品率还要低。

【思考】光刻版对光刻工艺的重要性体现在哪些方面？

9.1.3　光刻胶

光刻胶也称光致抗蚀剂（photo resist，PR），其作用是通过光刻胶的感光化学反应（曝光工艺）和分解反应（显影工艺），将光刻版图形暂时转移到光刻胶上。光刻胶分正性光刻胶（简称正胶）和负性光刻胶（简称负胶）两类，正胶分辨率高，负胶分辨率低。

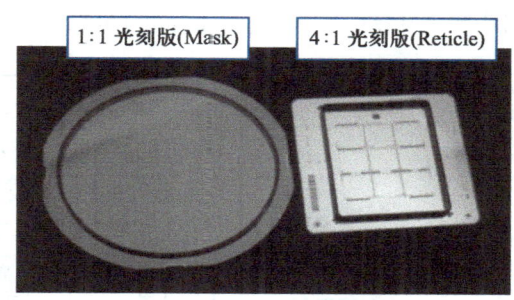

图 9-1-2　光刻版图片

2019 年，日本宣布对出口韩国的半导体材料加强管制，其中就有用于先进工艺制程的高端光刻胶。

【思考】不同的曝光光源，其光刻胶是否也不同，为什么？

9.2　光刻工艺的重要性

光刻工艺决定了器件与集成电路的特征尺寸，而特征尺寸又决定了器件与集成电路的性能、集成度和规模。因此，光刻工艺是集成电路制造最重要的核心工艺。光刻工艺的重要性体现在以下几个方面。

9.2.1　光刻工艺决定了特征尺寸

根据摩尔定律，集成电路的集成度每两年翻一番，特征尺寸每三年缩小 70%。决定集成度每两年翻一番的关键是特征尺寸的不断缩小，而决定最小特征尺寸的关键就是光刻工艺。当今最先进集成电路制造的工艺制程是 3 nm，单片集成度高达 500 多亿只晶体管每平方厘米。

2020年10月，华为海思推出了麒麟9000 5G SoC芯片，采用台积电（TSMC）最先进的5 nm工艺制造，集成度为153亿只晶体管每平方厘米。同年，苹果公司推出了手机处理器A14，也采用5 nm工艺制造，集成度是118亿只晶体管每平方厘米。

自1964年提出摩尔定律以来，提高集成电路芯片集成度最有效的方法就是不断减小特征尺寸，要实现特征尺寸的不断减小，就必须不断缩短曝光光源的波长。目前最小波长的光源是极紫外光，波长为13.5 nm。

9.2.2 光刻工艺时间最长

图9-2-1是集成电路制造七大工艺模块流程结构关系图，由图可见，光刻工艺与其他六个工艺模块都有直接的工艺流程联系。因而，相比于其他工艺模块，光刻工艺占用的流程最多。另外，光刻工艺只能单晶圆操作，且工艺步骤繁多。因此，光刻工艺占集成电路芯片的制造时间最长，占总制造时间的50%～60%。

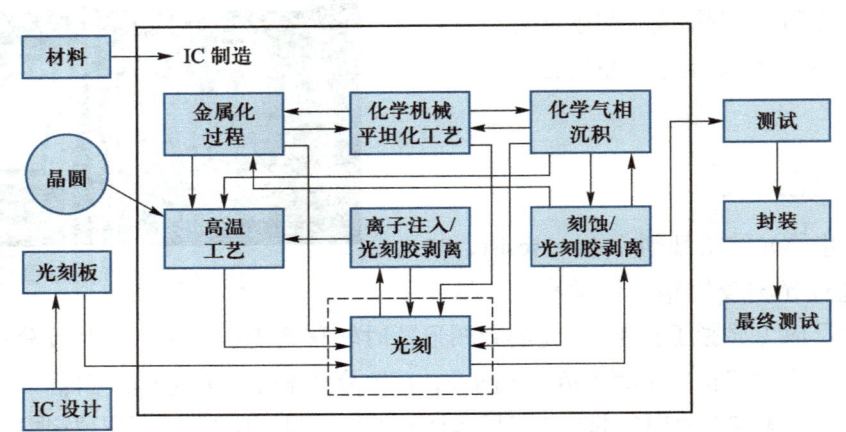

图9-2-1　集成电路制造七大工艺模块流程结构关系图

9.2.3 光刻工艺成本最高

光刻工艺成本包括设备、材料和工艺，其中设备成本包括光刻机、热处理设备、显影机等，材料成本包括光刻版、光刻胶、显影液等。一台ASML NXE:3600D极紫外光刻机售价高达1.45亿美元，而台积电一条5 nm工艺线至少需要15台极紫外光刻机。因此，光刻工艺成本最高，约占总制造成本的30%。

9.3 光刻工艺流程及其工艺原理

若不考虑光刻的精度，完成光刻工艺仅需三个步骤，即涂胶（photoresist coating）、曝光（exposure）和显影（development）。

随着特征尺寸不断缩小，对光刻工艺精度的要求也越来越高。为提高光刻工艺的精度，现代光刻工艺增加了预烘、前烘、后烘和坚膜等热处理工艺，其主要工艺步骤有清洗、预烘和打底膜（表面处理）、涂胶、前烘、对准与曝光、后烘、显影、坚膜、图形检验等 10 个步骤，如图 9-3-1 所示。

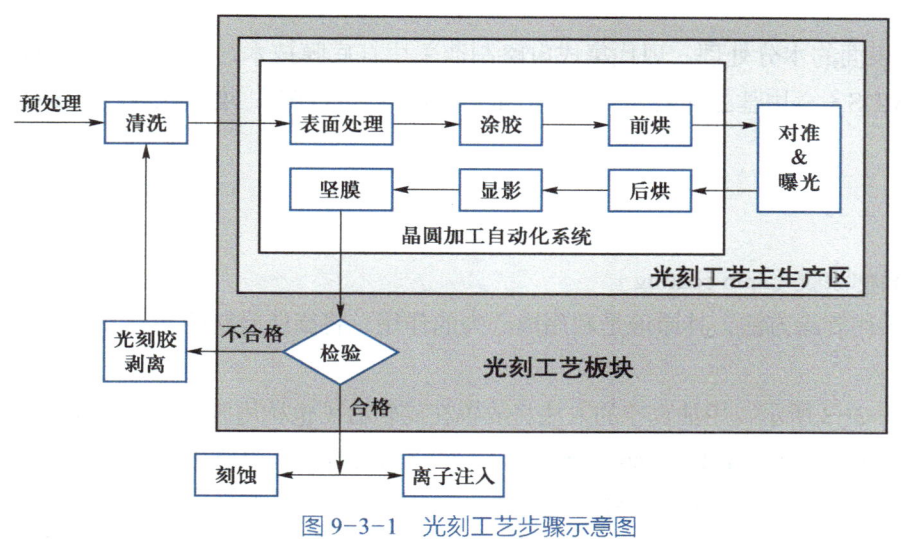

微视频：
9-2 光刻工艺流程（上）

图 9-3-1　光刻工艺步骤示意图

【思考】光刻工艺流程中四个热处理的作用分别是什么？

9.3.1　清洗

硅晶圆清洗普遍采用 RCA 标准清洗方法，这是一种最常用的标准清洗方法。RCA 清洗流程是：首先用 H_2SO_4 与 H_2O_2 混合液去除有机玷污，然后用 HF 与 H_2O 混合液去除自然氧化层，最后用 HCl 与 H_2O 混合液去除颗粒、金属等无机玷污，同时使硅晶圆表面钝化。

如图 9-3-2 所示，为保证清洗质量，无论是去除哪种污染物，都必须经历化学清洗、去离子水清洗和甩干干燥三个清洗流程。

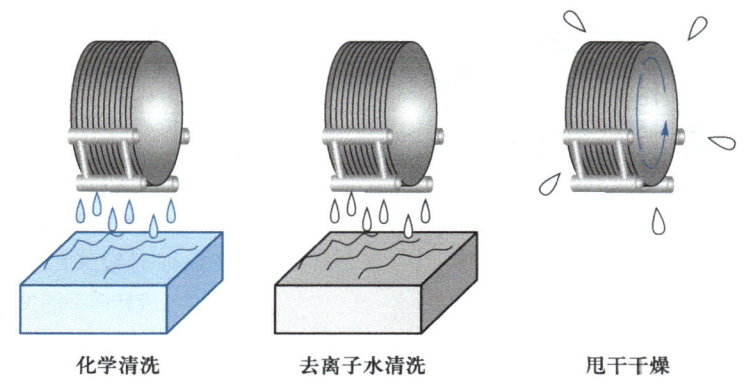

图 9-3-2　清洗工艺流程示意图

9.3.2　预烘和打底膜

由于光刻胶是疏水性的，涂胶前应将硅晶圆表面的水分烘干。清洗后的硅晶圆虽然经过了甩干，但表面仍有水分。硅晶圆的 SiO_2 表面是亲水性的，容易吸附空气中的水分。

预烘的目的是去除硅晶圆表面的水汽，增强光刻胶与硅晶圆表面的黏附性，工艺温度大约为 100 ℃。

对于 SiO_2 薄膜表面的水分处理，现代集成电路制造采用打底膜技术，其原理是在 SiO_2 薄膜表面涂一层 HMDS（六甲基乙硅氮烷），去掉 SiO_2 薄膜表面的 OH^-，增强光刻胶与 SiO_2 薄膜表面的黏附性。

9.3.3 涂胶

涂覆光刻胶，简称涂胶（spin coating）。

现代涂胶工艺采用旋涂方法，其原理是利用离心力的作用，将高速旋转的光刻胶均匀地涂覆在硅晶圆表面。

旋涂工艺如图 9-3-3 所示，用抽真空的方法将放置在旋转台（也称甩胶台）上的硅晶圆固定；通过光刻胶分发器喷嘴（PR dispenser nozzle），将光刻胶滴在硅晶圆中心，光刻胶的剂量可由分发器精确控制；启动旋转台，将光刻胶均匀地涂覆在硅晶圆表面。

如图 9-3-4 所示，涂胶厚度与光刻胶黏度和旋转台旋转速率密切相关。在相同旋转时间下，涂胶厚度与光刻胶黏度成正比，与旋转速率成反比。黏度越大，光刻胶厚度越厚；旋转速率越高，光刻胶厚度越薄。

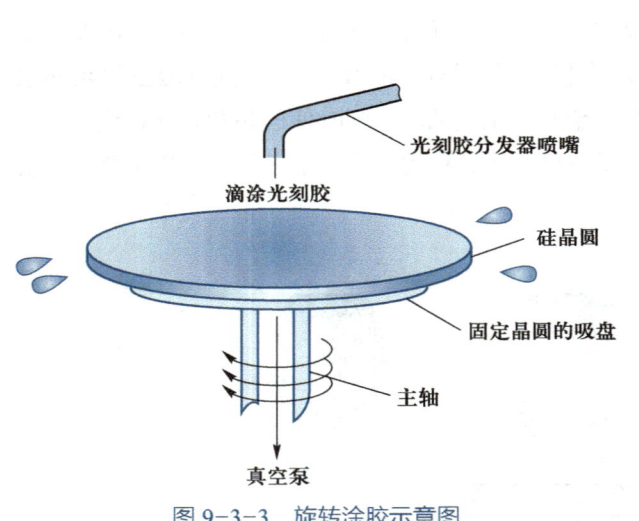

图 9-3-3　旋转涂胶示意图

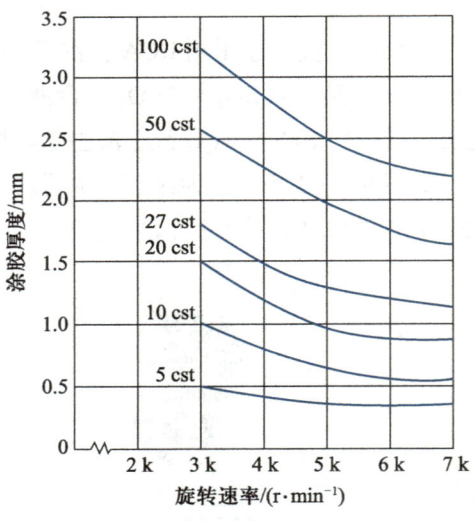

图 9-3-4　涂胶厚度与光刻胶黏度和旋转速率的关系

9.3.4 前烘

前烘也称软烘（soft bake），其工艺原理是通过高温热处理，促进光刻胶的溶剂充分挥发。

前烘的作用是使光刻胶干燥，便于进行后续的对准与曝光工艺。同时，前烘还可增强光刻胶与硅晶圆表面的黏附性，提高光刻胶的耐磨性。

影响前烘质量的工艺因素是温度和时间。前烘不足（温度太低或时间太短），显影时光刻胶易浮胶，导致图形变形；前烘时间过长，光刻胶的增感剂挥发，导致曝光时间增长，甚至显不出图形。如果前烘温度过高，则光刻胶的感光剂会提前发生化学反应，造成显影失败，不能形成光刻胶图形。

前烘不足也会影响光刻胶图形的分辨率，原因是过多的溶剂会造成光刻胶的曝光灵敏度下降。

如图 9-3-5 所示，前烘工艺有热板（hot plate）、对流烘箱（convection oven）和微波炉（microwave oven）等。热板加热是单晶圆加热，每片晶圆和每批晶圆的加热结果都很稳定。热板系统易于整合在晶圆轨道系统中，使光刻胶的涂覆、烘焙、显影和坚膜可在同一条生产线进行。因此，现代集成电路制造均采用热板加热进行前烘、后烘和坚膜工艺。

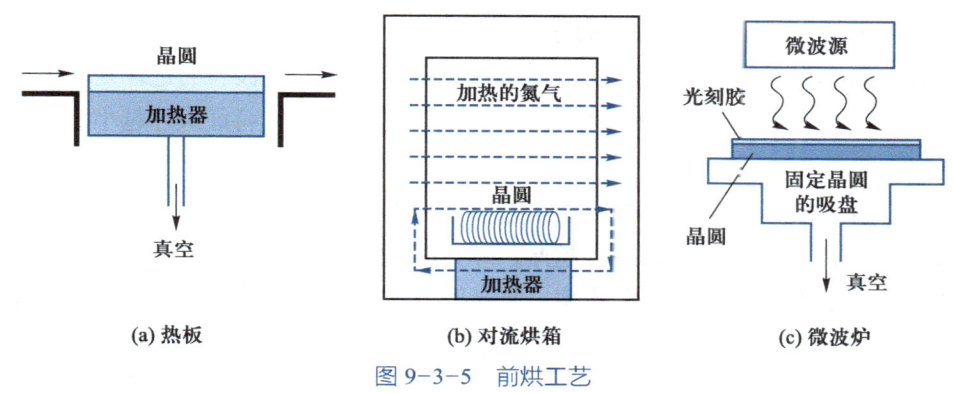

图 9-3-5　前烘工艺

9.3.5　对准

对准（alignment）工艺是将要曝光的光刻版图形与晶圆表面已形成的光刻图形精确对准，以保证集成电路的功能正确实现。由于每块光刻版图形仅仅是集成电路的一小部分，因此一个集成电路芯片的制造需要数块乃至几十块光刻版。集成电路的集成度越大，特征尺寸越小，需要的光刻版就越多，因此对准工艺尤为关键。

粗对准只需 2 个对准标记，一般选取晶圆上两个相距较远的对准标记。精细对准则需要测量多个对准标记，一般至少是 20 个。通过对多个对准标记的定位，对准系统可计算出曝光时的准确位置，以实现极小的套刻误差（overlay）。

先进光刻机要求有极高的对准精度（alignment precision，AP），而对准精度与需要测量的对准标记数目（N）成正比，即测量的标记越多，对准精度越高。图 9-3-6 是光刻版上用于步进-重复光刻机（Stepper）对准的套刻标记。

【思考】MOS 器件的栅与源漏需要精确对准，否则会影响器件性能和成品率。但对准精度再高，也会有偏差。是否有无偏差的对准方法或技术，特别是针对 MOS 器件栅与源漏对准？

9.3.6　曝光

曝光是光刻工艺最关键的步骤，它决定了光刻的分辨率、留膜率、线宽控制等。曝光是用光刻机的光源对光刻胶进行照射，使光刻胶发生光化学反应。曝光光源通常采用紫外光和

微视频:
9-3 光刻工艺流程(下)

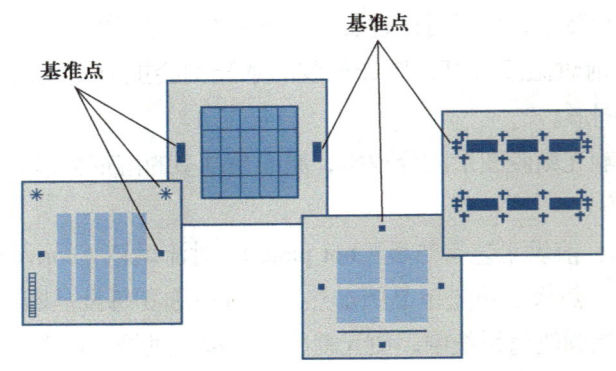

图 9-3-6　Stepper 光刻机光刻版的对准套刻标记

深紫外光,目前最先进的曝光光源是极紫外光。

光源波长是曝光工艺的重要参数。波长取决于光源类型,而波长的选择则取决于特征尺寸的大小。波长基本决定了特征尺寸和光刻分辨率,波长越短,特征尺寸越小,光刻分辨率就越高。

曝光时间是曝光工艺的另一个重要工艺参数。曝光时间主要取决于光刻胶厚度,厚度越厚,曝光时间越长。曝光时间也会影响光刻胶分辨率,曝光时间越长,光刻胶分辨率越低。曝光时间还会影响后续的后烘工艺和显影工艺。

曝光方式由光刻机决定。早期曝光方式有接触式、接近式和投影式,其光刻版图形是 1×1 的,即光刻版图形覆盖整个晶圆,一次曝光就可完成整个晶圆的图形。现代光刻曝光方式有步进-重复投影曝光(Stepper)和步进-扫描投影曝光(Scnner)两种,其光刻版图形是 2×1～10×1,即一次曝光仅是晶圆上一个或数个芯片图形,需要多次重复或扫描曝光才能完成整个晶圆图形,如图 9-3-7 所示。

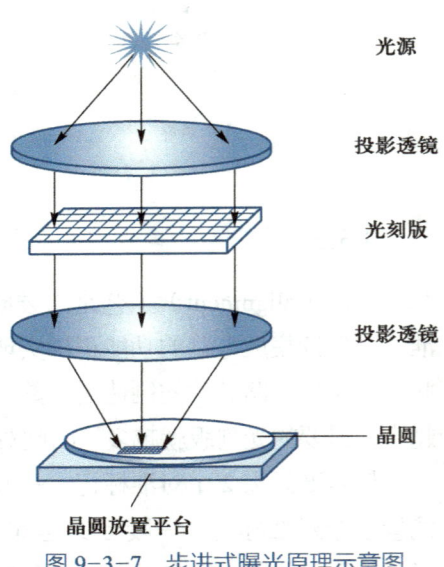

图 9-3-7　步进式曝光原理示意图

【思考】为什么曝光光源的波长越短,光刻的特征尺寸越小,光刻分辨率越高?

9.3.7　后烘

曝光后的热处理称为后烘(post exposure bake,PEB),其作用是平衡驻波效应,平滑光刻胶侧面,最终提高光刻胶分辨率。

如图 9-3-8 所示,由于光折射效应,曝光窗口边缘处的光刻胶会产生交替的欠曝光和过曝光现象,称为驻波效应。驻波效应使显影后的光刻胶产生锯齿状的侧面,降低了光刻胶分辨率。

后烘的原理是，高温处理使光刻胶发生热运动，促使过曝光和欠曝光光刻胶分子发生重新分布，从而使锯齿状光刻胶侧面平滑。

典型的后烘温度在 90～130 ℃，高于前烘温度，时间为 1～2 分钟。

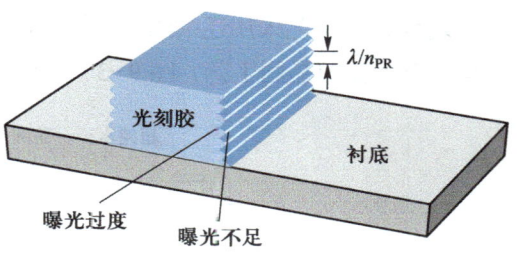

图 9-3-8　光刻胶曝光后形成的驻波效应示意图

9.3.8　显影

显影（development）的原理是：显影液将曝光的正胶或未曝光的负胶溶解掉，保留未曝光的正胶或曝光的负胶，如图 9-3-9 所示。

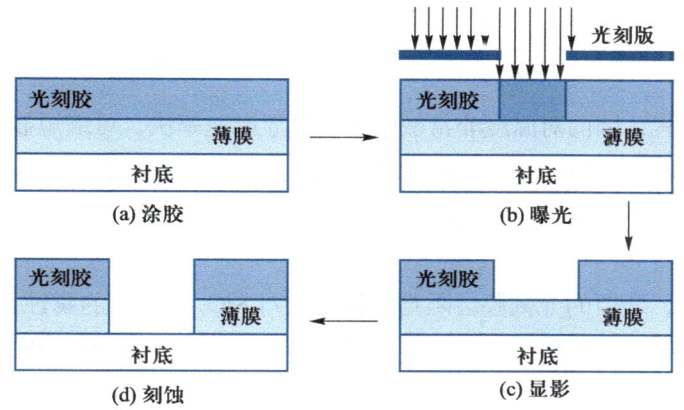

图 9-3-9　正性光刻胶曝光与显影示意图

正胶显影液都是强碱性溶液，优点是仅需去离子水就可清洗显影后的晶圆。早期正胶显影液是水稀释的 NaOH 或 KOH，都含可动离子 Na^+ 或 K^+，会严重影响器件与集成电路的可靠性。

现代集成电路制造的正胶显影液普遍采用有机化合物 TMAH（四甲基氢氧化铵水溶液，$C_4H_{13}NO$），其最大优点是不含可动离子 Na^+ 或 K^+。

显影工艺有三个基本步骤：显影、漂洗和甩干，如图 9-3-10 所示。

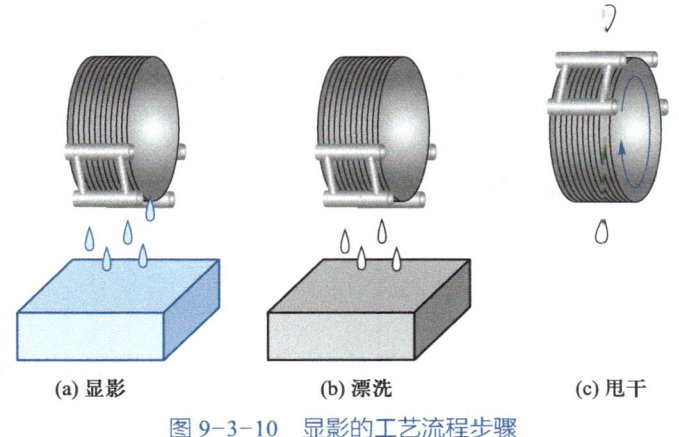

图 9-3-10　显影的工艺流程步骤

现代显影工艺采用连续喷雾显影（continuous sprey）和旋涂浸没显影（puddle），这两种显影工艺都是单晶圆工艺，图 9-3-11 是旋涂浸没显影设备示意图。

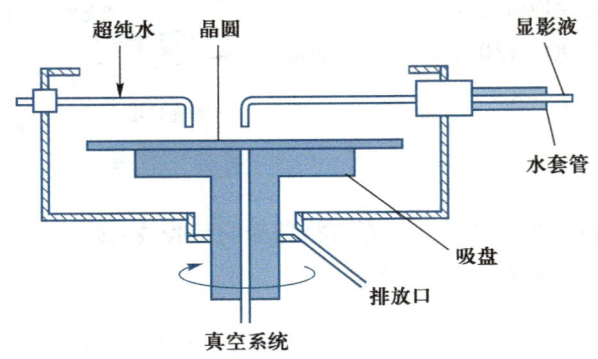

图 9-3-11　旋涂浸没显影设备示意图

显影是化学过程，因而对温度非常敏感。高温显影速率快，可缩短显影时间，但易导致过度显影。低温显影速率慢，需增加显影时间，但易导致显影不足。

影响显影效果的主要因素有曝光时间、前烘温度与时间、胶膜厚度、显影液浓度、显影温度和显影时间。

显影时间太短，残留的光刻胶会阻挡刻蚀工艺对 SiO_2 或金属的腐蚀，形成"小岛"。显影时间太长，光刻胶会发生软化、膨胀、钻溶、浮胶等现象，使光刻胶图形边缘破坏，降低了光刻分辨率。

图 9-3-12 是光刻胶显影后的剖面示意图，除了图 9-3-12（a）是正常显影剖面，其他剖面形状都是不正常的，需要去除光刻胶返工，重新进行光刻工艺。

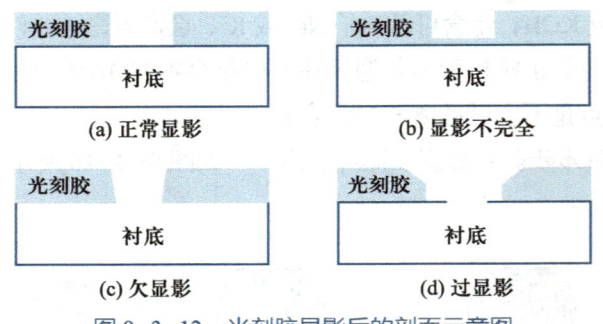

图 9-3-12　光刻胶显影后的剖面示意图

【思考】（选择正确选项）显影后光刻胶图形不正确怎么办？

① 整个 wafer 报废；② 去除光刻胶重新光刻。

9.3.9　坚膜

坚膜（hard bake）的原理是：通过高温处理，蒸发掉光刻胶残留的有机溶剂，使光刻胶硬化，提高光刻胶抗刻蚀和抗离子注入的能力，并增强光刻胶在晶圆表面的附着力。

坚膜温度由光刻胶类型、黏度和厚度等决定，通常正胶坚膜温度约 130 ℃，负胶坚膜温度约 150 ℃，坚膜时间为 1~2 min。

坚膜不足（温度过低，时间过短），光刻胶不能充分聚合，黏附性变差，刻蚀时光刻胶易发生浮胶、钻蚀等现象，影响刻蚀效果。坚膜过度（温度过高，时间过长），光刻胶产生流动，造成分辨率变差，甚至光刻胶发生翘曲和剥落，如图 9-3-13 所示。若坚膜温度高于 300 ℃，光刻胶会发生分解，最终失去抗刻蚀和抗离子注入的能力。

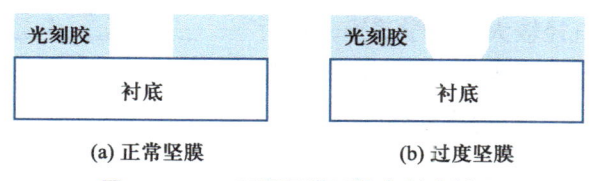

图 9-3-13　不同坚膜下的光刻胶剖面

9.3.10　图形检测

图形检测（pattern inspection）是光刻工艺的最后步骤，刻蚀工艺和离子注入工艺开始前必须对光刻胶图形进行检查。光刻胶图形是暂时的，因此光刻工艺可以返工。若出现问题，剥去光刻胶，可以重新开始光刻。而刻蚀形成的图形和离子注入形成的掺杂则是永久的，刻蚀和离子注入以后就不能再返工。若光刻胶图形错误不能发现和返工，则会导致整批晶圆报废。

在现代集成电路制造厂，图形检测采用光学显微镜和 SEM（扫描电子显微镜）等手段进行自动检查。

9.4　光刻分辨率

光刻分辨率表示光刻工艺的精度，即光刻时所能得到的光刻图形的最小尺寸。光刻分辨率是光刻工艺的核心，所有的光刻创新技术都是为了提高光刻分辨率。

9.4.1　分辨率表示方法

一、每 mm 长度最多可容纳的线条数

如图 9-4-1 所示，若可清晰分辨的最小线条宽度为 L，线条间隔也是 L，则分辨率 R 可表示为

$$R = \frac{1}{2L} (\text{mm}^{-1}) \qquad (9\text{-}4\text{-}1)$$

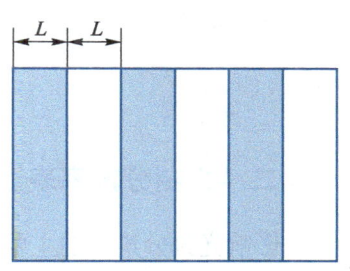

图 9-4-1　最小线条和间隔示意图

二、光刻图形的最小尺寸

光刻分辨率通常用最小线条宽度来直接表示，单位是 μm 或 nm。

因为栅极尺寸决定了 Si CMOS 器件及其集成电路的性能，故栅极尺寸就是最小尺寸，即特征尺寸。

9.4.2 光衍射对光刻分辨率的影响

如图 9-4-2 所示，穿过光刻版透明窗口的光在窗口边缘产生了干涉图形，得到的是模糊的图像，这就是光衍射现象。波长越短，衍射越弱。

如图 9-4-3 所示，若在光刻版和硅晶圆表面光刻胶之间放置一块直径较大的光学透镜，将衍射光收集并集中于光刻版透明窗口内，则可增强投影到光刻胶上的图像，从而提高光刻的分辨率。

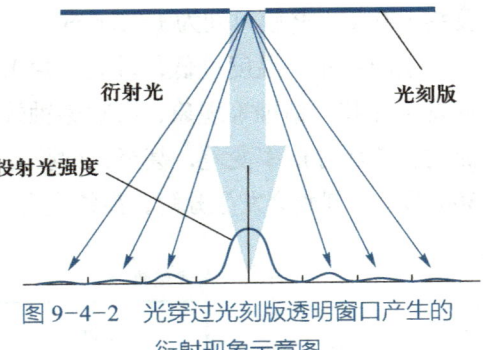

图 9-4-2 光穿过光刻版透明窗口产生的衍射现象示意图

微视频：
9-4 光刻分辨率 R

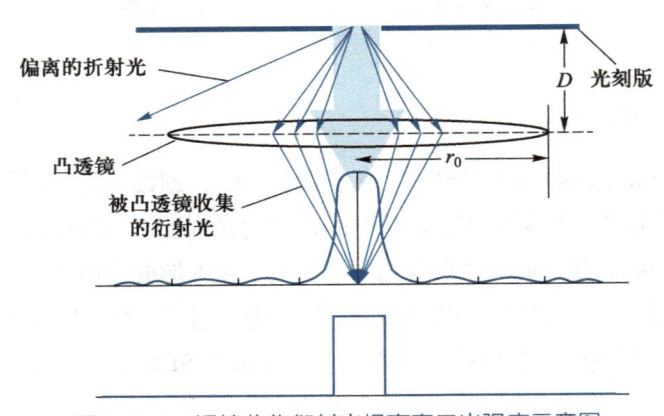

图 9-4-3 透镜收集衍射光提高窗口光强度示意图

9.4.3 光刻分辨率

一、数值孔径（NA）

光刻机透镜收集衍射光的能力称为数值孔径，用 NA（numerical aperture）表示。由图 9-4-3 可知，透镜半径越大，收集衍射光的能量越强，产生的图形更尖锐、清晰。NA 除了与透镜半径密切相关，还与透镜的焦深相关，其关系如下式所示。

$$NA = n \cdot \sin\theta \approx n \cdot \frac{2r_0}{D} \tag{9-4-2}$$

式中，n 是光传输媒介的折射率，r_0 是透镜半径，D 是透镜焦深（光刻版与透镜的距离）。通常，光传输媒介是空气，n 为 1，因此式（9-4-2）可简化为

$$NA = \frac{2r_0}{D} \tag{9-4-3}$$

二、光刻分辨率表达式

影响光刻分辨率的主要因素有光刻机、光刻胶和光刻版，其中光刻机是决定性因素。光刻机的分辨率 R 由曝光光源波长、透镜的数值孔径等因素决定，其表达式是

$$R = k_1 \frac{\lambda}{NA} \qquad (9\text{-}4\text{-}4)$$

式中，k_1 为系统常数，λ 为曝光光源波长，NA 是透镜系统的数值孔径，R 的单位是 μm 或 nm，式（9-4-4）也称瑞利公式。

三、光刻分辨率增强的途径与挑战

由式（9-4-4）显而易见，增强光刻分辨率的途径是提高数值孔径 NA、减小曝光光源波长和减小工艺因子 k_1。

1. 提高数值孔径

提高 NA 有两个最直接的方法，即增大透镜半径和减小焦深。通过增大透镜半径提高 NA 简单有效，但面临更昂贵成本和更难制造的挑战。如图 9-4-4 所示，一个典型的光刻机投影物镜重约 500 kg，包括约 30 块光学透镜，约 60 个光学平面，最大透镜直径约 1 m。

减小透镜 DOF（焦深）虽可提高 NA，但大直径小焦深透镜的制造难度同样巨大。因而，采用增大透镜半径和减小焦深来提高数值孔径 NA 的方法逐渐被放弃，需要另辟蹊径，创新提高 NA 的方法。

 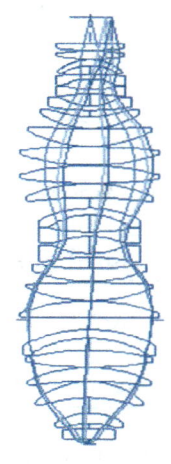

(a) 投影物镜　　　　　(b) 投影物镜光学透镜结构

图 9-4-4　投影物镜照片及其光学透镜结构示意图

提高 NA 的创新案例：193 nm 浸入式光刻技术

由式（9-4-2）可知，NA 除与透镜半径和焦深有关，还与光传输媒介的折射率成正比，折射率越大，NA 越大。

2002 年，台积电的林本坚博士提出了他的伟大创新技术——浸入式光刻（immersion lithography）。浸入式光刻的原理是：在曝光镜头和晶圆之间填充折射率大于 1 的水或其他液体来替换空气，从而提高 NA，如图 9-4-5 所示。

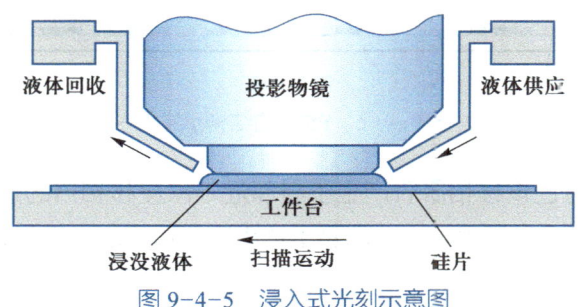

图 9-4-5　浸入式光刻示意图

193 nm 的光束透过水介质，就能等效缩短至 134 nm，使 193 nm 光源应用的工艺制程由

90 nm 延续到了 10 nm，不仅大大提高了光刻分辨率，同时还节约了新光源及配套技术的开发成本。

2. 减小曝光光源波长（λ）

提高光刻分辨率的另一个有效途径是不断减小曝光光源波长，从 G 线（436 nm）和 I 线（365 nm）的紫外光源，到 248 nm 和 193 nm 的深紫外光源，再到当今最先进的 13.5 nm 极紫外（EUV）光源，波长不断缩短，光刻分辨率不断提高。光刻工艺曝光光源波长及应用的特征尺寸如表 9-4-1 所示。

减小光源波长看似简单，但一直都面临诸多挑战。例如，波长减小的极限（EUV 属于 X 射线），与新光源配套的光刻机、光刻版、光刻胶、显影液以及光刻工艺的技术开发与成本。

表 9-4-1　光刻工艺曝光光源波长及应用的特征尺寸

光源	波长 /nm	特征尺寸（工艺制程）	备注
高压汞灯	G 线，436	>0.6～0.7 μm	
	I 线，365	0.5 μm 和 0.35 μm	
KrF 激光器	248	0.25 μm 和 0.18 μm	
ArF 激光器	193	0.13 μm 和 0.10 μm	193 nm 浸入式延续到 10 nm 以下工艺制程
极紫外（EUV）	13.5	小于 10 nm	

3. 减小工艺因子（k_1）

减小 k_1 的方法很多，包括移相掩模（phase shift mask，PSM）、光学邻近修正（optical proximity correction，OPC）、离轴照明（off-axis illumination，OAI）、双重图形曝光（double patterning technology，DPT）和三重图形曝光（triple patterning technology，TPT）等。

（1）PSM

图 9-4-6 是 PSM 的结构组成示意图，在光刻版透明窗口交替涂覆一层称之为移相器的透明介质。

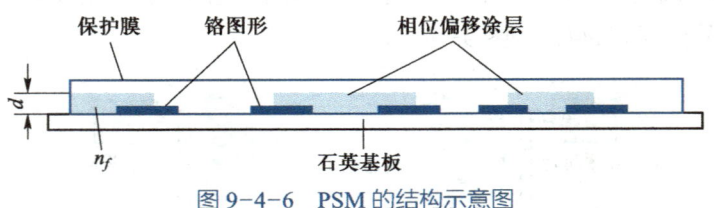

图 9-4-6　PSM 的结构示意图

PSM 的原理是光通过该移相器后产生了与邻近未涂覆移相器的透明窗口相差 180° 的相位。两束相位差为 180° 的光发生干涉，消除了透明窗口边缘的光衍射，从而达到了提高光刻分辨率的目的，如图 9-4-7 所示。

（2）OPC

当特征尺寸小于曝光波长时，曝光显影后的图形会严重失真变形，以至于失去图形功能。OPC 的原理是通过改变光刻版图形边缘的形状或添加额外的多边形，来修正光刻衍射产生的图像失真或偏差，如图 9-4-8 所示。

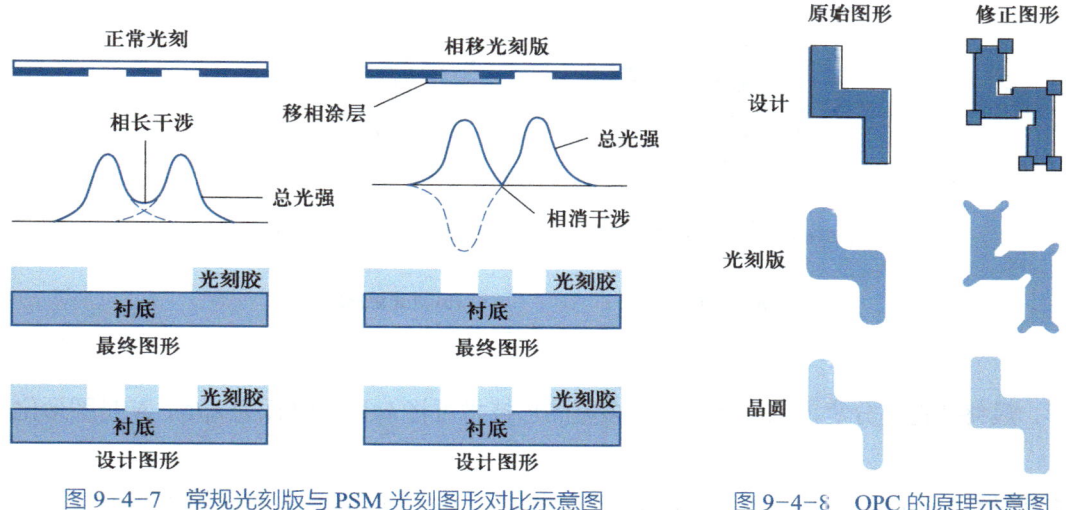

图 9-4-7　常规光刻版与 PSM 光刻图形对比示意图　　图 9-4-8　OPC 的原理示意图

图 9-4-9 所示是 OPC 实例，由图可见，采用 OPC 技术的光刻图形清晰、完整。

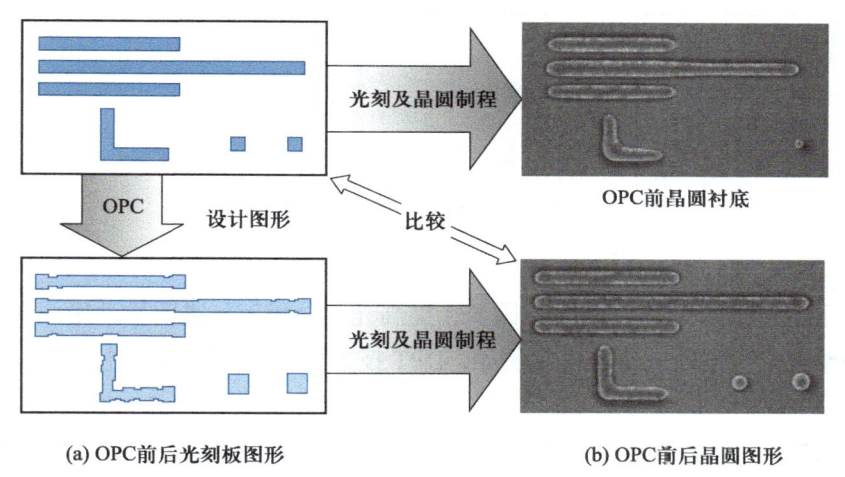

(a) OPC 前后光刻板图形　　(b) OPC 前后晶圆图形

图 9-4-9　OPC 实例

（3）OAI

图 9-4-10（a）所示是传统的轴式照明系统，图 9-4-10（b）所示是离轴照明系统。如图 9-4-10（b）所示，OAI 技术的原理是：点光源入射光线偏离透镜主光轴，使光线以一定的角度透过光刻版。此时只有两束（0，+1 或 -1）衍射光被投影透镜收集，并在晶圆表面成像。离轴入射使光栅间距更小，从而获得更高分辨率。图 9-4-10（b）也称单极离轴照明，因为入射光来源于光圈的单孔。

（4）多重图形技术

多重图形技术的原理是：将光刻版的复杂图形分解为 N 个简单的图形，通过多次叠加曝

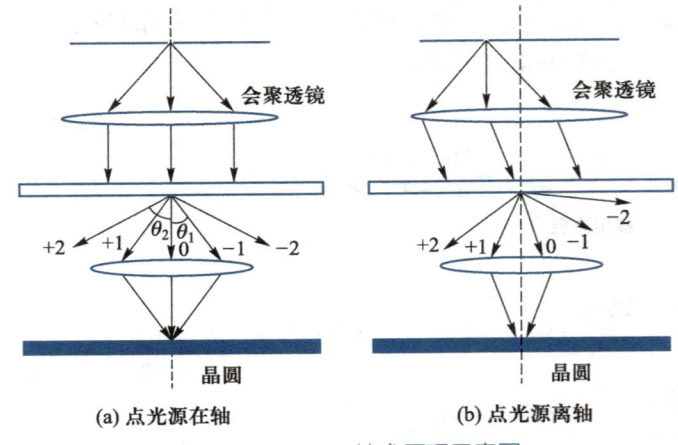

图 9-4-10　OAI 技术原理示意图

光显影,最终获得高分辨率的清晰图形。多重图形技术可将 k_1 因子降低为 k_1/N,N 是图形化次数。

图 9-4-11 是双重图形技术(double patterning technology,DPT)的原理示意图,将复杂图形分解为两个简单图形,进行两次曝光,最后得到了清晰的曝光图形。

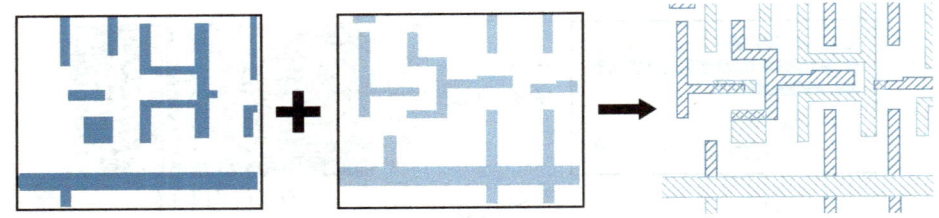

图 9-4-11　双重图形技术原理示意图

使用多重图形技术可有效降低 k_1 因子,提高光刻分辨率,进而推动集成电路制造的工艺制程按照摩尔定律不断向下推进。例如,DPT 技术已将工艺制程推进到 45 nm、32 nm 和 22 nm。

图 9-4-12 所示为 DPT 技术的 LELE(litho-etch-litho-etch,光刻-刻蚀-光刻-刻蚀)工艺流程,光刻 1 将图形 1 暴露在光刻版上,刻蚀 1 将图形 1 刻蚀到硬光刻版上。光刻 2 曝光图形 2,刻蚀 2 最终将双倍密度图案刻在硅晶圆上。

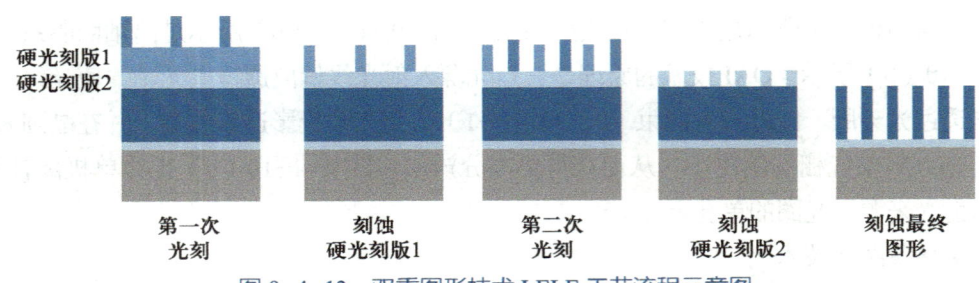

图 9-4-12　双重图形技术 LELE 工艺流程示意图

图 9-4-13 是 DPT 技术的自对准双重图形化（SADP，self aligened double patterning）工艺流程，即一次光刻和刻蚀工艺形成轴心图形，在轴心图形侧壁形成侧墙，去除轴心层（即牺牲层）形成最终图形。

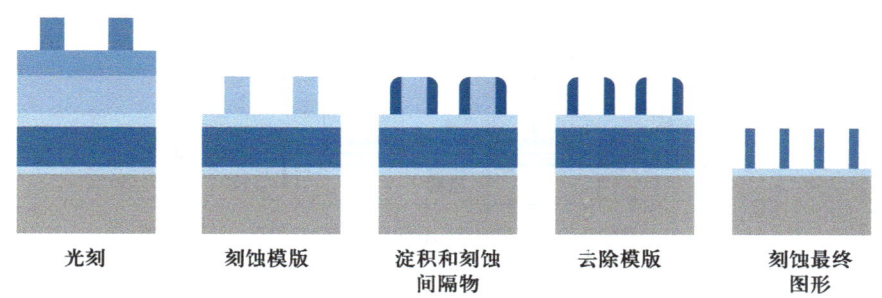

图 9-4-13　SADP 工艺流程图

9.5　光刻机

光刻机是光刻工艺三要素之一，也是最重要的要素，因为光刻机的光源和曝光方式决定了最小特征尺寸，而最小特征尺寸决定了器件的性能与集成电路的集成度。

9.5.1　接触式光刻机

接触式光刻机（contact aligner）是 20 世纪 60 和 70 年代小规模集成电路（SSI）时代的第一代光刻机，其原理是光刻版与光刻胶紧密接触，如图 9-5-1 所示。接触式光刻机的优点是分辨率高，因为光刻版与光刻胶紧密接触，曝光时不会产生光的衍射。

由于紧密接触，接触式光刻机的缺点是颗粒沾污对光刻版掩模（图形）产生划痕，造成光刻版寿命大大缩短。颗粒也使光刻胶产生缺陷，影响了光刻胶图形的完整性。另外，也是由于光刻版与晶圆紧密接触，使得光刻机对准困难。

微视频：
9-5 光刻工艺－光刻机的曝光方式

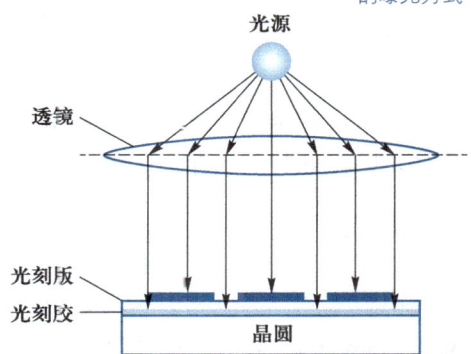

图 9-5-1　接触式光刻机原理示意图

9.5.2　接近式光刻机

为解决接触式光刻机的缺点，20 世纪 70 年代开发了第二代接近式光刻机（proximity aligner），其原理是光刻版与光刻胶有 10~50 μm 的间距，如图 9-5-2 所示。

由于相互不接触，接近式光刻机的优点是光刻版寿命大大增加，光刻胶缺陷也大为减少。但由于光刻版与光刻胶间距较大，接近式光刻机的缺点是有较严重的光衍射，导致光刻分辨率降低，仅能曝光 2~3 μm 的特征尺寸。

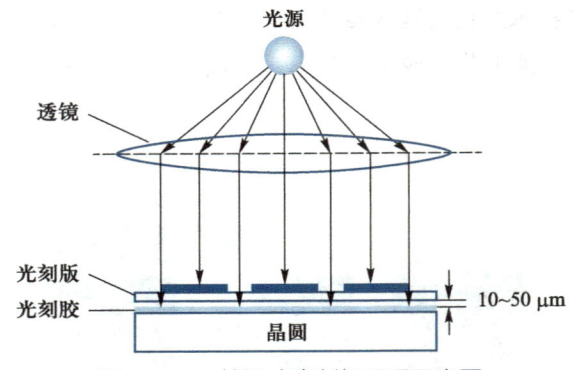

图 9-5-2 接近式光刻机原理示意图

9.5.3 投影式光刻机

为同时解决接触式和接近式光刻机的缺点,开发了第三代投影式光刻机(projection aligner),其原理是在光刻版与光刻胶之间放置光学透镜,将光刻版图形通过透镜投影到光刻胶上,如图 9-5-3 所示。

由于采用了多组透镜,投影式光刻机的分辨率大大提升,现代光刻机均采用投影式。

投影式光刻机采用 1×1 光刻版(Mask),光刻时只需一次曝光就可完成整个晶圆图形的曝光。

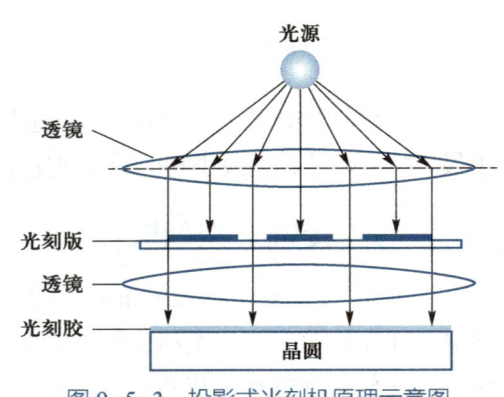

图 9-5-3 投影式光刻机原理示意图

当特征尺寸缩小到亚微米时,投影式光刻机受到了两个挑战。一是亚微米级 1×1 图形尺寸光刻版制造越来越困难;二是亚微米特征尺寸对应直径 200 mm(8 英寸)的硅晶圆,曝光时需要相应尺寸的稳定平行光场,而大尺寸稳定平行光场和更大尺寸透镜的制作都是巨大的挑战。

9.5.4 步进重复光刻机

如图 9-5-4 所示,步进重复光刻机(a step-and-repeat lithographic system,Stepper)的原理是:通过缩小透镜,将光刻版的 2~10 倍图形缩小投影到光刻胶上,每次仅曝光一个芯片(chip)的光场,分步重复曝光,直到整个晶圆图形完全曝光。Stepper 的曝光场是整个光刻版图形,一次完成曝光,重复进行。

Stepper 的优点有三个:一是采用 2X~10X 光刻版,掩模图形制作难度大为减小,提高了光刻版的精度和良品率;二是投影到光刻胶的图形被缩小了 2~10 倍,光刻版的尘埃和缺陷也同样缩小了 2~10 倍,芯

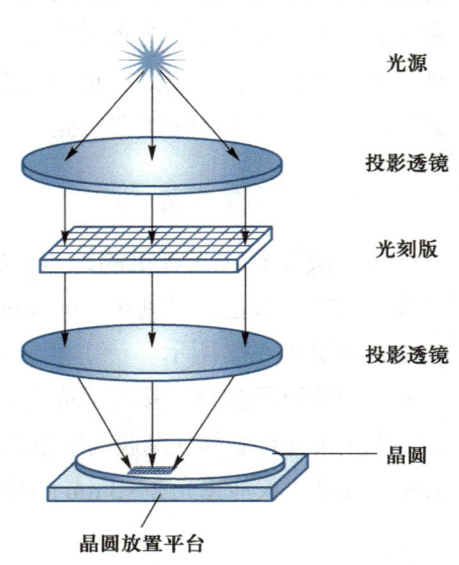

图 9-5-4 步进重复光刻机原理示意图

片可靠性大大提高；三是光刻版尺寸大大缩小，曝光的光场尺寸也大大缩小，光场稳定性大为提高。

9.5.5 步进扫描光刻机

Stepper 虽然优点很多，但每次曝光的最大曝光区域（esurefield）面积较小，影响了曝光效率。因此，在 Stepper 的基础上开发了步进扫描光刻机（a step-and-scan lithographic system，Scanner）。

如图 9-5-5 所示，Scanner 的原理是：通过连续移动光刻版承载台，将一条狭缝式曝光带（Slit）同时扫过光刻版和晶圆上的光刻胶，即通过扫描的方式对光刻胶进行曝光。一次扫描曝光完成后，晶圆就会步进到下一个曝光区域，重复扫描过程。使用 6 英寸（150 mm）投影光刻版的 Scanner，其标准曝光场尺寸是 26 mm × 33 mm。

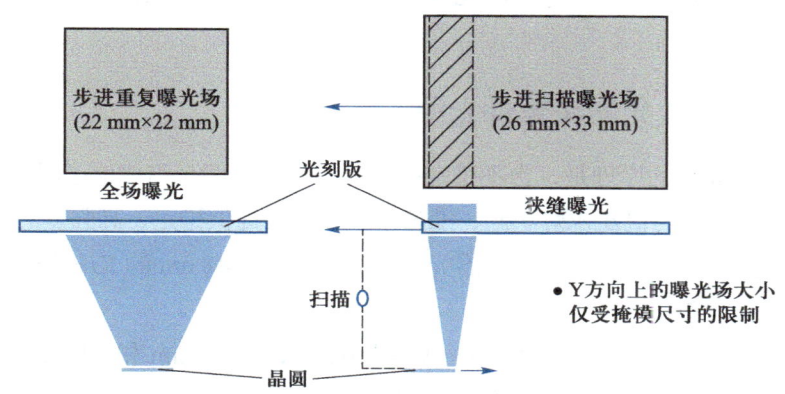

图 9-5-5　步进重复与步进扫描曝光方式与曝光场对比

Scanner 最大优点是增大了曝光场，相同的光刻版可放置更多芯片图形，进而减少了步进次数，提高了曝光效率。另一个优点是，扫描过程中通过调节聚焦，可对光刻胶的平整度变化进行调整，改善了 CD 均匀性。

【思考】现代光刻工艺为什么要采用 Stepper 和 Scanner 技术？

9.6 曝光光源

曝光光源有两个重要参数。一是波长，它决定了光刻的分辨率，也决定了与之相配套的光刻胶、显影液乃至光刻版等材料与工艺；二是光强度，它决定了曝光时间，也决定了光刻工艺乃至整个工艺的生产效率。

从紫外光到深紫外光，再到目前最短波长的极紫外光，曝光光源技术也遵循摩尔定律，其波长也随着特征尺寸的缩短而不断减小。

9.6.1 紫外光源及应用

紫外光源由高压汞灯提供。如图 9-6-1 所示，高压汞灯可提供两个波长的光源，分别是

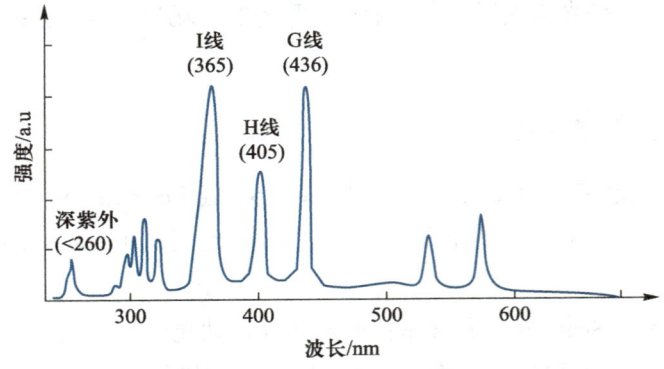

图 9-6-1　高压汞灯产生的紫外光谱

微视频：
9-6 光刻工艺的曝光光源

365 nm 的 I 线（i-line）和 436 nm 的 G 线（g-line）。

G 线的分辨率是 0.5 μm，应用于 0.5 μm 工艺制程。I 线波长较 G 线短，可应用在 0.35 μm 工艺。

9.6.2　准分子激光器深紫外光源

准分子激光器光源的原理是，当不稳定的准分子分解成两个组成原子时，激发态发生衰减，同时发射出激光。与高压汞灯不同，准分子激光器可提供稳定、高强度的单色光。

目前用于光学曝光的准分子激光器光源，包括波长 248 nm 的 KrF（氟化氪）和波长 193 nm 的 ArF（氟化氩）。

248 nm 光源的光刻分辨率是 0.25 μm，应用于 0.25 μm、0.18 μm 和 0.13 μm 三个工艺制程。193 nm 光源应用于 0.13 μm 和 90 nm 工艺制程，但 193 nm 浸入式光刻技术使其应用延续到 10 nm 制程，也使摩尔定律延续了 6、7 代，成为应用最广的光刻技术。

由于 193 nm 浸入式光刻机可用于 14 nm 及更先进的工艺制程，ASML 于 2023 年 3 月宣布限制 DUV 浸入式光刻机出口中国，包括 TWINSCAN NXT 2000i 和 TWINSCAN NXT 2050i。2023 年 3 月 31 日，日本对六大类 23 项先进半导体制造设备追加出口管制，4 项涉及 DUV 光刻机。中国光刻机技术任重道远。

【思考】193 nm 光源为什么能延续到 10 nm 工艺制程？

9.6.3　极紫外光源

极紫外（extreme ultra-violet，EUV）光源产生的原理是，两束独立的脉冲激光以 50 000 次/s 频率轰击快速运动的锡（Sn）滴，锡滴受激发辐射出 13.5 nm 极紫外光，多层反射透镜收集极紫外光，汇聚成极紫外光源，如图 9-6-2 所示。

EUV 是目前最先进的光刻曝光技术，其波长为 13.5 nm，用于 10 nm 及以下工艺制程，其工艺原理、技术特性及应用将在 "9.9 先进的光刻技术" 一节中详细介绍。

【思考】根据 EUV 光源的特性，思考 EUV 光刻机和光刻版与 DUV 光刻机和光刻版有什么不同？

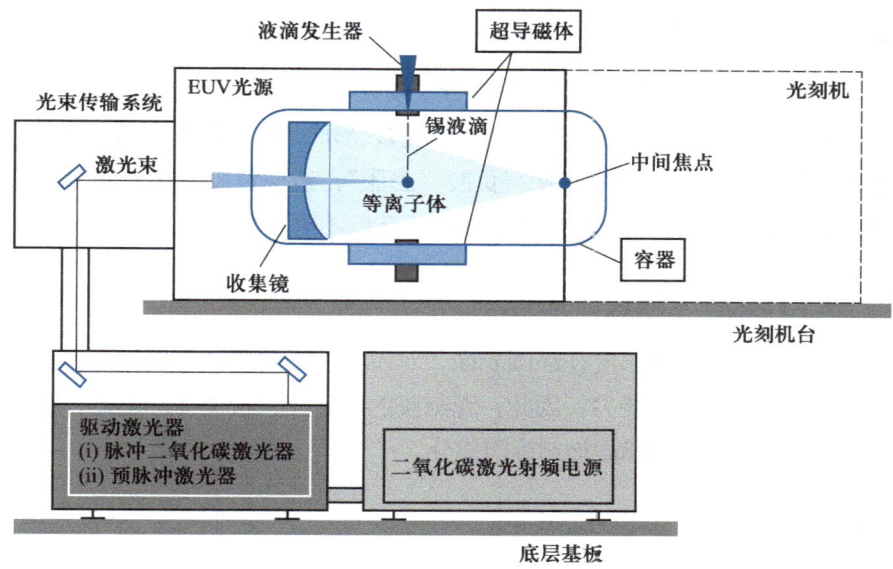

图 9-6-2 极紫外光源产生原理示意图

9.7 光刻胶

光刻胶（photoresist，PR）也称光致抗蚀剂或光阻，是临时涂覆在晶圆表面的光敏感有机材料。光刻胶只对紫外光敏感，对可见光不敏感。

光刻胶应具有两个基本性质：一是对特定紫外光的光敏感性，二是显影后的光刻胶应具有抗刻蚀和抗离子注入特性。

9.7.1 光刻胶的特性

微视频：
9-7 光刻胶

曝光时光刻胶发生化学分解或聚合反应，在显影液中的溶解度发生变化，从而达到将光刻版的图形转移到光刻胶上的目的。

根据化学反应特性，光刻胶分为正性光刻胶和负性光刻胶，简称正胶和负胶。正性光刻胶形成的图形与光刻版图形一致，负性光刻胶形成的图形与光刻版图形相反，如图 9-7-1 所示。

一、正性光刻胶的特性

曝光时受光照的正胶发生分解反应，由大分子分解为小分子。显影时受光照的正胶被显影液溶解，未受光照的正胶不溶解，留下形成光刻版的光刻胶图形。

由于显影时正胶不吸收显影液，正胶体积不膨胀，正胶图形不变，因而正胶分辨率高。

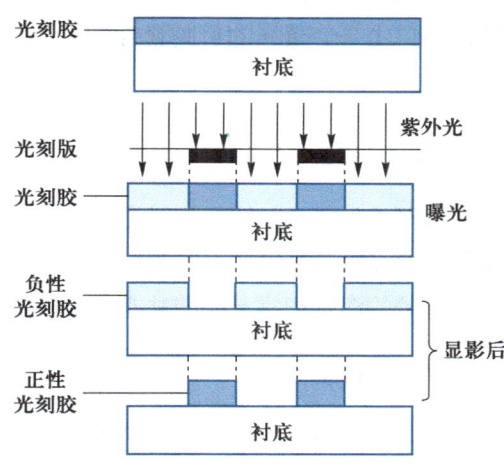

图 9-7-1 正胶与负胶光刻图形对比示意图

二、负性光刻胶的特性

曝光时受光照的负胶发生聚合反应，由小分子变为不易溶解的大分子。显影时未受光照的负胶被显影液溶解，而受光照的负胶不被显影液溶解，形成与光刻版图形相反的光刻胶图形。

负胶在显影时容易吸收显影液，使得负胶"膨胀"，造成负胶图形膨胀，难以形成精细线条，因而负胶的分辨率低，现代集成电路制造工艺已不采用负胶。

9.7.2 光刻胶基本组成

光刻胶的特性是能牢固地黏附在晶圆表面，对特定波长的光极易发生光化学反应，具有较强的抗刻蚀与抗离子注入的能力。因此，光刻胶的成分应包含能体现上述特性的材料，通常包含聚合物、感光剂、溶剂和添加剂等四部分。

一、聚合物

光刻胶聚合物（resin）是有机高分子树脂材料，其作用是将光刻胶粘附在晶圆表面，并使光刻胶具备抗刻蚀和抗离子注入特性。正胶最常见的聚合物通常是酚甲醛或酚醛树脂，负胶最常见的聚合物通常是聚异戊二烯橡胶。

正胶的聚合物曝光时由不可溶树脂变成可溶的小分子，而负胶的聚合物曝光时由可溶结构变成更大的不可溶的交联聚合物。

二、感光剂

感光剂（photoactive compound，PAC）是光刻胶的核心材料，对特定波长的光非常敏感，曝光时发生光化学反应，并控制和调整光刻胶的显影特性。

正胶感光剂未曝光时是一种溶解抑制剂，交联在聚合物中，显影时抑制光刻胶的溶解。一旦曝光，正胶的感光剂发生分解，破坏聚合物的交联结构，显影时被溶解。

负胶感光剂是含有 N_3 的有机分子，感光时分解出 N_2，形成有助于交联橡胶分子的自由基，该自由基使曝光的负胶聚合物聚合成更大的聚合物，使光刻胶具有较强的抗刻蚀和抗离子注入能力。

三、溶剂

溶剂（solvent）的作用是调整光刻胶的黏度，便于涂胶工艺，占光刻胶 75%～90%。溶剂只改变光刻胶黏度，对光刻胶化学特性没有影响。

正胶的溶剂通常是醋酸盐类，负胶的溶剂通常是丙酮、二甲苯等有机溶剂。

四、添加剂

添加剂用来控制和改变光刻胶的化学特性或光响应特性，例如，能增加光刻胶的感光范围、提高光刻胶光灵敏度的增感剂，能降低光刻胶的反射率、提高光刻胶分辨率的染料。添加剂是专有化学品，其成分和组分通常不公开，以保障竞争力。

9.7.3 光刻胶的感光和显影机理

一、正胶

图 9-7-2 是紫外光 I 线光刻最常用的重氮萘醌（DNQ）正胶的分子结构，其中聚合物树脂基体是偏甲氧基酚醛树脂（N），感光剂是重氮醌（DQ），溶剂是二甲苯和醋酸盐。

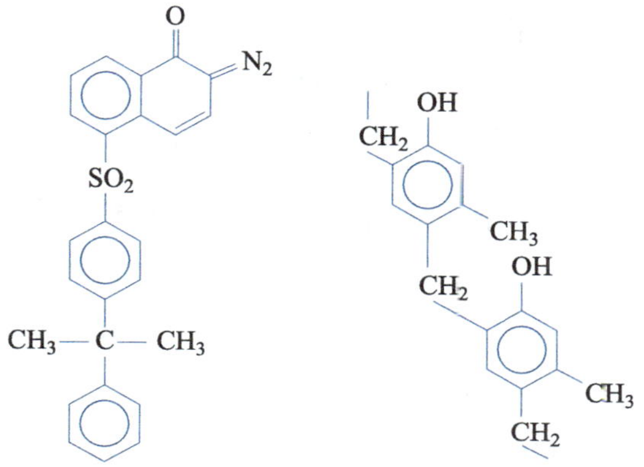

(a) 偏甲氧基酚醛树脂(N)基体　　(b) 重氮醌(DQ)感光剂

图 9-7-2　DNQ 的分子结构

DNQ 正胶的光分解机理和显影机理如图 9-7-3 所示，受光照后，重氮萘醌的偏甲氧基酚醛树脂（N）分解为乙烯酮，乙烯酮遇水形成羧酸。羧酸与碱性的显影液反应生成羧酸盐，羧酸盐可溶于水，从而被溶解掉。

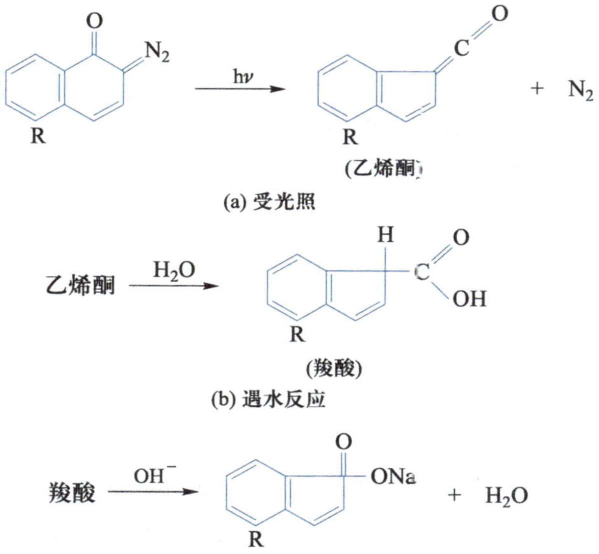

(a) 受光照

(b) 遇水反应

(c) 显影液反应

图 9-7-3　DNQ 正胶的光分解机理和显影机理

在 248 nm 和 193 nm 工艺制程，DNQ 光刻胶对深紫外（deep ultraviolet，DUV）光强烈吸收，使入射光无法穿透光刻胶，严重影响了光刻分辨率。

20 世纪 80 年代，美国国际商用机器公司（International Business Machines，IBM）的伊藤和威尔逊提出了化学放大光刻胶（chemically amplified resist，CAR），其原理是在深紫外光照射下，一种称之为光酸产生剂（photo-acid generator，PAG）的有机化合物催化剂会产生光酸分子，光酸分子在一定温度下（后烘阶段）催化光刻胶中被曝光部分的去保护（deprotection）反应。

化学放大光刻胶主要由主链聚合物（backbone polymer）、PAG、刻蚀阻挡基团（etching barrier）、酸根（acidic group）、保护基团（protecting group）、溶剂等组成，图 9-7-4 是 IBM 第一代 248 nm CAR（商品名为 APEX）的光催化反应示意图。

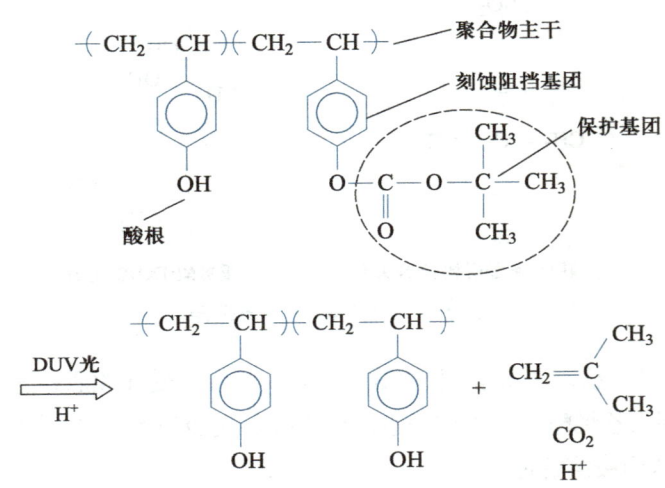

图 9-7-4　IBM 第一代 248nm CAR 光催化反应示意图

二、负胶

负胶主要由聚合物单体、光敏剂和溶剂构成。负胶的原理是：光敏剂产生自由基，引发单体小分子聚合交联形成大分子，使可溶性变为不溶性，从而实现图形从光刻版转移到光刻胶上。

由于光刻分辨率较低，不能用于 1.5 μm 及以下的细线条图形，现代集成电路制造的光刻工艺已不采用负胶。

【思考】为什么正胶的分辨率高于负胶？

9.7.4　光刻胶对比度（γ）

如图 9-7-5 所示，对比度是指光刻胶从曝光区到非曝光区过渡的陡度，代表着只适于光刻版透光区规定范围内的光刻胶的能量。对比度越大，光刻后的线条边缘越陡，且正胶对比度大于负胶。

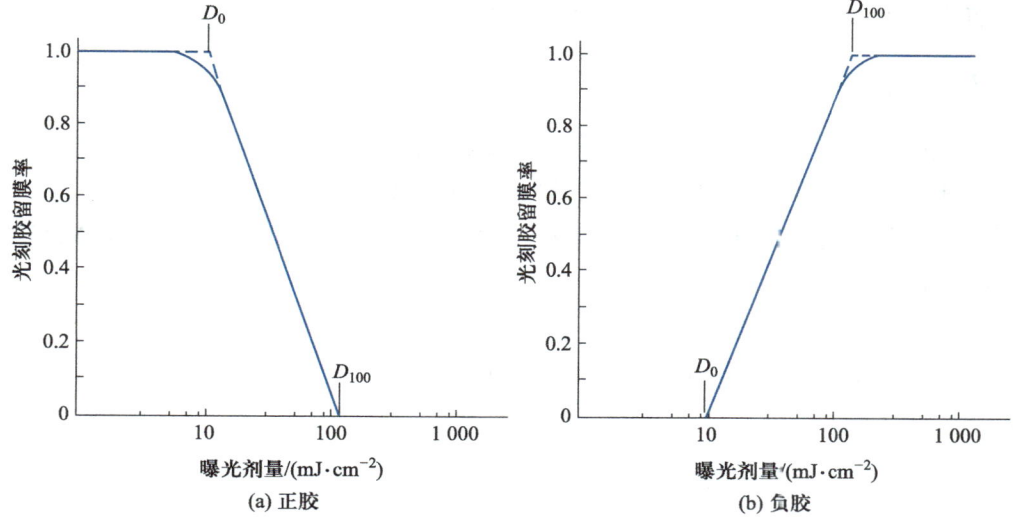

图 9-7-5 理想光刻胶的对比度曲线

光刻胶对比度的表达式如下所示。

$$\gamma = \frac{1}{\lg(D_{100} / D_0)} \quad (9\text{-}7\text{-}1)$$

式中，D_0 是开始光化学反应的曝光能量，D_{100} 是所有光刻胶完全去除需要的最低曝光量。曲线斜率越大，对比度越大。

典型的 G 线和 I 线光刻胶对比度为 2～4，D_{100} 值约为 100 mJ/cm²。CAR 的对比度典型值可达 5～10，D_{100} 值为 20～40 mJ/cm²。

9.7.5 光刻胶光敏度（S）

光灵敏度是指光刻胶完全曝光所需的最小曝光量，其表达式为

$$S = \frac{n}{E} \quad (9\text{-}7\text{-}2)$$

式中，E 是最小曝光量（lx·s，勒克斯·秒），n 是比例系数。光敏度 S 是光刻胶对光的敏感程度的表征，最小曝光量越小，灵敏度越高，负胶的 S 大于正胶的 S。

9.7.6 光刻胶抗蚀能力

光刻胶的抗蚀能力是指光刻胶耐酸碱腐蚀或等离子体刻蚀的程度，光刻胶对不同的刻蚀工艺（或离子注入工艺）有不同的抗刻蚀（或抗注入）能力。

由于曝光显影后是有机高分子树脂，光刻胶对无机腐蚀液的湿法刻蚀的抗蚀能力较强，但对等离子体的干法刻蚀的抗蚀能力较差。相对于正胶，负胶是交联度更高的树脂，因此负胶的抗蚀能力大于正胶。

光刻胶抗蚀性能力与光刻分辨率成反比，抗蚀性越大，分辨率越低。因此，在光刻胶特

性的选择上，应综合考虑抗刻蚀能力与分辨率的矛盾。

9.7.7 光刻胶工艺仿真

光刻胶膜厚度、曝光剂量、显影时间等参数都会影响光刻工艺的效果，通过改变这些参数可以分析光刻工艺后光刻胶膜图形的变化规律，加深对光刻工艺的理解。

采用器件与工艺 TCAD 仿真工具 Silvaco 来对光刻工艺进行模拟实验，采用 AZ1350J 正性光刻胶，I 线曝光光源。

仿真实验步骤：

1. 打开 Silvaco 软件中的 deckbulid 程序运行窗口，并调入基本模拟程序，如图 9-7-6 所示。

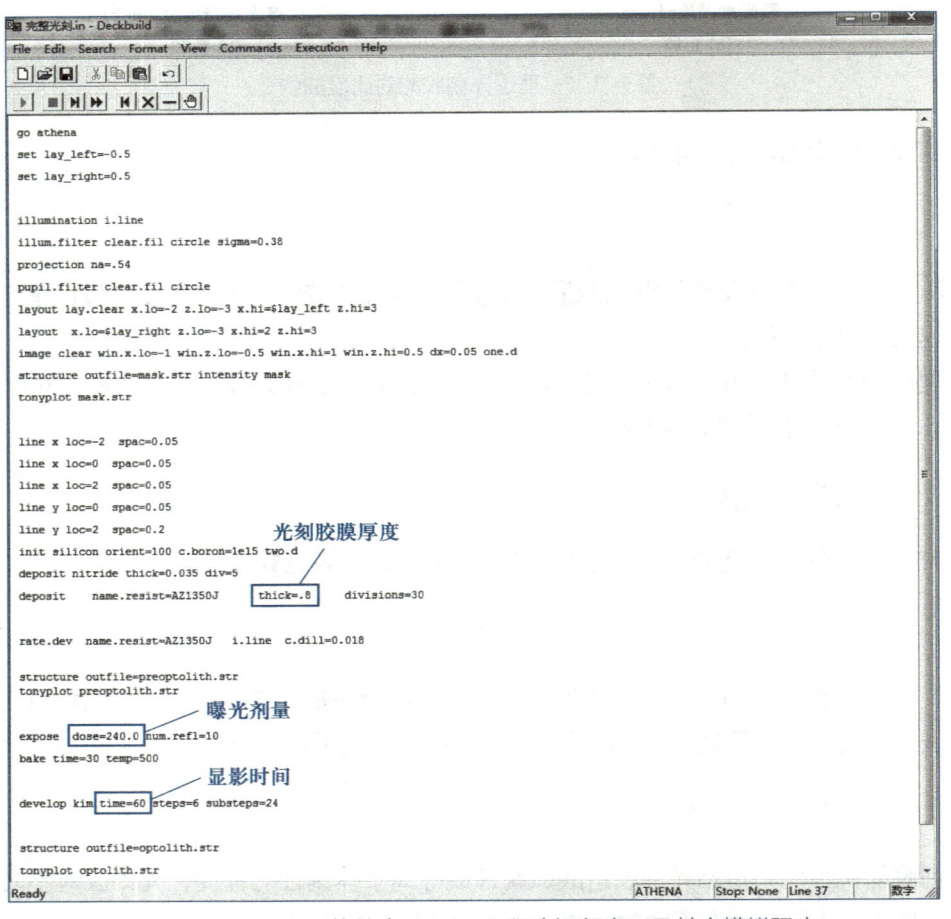

图 9-7-6　Silvaco 软件中 deckbulid 程序运行窗口及基本模拟程序

2. 改变光刻胶膜厚度的工艺模拟：设置曝光剂量为 240 mJ/cm², 显影时间为 60 s, 光刻胶膜厚度分别为 0.3 μm、0.8 μm、2.0 μm。运行程序，并利用 Tonyplot 模块输出不同光刻胶膜厚度时光刻胶膜图形的变化特点和规律。

3. 改变曝光剂量的工艺模拟：设置光刻胶膜厚度为 0.8 μm, 显影时间为 60 s, 曝光剂量分别为 50 mJ/cm², 80 mJ/cm², 240 mJ/cm²。运行程序,并利用 Tonyplot 模块输出不同曝光剂量时光刻胶膜图形的变化特点和规律。

4. 改变显影时间的工艺模拟:设置光刻胶膜厚度为 0.8 μm,曝光剂量为 240 mJ/cm²,显影时间分别为 10 s, 60 s, 200 s,运行程序,并利用 Tonyplot 模块输出不同显影时间时光刻胶膜图形的变化特点和规律。

9.8 光刻版

光刻版是光刻技术的三要素之一,也是影响光刻分辨率的主要因素。光刻版的结构是基板、掩模、抗反射层和保护层,如图 9-8-1 所示。

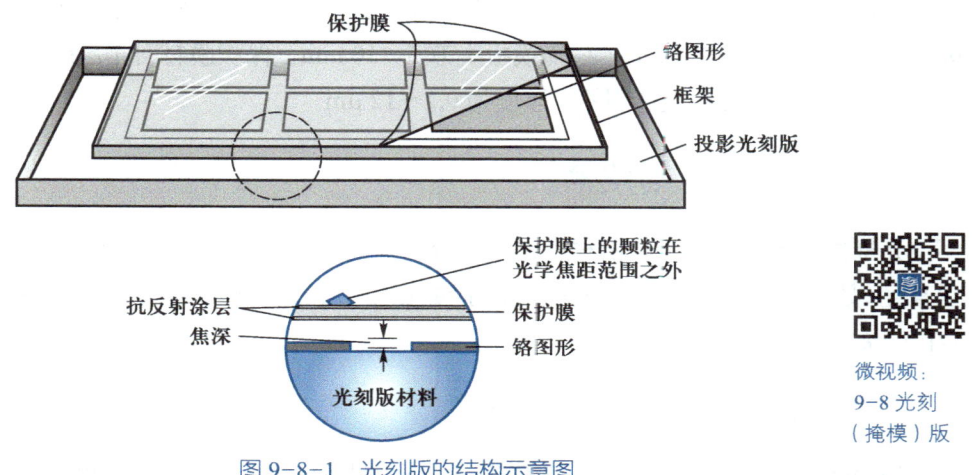

图 9-8-1 光刻版的结构示意图

按照光刻版图形尺寸与版图设计图形尺寸的比例不同,光刻版分为光掩模版(Mask)和投影光刻版(Reticle)两类。

Mask 包含了整个硅片的芯片图形特征,进行 1:1 图形复制。这种掩模版用于早期的接触式、接近式和投影式光刻机。

Reticle 只包含晶圆一小部分图形,图形比例一般为 4:1 或 5:1,是 152 mm×152 mm (6 inch×6 inch)的正方形,用于 Stepper 和 Scanner 的曝光。

Reticle 的优点:① 图形尺寸较大(2×~10×),光刻版制造更加容易;② 光刻版的缺陷或尘埃会缩小数倍,提高了工艺可靠性;③ 分步对焦,提高了曝光均匀性。

9.8.1 基板材料

作为透光窗口,光刻版基板材料要求透光度高,热膨胀系数与掩模材料匹配。

现代光刻版的基板材料是熔融石英(fused silica),对深紫外光有很高的透射率,具有很低的热膨胀系数和低的内部缺陷,而低膨胀意味着光刻版在温度改变时掩模尺寸是相对稳定的,这对光刻图形的分辨率和质量极为重要。

9.8.2 掩模材料

光刻版的图形是用不透光的材料制作,故称掩模。现代光刻版掩模材料通常采用金属铬(chrome,Cr),俗称铬版,具有针孔少、强度高、分辨率高等优点。

9.8.3 抗反射层

为提高光刻分辨率,防止曝光时掩模对光反射引起衍射,光刻版还要通过溅射淀积一层氧化铬(Cr_2O_3)作为抗反射层。

9.8.4 保护膜

为杜绝灰尘和微小颗粒的污染,现代光刻版采用了透明保护膜。如图 9-8-1 所示,保护膜被紧绷在一个密封框架上,在掩模板上方 5~10 mm。保护膜材料是乙酸硝基氯苯和聚酯碳氟化物,对曝光光线是透明的,厚度为 0.7~12 μm。

9.9 先进的光刻技术

光刻技术不断更新换代的核心是光刻分辨率的不断提高。按照光刻分辨率的瑞利公式,提高光刻分辨率的途径与方法分别是减小曝光光源波长、增大光刻机透镜 NA、减低工艺参数因子 k_1。

9.9.1 193 nm 浸入式光刻技术

193 nm ArF 激光器光源对应的极限工艺制程是 90 nm,下一个曝光光源应该是 157 nm F_2 激光器光源,但传统石英光学透镜和石英光刻版基板会强烈地吸收 157 nm 光,这使得 157 nm 光刻技术难以应用于大规模生产。

2002 年,台积电的林本坚提出了 193 nm 浸入式光刻技术。如图 9-9-1 所示,浸入式光刻的原理是:数值孔径 NA 与光传输媒介的折射率成正比,在光刻机曝光镜头与晶圆之间填充折射率大于 1 的水或其他液体代替空气作为光传输的媒介,数值孔径 NA 将得到有效提升。水对光的折射率是 1.44,透过水介质的 193 nm 光就能等效缩短至 134 nm。

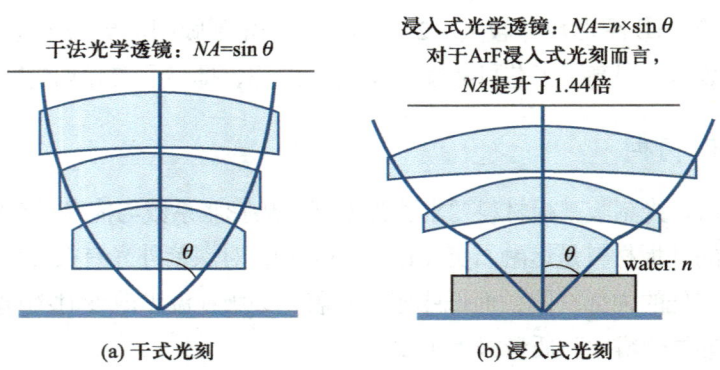

图 9-9-1　以空气为媒介的干式光刻和以水为媒介的浸入式光刻示意图

【思考】浸入式光刻技术可将光波长等效减小,这是否意味着光源波长减小了?

9.9.2 极紫外光刻技术

EUV 是最先进的光刻技术,其光源波长为 13.5 nm。极紫外光刻的技术特性是分辨率极高,主要应用于 10 nm 及以下工艺制程。

如图 9-9-2 所示,EUV 光刻机由光源、真空腔体(传输 EUV)、光刻版、多层反射镜阵列、晶圆机台和晶圆装载台等组成。

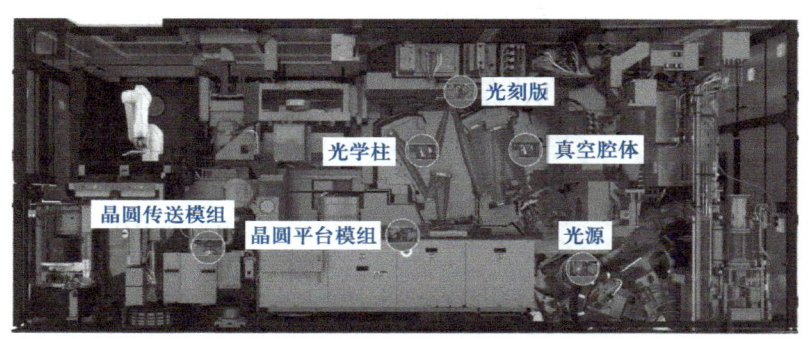

图 9-9-2 极紫外光刻机结构示意图

【思考】为什么需要真空腔体和多层反射镜来传输反射 EUV 光?

一、曝光原理

如图 9-9-3 所示,EUV 光经由周期性多层 Mo/Si 薄膜反射镜组成的聚焦系统入射到反射光刻版上,反射出的 EUV 光再通过周期性多层 Mo/Si 薄膜反射镜组成的非球面反射光学投影系统,将 EUV 反射光刻版的图形成像到光刻胶中,从而最终形成集成电路所需要的光刻图形。

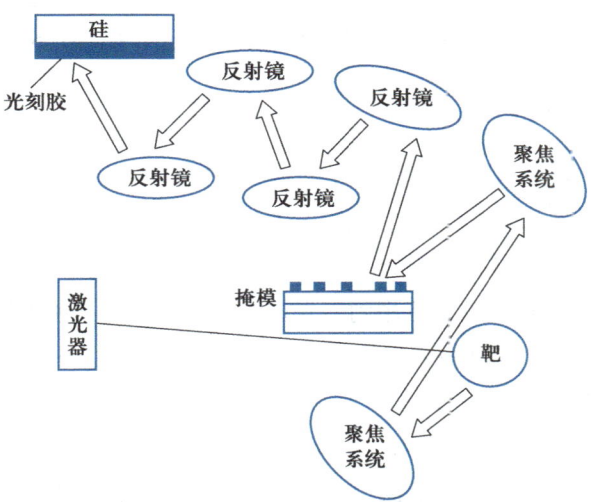

图 9-9-3 EUV 光刻机曝光原理示意

二、EUV 光刻版

由于 EUV 波长仅为 13.5 nm，属软 X 射线，传统光刻版的石英基板，甚至空气都对其有强烈的吸收。因此，EUV 光刻版只能采用与 EUV 曝光反射透镜相同的光学反射层传递光刻版图形信息，如图 9-9-4 所示。

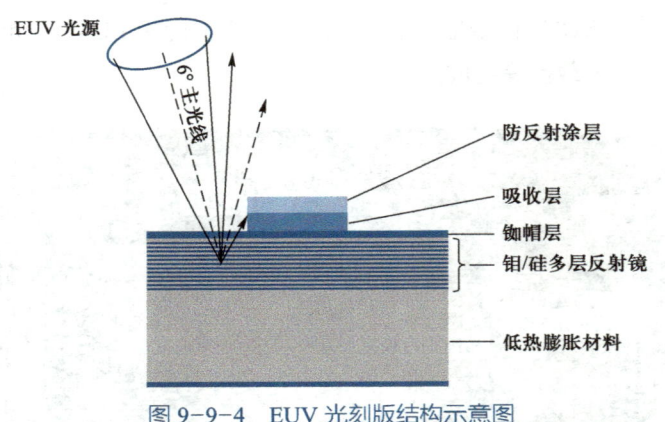

图 9-9-4　EUV 光刻版结构示意图

EUV 光刻版基板采用对 EUV 吸收小、热导率高、低热膨胀系数的材料，如硅晶圆。EUV 光刻版传递图形信息的反射层是 40 个堆叠周期的 Mo/Si 双分子层，对极紫外光的反射率可达 65%。

EUV 光刻版的 EUV 光吸收层沉积于 Mo/Si 多层反射层上，材料为 TiN，厚度多为 100 nm，对极紫外光的吸收率可接近 100%。

9.9.3　纳米压印光刻技术（NIL）

1995 年，美国普林斯顿大学的周郁（Stephen Y. Chou）首次提出了纳米压印光刻（Nanoimprint Lithography，NIL）技术，将纳米尺寸图形的模板（也称光刻版、压模）以高温和高压的方式，在涂有高分子材料的硅晶圆上压印复制出等比例的纳米图案。

一、技术原理与技术特性

NIL 技术原理是：将刻有纳米图形的光刻板压印到涂有高分子聚合物膜的硅晶圆上，形成聚合物纳米图形，通过加热或紫外光照使聚合物图形固化。

NIL 技术的特点是高分辨率、低成本，目前最小压印图形尺寸小于 5 nm，是 EUV 光刻技术潜在的竞争者。但 NIL 技术要应用到更先进的工艺制程，必须解决光刻版缺陷、图形重叠、成品率和数千到数万个光刻版管理等关键问题。一个光刻版只能使用约 10 000 次，也就是 100 个晶圆的图形化。

NIL 的工艺流程如图 9-9-5 所示，第一步晶圆表面涂抗蚀剂，第二步将光刻版向下压在抗蚀剂上使抗蚀剂形成图形，第三步通过高温或紫外光使抗蚀剂硬化，第四步将光刻版从抗蚀剂表面移开，然后重复第一步。

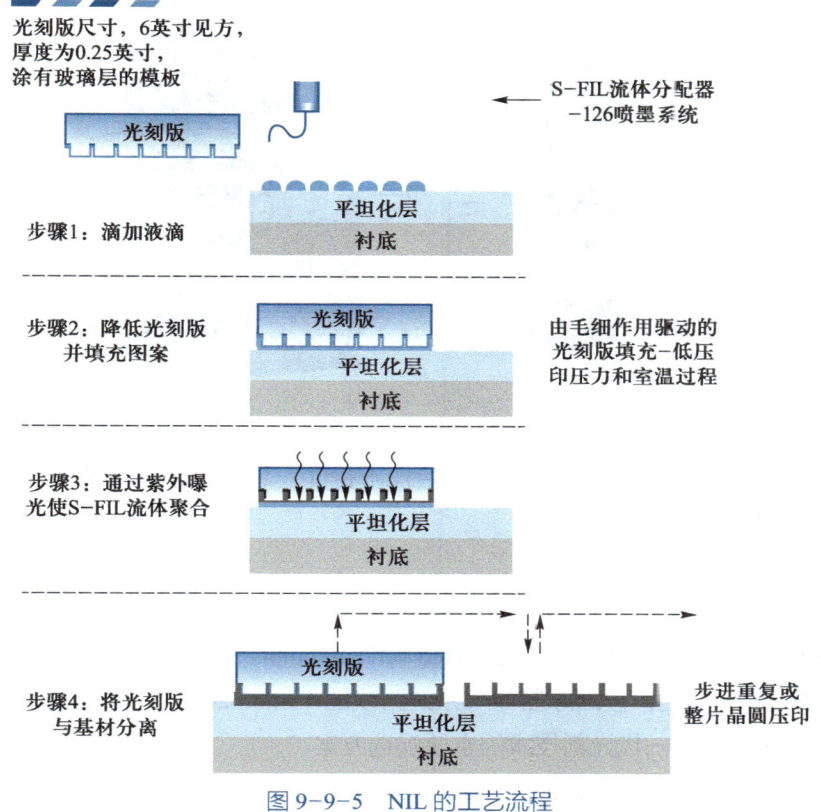

图 9-9-5 NIL 的工艺流程

NIL 模板的基板通常采用硅晶圆,而图形掩模通常采用 SiO_2、氮化硅、金刚石等具有高硬度、大压缩强度、大抗拉强度、高热导率和低热膨胀系数的材料制备。高硬度、大压缩强度和大抗拉强度可减少压模的变形和磨损,高热导率和低热膨胀系数可减小压模在加热压印过程中的热变形。

纳米压印技术有热压式、紫外光、软压印和激光辅助直接光刻等类型。

热压式(HE-NIL)具有工艺简单、生产率高、成本低廉等优点,仅需一个模具,完全相同的结构可以按需复制到大的表面上。热压印的问题是热塑性高分子聚合物必须经过高温、高压、冷却的相变化过程,脱模后压印的图案经常会产生变形,不易进行多次或三维结构的压印。

紫外光纳米压印(UV-NIL)是当前国际主流纳米压印技术,其优点是不需要高温和高压就可得到高分辨率纳米尺度图形。紫外光纳米压印独特的步进-曝光工艺,使加工精度、光刻版成本以及光刻版损伤都大大降低。

二、应用与发展趋势

2023 年 10 月,佳能推出商用第一代纳米压印设备 FPA-1200NZ2C,如图 9-9-6 所示,将在 2024 年出货,并开始接受订单。该设备可实现最小线宽 14 nm,相当于逻辑芯片最先进的 5 nm 制程,未来甚至有望通过改进光刻版做到 2 nm 制程。

图 9-9-6　佳能公司的商用第一代纳米压印设备 FPA-1200NZ2C

【思考】对比极紫外光刻与纳米压印的原理与技术特性,思考我国光刻技术的创新发展道路是弯道超车,还是换道超车。

9.9.4　导向自组装光刻技术

如图 9-9-7 所示,导向自组装(directed self-assembly,DSA)光刻技术是一种极具发展潜力的新型图形化工艺,被国际器件与系统路线图(International Roadmap for Devices and Systems,IRDS)列为下一代光刻技术的主要候选方案。

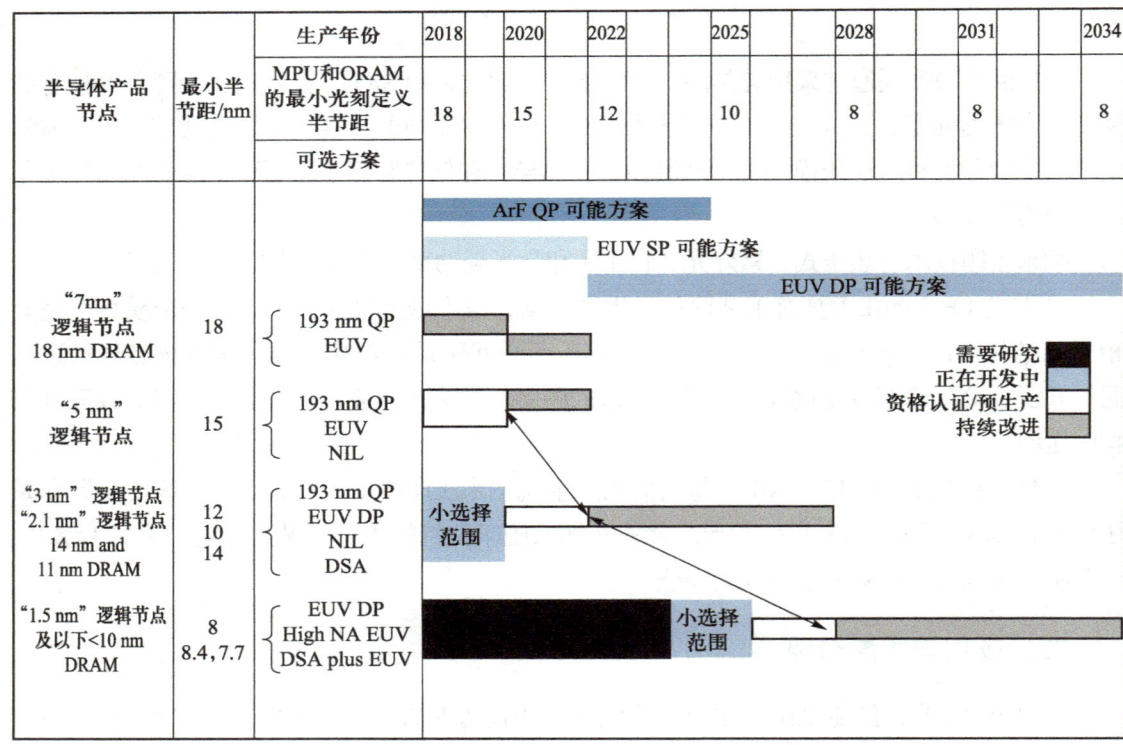

图 9-9-7　2020 版 IRDS 光刻技术发展规划

一、技术原理

DSA 技术的原理是：利用嵌段共聚物（BCP）两嵌段间化学上的不相容性，在热退火或溶剂退火条件下发生微相分离，并沿引导模板（设计图形）进行自组装，形成大面积、周期性的纳米图形。

DSA 技术是一种"自下而上"的光刻新技术，其分辨率由 BCP 的总聚合度 N 和嵌段间的相互作用参数 χ 决定。聚合度越小，发生微相分离的尺寸越小，对应光刻图形越小。但 $\chi*N$ 要大于 10.5 才能发生相分离，因此为了实现小尺寸的相分离，需要嵌段共聚物有较大的 χ。

图 9-9-8 是 PS-b-PMMA 在电子束曝光 HSQ 制备物理外延法的引导模板上进行 DSA 工艺流程示意，其主要工艺流程是接枝无规共聚物、旋涂 HSQ 光刻胶、电子束曝光和显影、旋涂嵌段共聚物、退火。

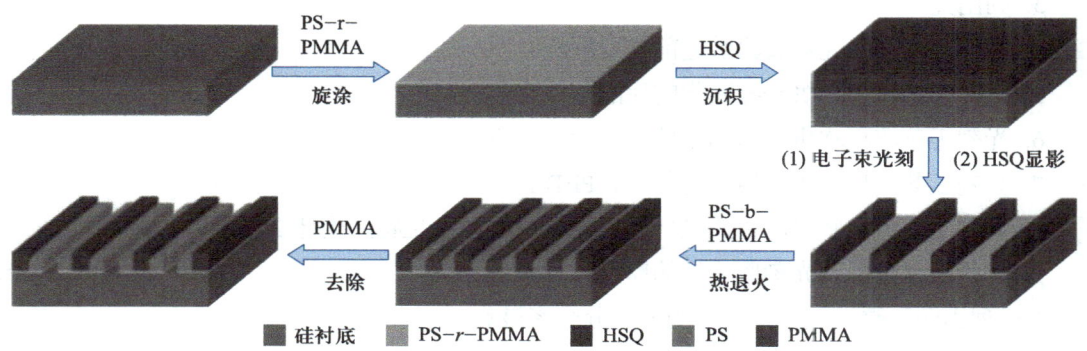

图 9-9-8　PS-b-PMMA 在电子束曝光 HSQ 制备物理外延法的引导模板上进行 DSA 工艺流程示意

二、技术特性

DSA 光刻技术能够突破传统光学光刻的衍射极限，并与晶圆制造厂的标准化设备和工艺兼容，具有高通量、低成本和延续性好等显著优势，已成为半导体工艺技术中的研发热点。

DSA 技术不仅能实现高分辨率、高密度的有序纳米线条阵列结构，还可实现接触或通孔尺寸的微缩及数量的倍增。将 DSA 光刻与紫外、深紫外、极紫外等"自上而下"的光刻和纳米压印技术相结合，可提高现有工艺的分辨率、修复图形缺陷和改善关键结构的特征尺寸均匀性。

三、DSA 的应用

DSA 光刻技术已经从实验室步入了工业产线上测试，美国 IBM、比利时微电子研究中心（IMEC）和法国 CEA Leti 都已经建立了 300 mm 晶圆 DSA 光刻技术先导线。

DSA 光刻技术已被应用于鳍式场效应晶体管（fin field-effect transistor，FinFET）、存储器和光电子器件等领域，以期实现高密度集成和高效率低成本制造。

小结

光刻工艺的三要素是光刻机、光刻版和光刻胶，其核心是光刻分辨率，其主线是光刻工艺流程。围绕光刻分辨率这个核心，本章重点阐述了光刻工艺的重要性，光刻工艺流程及其工艺原理，光刻三要素的工艺原理、技术特性、工艺应用及最新技术发展。从读者最熟悉的光衍射现象入手，给出了光刻分辨率的瑞利公式。从瑞利公式出发，结合产业实际技术，讨论了提升光刻分辨率的途径、方法和面临的挑战。针对提升光刻分辨率面临的困难与挑战，重点讨论了维持摩尔定律和影响产业发展的193 nm浸入式光刻、极紫外光刻等重大光刻创新技术，并介绍了有可能取代光刻技术的纳米压印的工艺原理、技术特性和应用前景。

思考与习题

1. 光刻的重要性体现在哪些方面？
2. 正、负光刻胶有什么区别，谁的光刻分辨率高，为什么？
3. 列出光刻工艺流程。
4. 为什么晶圆在光刻胶涂敷之前需要清洗？
5. 光刻工艺流程预烘和打底膜的目的是什么？
6. 光刻工艺流程软烘的目的是什么？给出软烘过度和不足的后果。
7. 光刻工艺流程后烘的目的是什么，PEB过度与不足会产生什么问题？
8. 光刻工艺流程坚膜的目的是什么，坚膜过度和不足将产生什么问题？
9. 哪些因素会影响光刻胶旋涂的厚度和均匀性？
10. 列出四种曝光技术，并说明哪种分辨率最高。
11. 光刻工艺为什么需要高强度和短波长曝光光源？
12. 阐述浸入式光刻技术如何提高光刻分辨率。
13. 列出至少两种在未来可能取代光学光刻技术的图形化技术。
14. 为什么说光刻是集成电路制造最重要的工艺？阐述提高光刻分辨率的途径、方法及挑战。
15. 阐述193 nm浸入式光刻技术的原理和应用。从提高光刻分辨率的途径和193 nm浸入式光刻技术的创新发明实例，谈一谈你对集成电路制造技术创新的认识。
16. 简述光刻工艺的流程，并阐述前烘、后烘及坚膜等3个热处理步骤的作用。
17. 分别给出两种紫外（EUV）光源和三种准分子激光器深紫外（DUV）光源的名称、波长及对应的特征尺寸。
18. 给出光刻胶的组成，并对比分析正胶和负胶的特性。
19. 请阐述PSM（移相掩模）的原理与作用，并画出相应的示意图。

第9章进阶习题

第 10 章　刻蚀工艺

光刻工艺是将光刻版图形暂时转移到光刻胶,而刻蚀工艺则是将光刻胶图形最终转移到晶圆表面各材料层,并最终实现集成电路的功能与性能。因此,影响集成电路性能与集成度的特征尺寸精度是由刻蚀工艺决定的。

本章将主要介绍刻蚀工艺参数,湿法刻蚀工艺原理、技术特性与应用,干法刻蚀工艺原理、技术特性与应用、最新刻蚀工艺技术等内容。本章的学习重点是湿法刻蚀与干法刻蚀工艺技术特性的对比分析,干法刻蚀的技术种类与应用。本章学习的难点是干法刻蚀工艺原理与技术特性,干法刻蚀设备技术特性。

10.1　刻蚀工艺参数

为保证刻蚀图形质量和良率,刻蚀工艺需要满足刻蚀性能的要求。刻蚀性能称为刻蚀工艺参数,主要特性指标有刻蚀速率、刻蚀选择比、刻蚀均匀性、刻蚀剖面等。

10.1.1　刻蚀的基本概念

将光刻工艺形成的光刻胶图形转移到晶圆表面的各种薄膜上,形成最终的器件与集成电路结构图形,这就是刻蚀工艺,如图 10-1-1 所示。

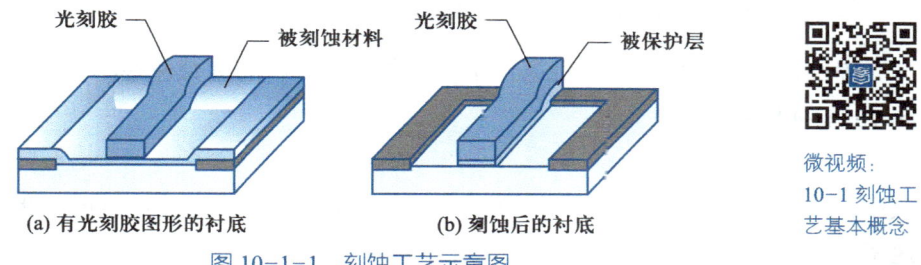

图 10-1-1　刻蚀工艺示意图

刻蚀工艺分两类,湿法刻蚀和干法刻蚀。湿法刻蚀的刻蚀剂是化学腐蚀液,故称为湿法。干法刻蚀剂是气体,准确地说是等离子体气体,故称为干法。

湿法刻蚀是纯化学反应刻蚀过程,因而刻蚀特性是对刻蚀材料的选择性好,但刻蚀却是各个方向的,即湿法刻蚀是各向同性的。

干法刻蚀既有纯化学反应和纯物理轰击的刻蚀过程,也有化学反应与物理轰击结合的刻蚀过程。相对于湿法刻蚀,干法刻蚀的特性是刻蚀的各向异性好,但刻蚀的选择性差。各向异性是指仅在一个方向刻蚀,其刻蚀图形的分辨率高。

光刻工艺的精度决定了光刻胶图形的最小尺寸与分辨率,但集成电路的最终图形特征尺寸和分辨率却由刻蚀工艺决定。特征尺寸越小,对刻蚀精度的要求也越高。图 10-1-2 是多晶硅栅刻蚀工艺示意图,多晶硅栅尺寸是 Si CMOS 集成电路最关键的特征尺寸,它决定了 Si CMOS 集成电路的性能,因此多晶硅栅的图形需要各向异性的刻蚀,以保证多晶硅栅图形的分辨率。

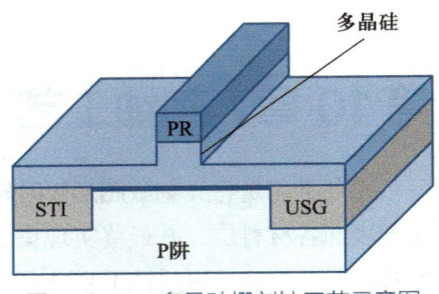

图 10-1-2　多晶硅栅刻蚀工艺示意图

【思考】图形刻蚀用哪种刻蚀方法好,为什么?

10.1.2　刻蚀工艺参数

一、刻蚀速率(etching rate)

刻蚀速率是刻蚀过程中去除被刻蚀薄膜的速率,刻蚀前后薄膜厚度差除以刻蚀时间就是刻蚀速率,如图 10-1-3 所示为其测量示意图,其表达式如式(10-1-1)所示。

$$刻蚀速率 = \Delta T/t \text{(Å/min)} \quad (10\text{-}1\text{-}1)$$

式中,ΔT 是刻蚀前后薄膜厚度差,t 是刻蚀时间。对图形的刻蚀,可以采用 SEM(扫描电子显微镜)直接测量薄膜被刻蚀的厚度。

同一种被刻蚀薄膜,刻蚀速率因刻蚀方法、刻蚀剂、刻蚀剂浓度、刻蚀设备种类以及刻蚀面积和图形的深宽比等不同而不同。

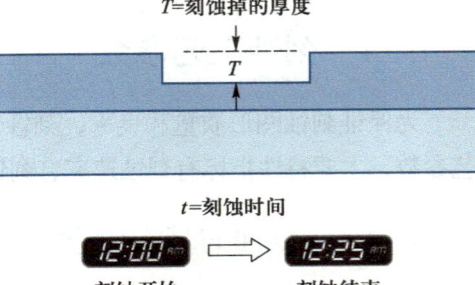

图 10-1-3　刻蚀速率测量示意图

【思考】为什么要精准控制刻蚀速率?

二、刻蚀选择比(selectivity ratio)

刻蚀选择比是指同一刻蚀条件下,两种不同材料的刻蚀速率比值,如式(10-1-2)和图 10-1-4 所示。

$$S_R = E_f / E_r \quad (10\text{-}1\text{-}2)$$

式中,S_R 是选择比,E_f 是被刻蚀材料的刻蚀速率,E_r 是掩模材料或不被刻蚀材料的刻蚀速率。

刻蚀工艺常需要高选择比,即只刻蚀想要刻蚀的材料,而对其他材料的刻蚀微乎其微。

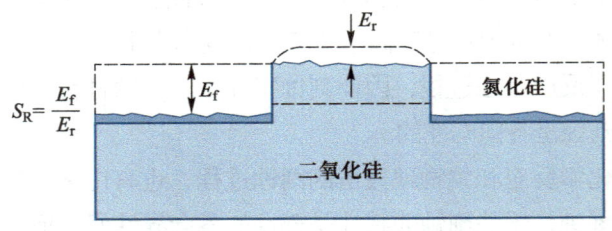

图 10-1-4　刻蚀选择比示意图

三、刻蚀均匀性

集成电路大规模生产要求晶圆各处的刻蚀速率要均匀(晶圆内均匀性,WIW),同一批晶圆和各批晶圆的刻蚀速率都有高的重复度（晶圆对晶圆均匀性），这就是刻蚀均匀性。

刻蚀均匀性与刻蚀速率和刻蚀选择比都有密切关系，其难点是必须在刻蚀不同图形密度的晶圆上保证刻蚀均匀性。刻蚀速率的均匀性可通过以下公式表征：

$$U = \frac{R_S - R_F}{R_S + R_F} \tag{10-1-3}$$

式中，R_S 和 R_F 分别是最慢和最快刻蚀速率。通常，刻蚀选择比较低的刻蚀会使刻蚀均匀性降低。

刻蚀均匀性检测采用统计方法。如图 10-1-5 所示，在一批硅晶圆中随机抽取若干片，在每片上 5~9 个点处测试刻蚀速率，然后计算每片的刻蚀均匀性并比较片与片之间的均匀性。

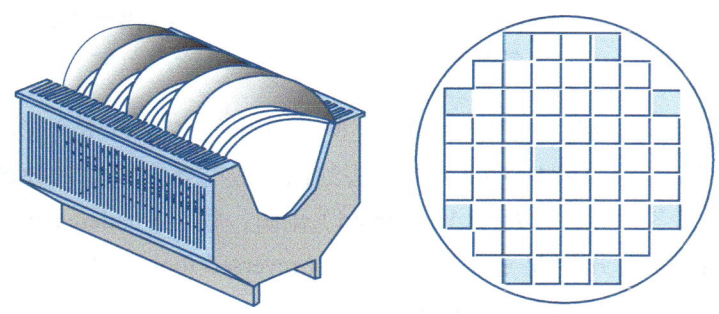

(a) 随机抽取若干硅晶圆　　(b) 每片硅晶圆的5点或9点测试法

图 10-1-5　刻蚀均匀性检测示意图

若测试点的刻蚀速率分别是 x_1，x_2，x_3，…，x_N，则测试的刻蚀速率平均值为

$$\bar{x} = \frac{x_1 + x_2 + x_3 + \cdots + x_N}{N} \tag{10-1-4}$$

式中，N 表示测试点数。因而，刻蚀速率测试值的标准偏差为

$$\sigma = \sqrt{\frac{(x_1 - \bar{x})^2 + (x_2 - \bar{x})^2 + (x_3 - \bar{x})^2 + \cdots + (x_N - \bar{x})^2}{N-1}} \tag{10-1-5}$$

而标准偏差的不均匀性（百分比）为

$$NU(\%) = \frac{\sigma}{\bar{x}} \times 100 \tag{10-1-6}$$

最大值与最小值的非均匀性为

$$NU_M(\%) = \frac{(x_{\max} - x_{\min})}{(2\bar{x})} \times 100 \tag{10-1-7}$$

四、刻蚀剖面

刻蚀剖面是指被刻蚀图形的侧壁形状，是刻蚀工艺最重要的参数，它将影响图形的完整

性和后续的淀积工艺。

如图 10-1-6 所示，湿法刻蚀是各向同性刻蚀，其刻蚀图形不能完整展现光刻版的设计图形。干法刻蚀是各向异性刻蚀，即仅在一个方向刻蚀（垂直于刻蚀表面），刻蚀图形能完整展现光刻版的设计图形。

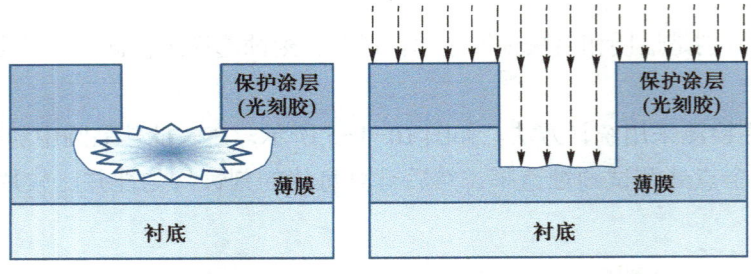

图 10-1-6　各向同性刻蚀与各向异性刻蚀的剖面示意图

图 10-1-7 展示了刻蚀工艺的实际剖面类型。图 10-1-7（a）是纯物理干法刻蚀形成的各向异性刻蚀剖面，图 10-1-7（b）是湿法刻蚀形成的各向同性刻蚀剖面。图 10-1-7（c）（d）（e）分别是各向异性的大开口（tapered）剖面、底切（undercut）剖面和底脚剖面，图 10-1-7（f）（g）（h）分别是底切反向底脚（reversed foot）剖面、底切反向大开口（revesed tapered）剖面和底切 I 字形（I-beam）剖面。

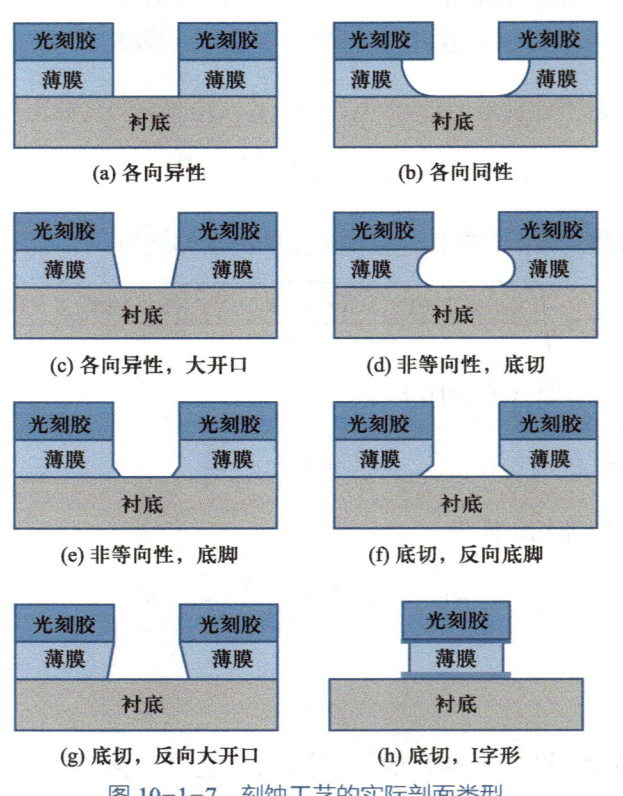

图 10-1-7　刻蚀工艺的实际剖面类型

底切剖面通常是 RIE（反应离子刻蚀）过程中过多的刻蚀气体散射到刻蚀窗口侧壁上造成的，I 字形剖面是因为夹心式薄膜的中间层使用了错误的化学刻蚀剂。

五、负载效应

刻蚀图形对刻蚀速率和刻蚀剖面的影响称为负载效应，负载效应分为宏观负载效应和微观负载效应。

大开口面积刻蚀速率与小开口面积刻蚀速率的差异，称为宏观负载效应。宏观负载效应主要影响批量刻蚀，对单片晶圆影响不大。

小尺寸窗孔刻蚀速率比大尺寸窗孔刻蚀速率慢，称为微观负载效应。微观负载效应产生的原因是刻蚀剂难以穿过较小窗孔，产生的刻蚀副产品也难以逸出窗孔。

10.2 湿法刻蚀

湿法刻蚀是早期集成电路制造的主要刻蚀方法，优点是选择性高、可批量生产、设备及工艺简单、成本低。湿法刻蚀虽然在小尺寸器件和大规模集成电路的图形刻蚀工艺中不再使用，但在牺牲氧化层和全覆盖金属层去除、表层介质剥离，以及大尺寸图形刻蚀等方面还有着广泛的应用。

10.2.1 工艺原理与技术特性

湿法刻蚀原理是化学溶液与晶圆表面材料发生化学腐蚀反应，从而刻蚀出器件与集成电路图形或去除全覆盖薄膜材料。对湿法刻蚀剂的基本要求是，其化学反应生成物都必须是可溶解的。

相对干法刻蚀，湿法刻蚀工艺的技术特性是选择性高、各向异性差（各向同性刻蚀）、工艺简单、成本低和可批量处理。

如图 10-2-1 所示，各向同性特性使得其刻蚀发生严重的钻蚀现象，最终的刻蚀图形尺寸远小于光刻版的设计图形尺寸。

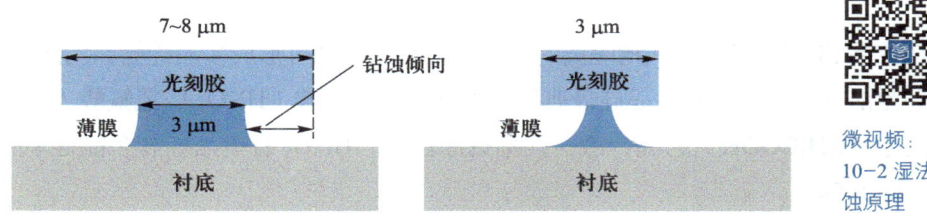

图 10-2-1　湿法刻蚀的各向同性特性示意图

20 世纪 80 年代前，图形尺寸大于 3 μm，湿法刻蚀曾被广泛应用于图形化工艺。当图形尺寸小于 3 μm 后，湿法刻蚀就不能保证图形的完整性，甚至导致图形消失。

20 世纪 80 年代后，集成电路制造的图形化刻蚀完全被具有高各向异性的干法刻蚀取代，湿法刻蚀仅用于晶圆表面清洗和晶圆表面全覆盖材料的清除，例如自对准金属硅化物工艺采用湿法刻蚀去除剩余的钛（Ti）、钴（Co）等金属。

湿法刻蚀的缺点之一是有大量的有害废液，需要进行环保处理。

【思考】为什么湿法刻蚀的选择性好而各向异性差？

10.2.2 SiO₂ 的湿法刻蚀

氢氟酸（HF）因与 SiO₂ 反应快而与硅和多晶硅反应较慢，是湿法刻蚀 SiO₂ 的最佳刻蚀剂。但纯 HF 刻蚀 SiO₂ 的速率太快，且 HF 不断消耗，会影响刻蚀的均匀性和稳定性。

在 HF 中加入 H_2O 降低刻蚀速率，加入氟化氨（NH_4F）提高刻蚀的均匀性，其刻蚀液称为缓冲氢氟酸（BHF，buffered hydrofluoric acid），典型配方是 HF：NH_4F：H_2O = 3 ml：6 g：10 ml（HF 溶液浓度为 48%），其刻蚀机理是

$$SiO_2 + 6HF \longrightarrow SiF_6 + 2H_2O + H_2 \quad (10\text{-}2\text{-}1)$$

$$NH_4F \rightleftharpoons NH_3\uparrow + HF \quad (10\text{-}2\text{-}2)$$

由式（10-2-2）可知，随着 NH_3 的不断产生与释放，刻蚀时消耗的 HF 得到补充，HF 浓度稳定，刻蚀速率保持均匀稳定。

表 10-2-1 是 25 ℃时不同工艺 SiO₂ 的 BHF 刻蚀速率，不同工艺 SiO₂ 密度不同，其 BHF 的刻蚀速率不同，密度越小刻蚀速率越快。

表 10-2-1 不同工艺 SiO₂ 的 BHF 刻蚀速率

氧化类型	密度/(g·cm^{-3})	刻蚀速率/(nm·s^{-1})
干氧	2.24~2.27	1
湿氧	2.18~2.21	1.5
CVD 淀积	<2.00	1.5^a~5^b
溅射	<2.00	10~20

a：在大约 1 000 ℃ 的温度下退火 10 min；b：未退火

10.2.3 硅的湿法刻蚀

单晶 Si 刻蚀可形成浅槽隔离的窗口，多晶硅刻蚀可形成多晶硅栅和局部互连。

湿法刻蚀单晶硅和多晶硅最典型的刻蚀溶液是硝酸（HNO_3）、氢氟酸（HF）和水（H_2O）或乙酸（CH_3COOH）的混合液，其刻蚀原理是，HNO_3 将单晶硅和多晶硅氧化成 SiO₂，HF 再去除 SiO₂。

湿法刻蚀硅的经典刻蚀剂配方是 1 ml HF + 3 ml HNO_3 + 10 ml CH_3COOH，其化学反应为

$$Si + 2HNO_3 + 6HF \longrightarrow H_2SiF_6 + 2HNO_2 + 2H_2O \quad (10\text{-}2\text{-}3)$$

式中，H_2SiF_6（六氟硅酸）和 HNO_2（亚硝酸）都可溶于水。配方中乙酸是稀释剂，且可抑制硝酸的分解，使硝酸维持较高浓度。

氢氧化钾（KOH）和异丙醇（C_3H_8O）的混合液对单晶硅的刻蚀有较强的各向异性，即

对硅（111）晶面的刻蚀速率较慢，因为（111）面硅原子数多于（110）面和（100）面。80 ℃下，配方 23.4wt% KOH + 13.3wt% C_3H_8O + 63.3% H_2O 的混合液对硅（100）、（110）和（111）面的刻蚀速率之比为 100∶16∶1。

如图 10-2-2（a）所示，对<100>晶向硅的定向刻蚀形成 V 形槽。若 SiO_2 掩模窗口开得足够大或腐蚀时间短，形成的是 U 形槽。对<110>晶向硅，形成的是以（111）面为侧壁的垂直井槽，如图 10-2-2（b）所示。

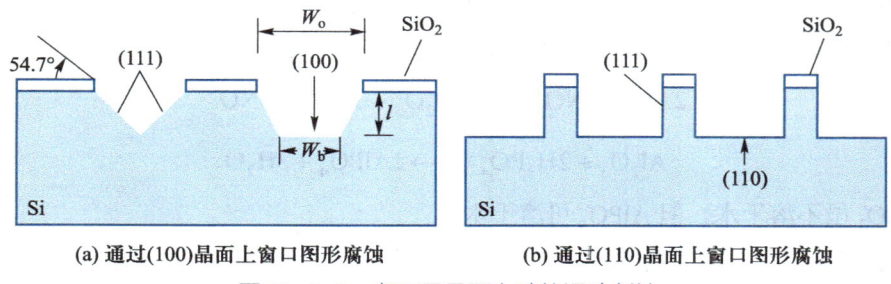

(a) 通过(100)晶面上窗口图形腐蚀   (b) 通过(110)晶面上窗口图形腐蚀

图 10-2-2 在不同晶面上硅的湿法刻蚀

KOH 溶液毒性小，刻蚀后的废弃液体容易处理，这也是 KOH 制作硅微结构时被广泛使用的原因。

10.2.4 氮化硅的湿法刻蚀

Si_3N_4 薄膜的主要应用是局部氧化隔离（LOCOS）的掩模层、浅槽隔离（STI）的化学机械平坦化（CMP）停止层和保护集成电路免受水汽侵蚀和机械划伤的最终钝化层。

磷酸（H_4PO_3）是湿法刻蚀 Si_3N_4 最常用的刻蚀溶液，通常被加热到 140～200 ℃以提高刻蚀速率。180 ℃下 91.5% 的 H_4PO_3 刻蚀 Si_3N_4 速率约为 10 nm/min，对热氧化 SiO_2 和 Si 的选择比分别是 10∶1 和 33∶1。若 H_4PO_3 的浓度提高为 94.5%，温度升高为 200 ℃，对 SiO_2 和 Si 的选择比分别降低到 5∶1 和 20∶1。

H_4PO_3 刻蚀 Si_3N_4 的化学反应如下：

$$H_4PO_3 + Si_3N_4 \longrightarrow Si(PO_4)_4 + 4NH_3 \tag{10-2-4}$$

式中，副产物 $Si(PO_4)_4$（磷酸硅）和 NH_3（氨气）都可溶于水。

热 H_3PO_4 的刻蚀速率与 Si_3N_4 的生长方式有关，等离子体增强化学气相淀积（PECVD）方法制备的 Si_3N_4 刻蚀速率比低压化学气相淀积（LPCVD）方法快很多。由于热 H_3PO_4 会造成光刻胶的剥落，刻蚀 Si_3N_4 时必须使用 SiO_2 作掩模。通常，Si_3N_4 的湿法刻蚀大多应用于整面的去除，对于图形 Si_3N_4 的刻蚀，则采用干法刻蚀。

磷酸是强酸，具有强烈的腐蚀性，少量的磷酸气体就能使眼睛、鼻子和喉咙感到不适，高浓度时会导致眼睛、鼻子、甚至皮肤的灼伤，实际操作时要注意安全防护。

10.2.5 金属的湿法刻蚀

金属及金属性材料主要用于制作器件与集成电路的栅电极、源漏电极、接触孔与通孔，以及局部与全局互连线,这些金属化工艺都需要图形化刻蚀。

一、铝的湿法刻蚀

铝或铝合金的湿法刻蚀剂主要是加热的磷酸、硝酸、乙酸及水的混合溶液,其典型配方是:73% H_3PO_4 + 4% HNO_3 + 3.5% CH_3COOH + 19.5% H_2O,刻蚀温度在30~85 ℃,45 ℃时纯铝的刻蚀速率为 300 nm/min。

铝的刻蚀机制是硝酸与铝反应产生氧化铝,同时磷酸分解氧化铝,而乙酸的作用是降低硝酸的氧化速率和最终的刻蚀速率,其主要化学反应方程式为:

$$2Al + 6HNO_3 \longrightarrow Al_2O_3 + 3H_2O + 6NO_2 \quad (10\text{-}2\text{-}5)$$

$$Al_2O_3 + 2H_3PO_4 \longrightarrow 2AlPO_4 + 3H_2O \quad (10\text{-}2\text{-}6)$$

式中,Al_2O_3 虽不溶于水,但 $AlPO_4$ 可溶于水。

受湿法刻蚀的各向同性刻蚀特性影响,现代集成电路制造工艺中,铝的图形刻蚀不再使用湿法刻蚀工艺,但在铝膜质量检测、全覆盖铝膜去除以及芯片反向设计中的芯片解剖等方面仍需要选择性高的湿法刻蚀工艺。

二、金属硅化物工艺的湿法刻蚀

在金属硅化物形成后,需要湿法刻蚀剥离去除剩余的全覆盖金属。例如,硅化钛和硅化镍工艺后,可用过氧化氢(H_2O_2)和硫酸(H_2SO_4)的1∶1混合液选择性地去除全覆盖的金属钛和镍,其化学反应过程是

$$H_2O_2 + Ti \longrightarrow TiO_2\downarrow + H_2O \quad (10\text{-}2\text{-}7)$$

$$H_2O_2 + Ni \longrightarrow NiO + H_2O \quad (10\text{-}2\text{-}8)$$

$$H_2SO_4 + TiO_2 \longrightarrow Ti(SO_4)_2 + H_2O \quad (10\text{-}2\text{-}9)$$

$$(H_2SO_4) + NiO \longrightarrow NiSO_4 + H_2O \quad (10\text{-}2\text{-}10)$$

虽然 H_2O_2 也可将源漏区域的多晶硅、栅极区域的硅单晶硅和硅化物氧化形成 SiO_2,但 H_2SO_4 却不与 SiO_2 反应。因此,刻蚀 Ti 的 H_2O_2 与 H_2SO_4 混合液对 Si 和金属硅化物有较高的选择性。

集成电路制造各种薄膜材料的湿法刻蚀配方及刻蚀特性见表10-2-2。

表 10-2-2 集成电路制造各种薄膜材料的湿法刻蚀配方及刻蚀特性

材料	刻蚀剂	刻蚀特性
SiO_2	HF(49%)水溶液-纯HF	选择性优于 Si(即,相比之下,将非常缓慢地蚀刻 Si),蚀刻速率取决于薄膜密度、掺杂程度
	NH_4F∶HF(6∶1)缓冲氧化物刻蚀液	为纯 HF 蚀刻速率的1/20。蚀刻速率取决于薄膜密度、掺杂程度。光刻胶不会像在纯 HF 中那样起皱
Si_3N_4	HF(49%) H_3PO_4∶H_2O(沸腾 130~150 ℃)	蚀刻速率取决于薄膜密度、薄膜中的 O 和 H 选择性优于 SiO_2,需要氧化物掩模

续表

材料	刻蚀剂	刻蚀特性
Al	H_3PO_4：H_2O：HNO_3：CH_3COOH （16：2：1：1）	选择性优于 Si，SiO_2 和光刻胶
多晶硅	HNO_3：H_2O：HF（+CH_3COOH） （50：20：1）	蚀刻速率取决于蚀刻剂成分
单晶硅	HNO_3：H_2O：HF（+CH_3COOH） （50：20：1） KOH：H_2O：IPA（23wt.% KOH，13 wt.% IPA）	蚀刻速率取决于蚀刻剂成分 晶体选择性；相对蚀刻率：（100）：100（111）：1
Ti	NH_4OH：H_2O_2：H_2O（1：1：5）	选择性优于 $TiSi_2$
TiN	NH_4OH：H_2O_2：H_2O（1：1：5）	选择性优于 $TiSi_2$
$TiSi_2$	NH_4F：HF（6：1）	
光刻胶	H_2SO_4：H_2O_2（125 ℃） 有机剥离剂	用于无金属晶圆片 用于金属晶圆片

10.3 干法刻蚀

干法刻蚀的刻蚀剂是气态的等离子体，因而干法刻蚀（dry etching）也称为等离子体刻蚀。相对于湿法刻蚀，干法刻蚀的最大优点是刻蚀的各向异性好，刻蚀的图形分辨率高，目前最先进的集成电路制造的最小特征尺寸和图形尺寸都采用干法刻蚀制作。

【思考】为什么干法刻蚀的各向异性比湿法刻蚀好？

10.3.1 干法刻蚀的工艺原理与技术特性

干法刻蚀的工艺原理是，具有较强化学活性或较高动能的等离子体对硅晶圆表面材料进行刻蚀，其刻蚀机理或是纯化学反应，或是纯物理轰击，或是化学反应与物理轰击同时进行。

等离子体（plasma）是气体经电离后产生的由电子、正负带电离子以及中性的原子和原子团组成的混合物，是物质的第四态。等离子体的特性是气体从常态到等离子体的转变，也是从绝缘体到导体的转变。

图 10-3-1 是等离子体干法刻蚀工艺过程示意图，刻蚀气体经辉光放电产生等离子体，其中活性最强的是自由基，自由基首先扩散到晶圆表面并吸附在表面上，自由基及晶圆表面与刻蚀的材料发生化学反应形成气态副产物，副产物从晶圆表面脱附并经气相的附面层进入对流气流中，最终被排除反应室。

相对于湿法刻蚀，干法刻蚀的工艺特性是，刻蚀的各向异性好，但选择性较差。其工艺优点是分辨率高，能够刻蚀 3 μm 以下图形。其工艺缺点是工艺复杂，成本高。

现代集成电路制造工艺中，所有的图形刻蚀都由干法刻蚀工艺完成，如阱、浅槽隔离

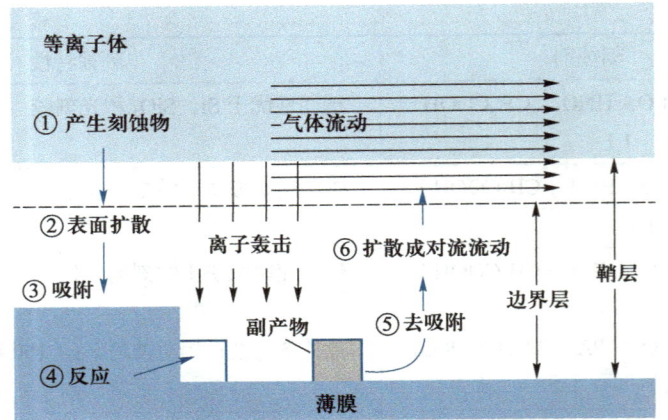

微视频:
10-3 干法刻蚀原理与特性

图 10-3-1　等离子体干法刻蚀工艺过程示意图

(STI)、多晶硅栅 (poly-Si gate)、铝和铝合金互连、接触孔和通孔、自对准金属硅化物工艺的侧墙 (side wall) 等。

10.3.2　干法刻蚀的工艺方法、刻蚀机理及技术特性

一、化学活性刻蚀

化学活性刻蚀也称等离子体刻蚀,其工艺方法类似等离子体增强化学气相淀积:第一步,刻蚀气体经辉光放电后,成为具有很强化学活性的离子及游离基;第二步,等离子体活性基团与被刻蚀材料发生化学反应。如式 (10-3-1) 和式 (10-3-2) 所示。CF_4 和 BCl_3 经射频辉光放电产生众多等离子体,其中自由基 F^* 和 Cl^* 是化学活性最强的等离子体。

$$CF_4 \longrightarrow CF3^* + CF2^* + CF^* + F^* \tag{10-3-1}$$

$$BCl_3 \longrightarrow BCl_3^* + BCl_2^* + Cl^* \tag{10-3-2}$$

化学活性等离子体刻蚀气体有氟化物、卤化物和含氧气三类等离子体,其中氟化物等离子体有四氟化碳 (CF_4)、六氟化硫 (SF_6)、八氟丁烷 (C_4F_8) 等,卤化物等离子体有 BCl_3 (三氯化硼)、CCl_4 (四氯化碳)、$CHCl_3$ (三氯甲烷) 等。

与湿法刻蚀的原理相似,化学活性等离子体刻蚀是低温下的化学反应刻蚀。因而,等离子体刻蚀特性是选择性好,但各向异性差,刻蚀分辨率是三种干法刻蚀中最低的。

在早期图形尺寸较大时,化学活性等离子体刻蚀可用于多晶硅栅、STI、Al 互连等工艺的图形刻蚀。图形尺寸小于 3 μm 后,就不能使用化学活性等离子体进行图形化刻蚀,但仍然可用于牺牲氧化层、缓冲氧化层、屏蔽氧化层以及光刻胶等薄膜的去除工艺。

【思考】图形尺寸小于 3 μm 制程的薄膜去除为什么仍可使用各向异性较差的化学活性等离子体刻蚀?

二、物理溅射刻蚀

物理溅射刻蚀 (ion sputter etching, ISE) 是纯物理轰击的刻蚀,也称为离子铣刻蚀,其

刻蚀原理与溅射淀积相同：第一步，刻蚀气体形成动量很高的等离子体；第二步，等离子体轰击被刻蚀材料，使被撞原子飞溅出来形成气体，并逸出被刻蚀材料表面，最终形成刻蚀图形。

物理溅射刻蚀机理是等离子体的纯物理轰击，没有化学反应参与刻蚀。因而相对于化学活性等离子体刻蚀和反应离子刻蚀（RIE），物理溅射刻蚀的各向异性最好，但选择性也最差。若轰击能量足够大，物理溅射刻蚀可不加选择地刻蚀任何材料。

由于是纯物理刻蚀，物理溅射刻蚀的刻蚀气体必须是惰性气体，常用的刻蚀气体是氩（Ar）气。

【思考】是否可以用有化学活性的等离子体作为溅射刻蚀的刻蚀气体？

三、反应离子刻蚀

反应离子刻蚀（reactive ion etching，RIE）的原理是同时使用了化学活性刻蚀机制和物理溅射刻蚀机制，其刻蚀气体是活性等离子与惰性等离子的混合气体，混合比例可根据刻蚀材料和刻蚀工艺确定。

图 10-3-2 是 RIE 刻蚀特性对比实验示意图。先将 XeF_2（氟化氙）气体注入刻蚀室，当 XeF_2 扩散到硅表面，分解出 F 自由基，对硅进行化学反应刻蚀。接着开启氩离子枪，对硅进行等离子体物理溅射刻蚀，此时 F 自由基的化学刻蚀与 Ar^+（氩）的物理溅射刻蚀同时作用。若关闭 XeF_4，则仅有氩离子的物理溅射刻蚀。

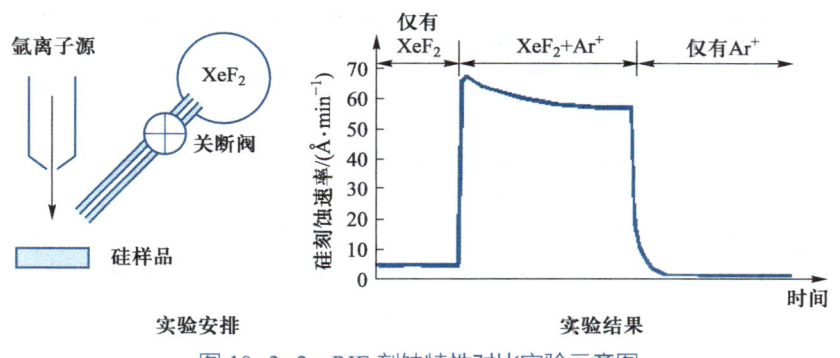

图 10-3-2 RIE 刻蚀特性对比实验示意图

由图 10-3-2 的实验结果可见，若仅有纯化学活性的 XeF_2 等离子体刻蚀，Si 的刻蚀速率很低；若只是惰性 Ar^+ 等离子体溅射刻蚀，Si 的刻蚀速率更低，几乎为 0；但若是化学活性 XeF_2 与惰性 Ar^+ 等离子体结合的 RIE 刻蚀，Si 刻蚀速率不仅高，且可调。XeF_2 与氩气协同刻蚀的机理是：氩离子轰击打断硅表面化学键形成悬挂键，带有悬挂键的硅更容易与 F 自由基反应生成 SiF_4。

RIE 的刻蚀特性是，刻蚀剖面的各向异性和选择性好且可控，刻蚀速率高且可控。因此，现代集成电路制造 8 英寸与 12 英寸工艺的图形刻蚀都是由 RIE 工艺完成。

10.3.3 干法刻蚀的应用

一、绝缘介质的干法刻蚀

SiO_2、Si_3N_4、SiON 等绝缘介质的刻蚀主要用于形成制备 STI、接触孔与通孔、焊盘（bonding pad）等工艺窗口。

绝缘介质的干法刻蚀剂是含氟等离子体，包括 CF_4、CHF_3、C_2F_6、SF_6、NF_3 等。最经典的刻蚀气体是 CF_4，其特点是刻蚀速率快，但对多晶硅的选择比不高。CF_4 刻蚀 SiO_2 和 Si_3N_4 的化学反应为：

微视频：
10-4 干法
刻蚀的应用

$$CF_4 \longrightarrow F + CF_3 \quad (10\text{-}3\text{-}3)$$

$$SiO_2 + F \longrightarrow SiF_4 + O \quad (10\text{-}3\text{-}4)$$

$$Si_3N_4 + F \longrightarrow SiF_4 + N \quad (10\text{-}3\text{-}5)$$

1. SiO_2

干法刻蚀 SiO_2 主要形成接触孔和通孔。如图 10-3-3 所示，刻蚀接触孔必须刻蚀金属前介质（PMD），PMD 通常是掺磷的 SiO_2（PSG）或掺硼和磷的 SiO_2（BPSG）。而刻蚀通孔则必须刻蚀金属层间介质（IMD）或层间介质（ILD），IMD 和 ILD 主要是未掺杂的 SiO_2（USG）、掺氟的 SiO_2（FSG）或其他低 k 介质。接触孔刻蚀停止于硅单晶表面或多晶硅表面，而通孔刻蚀则停止于金属铝互连表面。

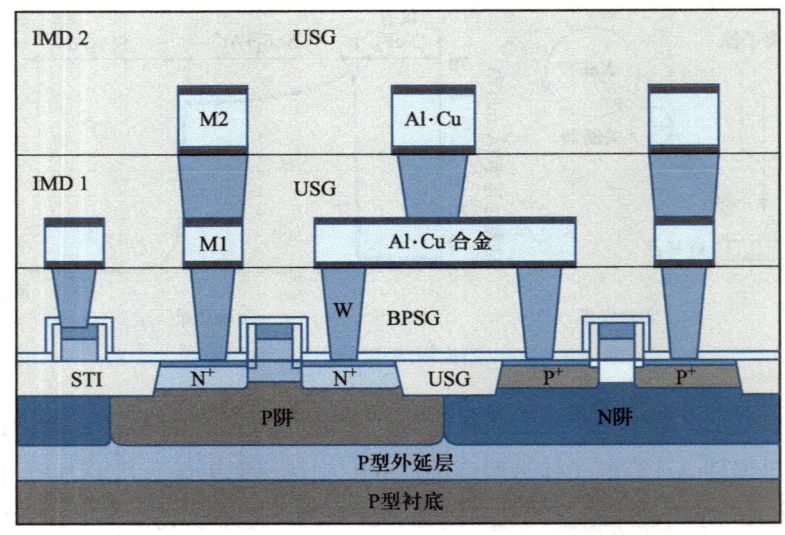

图 10-3-3　CMOS 器件结构剖面示意图

以 MOSFET 器件接触孔刻蚀为例，为了实现金属层与源/漏极间的欧姆接触，源/漏极上方的 SiO_2 必须彻底清除，但用 CF_4 刻蚀 SiO_2 后会继续对硅进行刻蚀。因此，刻蚀硅上 SiO_2 必须考虑刻蚀的高选择性。此外，接触孔和通孔的深宽比也与选择比有关。例如，0.18 μm 工艺的 DRAM 图形深宽比能达到 6∶1。因此，干法刻蚀 SiO_2 与硅和硅化物/多晶硅的选择比要求大约为 50∶1。

为提高 CF_4 等离子体刻蚀 SiO_2 与 Si 和金属硅化物/多晶硅的选择性，通常在 CF_4 等离子体中加入 O_2 和 H_2，以改善 Si 及 SiO_2 的刻蚀速率、选择比、均匀性和刻蚀后剖面。图 10-3-4 是加入 O_2 后 CF_4 等离子体刻蚀 SiO_2 对 Si 的选择比变化，O_2 含量较低时选择性变差，O_2 含量超过 20% 后选择性大幅增加。图 10-3-5 是加入 H_2 后 CF_4 等离子体刻蚀 SiO_2 对 Si 的选择比变化，选择性随 H_2 含量的增加而大幅增加。

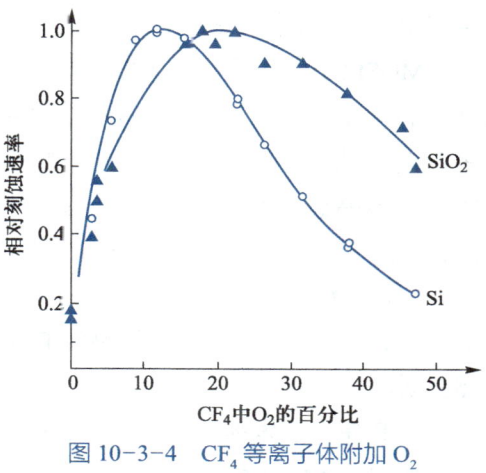

图 10-3-4　CF_4 等离子体附加 O_2 对刻蚀速率的影响

因为比 CF_4 的选择比高，先进工艺制程刻蚀 SiO_2 都采用 CHF_3 与 Cl_2 混合的等离子体。SF_6 和 NF_3 也可作为提供氟原子的刻蚀气体，因为不含碳原子，所以不会在 Si 表面形成阻碍刻蚀的聚合物。

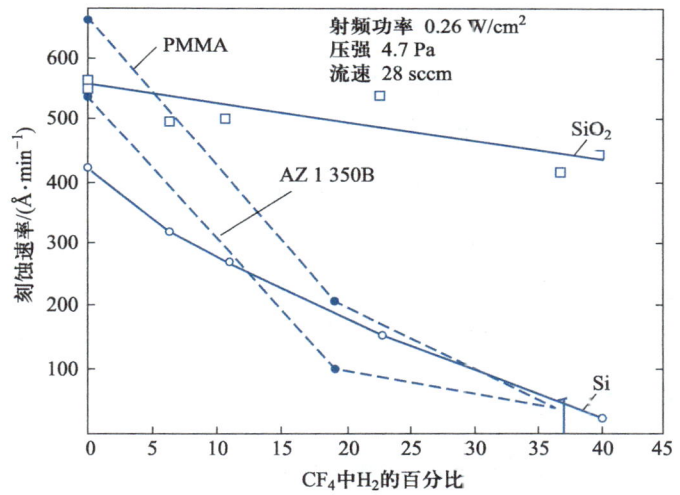

图 10-3-5　CF_4 等离子体附加 H_2 对刻蚀速率的影响

2. Si_3N_4

无论是哪种 CVD 技术，淀积 Si_3N_4 都要预先淀积 SiO_2 作为衬垫缓冲层（pad oxide），以消除 Si_3N_4 薄膜的高应力。因此，刻蚀 Si_3N_4 需要对 SiO_2 的高选择比。

刻蚀 Si 和 SiO_2 的等离子体都可刻蚀 Si_3N_4，关键是如何提高 Si_3N_4 对 SiO_2 刻蚀选择性。采用 CHF_3，对 Si_3N_4/Si 的选择比则只有 3~5，对 Si_3N_4/SiO_2 的选择比只有 2~4。采用 CF_4 与 O_2 和 N_2 的混合等离子体，可获得 120 nm/min 的刻蚀速率，以及对 SiO_2 的 20∶1 高选择比。

二、多晶硅栅的干法刻蚀

多晶硅具有高温稳定性、与 SiO_2 栅介质附着性良好等优势，自 20 世纪 80 年代起取代金属铝，实现现代集成电路制造工艺 MOS 器件的栅极和局部互连。

MOSFET 器件的制备需要严格地控制栅极宽度，因为它决定了 MOSFET 器件的沟道长度和器件性能。因此，多晶硅栅的刻蚀必须采用各向异性强的干法刻蚀方法。如图 10-3-6 所示，多晶硅对 SiO_2 的刻蚀选择比也要足够高，这是因为多晶硅自对准源漏工艺需要离子注入实现，源漏注入区需要保留 SiO_2 以防止沟道效应，这层 SiO_2 同时也是 MOSFET 器件的栅介质。

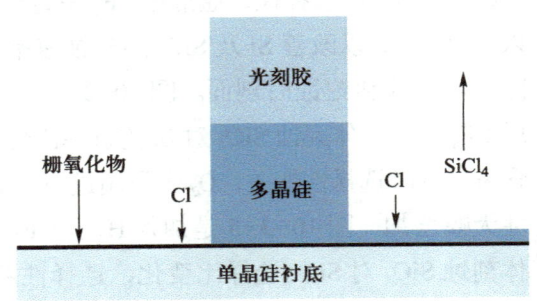

● 需要多晶硅对二氧化硅高选择性的刻蚀

图 10-3-6　各向异性和高选择性兼顾的多晶硅栅的刻蚀示意图

含 F 等离子体难以满足多晶硅栅刻蚀对各向异性和选择性都高的要求。Cl_2 是刻蚀多晶硅栅的主要刻蚀气体，Cl_2 与多晶硅的反应方程式为：

$$Cl_2 \longrightarrow 2Cl \quad (10-3-6)$$

$$Si + 2Cl \longrightarrow SiCl_2 \quad (10-3-7)$$

$$SiCl_2 + 2Cl \longrightarrow SiCl_4 \quad (10-3-8)$$

其中，$SiCl_2$ 会产生一层聚合物保护膜，化学反应方程式为：

$$nSiCl_2 \longrightarrow (SiCl_2)_n \quad (10-3-9)$$

此保护膜可以保护多晶硅的侧壁，从而提高了刻蚀的各向异性。

除了 Cl_2，溴化氢（HBr）也是主要的刻蚀气体。在小于 0.5 μm 工艺制程，栅氧的厚度小于 10 nm，HBr 刻蚀多晶硅对 SiO_2 的选择比高于以 Cl_2 为主的等离子体。

三、单晶硅的干法刻蚀

浅槽隔离（STI）、DRAM 芯片的深沟槽电容器、FinFET 器件等工艺都需要对单晶硅进行干法刻蚀，刻蚀气体主要是 HBr 等离子体，刻蚀的化学反应过程如下：

$$HBr \longrightarrow H + Br \quad (10-3-10)$$

$$4Br + Si \longrightarrow SiBr_4 \uparrow \quad (10-3-11)$$

刻蚀单晶硅通常需要 Si_3N_4/SiO_2 复合层作掩模，并采用 O_2 作为沟槽侧壁的钝化媒介。氧气与侧壁硅反应生成 SiO_2，保护侧壁不受 Br 原子自由基的刻蚀，从而提高刻蚀的各向异性。同时，氧气也能提高对 Si_3N_4/SiO 掩模的刻蚀选择性。

三维结构的 FinFET 器件是维持摩尔定律等比例缩小的重要技术，其沟道类似鱼鳍，其栅是围着硅鳍沟道的三栅结构（即 π 栅）。

FinFET 器件硅鳍沟道具有高的深宽比，微负载效应强，其制备需要干法刻蚀单晶硅，且各向异性和选择性都要高。如图 10-3-7 所示，硅鳍沟道的高度需要通过刻蚀 STI 的氧化层来控制。

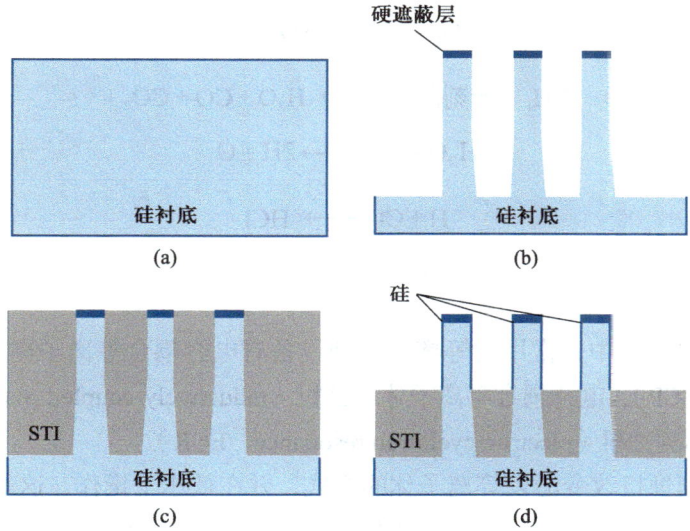

图 10-3-7 FinFET 器件硅鳍沟道的干法刻蚀示意图

四、铝互连的干法刻蚀

无论是成熟的 CMOS IC 工艺，还是先进的 NAND 工艺，铝互连都是三层结构：TiN 防反射层（ARC）、铝铜合金层和 TiN/Ti 焊接层。

Cl_2 是铝互连刻蚀最常用的刻蚀气体，其刻蚀的化学反应如下：

$$Cl_2 \xrightarrow{等离子体} Cl + Cl \quad (10-3-12)$$

$$Al + 3Cl \longrightarrow AlCl_3 \uparrow \quad (10-3-13)$$

$$TiN + 4Cl \longrightarrow TiCl_4 \uparrow + N \quad (10-3-14)$$

$$4Ti + Cl \longrightarrow TiCl_4 \uparrow \quad (10-3-15)$$

为提高 Cl_2 等离子体刻蚀金属的各向异性和刻蚀精度，通常采用 BCl_3 为辅助刻蚀气体，一是钝化侧壁，防止横向侧壁刻蚀；二是作为 Cl 原子的第二来源，并提供较重的 BCl_3^+ 进行轰击刻蚀。

含氯等离子体刻蚀铝铜合金，会产生少量不挥发的 $CuCl_2$，可采用物理溅射等离子体刻蚀轰击去除。

铝互连刻蚀后，合金表面、侧壁及光刻胶上残留的氯元素与 H_2O 反应形成 HCl，进而造成 Al 互连图形的金属腐蚀问题。解决的方法是，晶圆移出腔体之前，用 CF_4 或 CHF_3 等离子体残留的氯化物转变为无反应的氟化物聚合物，阻止铝合金与氯的进一步反应。

五、光刻胶的干法刻蚀

干法刻蚀去除光刻胶通常使用 O_2 等离子体，并附加水蒸气提供羟基（OH）去除光刻胶和 H 自由基，最终去除光刻胶和侧壁中的 H。O_2 刻蚀光刻胶的化学反应过程如下：

$$O_2 \xrightarrow{\text{等离子体}} O + O \quad (10-3-16)$$

$$O + C_xH_y(\text{光刻胶}) \longrightarrow H_2O + CO + CO_2 + \cdots \quad (10-3-17)$$

$$H_2O \xrightarrow{\text{等离子体}} 2H + O \quad (10-3-18)$$

$$H + Cl \longrightarrow HCl \quad (10-3-19)$$

10.3.4 等离子体干法刻蚀设备

现代集成电路制造中，常用的等离子刻蚀设备有电容耦合等离子刻蚀机（capacitively coupled plasma，CCP）、电感耦合等离子体刻蚀机（inductively coupled plasm，ICP）和电子回旋共振等离子体刻蚀机（electron cyclotron resonance，ECR）。

还有一部分刻蚀机改变激发等离子体的方式，并在低压下操作，这类刻蚀机称为高密度等离子体（HDP）刻蚀机，其主要优势是拥有更好的 CD 控制、更高的刻蚀速率、更佳的选择性和低离子轰击损伤，典型的 HDP 有：电子回旋共振式等离子体刻蚀机（electron cyclotron resonance plasma etchers，ECRPE）、变压耦合式等离子体刻蚀机（transformer coupled plasma，TCP）、感应耦合等离子体刻蚀机（inductively coupled plasma rector，ICPR）和螺旋波等离子体刻蚀机。

一、CCP

CCP 工作原理是：两个平行板电容施加高频交流电场，电子在电场中获得能量与刻蚀气体碰撞（轰击），产生等离子体。如图 10-3-8 所示为双频 CCP 原理及结构示意图。

CCP 技术的特点是：① 因为等离子体是在平行板电容的交变电场下形成，因此其等离子体分布的均匀性要好；② CCP 的上下电极比大于 ICP，因此 CCP 可以获得比 ICP 更高的离子能量。

当前主流 CCP 是多频 CCP，可分别控制等离子体密度和轰击能量，高频（27~60 MHz）电场控制等离子体密度，低频（800 kHz~2 MHz）电场控制离子轰击能量。

为防止电子的相互碰撞，CCP 的平行电极板的间距要大，且气体压力要高，才能产生较高浓度等离子体。但压力越高，等离子体离子越发散，导致离子刻蚀的入射角发散，造成刻蚀的各向异性变差，限制了 CCP 在先进制程的应用。

二、ICP

ICP 的工作原理是，射频线圈加交流电压产生感应磁场，感应磁场在反应室内产生感应电场，感应电场使电子获得能量轰击刻蚀气体，产生低温等离子体。

ICP 反应室的结构如图 10-3-9 所示，由于电子围绕磁感线做回旋运动，ICP 中的电子的平均自由程比 CCP 更大，可在更低腔体压力下产生等离子体。因此，ICP 的等离子体密度比 CCP 高 10~20 倍，故 ICP 的等离子体分布均匀性不如 CCP。

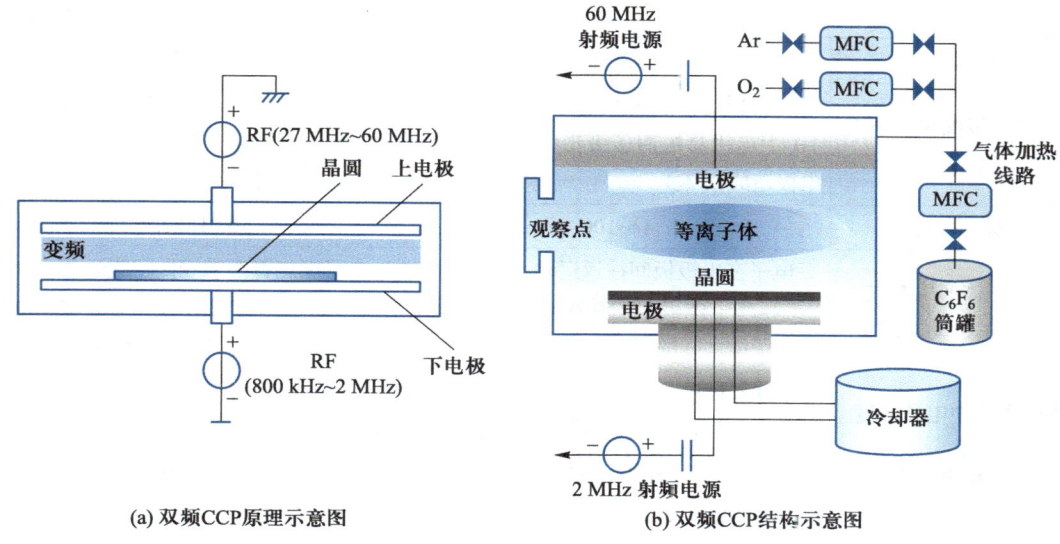

(a) 双频CCP原理示意图　　　　(b) 双频CCP结构示意图

图 10-3-8　双频 CCP 原理及结构示意图

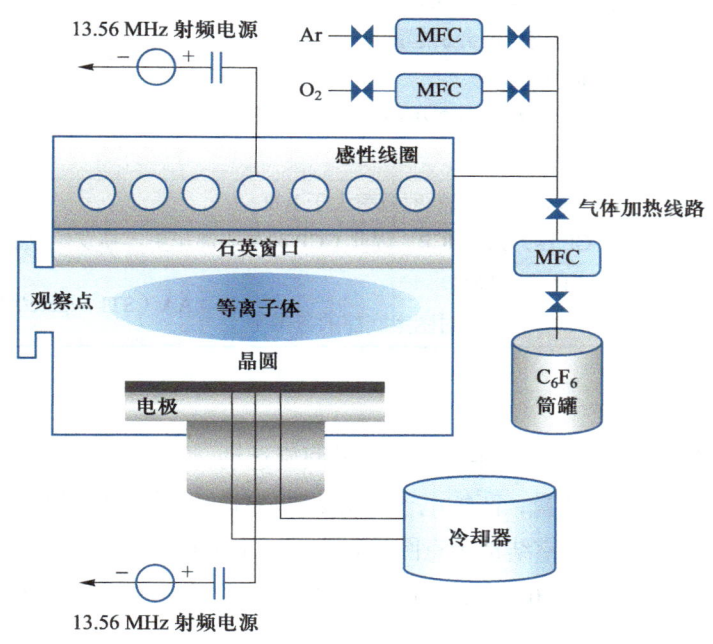

图 10-3-9　ICP 反应室结构

相对于 CCP，ICP 的优点是等离子体密度和能量可独立控制，SRF 控制离子密度，BRF 控制离子能量。如表 10-3-1 所示为 CCP 与 ICP 性能及应用对比。

表 10-3-1　CCP 与 ICP 性能及应用对比

比较项	CCP	ICP
上电极/线圈与下电极间距离	CCP＞ICP	

续表

比较项	CCP	ICP
上电极/线圈在腔室内位置	上电极处于腔室内部（上电极易被离子轰击，因此会对上电极造成损坏）	Coil置于腔室顶部并由绝缘板（以及法拉第屏蔽板）与腔室隔离（放电电极不会污染等离子体）
气体压力/Pa	1～100	0.01～0.1
等离子体产生方式（电子的运动方式）	电子在电极板间往返运动（等离子体吸收的功率是通电极板与等离子体之间的耦合来实现）	电子围绕着磁感线做回旋运动（等离子体吸收的功率是通过线圈与等离子体之间的耦合来实现）
等离子体中电子温度	CCP＜ICP（CCP中电子碰撞频率小于ICP，因此CCP中电子温度低于ICP）	
电离程度/m^{-3}	10^{14}～10^{16}	10^{18}～10^{20}
离子轰击能量	CCP＞ICP（①CCP可以提供更大的电极面积比，因此CCP鞘层电压大于ICP，故CCP离子轰击能量大于ICP；②CCP等离子体解离度小于ICP，因此一些解离不充分的高质量离子也会引起重离子轰击）	
均匀性/(U%)	CCP优于ICP（CCP中电子在两极板间往复运动，产生的等离子体均匀性优于ICP，因此CCP均匀性较好）	
鞘层内离子散射	CCP鞘层内离子散射概率大于ICP（CCP压力大于ICP，因此CCP鞘层内离子更容易发生散射）	
应用	SiO_2 HARC蚀刻（CCP有更高的对图案底部的轰击）	AA（STI）/gate/Al连线等

三、ECR

ECR工作原理是，电子在磁场中绕磁力线做回旋运动，当微波频率与电子回旋频率一致时，电子产生共振获得微波能量，高能电子轰击刻蚀气体，可产生高密度等离子体。

图10-3-10是ECR反应室结构示意图，频率为2.45 GHz的微波通过由石英或Al_2O_3制成的微波窗口，穿过强度为0.087 5 T的磁场进入ECR反应室，并受激励产生高密度等离子体。

为提高刻蚀的各向异性，ECR刻蚀机在晶圆上施加一个RF或直流偏压加速等离子，在提高等离子轰击能量的同时，提高了刻蚀的各向异性。

ECR等离子体系统也能用于薄膜沉积，由于ECR等离子体能够在室温下有效地激发反应物，所以不需要加热激活就能够在室温下完成薄膜沉积。

四、中微公司等离子体刻蚀设备

创建于2004年的中微半导体设备（上海）有限公司（AMEC，中微公司），在创始人尹志尧博士的带领下，仅用了3年时间就开发出了原创设计的双反应台介质刻蚀除胶一体机。

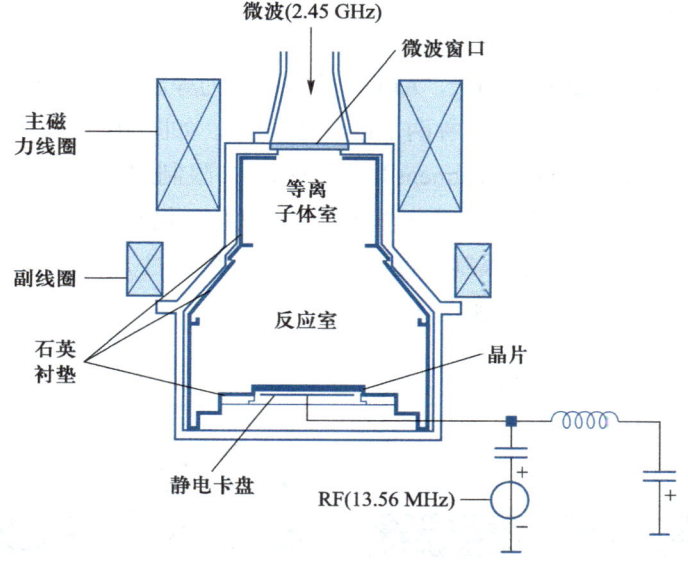

图 10-3-10　ECR 反应室结构示意图

这是中国生产的第一台高端刻蚀设备,效率比同类产品高出 30% 以上。

目前,AMEC 的等离子体刻蚀机技术水平达到了国际领先,12 英寸高端刻蚀设备已应用在 TSMC 最先进的 5 nm 和 3 nm 工艺制程中。2004 年,AMEC 的 ICP "twin-star" 刻蚀机双反应台对氧化硅、氮化硅和多晶硅的刻蚀速率差达到了 $0.1 \sim 0.2$ Å,即 100 pm 以下的误差精度,是国际精度最高的刻蚀机。

光刻工艺和光刻机无疑是集成电路制造最重要的工艺和设备,但要将光刻胶上微纳尺寸的光刻图形转移到硅晶圆表面,并最终实现集成电路,则必须通过刻蚀工艺和刻蚀设备完成。因此,刻蚀工艺和刻蚀机的重要性并不比光刻工艺和光刻机低。相对于极紫外光刻机的技术难度超高、开发周期超长、专利壁垒超高、研发经费巨大等困难,发展等离子体刻蚀机技术可在短时间内突破其关键技术,为解决制约中国自主集成电路发展的卡脖子难题提供弯道超车的路径。

10.4　先进的原子层刻蚀技术

后摩尔定律时代,新结构(如三维闪存、FinFET)、新材料(如高 k 介质/金属栅)和新工艺(如低 k 介质镶嵌式刻蚀技术和多次图形技术)等对刻蚀工艺提出了更高的要求。逻辑芯片从 28 nm 缩小至 7 nm,刻蚀工艺步骤从 50 步增加至 100 步。3D NAND 存储芯片堆叠层数从 128 层发展至 256 层,需要在氧化硅和氮化硅叠层结构上刻蚀 40∶1 到 60∶1 甚至更高深宽比的极深孔或极深沟槽,刻蚀工艺要求极高的精度与选择比。

以上这些要求对等离子体干法刻蚀技术提出了挑战,其中极高选择比和等离子体损伤是最大挑战。

1990 年,Horiike 等首次提出采用 CF_4 等离子体中的氟原子,实现了对 Si 的原子层刻蚀。

10.4.1 工艺原理

原子层刻蚀（atomic layer etching，ALE）技术可分为等离子体增强 ALE 和热 ALE，其工艺原理均包括两个半反应过程（也称两个自限制过程）。如图 10-4-1 所示，第一个半反应是对材料表面进行改性（surface treatment），形成单层自限制层。第二个半反应引入具有一定能量的惰性等离子体（如氩离子）或化学活性反应气体，仅对表面改性的单层自限制层进行刻蚀，从而实现高选择性的自限制刻蚀行为。按照自限制性方式进行的理想 ALE 工艺过程，每个循环周期刻蚀掉衬底的厚度为 1 个单原子层。

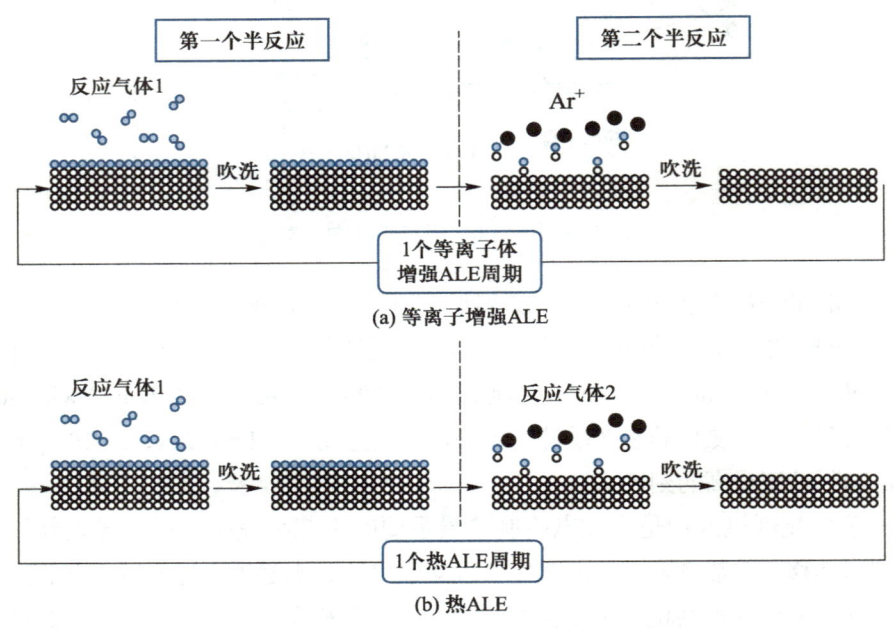

图 10-4-1 ALE 工艺技术原理示意图

ALE 工艺类似于原子层沉积（ALD）技术的反过程，理论上可以实现每个循环周期单 ALE 工艺过程。早期的 ALE 技术被认为不可能应用于实际生产，因为刻蚀速率太低，而要刻蚀的薄膜厚度又太厚。随着特征尺寸的不断缩小，集成电路制造的薄膜厚度已经小于 2 nm，这给 ALE 技术在半导体制造工艺中的应用提供了前所未有的机会。

10.4.2 技术特性

由于自限制反应机理，ALE 可逐个原子层进行刻蚀，且不触及或破坏底层材料。因此，ALE 具有优异的各向异性和极高的刻蚀选择比。同时，原子层刻蚀的微负载（microloading）效应也因自限制效应而被抑制。

一、热 ALE 技术

热 ALE 工艺也称热各向同性 ALE 工艺，其工艺特点是采用具有化学活性的等离子体气体或热前驱体，对改性薄膜材料进行吸附反应，进行原子层刻蚀。热 ALE 需要自发的、连续的自限制的热反应，才能实现精确的原子层刻蚀。其中，自发反应是指热力学上的自由能差 $\Delta G<0$。

热 ALE 的表面改性通常采用氧气或卤素的氧化反应来实现，当表面改性发生准自限扩散时，可对体材料进行原子层的改性。在随后的去除（刻蚀）步骤，该材料通过热解吸被去除掉。例如，对 TiN 的热 ALE 工艺，第一步表面改性采用 CHF_3/O_2 等离子体进行，第二步采用红外辐射的热解吸对表面改性材料进行原子层刻蚀。

二、等离子体 ALE 技术

等离子体 ALE 工艺第一步先利用等离子体对被刻蚀薄膜表面进行改性，第二步再通过调节各向异性的惰性等离子体能量精确去除表面改性的薄膜材料。因此，相对于热 ALE 技术，等离子体 ALE 技术具有较高的各向异性刻蚀特性。

等离子体 ALE 一般被设计为各向异性的定向刻蚀，也包含小部分各向同性刻蚀，如硅刻蚀、Al_2O_3 刻蚀、HfO_2 刻蚀和 GaN 刻蚀等。

小结

湿法刻蚀工艺是纯化学反应，其优点是刻蚀的选择性高、工艺简单、成本低，其缺点是刻蚀的各向异性差。因而，现代集成电路制造的图形刻蚀已不采用湿法刻蚀工艺。但由于其刻蚀的高选择性，湿法刻蚀仍用于晶圆清洗和全覆盖材料的去除，如自对准金属硅化物工艺的金属去除。

相对于湿法刻蚀的纯化学刻蚀原理，干法刻蚀既有纯化学的等离子体刻蚀工艺，也有纯物理的溅射刻蚀工艺，还有结合了化学刻蚀和物理刻蚀的 RIE 刻蚀工艺。干法刻蚀的优点是刻蚀的各向异性强，现代集成电路先进制造工艺制程的图形刻蚀都采用干法刻蚀。此外，在刻蚀的选择性、速率、产率等方面都是可控制的。

思考与习题

1. 对比分析湿法刻蚀与干法刻蚀的技术特征，并解释图形刻蚀和覆盖刻蚀分别用哪种刻蚀方法更好，为什么？
2. 请给出湿法刻蚀 SiO_2 薄膜和 Si 单晶薄膜的典型配方，并说明其中主要刻蚀成分的作用。
3. 说明图形化刻蚀工艺流程。
4. 什么是刻蚀选择性？
5. 湿法刻蚀和反应式离子刻蚀工艺之间的区别是什么？
6. 湿法刻蚀二氧化硅最常用的刻蚀剂是什么，其使用有什么安全问题？
7. 为什么薄膜去除常使用湿法刻蚀？
8. 解释两种非等向性刻蚀机理。

9. 说明哪种刻蚀方法具有最小的特征尺寸。
10. 干法刻蚀多晶硅为什么使用氯等离子体而不是氟等离子体作为主要的刻蚀剂？
11. 干法刻蚀 Al-Cu 金属互连，为什么不使用氟等离子体作为主要的刻蚀剂？
12. 什么金属化材料已经用于低 k 和 ULK 电介质材料的硬遮蔽层？
13. 低 k 和 ULK 电介质刻蚀后，需要金属刻蚀工艺去除硬遮蔽层吗？

第 10 章进阶习题

第 11 章 薄膜工艺

薄膜工艺是集成电路芯片制造过程中一个至关重要的工艺步骤，集成电路性能的提升在很大程度上取决于所淀积的各种薄膜质量。集成电路工艺制程的快速升级，不断推动着薄膜工艺技术的发展。尽管当前先进集成电路制程节点已经进入 10 nm 以内，但薄膜工艺依然是半导体器件和电路制造不可或缺的。通过薄膜工艺，可在硅晶圆上制备各种导电薄膜（如金属互连、栅极金属等）、半导体薄膜（如硅外延层等）和绝缘薄膜（如二氧化硅、氮化硅等）等。通常，薄膜厚度远小于硅晶圆的厚度，目前最薄的薄膜可以达到几个原子层厚度。随着实际应用需求的增加和集成电路设备与工艺技术的快速发展，众多新型薄膜工艺技术不断涌现，并日益发挥重要作用。

微视频：
11-1 薄膜制备基本概念

本章主要讲授热氧化、物理气相淀积、化学气相淀积和外延等常见薄膜淀积的工艺原理、技术应用和技术发展，并阐述典型薄膜材料的制备方法。

11.1 硅的热氧化工艺

在集成电路发展历程中，硅的热氧化工艺发挥了非常关键和重要的作用。热氧化工艺可以制备低界面陷阱密度的高质量氧化硅薄膜，其典型应用包括栅氧化层、场氧化层、衬垫氧化层、屏蔽氧化层、牺牲氧化层、掺杂阻挡层和表面钝化层等。

本节将主要阐述热氧化的工艺原理与技术特性、热氧化生长动力学以及热氧化工艺技术发展等。

11.1.1 二氧化硅的结构与性质

图 11-1-1 为二氧化硅（SiO_2）基本结构。图 11-1-1（a）所示 Si-O 四面体结构是二氧化硅的基本单元，其由 4 个位于顶角的氧原子和 1 个位于中心的硅原子构成，硅-氧原子核的间距为 1.6 Å，氧-氧原子核的间距为 2.27 Å。如果顶角的氧原子连接两个 Si-O 四面体，则该氧原子称为桥键氧，否则，顶角的氧原子称为非桥键氧。桥键氧含量不同，构成的二氧化硅结构不同，通常有结晶形结构和无定形（非晶形）结构两类。结晶形结构二氧化硅中所有 Si-O 四面体在空间排列整齐，如图 11-1-1（b）所示为石英晶体（水晶）结构。无定形（非晶形）结构二氧化硅中 Si-O 四面体无规则排列，如图 11-1-1（c）所示为热氧化得到的无定形 SiO_2 薄膜结构。不同热氧化工艺制备的 SiO_2 性质有一定差异，表 11-1-1 给出了采用干氧氧化和水汽氧化工艺制备的 SiO_2 主要物理性质。

在热氧化过程中，Si-SiO_2 界面处的硅原子会氧化为构成 SiO_2 的成分，Si-SiO_2 界面会向着硅体内方向移动。根据质量守恒定律，可以计算出生长厚度为 x 的氧化层要消耗掉 $0.44x$ 厚的硅层（如图 11-1-2 所示）。

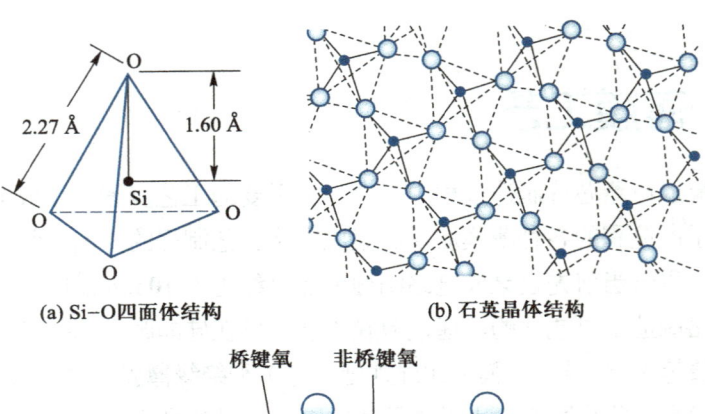

(a) Si—O 四面体结构　　(b) 石英晶体结构

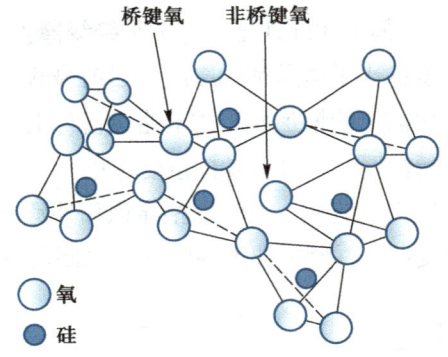

(c) 无定形二氧化硅薄膜结构

图 11-1-1　二氧化硅基本结构

表 11-1-1　SiO_2 主要物理性质

氧化方式	参数				
	密度 / ($g \cdot cm^{-3}$)	折射率 / ($\lambda = 546$ nm)	电阻率 / ($\Omega \cdot cm$)	介电强度 / ($MV \cdot cm^{-1}$)	介电常数 / 10 kHz
干氧氧化	2.24~2.27	1.460~1.466	$3 \times 10^{15} \sim 2 \times 10^{16}$	9	3.4
水汽氧化	2.00~2.20	1.452~1.462	$10^{15} \sim 10^{17}$	6.8~9	3.2

微视频：
11-2 硅的热氧化生长过程分析

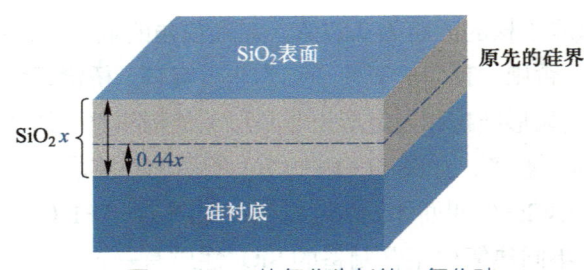

图 11-1-2　热氧化生长的二氧化硅

11.1.2　热氧化工艺技术

根据采用的氧化剂，硅的热氧化工艺可以分为干氧氧化、水汽氧化和湿氧氧化。

一、干氧氧化

干氧氧化是在高温环境下氧气与硅反应生成 SiO_2 的热氧化工艺。反应式为

$$Si（固体）+O_2（气体）\longrightarrow SiO_2（固体） \tag{11-1-1}$$

干氧氧化工艺制备热氧化膜的质量高，但氧化速率较慢。制备的 SiO_2 具有结构致密、干燥、均匀性好和重复性好等优点，且掩蔽能力强，与光刻胶黏附性好。通常 MOSFET 的栅氧化层采用干氧氧化工艺制备。

二、水汽氧化

水汽氧化是在高温环境下高纯水蒸气与硅反应生成 SiO_2 的热氧化工艺，反应式为

$$Si（固体）+2H_2O（气体）\longrightarrow SiO_2（固体）+2H_2（气体） \tag{11-1-2}$$

水汽氧化工艺制备热氧化膜的质量相对较差，但氧化速率较快。

三、湿氧氧化

湿氧氧化是在高温环境下氧气携带高纯水蒸气与硅反应生成 SiO_2 的热氧化工艺。湿氧氧化工艺的氧化速率和氧化膜质量均介于干氧氧化和水汽氧化之间。

实际生产中制备较厚的氧化层时，往往采用干氧-湿氧-干氧相结合的工艺。这样可以确保高质量的 SiO_2 表面及 $Si-SiO_2$ 界面，同时也确保了高的氧化速率。

11.1.3 热氧化生长动力学与生长模型

一、热氧化生长动力学

硅的热氧化工艺是现代硅集成电路制造技术中的关键工艺，也是集成电路得以快速发展的重要基石。图 11-1-3 为热氧化工艺的水平式电阻加热氧化炉基本装置，其中反应器由电阻加热器、熔凝石英炉管以及高纯水蒸气或高纯干燥氧气的气源组成，硅片立放在石英炉管内熔凝石英舟上。

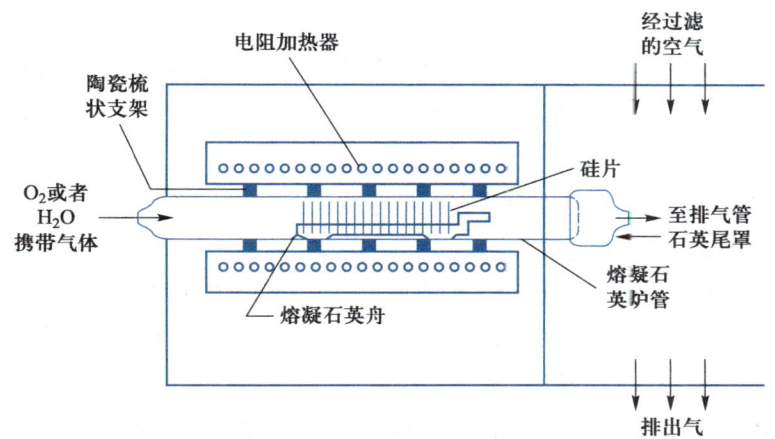

图 11-1-3 热氧化工艺的水平式电阻加热氧化炉基本装置

图 11-1-4 为垂直式炉管系统示意图。氧化系统采用微处理器进行控制，一般控制氧化温度在 900~1 200 ℃ 之间，氧化温度变化在 ±1 ℃ 之内，气流速率在 1 L/min 左右。

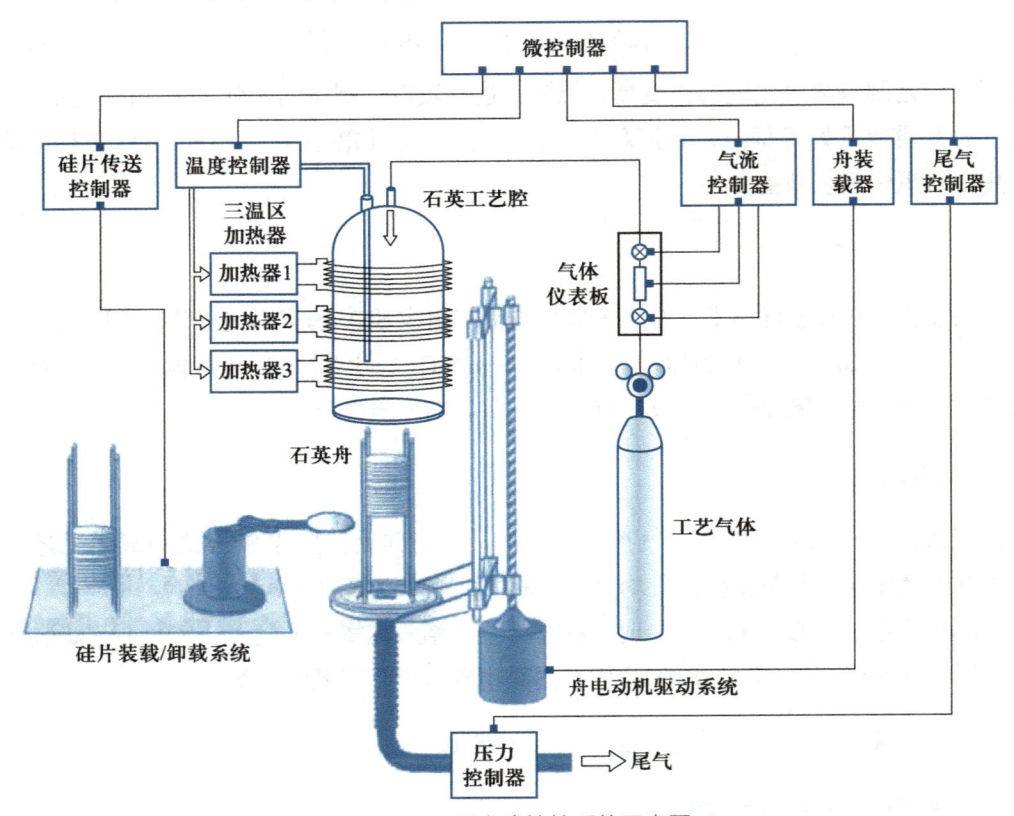

图 11-1-4　垂直式炉管系统示意图

【思考】热氧化工艺为什么需要在高温条件下进行？

基于图 11-1-5 所示的迪尔-格罗夫氧化动力学模型，可以开展硅的热氧化生长动力学分析。硅的热氧化过程通常包括以下步骤：

（1）氧化剂（O_2、H_2O）从气相经附面层扩散到气体-SiO_2 界面，用流密度 F_1 表示该过程；

（2）氧化剂扩散穿过 SiO_2 层，到达 Si-SiO_2 界面，用流密度 F_2 表示该过程；

（3）在 Si-SiO_2 界面处，氧化剂与 Si 发生氧化反应生成 SiO_2，用流密度 F_3 表示该过程；

（4）反应副产物扩散出 SiO_2 层，逸出反应室。

图 11-1-5 中，附面层（也称滞留层）是速度及浓度分布受到扰动的区域。流密度定义为单位时间通过单位面积的粒子数。

因此，硅的热氧化是在扩散运动（流密度 F_1 和流密度 F_2）和反应运动（流密度 F_3）两种运动的共同作用下完成的，而扩散运动和反应运动中的慢者将主导热氧化速率。

假设热氧化之前，在硅片表面已有一层厚度为 x_0 的 SiO_2。当送入氧化炉氧化剂（氧气或水蒸气）时，处于主气流区的氧化剂浓度为 C_g，分压为 P_g。当氧化剂扩散穿过附面层到达

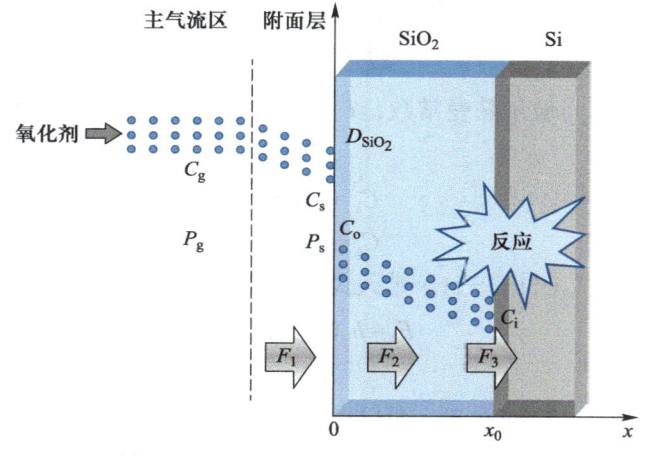

图 11-1-5 硅的热氧化基本模型——迪尔-格罗夫氧化动力学模型

微视频：
11-3 迪尔-格罗夫氧化动力学分析

SiO_2 表面时，表面氧化剂浓度为 C_s，分压为 P_s。随后，氧化剂扩散进入 SiO_2 内部继续扩散，在 SiO_2 表面的浓度为 C_o。当氧化剂扩散至 SiO_2 与硅接触界面时，浓度变为 C_i。这里做两点假设：①所有过程立即达到稳态平衡过程——准静态近似；②附面层中流密度及 SiO_2 层中流密度均为线性近似。下面求解浓度 C_i 和 C_o。

根据准静态近似假设可以得到

$$F_1 = F_2 = F_3 \tag{11-1-3}$$

根据附面层中流密度为线性近似假设可以得到

$$F_1 = h_g(C_g - C_s) \tag{11-1-4}$$

其中，h_g 为气相质量输运系数。

根据 SiO_2 层中流密度为线性近似假设可以得到

$$F_2 = -D_{SiO_2}(C_i - C_o)/x_0 \tag{11-1-5}$$

其中，D_{SiO_2} 为 SiO_2 中氧化剂的扩散系数，$D_{SiO_2} = D_0 \cdot \exp(-E_a/kT)$，$D_0$ 为表观扩散系数，E_a 为扩散激活能。

假设氧化剂与硅反应速率正比于 C_i，则

$$F_3 = k_s C_i \tag{11-1-6}$$

其中，k_s 为化学反应常数，$k_s = k_{s0} \cdot \exp(-E_a/kT)$，$k_{s0}$ 为与硅表面原子密度相关的实验常数，E_a 为化学反应激活能。

根据亨利定律可知，平衡条件下，固体中氧化剂的浓度正比于氧化剂在固体周围气体中的分压，则有

$$C_o = HP_s \tag{11-1-7}$$
$$C^* = HP_g \tag{11-1-8}$$

其中，H 为亨利定律常数，C^* 为平衡情况下 SiO_2 中氧化剂浓度。

根据理想气体定律克拉珀龙方程

$$\frac{P}{kT} = \frac{n}{V} = C \tag{11-1-9}$$

其中，P 为气体压强，k 为玻尔兹曼常数，T 为绝对温度，n 为气体摩尔数，V 为气体体积，C 为气体浓度。则

$$C_s = P_s/kT \tag{11-1-10}$$

$$C_g = P_g/kT \tag{11-1-11}$$

将式（11-1-7）～式（11-1-11）带入式（11-1-4）可以得到

$$F_1 = h(C^* - C_o) \tag{11-1-12}$$

其中，$h = h_g/HkT$。

根据式（11-1-3）中 $F_1 = F_2 = F_3$，可以得到

$$C_i = \frac{C^*}{1 + k_s/h + k_s x_0/D_{SiO_2}} \tag{11-1-13}$$

$$C_o = \frac{(1 + k_s x_0/D_{SiO_2})C^*}{1 + k_s/h + k_s x_0/D_{SiO_2}} \tag{11-1-14}$$

结合式（11-1-13）和式（11-1-14），可以讨论两种极限时 SiO_2 中氧化剂浓度分布。

极限一： 如图 11-1-6 所示，氧化剂在 SiO_2 中的扩散系数很小（$D_{SiO_2} \ll k_s x_0$），氧化剂在 SiO_2 中的扩散速度非常慢，以至于扩散到 Si-SiO_2 界面的氧化剂量远远不能满足界面处发生热氧化反应所消耗的氧化剂量，导致 Si-SiO_2 界面处氧化剂浓度趋于零，而在 SiO_2 表面处氧化剂浓度趋于 C^*。因此，在极限一情况下，SiO_2 生长速率由慢者——扩散运动所主导，称这种情况为扩散控制。

微视频：
11-4 快速初始氧化阶段

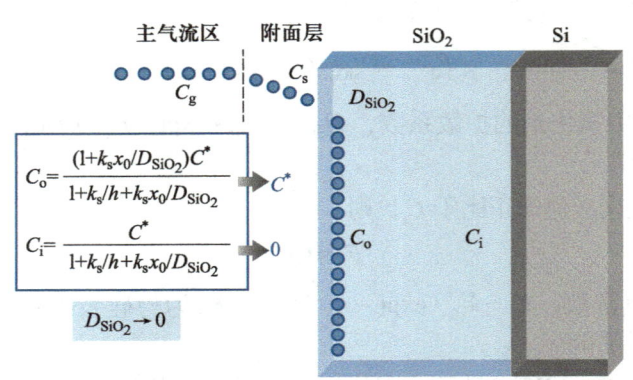

图 11-1-6　极限一情况下氧化剂浓度分布示意图

极限二： 如图 11-1-7 所示，氧化剂在 SiO_2 中的扩散系数很大（$D_{SiO_2} \gg k_s x_0$），氧化剂在 SiO_2 中的扩散速度非常快，以至于扩散到 Si-SiO_2 界面的氧化剂量远远多于界面处发生热氧化化学反应所消耗的氧化剂量，导致在 Si-SiO_2 界面处氧化剂开始堆积，最终 SiO_2 层中各处浓度相等，$C_o = C_i = C^*/(1 + k_s/h)$。因此，在极限二情况下，$SiO_2$ 生长速率由慢者——化学反应运动所主导，称这种情况为反应控制。

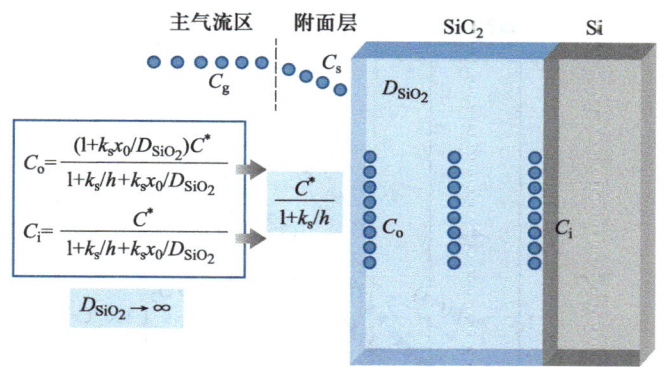

图 11-1-7　极限二情况下氧化剂浓度分布示意图

微视频：
11-5 热氧化过程中的杂质再分布

二、热氧化生长速率

假设生长单位体积 SiO_2 需要 N_1 个氧化剂分子，则热氧化生长速率可以表示为

$$\frac{dx}{dt} = \frac{F_3}{N_1} \tag{11-1-15}$$

这里 F_3 是 Si-SiO_2 界面处代表反应运动的流密度，x 是氧化层厚度。将式（11-1-6）和式（11-1-13）代入式（11-1-15），经过整理可得到氧化层厚度与氧化时间的微分方程

$$N_1 \frac{dx}{dt} = F_3 = \frac{k_s C^*}{1 + k_s/h + k_s x/D_{SiO_2}} \tag{11-1-16}$$

方程初始条件为 $x(0)=x_0$，代表氧化前硅片表面存在厚度为 x_0 的初始氧化层。经过求解可得

$$x^2 + Ax = B(t+\tau) \tag{11-1-17}$$

其中，A 和 B 为氧化速率常数，τ 为初始氧化层修正系数（反映了初始氧化层对后续热氧化的影响）。

$$A = 2D_{SiO_2}(1/k_s + 1/h) \tag{11-1-18}$$

$$B = 2D_{SiO_2}C^*/N_1 \tag{11-1-19}$$

$$\tau = (x_0^2 + Ax_0)/B \tag{11-1-20}$$

可以解得

$$x = \frac{A}{2}\left(\sqrt{1 + \frac{t+\tau}{A^2/4B}} - 1\right) \tag{11-1-21}$$

为了便于分析实际问题，基于式（11-1-17）氧化层厚度与氧化时间的关系式，可以开展两种极限情况的讨论，如图 11-1-8 所示。图中给出了迪尔-格罗夫氧化动力学模型。

当氧化时间非常短，满足 $(t+\tau) \ll A^2/4B$ 时，式（11-1-17）可简化为如下线性关系

$$x = \frac{B}{A}(t+\tau) \tag{11-1-22}$$

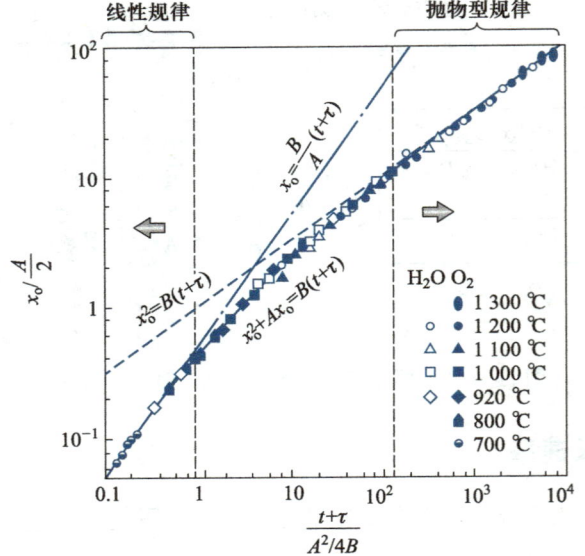

图 11-1-8 氧化层厚度与氧化时间关系及两种极限情况

称为线性规律，B/A 为线性速率常数。

$$\frac{B}{A} = \frac{k_s h}{k_s + h} \cdot \frac{C^*}{N_1} \approx k_s \frac{C^*}{N_1} \tag{11-1-23}$$

其中，气相质量输运系数 h 通常远大于化学反应常数 k_s。热氧化速率可以表示为

$$\frac{dx}{dt} = \frac{B}{A} \approx k_s \frac{C^*}{N_1} \tag{11-1-24}$$

可见此时热氧化速率由 k_s 所代表的化学反应运动主导，属于表面化学反应控制。

当氧化时间非常长，满足 $(t+\tau) \gg A^2/4B$ 时，式（11-1-17）可简化为如下抛物线型关系

$$x^2 = B(t+\tau) \tag{11-1-25}$$

称为抛物型规律，B 为抛物型速率常数。热氧化速率可以表示为

$$\frac{dx}{dt} = \frac{1}{2}\sqrt{\frac{B}{t+\tau}} = \frac{1}{2}\sqrt{\frac{2D_{SiO_2} C^*}{N_1(t+\tau)}} \tag{11-1-26}$$

可见此时热氧化速率由 D_{SiO_2} 所代表的扩散运动主导，属于扩散控制。

由图 11-1-8 可见，基于迪尔-格罗夫氧化动力学模型得出的热氧化规律（如点划线和虚线所示）与实验结果（如图形符号所示）在很宽范围内吻合很好。根据上述分析可知，在热氧化工艺中，氧化生长初期的热氧化速率主要受表面化学反应控制，而在热氧化生长后期，随着氧化层变厚，热氧化速率主要受扩散控制。

表 11-1-2 列出了硅的干氧氧化、湿氧氧化和水汽氧化的氧化参数。当在裸硅片上进行热氧化工艺时，湿氧氧化和水汽氧化情况可认为没有初始氧化层厚度，对应表中 $\tau \approx 0$ min；

由于受快速初始氧化效应影响，干氧氧化情况下存在约 **25 nm** 的等效初始氧化层（对应表中不同温度下的 τ 值），因此利用公式（11-1-21）进行计算时需要采用表中相应的 τ 值。

表 11-1-2　硅的干氧氧化、湿氧氧化和水汽氧化的氧化参数

氧化工艺	温度 /℃	$A/\mu m$	$B/(\mu m^2 \cdot min^{-1})$	$(B/A)/(\mu m \cdot min^{-1})$	τ/min
干氧氧化	1200	0.040	7.500×10^{-4}	1.870×10^{-2}	1.62
	1100	0.090	4.500×10^{-4}	0.500×10^{-2}	4.02
	1000	0.165	1.950×10^{-4}	0.118×10^{-2}	22.2
	920	0.235	0.820×10^{-4}	0.0347×10^{-2}	84
湿氧氧化（95℃水汽）	1200	0.050	1.200×10^{-2}	2.400×10^{-1}	0
	1100	0.110	0.850×10^{-2}	0.773×10^{-1}	0
	1000	0.226	0.480×10^{-2}	0.212×10^{-1}	0
	920	0.500	0.340×10^{-2}	0.068×10^{-1}	0
水汽氧化	1200	0.017	1.457×10^{-2}	8.700×10^{-1}	0
	1094	0.083	0.909×10^{-2}	1.090×10^{-1}	0
	973	0.355	0.520×10^{-2}	0.146×10^{-1}	0

【抓住主要矛盾，解决关键问题】通过上述分析可知，在热氧化工艺过程中影响氧化速率的两种因素——扩散运动与反应运动存在对立统一性。这启发我们可以利用极限思想分离主次矛盾，抓住主要矛盾剖析热氧化现象背后主导热氧化速率的本质。因此，作为新时代青年，要积极培养探究现象背后内在本质的科学精神，提高善于利用矛盾主要方面解决实际问题的能力。在此基础上，正确理解和把握新时代我国社会主要矛盾，增强对中国特色社会主义制度和发展道路的自信心和责任感，为努力全面建成社会主义现代化强国，实现中华民族伟大复兴而奋斗！

三、影响热氧化的因素

1. 温度对氧化速率的影响

图 11-1-9 为干氧氧化和湿氧氧化情况下线性速率常数 B/A 与温度的关系。由于 $B/A \approx k_s C^*/N_1$，且 $k_s = k_{s0} \cdot \exp(-E_a/kT)$，因此线性速率常数 B/A 与温度之间为指数关系，B/A 对温度变化非常敏感。由图中直线斜率可知，干氧氧化和湿氧氧化的化学反应激活能 E_a 都约为 2 eV，这与 Si-Si 键断裂所需能量 1.83 eV 相当，说明热氧化化学反应支配着线性速率常数 B/A。

图 11-1-10 为干氧氧化和湿氧氧化情况下抛物型速率常数 B 与温度的关系，由于 $B = 2D_{SiO_2} C^*/N_1$，且 $D_{SiO_2} = D_0 \cdot \exp(-E_a/kT)$，所以抛物型速率常数 B 与温度之间也为指数关系。由图中直线斜率提取出干氧氧化时激活能为 1.24 eV，该值与熔融硅石（类似热氧化二氧化硅结构）中氧的扩散激活能 1.18 eV 相当，湿氧氧化时激活能为 0.71 eV，该值也与熔融硅石中水汽的扩散激活能 0.79 eV 相当。

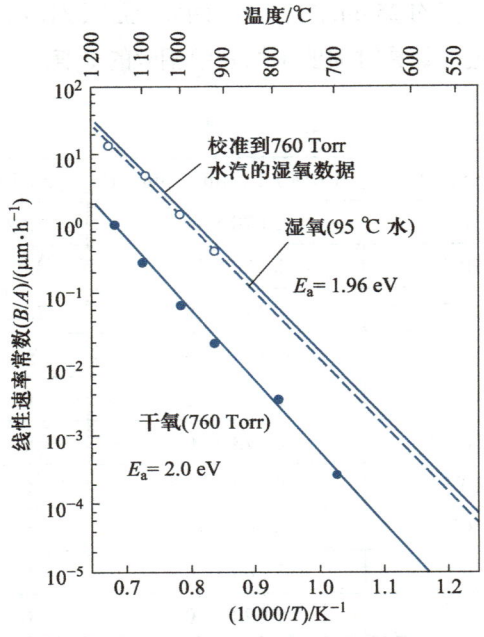

图 11-1-9　干氧氧化和湿氧氧化情况下线性速率常数 B/A 与温度的关系

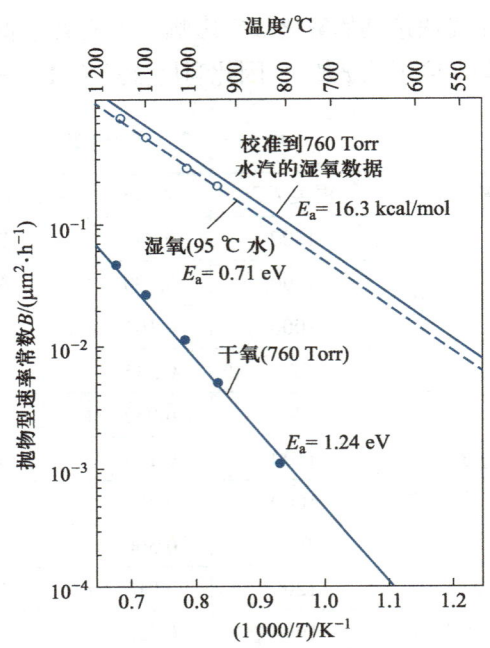

图 11-1-10　干氧氧化和湿氧氧化情况下抛物型速率常数 B 与温度的关系

【思考】为什么在抛物型规律（扩散控制）中，干氧氧化和湿氧氧化的扩散激活能 E_a 相差很大？

2. 氧化剂分压对氧化速率的影响

图 11-1-11 为氧化剂分压与氧化速率常数 A 和 B 的关系。由于 $B = 2D_{SiO_2}C^*/N_1$，且 $C^* = HP_g$，因此 B 与氧化剂分压 P_g 成正比关系。由于 A 与氧化剂分压无关，因此 B/A 也与 P_g 成正比关系。基于上述规律可知，通过氧化剂分压可以调控热氧化速率，由此发展出了高压氧化和低压氧化技术。

微视频：
11-7 影响氧化速率的决定性因素

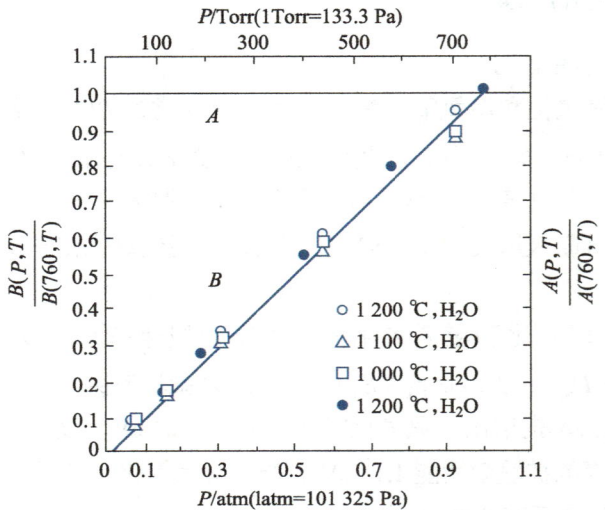

图 11-1-11　氧化剂分压与氧化速率常数 A 和 B 的关系

3. 晶向对氧化速率的影响

抛物型速率常数 B 正比于扩散系数 D_{SiO_2}，而 D_{SiO_2} 与硅衬底晶向无关，因此抛物型速率常数 B 与硅衬底晶向无关。线性速率常数 B/A 近似正比于化学反应速率常数 k_s，而 k_s 与硅表面原子密度（价键密度）正相关，因此线性速率常数 B/A 与表面原子密度正相关。（111）面的硅原子密度大于（100）面原子密度，所以（111）面上的 B/A 比（100）面上的大。图 11-1-12 为（111）和（100）晶面的氧化层厚度与氧化时间的关系。

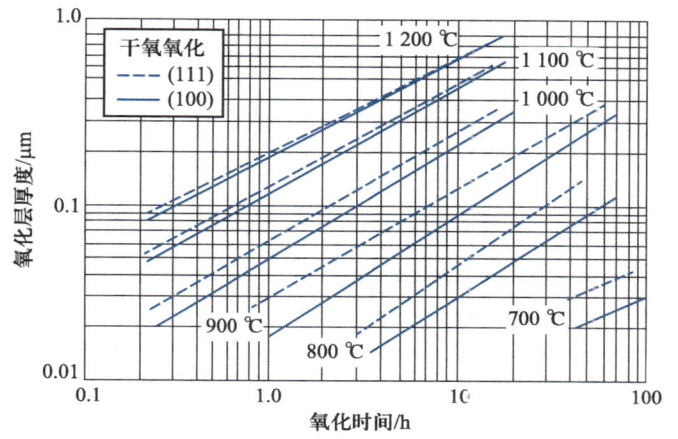

微视频：
11-8 影响氧化速率的其他因素

图 11-1-12 不同晶向衬底的氧化层厚度与氧化时间的关系

4. 分凝现象的影响

分凝现象是指在热氧化过程中 Si-SiO$_2$ 界面附近 Si 中的杂质，将在界面两边发生再分布，直到界面两边的化学势达到相等。在平衡情况下，Si-SiO$_2$ 界面 Si 中杂质平衡浓度与 SiO$_2$ 中杂质平衡浓度之比定义为分凝系数 m。假设硅中杂质均匀分布，氧化过程中不进行额外掺杂，综合考虑杂质分凝作用及杂质在 SiO$_2$ 中扩散速度的影响，图 11-1-13 给出了可能的四种杂质分凝再分布结果：① $m<1$，杂质（如硼）在 SiO$_2$ 中扩散慢，分凝再分布后杂质通过 SiO$_2$ 表面损失少，界面附近 SiO$_2$ 中杂质浓度高于 Si 中杂质浓度，且 Si 表面附近杂质浓度低于体内，如图 11-1-13（a）所示；② $m<1$，杂质（如氢气气氛中的硼）在 SiO$_2$ 中扩散快，分凝再分布后大量杂质通过 SiO$_2$ 表面而损失，Si 表面杂质浓度显著减小，如图 11-1-13（b）所示；③ $m>1$，杂质（如磷）在 SiO$_2$ 中扩散慢，分凝再分布后杂质在 Si 表面附近堆积，浓度高于体内，如图 11-1-13（c）所示；④ $m>1$，杂质（如镓）在 SiO$_2$ 中扩散快，分凝再分布后大量杂质通过 SiO$_2$ 表面而损失，Si 表面附近浓度低于体内，如图 11-1-13（d）所示。需要说明一点的是，即使杂质分凝系数为 1，由于热氧化生长出的氧化层厚度约是所消耗 Si 厚度的 2 倍，因此原先 Si 中杂质在热氧化后要分布到更大的体积中，会导致 Si 中杂质消耗，仍然会发生再分布现象。

5. 快速初始氧化的影响

对于超大规模集成电路而言，高质量高重复性的均匀薄氧化层（小于 20 nm）的制备至关重要。然而，实验发现干氧氧化情况下，存在一个明显的快速初始氧化阶段，如图 11-1-14

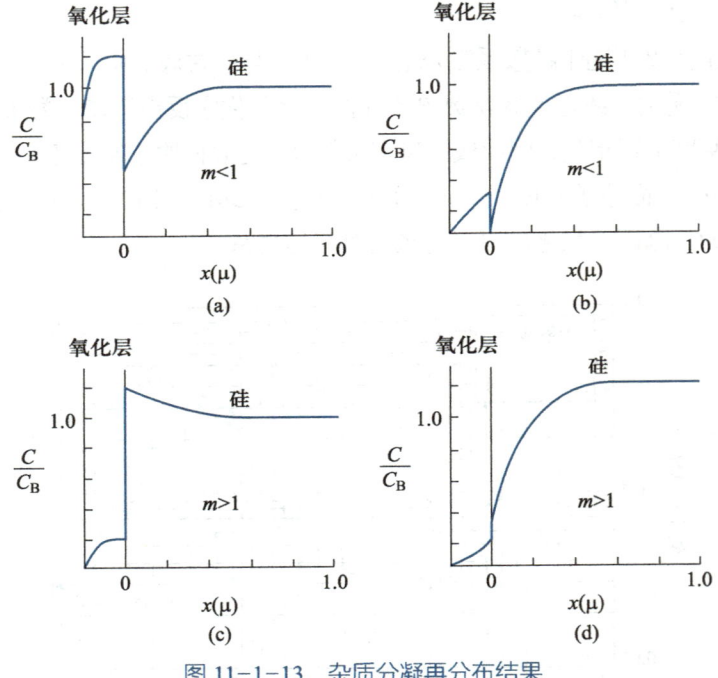

图 11-1-13　杂质分凝再分布结果

所示。图中，迪尔-格罗夫氧化动力学模型对于厚度小于（23±3）nm 情况的干氧氧化是不准确的，需要进行模型修正。因此，在裸硅衬底上进行干氧氧化计算时，需要引入一个 23 nm 的初始氧化层，以确保模型计算结果与实验一致。

四、氧化工艺模拟

基于 Silvaco 商用数值软件进行工艺仿真，有助于深刻理解热氧化工艺原理。图 11-1-15 是 Silvaco 软件中 Deckbulid 程序运行窗口及氧化基本模拟程序。图 11-1-16 是不同氧

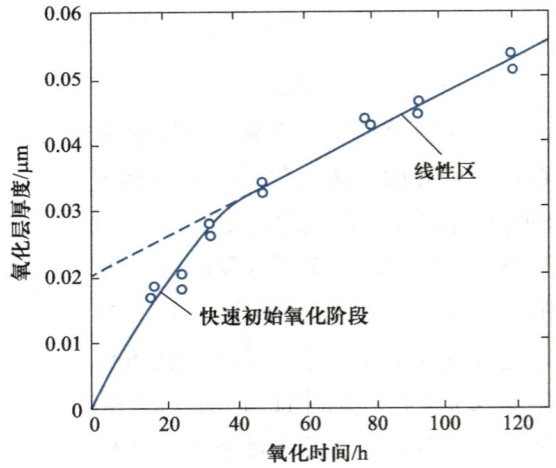

图 11-1-14　干氧氧化情况下快速初始氧化阶段

化时间情况下热氧化工艺鸟嘴效应的工艺仿真结果，仿真中采用湿氧为氧化剂，氧化温度为 1 000 ℃，掩蔽氮化硅薄膜厚度为 0.1 μm，衬垫氧化层厚度为 0.02 μm，氧化时间分别设置为 0 min、10 min 和 40 min。由图可见，随着热氧化时间的增加，由于氧化剂横向扩散的影响，鸟嘴效应更加明显。

11.1.4　热氧化工艺技术应用

氧化硅薄膜在集成电路制造中应用广泛，典型应用主要包括以下几方面。

（1）栅氧化层：作为 MOSFET 器件的栅介质，采用干氧氧化制备，如图 11-1-17 所示；

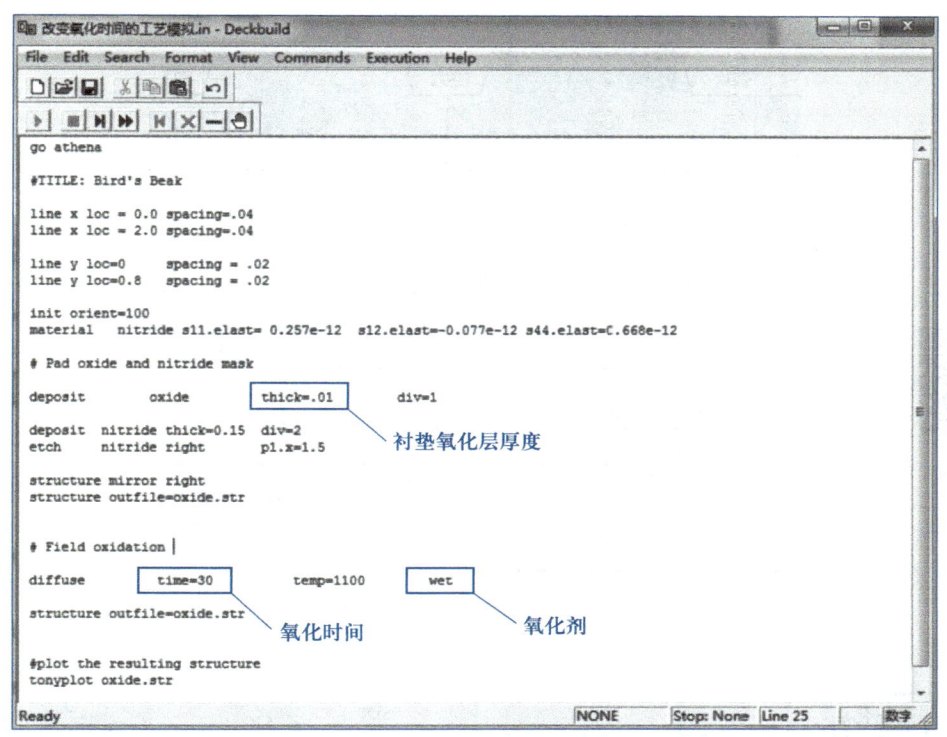

图 11-1-15　Silvaco 软件中 Deckbulid 程序运行窗口及氧化基本模拟程序

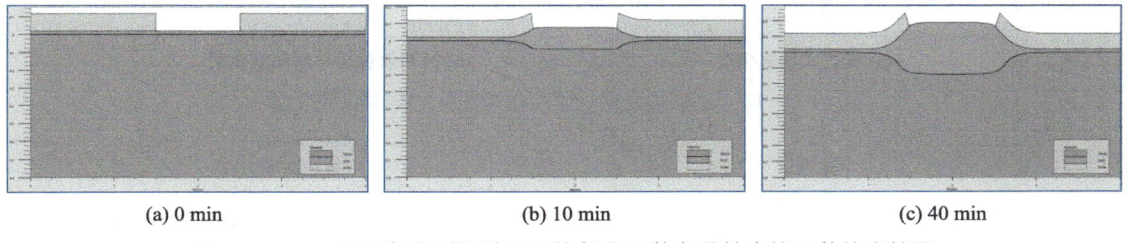

(a) 0 min　　　　　　　　(b) 10 min　　　　　　　　(c) 40 min

图 11-1-16　不同氧化时间情况下热氧化工艺鸟嘴效应的工艺仿真结果

（2）覆盖式场氧化层和局部氧化层：作为集成电路中 MOS 晶体管之间的隔离介质，如图 11-1-18 所示；

（3）掺杂阻挡层：通常掺杂剂在氧化层中的移动速度低于在硅中的速度，因此氧化层可作为选区掺杂时扩散掺杂或离子注入掺杂的掩模层，确保氧化层下部的硅没有杂质掺入，如图 11-1-19（a）所示；

（4）衬垫氧化层：用于氮化硅层下部缓冲层，释放氮化硅层中应力，防止硅晶圆表面产生缺陷，如图 11-1-18（b）所示；

（5）屏蔽氧化层：用于抑制离子注入工艺中沟道效应，确保离子注入深度可精确控制，如图 11-1-19（b）所示；

（6）牺牲氧化层：将晶圆表面氧化后再采用湿法（如氢氟酸）去除，用于消除硅晶圆表面缺陷，如图 11-1-17 所示；

微视频：
11-9 热氧化的种类及应用

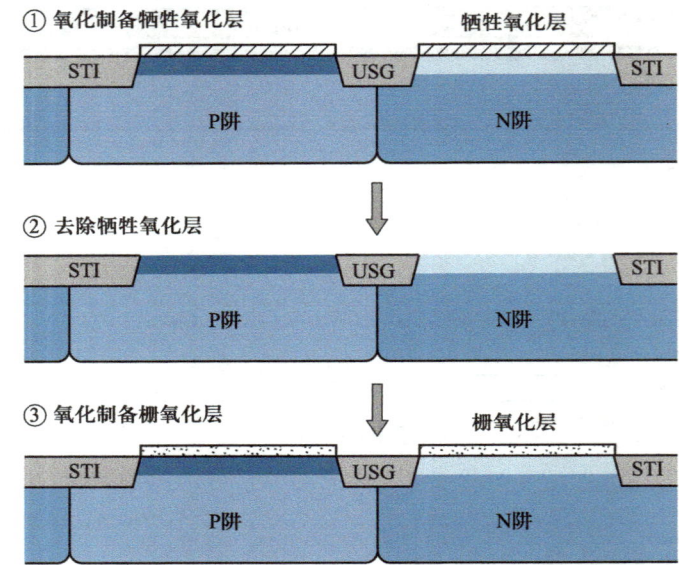

图 11-1-17 栅氧化层和牺牲氧化层

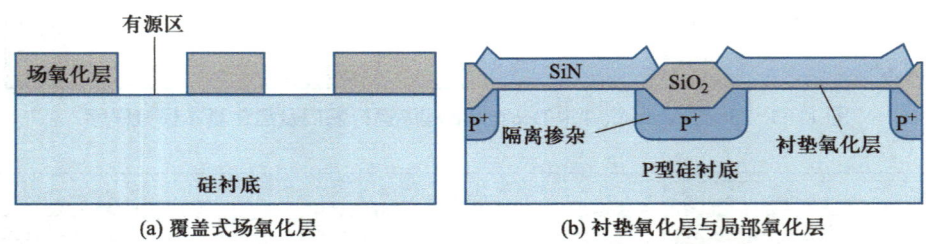

图 11-1-18 覆盖式场氧化层和衬垫氧化层与局部氧化层

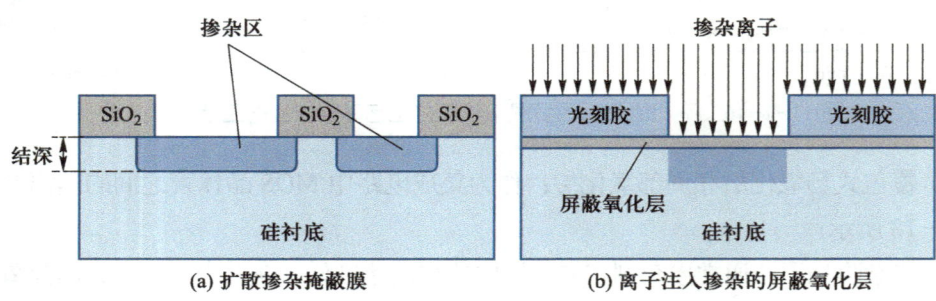

图 11-1-19 掺杂阻挡层和屏蔽氧化层

（7）层间介质隔离层：用于器件层与金属层之间、相邻金属层之间的介质隔离，通常采用化学气相淀积（CVD）方法制备，如图 11-1-20 所示。

11.1.5 氧化工艺技术发展

当前，高质量薄氧化层（如栅氧化层）制备技术仍然是热氧化工艺主要发展方向。传统的高温氧化过程中晶圆体内和表面存在位错生长现象，会导致器件性能波动、漏电等问题。位错生长与氧化温度和氧化时间相关。而且，高温氧化还容易导致硅外延片中杂质再分布，

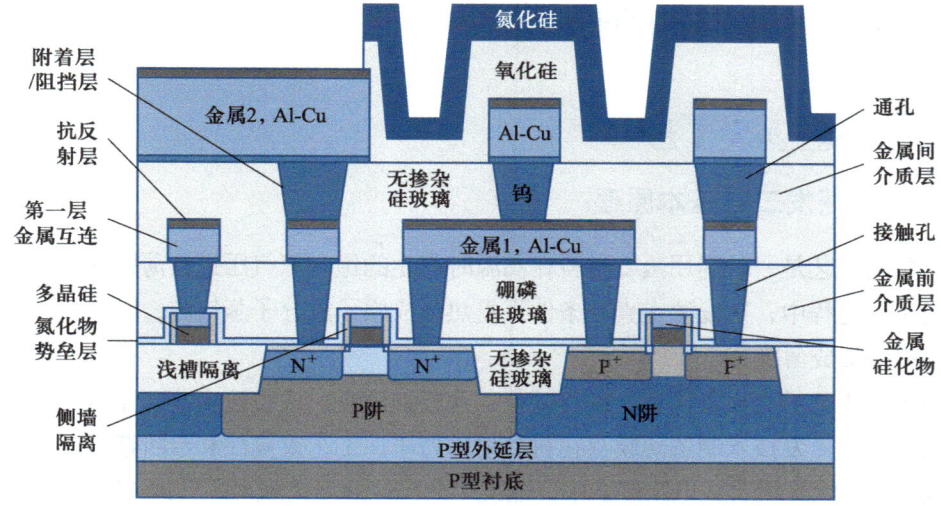

图 11-1-20 层间介质隔离层

退化半导体器件与电路性能。因此,如何实现低温下的高质量氧化层生长是氧化工艺改进的主要思路。

采用低温氧化可以在一定程度上解决位错生长问题,但会导致氧化时间增加。由于提高氧化剂分压可以增加热氧化速率,而根据实际经验每增加一个大气压,氧化温度可以降低 30 ℃。因此采用高压氧化是一种有效解决位错生长的方案。

图 11-1-21 为高压氧化装置示意图,图中氧化炉管需要密封且氧化剂以 10~25 大气压送入炉管。在高压系统中,氧化温度可降低 300~750 ℃。此外,低温氧化还可以在很大程度上抑制硅片翘曲问题,从而提高光刻工艺的套刻精度。高压氧化是 MOS 薄栅氧化层制备的优选工艺之一,同时也可解决局部氧化(LOCOS)工艺中出现的鸟嘴问题。

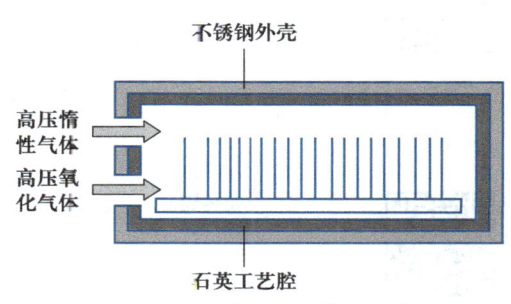

图 11-1-21 高压氧化装置示意图

11.2 物理气相淀积工艺

物理气相淀积(physical vapor deposition,PVD)是集成电路后段工艺中制备金属、合金、金属化合物等薄膜的重要工艺,例如,制备金属接触电极、金属互连、金属附着层和阻挡层、先进工艺金属栅以及 CVD 技术难以制备的薄膜等。

PVD 工艺特征是薄膜淀积过程属于物理过程,工艺过程包含三个基本步骤:① 在高温真空或气态等离子体作用下固态材料转化为气态原子或分子;② 在真空环境中气态原子或分子由靶源气相输运到衬底表面;③ 原子或分子在衬底表面凝结形成薄膜。

相比 CVD 技术,PVD 技术的工艺温度较低、工艺原理简单,但是所制备薄膜的台阶覆盖性、附着性和致密性相对较差。

本节将主要介绍物理气相淀积中的真空蒸发工艺和溅射工艺的基本原理、方法、技术应用与发展。

11.2.1 真空蒸发工艺

一、真空蒸发工艺基本原理

真空蒸发工艺是一种利用蒸发材料在高温时产生的饱和蒸气压进行薄膜淀积的技术。在真空蒸发工艺过程中，蒸发源在真空条件下受热形成原子或分子蒸气流，随后蒸气流扩散至衬底表面凝结形成薄膜。

真空蒸发工艺具有设备简单、操作简便、薄膜纯度高、成膜速率快、生长激励简单等优点。然而，真空蒸发技术制备薄膜存在衬底附着力小、工艺重复性和台阶覆盖性不理想等缺点。因此，在超大规模集成电路制造中，蒸发工艺已经逐渐被溅射工艺或 CVD 工艺所取代。

图 11-2-1 为真空蒸发系统示意图，主要分为三大部分，即真空系统、蒸发系统、基板和加热系统。真空系统主要为蒸发过程提供真空环境，蒸发系统包括蒸发源承载装置、加热和测温装置，基板和加热系统用于放置硅片（衬底）并实现衬底加热和测温。真空蒸发工艺主要包括加热蒸发、气相输运和淀积成膜三个过程。

微视频：
11-10 真空蒸发基本概念

微视频：
11-11 真空蒸发的方式

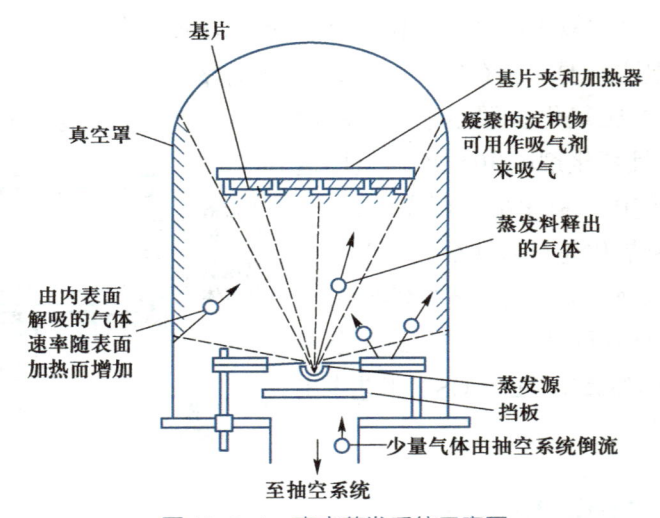

图 11-2-1　真空蒸发系统示意图

在加热蒸发过程中，固态蒸发源材料受热后温度接近或达到熔点，表面原子逸出形成蒸气。在一定温度下，真空室内的蒸发物质蒸气与固态或液态达到平衡时的压力称为饱和蒸气压。只有当环境中被蒸发物质分压低于饱和蒸气压时，才能实现物质净蒸发。物质温度一定时，其饱和蒸气压一定，定义 10^{-2} Torr 饱和蒸气压对应的温度为物质的蒸发温度。

图 11-2-2 给出了常用金属饱和蒸气压与温度的关系，可见饱和蒸气压随温度增加而迅速增大。通常，大多数金属需加热熔化后才能蒸发，少数金属可直接升华（如 Mg、Cd、Zn 等）。

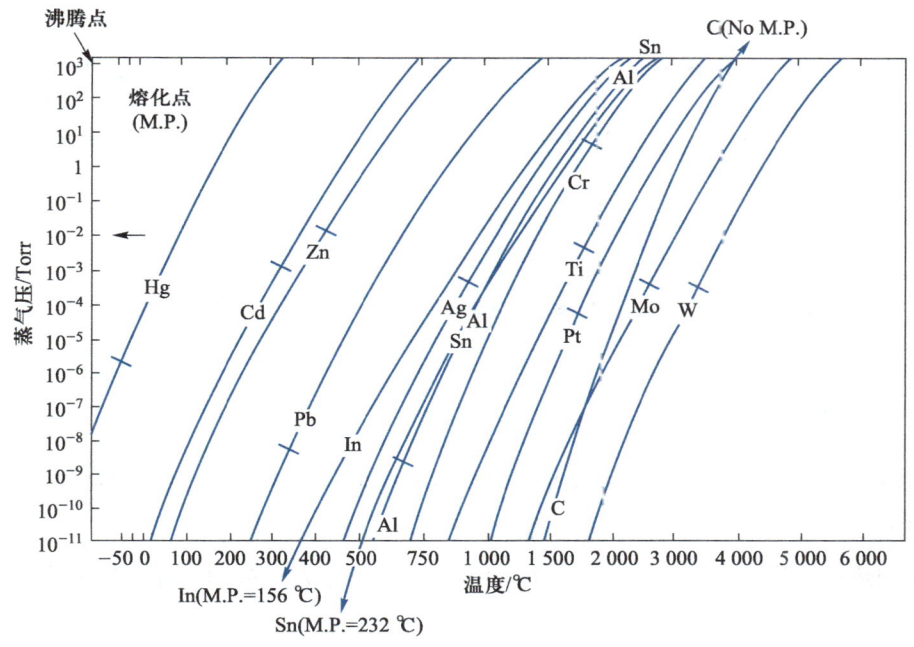

图 11-2-2　常用金属饱和蒸气压与温度的关系

在气相输运过程，气化的原子或分子由蒸发源扩散输运至衬底基片。气相输运过程与真空度密切相关。过低的真空度会加剧气化原子或分子在输运过程中与残余气体分子的碰撞，改变原子或分子运动方向，而难以淀积到衬底；在过低真空度环境中，残余气体中氧气和水汽会氧化气化的金属原子或分子，而残余气体及杂质会淀积到薄膜中。因此，高纯薄膜淀积需要高真空度环境，以保证蒸发原子或分子具有足够大的平均自由程，并最大限度减少杂质污染。

在淀积成膜过程中，扩散到衬底表面的原子或分子在表面凝结、成核、生长并形成薄膜。通常衬底温度远低于蒸发源温度，由于无法从衬底表面获取能量，因此蒸发原子或分子能量极低，一旦到达衬底表面便立即凝结。部分附着于衬底表面的原子也会受扩散作用而在表面迁移，当与气体原子碰撞时会凝聚成核。真空蒸发的薄膜一般为多晶或无定形结构，通常可采用衬底加热或者旋转的方法改善其台阶覆盖性。

二、多组分薄膜

在集成电路制造中，往往需要制备多组分薄膜。目前有单源蒸发法、多源同时蒸发法和多元顺序蒸发法三种方式可制备多组分薄膜，如图 11-2-3 所示。如果薄膜中各组分材料的饱和蒸气压接近，则可以将其混合制作成合金靶，采用单源蒸发法淀积薄膜。如果薄膜中各组分饱和蒸气压和蒸发温度相差较大，则需采用同时蒸发法，在不同温度下同时加热盛放原材料的各个坩埚，或采用多元顺序蒸发法，依次加热坩埚，蒸发一定厚度薄膜组分材料，最后通过高温退火形成合金。

微视频：
11-12 真空蒸发的应用、特性及局限性

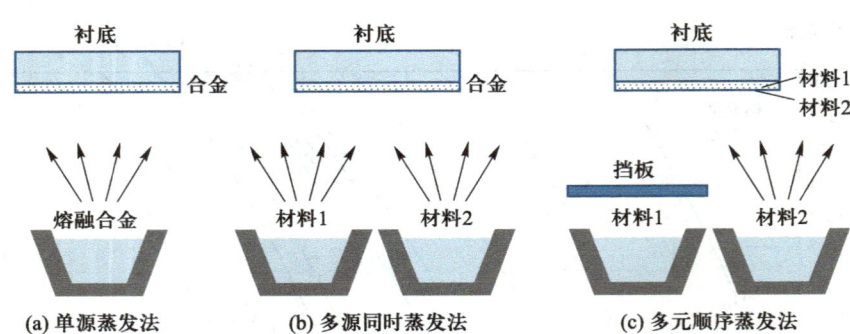

图 11-2-3　多组分蒸发的三种方式

三、蒸发源

目前已有的各种真空蒸发设备可以按照其蒸发源加热方式进行分类，蒸发源加热方式主要有电阻加热源、电子束加热源、激光加热源、高频感应加热源等。

电阻加热源利用焦耳热加热蒸发材料形成蒸气，可分为直接加热源（加热体与蒸发材料载体为同一物体）和间接加热源（间接加热盛放蒸发材料的坩埚）两大类，如图 11-2-4 所示。直接加热源的加热体材料包括钨、钼、钽、石墨等，间接加热源中坩埚通常采用耐高温陶瓷、石墨等。

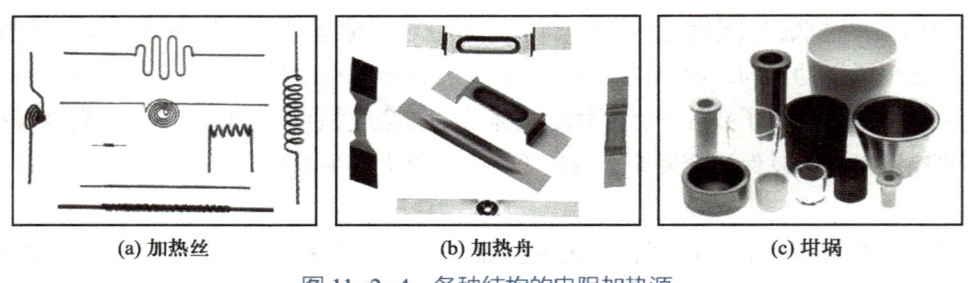

图 11-2-4　各种结构的电阻加热源

为了制备高纯薄膜，要求加热体材料熔点高于蒸发材料的蒸发温度，加热体饱和蒸气压远低于蒸发材料的饱和蒸气压，加热体高温稳定性好且不与蒸发材料发生化学反应。电阻加热源的缺点主要是高温下加热体（如电阻丝）、坩埚等引入的污染问题。

电子束加热源利用电场作用下高能电子轰击位于阳极的蒸发材料形成蒸气，图 11-2-5 为电子束加热源示意图。电子束加热源的优点包括：① 能量密度高，可蒸发熔点高达 3 000 ℃ 以上的难熔材料（如 W、Mo、SiO_2 等）；② 水冷坩埚盛放蒸发材料，可避免坩埚材料蒸发引入的污染；③ 热量直接施加到蒸发材料表面，热传导和热辐射损失少，热效率高。电子束蒸发主要缺点是加速电压产生的 X 射线会损伤衬底和电介质，设备结构复杂。

激光加热源利用高功率激光束加热蒸发材料从而产生蒸气，其优点包括：加热温度高，可蒸发任何高熔点材料，且蒸发速率快；聚焦激光束可实现蒸发材料局部加热，避免了坩埚污染；真空室内装置简单，容易获得高真空度等。图 11-2-6 为激光加热源示意图，该加热方式的主要缺点是大功率激光器价格昂贵。

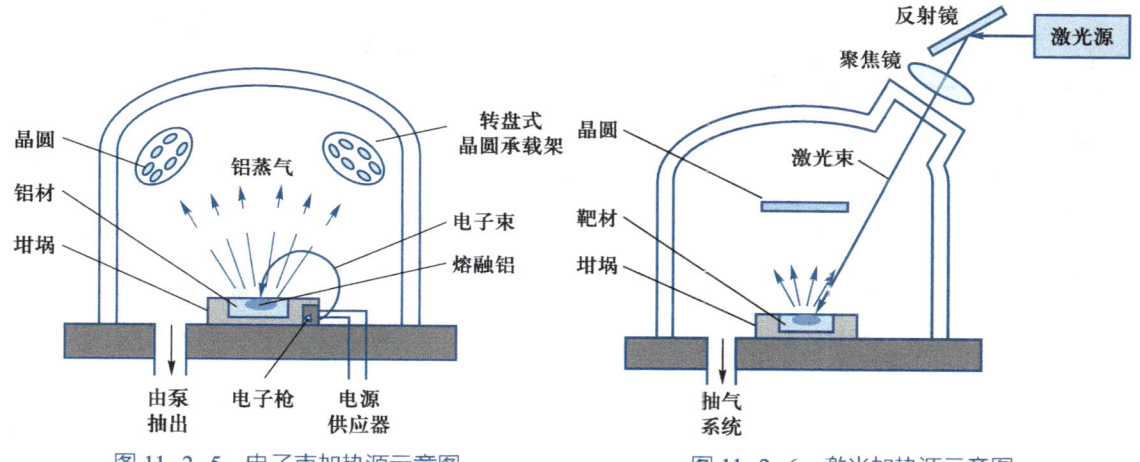

图 11-2-5 电子束加热源示意图　　　　图 11-2-6 激光加热源示意图

高频感应加热源利用射频功率在坩埚内产生的涡流电功率加热蒸发源从而产生蒸气，图 11-2-7 为高频感应加热源示意图，其优点包括：可采用较大坩埚增加蒸发表面，实现高蒸发速率；蒸发源温度均匀、稳定，不容易产生飞溅；温控精度高，操作简单。该加热方式的主要缺点是：大功率高频电源价格昂贵，需要屏蔽高频电磁场以防止外界电磁干扰。

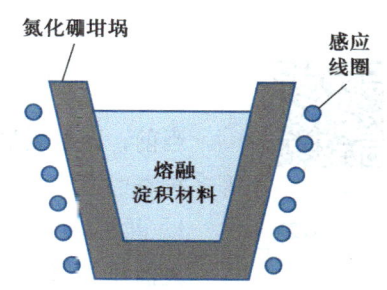

图 11-2-7 高频感应加热源示意图

11.2.2 溅射工艺

一、溅射工艺原理

溅射工艺是一种利用高能离子定向轰击靶材料并使溅射出的原子淀积在衬底表面形成薄膜的技术。在溅射工艺过程中，强电场作用下惰性气体辉光放电（气体放电击穿）产生等离子体，离子在电场中加速获得一定动能后轰击靶材，靶材表面原子在与入射离子碰撞过程中获得足够能量而从靶表面溅射出来，随后这些溅射原子淀积在衬底表面形成薄膜。图 11-2-8 为溅射工艺原理示意图。

相比蒸发过程中原子获得的动能（仅为 0.1~0.2 eV），溅射工艺制备薄膜的显著特点是溅射出的靶材原子具有很高动能（可达 10~50 eV），因此可提高溅射原子在衬底表面的迁移能力，改善薄膜的台阶覆盖性及附着力。

实际上，不同能量离子轰击固体表面后会产生不同的结果，如图 11-2-9 所示。当入射离子能量很低时，会以离子或中性粒子形式被固体表面反弹回气相；当能量低于 10 eV 时，离子会吸附于固体表面，以热（声子）形式释放能量；当能量介于 10 eV~10 keV 时，入射离子通过碰撞将能量传递给靶材原子，发生溅射；当能量大于 10 keV 时，入射离子将被注入靶材内。

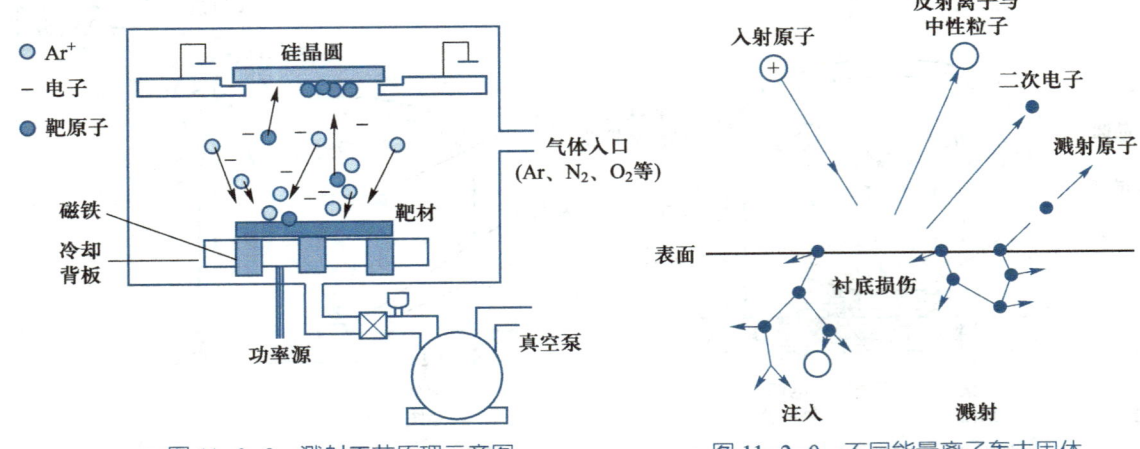

图 11-2-8　溅射工艺原理示意图

图 11-2-9　不同能量离子轰击固体表面的结果

二、溅射方法

微视频：
11-14 溅射方法

当前，已经发展出了直流溅射、射频溅射、磁控溅射、反应溅射、偏压溅射等多种溅射方法。

1. 直流溅射

直流溅射又称阴极溅射或者直流二极管溅射。如图 11-2-10 所示，溅射过程中，通常采用氩气为工作气体，溅射靶材放置于阴极，衬底基片放置于阳极（接地电位）。直流溅射速率主要受腔体内气压影响，随气压变化存在淀积速率峰值。通常选择溅射速率峰值附近的气压（10 Pa 左右）为典型淀积条件。

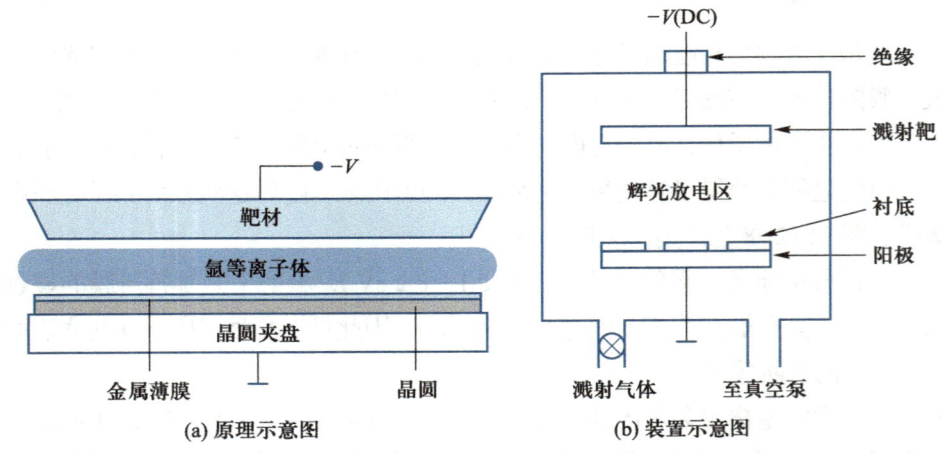

图 11-2-10　直流溅射

直流溅射技术仅适用于具有良好导电性的各类金属靶材。若采用绝缘体靶材，由于溅射正离子到达靶材表面后会与表面电子复合，且靶材表面不能补充电子缺失，因此随着溅射进行，靶材表面会聚集大量正电荷，导致阴阳电极间电势差减小，最终导致无法辉光放电，溅射停止。此外，由于直流溅射工艺中气压较高，溅射速率较低，因此存在气体中杂质污染薄膜、溅射效率低等问题。

2. 射频溅射

射频溅射技术适用于各种金属和非金属材料淀积，其装置示意图如图 11-2-11 所示。图中，在两个电极之间加上的高频电场可以由其他阻抗形式耦合（如电容耦合）进入腔室，因此射频溅射对电极是否导电没有要求。此外，由于在射频电场中电子的运动速度远高于离子，因此射频电极（靶材）在正半周期内作为正电极接收的电子电量远多于在负半周期作为负电极接收的正离子电量。这会在靶材上产生自偏压效应，使靶材自动处于负电位，促使气体离子自发轰击靶材形成溅射。实际中，通常采用 13.56 MHz 频率进行射频溅射。

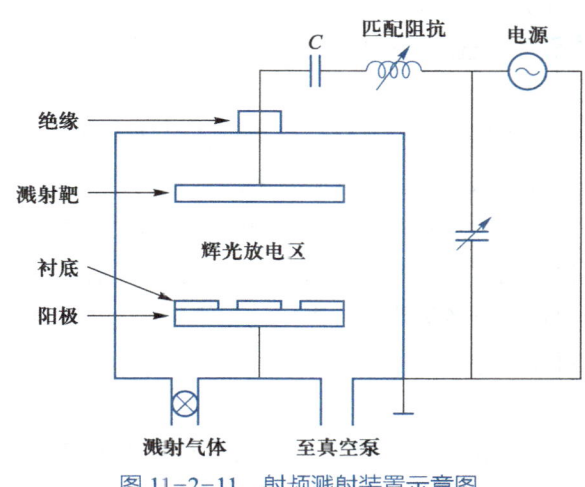

图 11-2-11 射频溅射装置示意图

3. 直流磁控溅射

通常的溅射淀积技术存在薄膜淀积速率低和工作气压高两大共性问题，这会增加气体中杂质对薄膜的污染。而磁控溅射技术具有淀积速率快、工作气压低的优势，已成为目前应用最广泛的 PVD 工艺。图 11-2-12 为直流磁控溅射装置示意图。

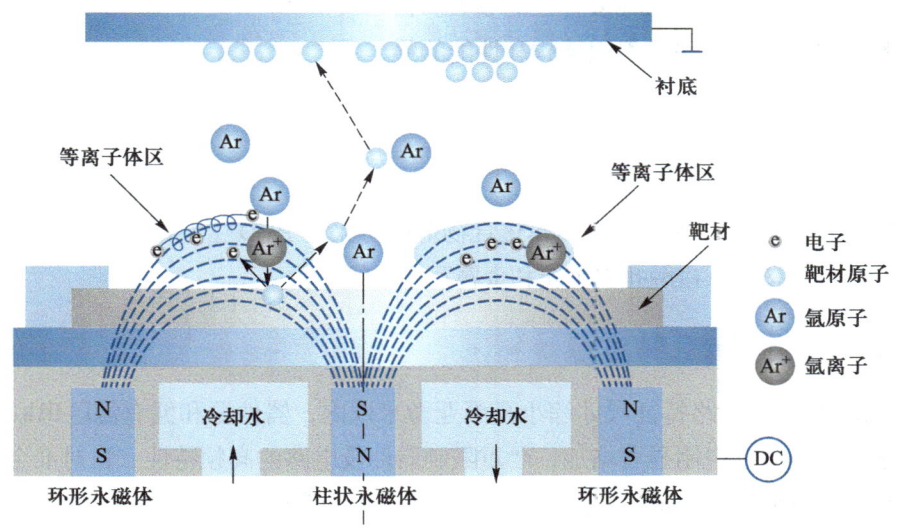

图 11-2-12 直流磁控溅射装置示意图

在直流磁控溅射装置中，靶材接直流电源负高压，衬底接地，通过在阴极靶材表面构建与电场正交的环形磁场，可使电子沿电场方向加速并绕磁场方向螺旋前进。这会增加电子在等离子体中的运动轨迹，提高电子与工作气体分子的碰撞效率和电离概率，进而显著提高溅射效率和淀积速率。此外，由于电子与气体分子碰撞概率增加，因此可以显著减小工作气压。这既可以减少薄膜污染，又可以减小溅射原子被散射的概率，进而增加到达衬底表面原子的能量，改善淀积薄膜质量。

【思考】直流磁控溅射能否淀积介质薄膜？

4. 反应溅射

采用化合物靶材溅射淀积多组分薄膜时，容易发生化合物分解，影响淀积薄膜质量。采用反应溅射工艺可以有效解决这一问题。在反应溅射工艺中，采用纯金属为靶材，在工作气体中混入适量活性气体（如氧气、氮气、氨气等），这样可在完成溅射淀积的同时生成所需化合物，并可以通过活性气体与惰性工作气体的比例来调控淀积薄膜的组成和性质。反应溅射可以制备氧化物、碳化物、氮化物、硫化物等多种化合物薄膜，且通过增加活性气体分压可以促进化合物形成。

5. 偏压溅射

在偏压溅射工艺中，衬底放置在距离阳极一定距离的衬底极板上，在该衬底极板上施加一定大小直流偏置电压，从而改变入射到衬底表面的带电粒子数量和能量。图 11-2-13 为偏压溅射装置示意图。利用这种技术可以提高淀积原子在薄膜表面的扩散和化学反应活性，从而改善薄膜密度和成膜能力。此外，该技术还可以改善薄膜的电阻率、硬度、介电常数、密度、附着力等多种工艺参数。目前，偏压溅射已成为改善薄膜组织结构和性能的最常用方法之一。

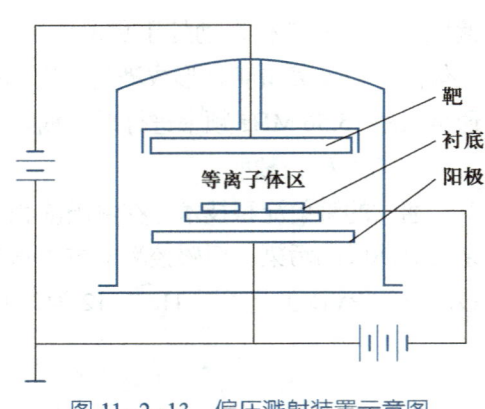

图 11-2-13　偏压溅射装置示意图

11.2.3　PVD 工艺技术应用

集成电路中使用的多种金属及金属化合物薄膜可采用 PVD 工艺制备。例如，自对准金属硅化物、金属势垒层、接触孔内金属和金属互连布线等。

一、自对准金属硅化物

随着 CMOS 集成电路特征尺寸缩小至深亚微米以内，器件源和漏有源区串联电阻和接触电阻及多晶硅栅串联电阻显著增加，严重限制器件及电路的高频特性。自对准金属硅化物（self-aligned silicide，salicide）工艺可以同时实现多晶硅栅和源漏有源区的金属硅化物接触，减小其方块电阻和接触电阻，因此可以减小 RC 延时，提高电路速度。在 salicide 工艺中，在栅极侧墙形成后，利用 PVD 技术均匀淀积一层金属（如 Ti、Co、NiPt 等），经过低温快速热退火（如 450～650 ℃）和高温快速热退火（如 750～950 ℃）处理，与多晶硅栅和源漏有源区接触的金属发生反应生成金属硅化物（如 $TiSi_2$、$CoSi_2$、NiPtSi 等），而与介质材料接触的金属由于不发生反应，在随后的选择性湿法刻蚀工艺中可以去除。

二、金属势垒层

在集成电路金属互连工艺中，通常采用 PVD 技术淀积金属势垒层，以确保互连金属与下层薄膜之间的黏附性，并防止发生物质相互扩散现象。通常要求金属势垒层具有接触电阻低、保形覆盖好、阻挡性强等特点。

在 Al 互连工艺中，可以采用 Ti（钛）金属增强铝铜合金与氧化硅之间的黏附性，减小互连线与接触孔内硅之间的接触电阻。采用 TiN（氮化钛）、TaN（氮化钽）或 WN（氮化钨）金属阻挡层可以阻止 Al 与 Si 之间相互扩散，抑制 Al 尖楔问题，可以抑制电迁移现象，还可以作为抗反射涂层改善金属互连的光刻分辨率。

在铜互连工艺中，金属势垒层用于阻止铜向硅或二氧化硅中扩散，同时作为硅或二氧化硅与铜之间的附着层（黏附层）。势垒层金属可以采用 Ti、Ta（钽）、TiN、TaN 等，其中 Ti、Ta 也可以与接触孔内硅形成低阻欧姆接触，通常采用溅射方法淀积以实现保形覆盖。此外，在大马士革镶嵌工艺制备铜互连布线过程中，通常采用磁控溅射工艺淀积用于后续铜电镀（或化学镀）工艺的铜种子层，且要采用高纯度铜靶材（杂质含量低于 1×10^{-6}）。

三、接触孔和通孔工艺

在接触孔和通孔工艺中，通常采用 PVD 工艺与 CVD 工艺相结合的方式，主要工艺环节包括：① 表面原位预清洁处理；② 溅射淀积 Ti 接触层；③ 溅射或 CVD 淀积 TiN 附着/阻挡层；④ 覆盖式 CVD 淀积 W（钨）膜；⑤ W 膜回刻；⑥ 附着层和接触层刻蚀。上述工艺中，淀积 Ti 接触层（比如 30～50 nm）可以减小与硅衬底之间的接触电阻；淀积 TiN 附着/阻挡层，一方面可以起到 W 膜与绝缘层之间的黏附作用，另一方面可以防止 CVD 淀积 W 膜时底层 Ti 与 WF_6 接触而反应以及 WF_6 与硅反应。

11.2.4　PVD 工艺技术发展

当前，针对提高薄膜淀积速率、改善薄膜质量等方面开展了众多新型 PVD 技术的研究和探索工作，如双极高功率脉冲磁控溅射技术、液态靶材磁控溅射技术等。

一、双极高功率脉冲磁控溅射技术

双极高功率脉冲磁控溅射技术（bipolar high power impulse magnetron sputtering，BP-HiPIMS）是直流磁控溅射技术与脉冲功率技术相结合的新型溅射技术，可用于 Cu、TiN、CrN 等薄膜制备，图 11-2-14 为该技术装置示意图。BP-HiPIMS 采用大功率负脉冲产生高密度等离子体，利用正脉冲提升等离子体电位，优化淀积离子能量和流量。BP-HiPIMS 放电技术可实现将靶材离子从靶表面附近泵出，且在离子泵出过程中，到达基片的能量为正脉冲电压与离子电荷数之积，因此该方法能够主动控制离子能量，可以改善薄膜的密度，薄膜与基体的结合力，膜内压应力以及薄膜的硬度、韧性、耐磨性等力学性能。BP-HiPIMS 技

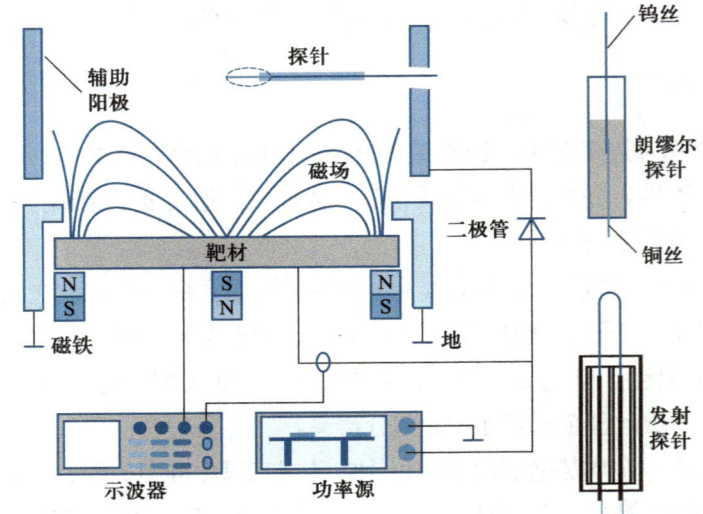

图 11-2-14 双极高功率脉冲磁控溅射技术装置示意图

术目前仍处于初步研发阶段，还存在众多工作机制问题有待进一步探索。

二、液态靶材磁控溅射技术

液态靶材磁控溅射技术由 Danilin 等人提出，其融合了磁控溅射和真空蒸发两种技术的优点，图 11-2-15 为其装置示意图。与传统磁控溅射放电装置类似，液态靶材磁控溅射放电装置主要由真空系统、供气系统、磁控系统、冷却系统、电源及其调制系统组成。但在液态靶材磁控溅射系统中，需要将靶材放置在坩埚中，同时调整坩埚与冷却系统的间距，使靶材在涂层制备过程中始终保持熔化状态。在放电开始时，靶材一般未熔化，通过调整放电功率，靶材在等离子体轰击作用下逐渐被加热至熔化状态。在靶材熔化后，通过调整放电参数可以淀积所需涂层。

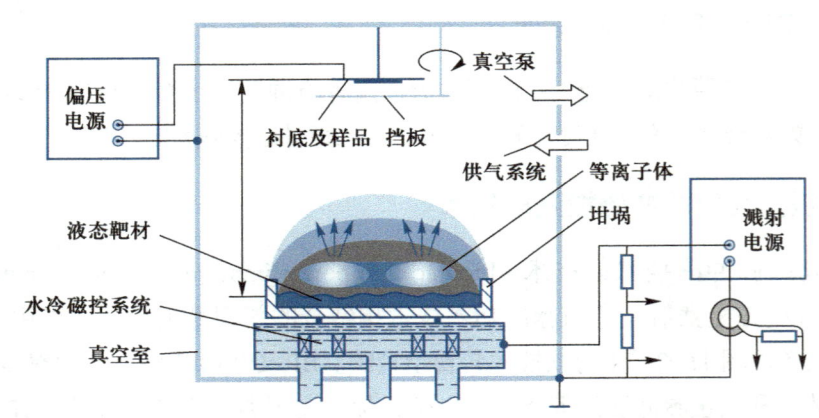

图 11-2-15 液态靶材磁控溅射技术装置示意图

液态靶材磁控溅射技术的最大优势在于可实现极高能量利用效率，并大幅提高了磁控溅射涂层制备过程中的淀积速率，目前可以淀积 Cu、Cr 等材质的纯金属薄膜。在淀积纯金属涂层时，相比于固态靶材，由于蒸发和溅射的共同作用，液态靶材的沉积速率可提高 10~100 倍。液态靶材磁控溅射技术发展目前刚起步，仍有待进一步研究和探索。

11.3 化学气相淀积工艺

化学气相淀积（chemical vapor deposition，CVD）是现代集成电路制造工艺制备介质、半导体、金属等薄膜的重要技术，在金属互连、通孔/接触孔填充、层间介质、多晶硅栅、源/漏接触等工艺中发挥着举足轻重的作用。近年来，为了满足不断微缩的集成电路芯片制造需要，更多新型 CVD 技术不断涌现，进一步推动了集成电路产业的快速发展。

本节将主要介绍化学气相淀积工艺的工艺原理，分析 CVD 动力学模型，讨论影响 CVD 淀积速率的因素，并介绍常用 CVD 工艺方法及 CVD 技术发展。

微视频：
11-15 化学
气相淀积

11.3.1 化学气相淀积工艺原理

一、CVD 基本过程

在 CVD 过程中，气态化合物以高温、等离子体、光辐射等方式激活后，在衬底表面发生化学反应，从而淀积出所需固体薄膜。图 11-3-1 给出了 CVD 反应室剖面及 CVD 基本过程，主要工艺步骤包括：

① 传输：反应剂气体从主气流区（也称平流区，其中的气体流速恒定）经附面层（也称边界层，其中的气体流速受到扰动）扩散到衬底（硅片）表面。

② 吸附：反应剂被吸附在衬底表面，成为吸附原子（或分子）。

③ 化学反应：吸附原子（或分子）在衬底表面发生化学反应，生成薄膜基本元素（如薄膜分子）及气态副产物。

④ 淀积：薄膜基本元素在衬底表面淀积形成薄膜。

⑤ 脱吸：化学反应的气态副产物和未反应的反应剂脱离衬底表面吸附。

⑥ 逸出：脱离衬底表面吸附的气态副产物和未反应的反应剂从衬底表面扩散到主气流区，逸出反应室。

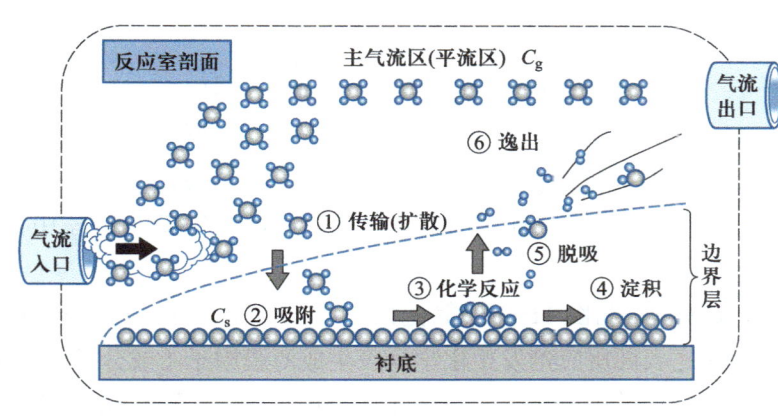

图 11-3-1 CVD 反应室剖面及 CVD 基本过程

微视频：
11-16 CVD
的基本过程

微视频：
11-17 化学
气相淀积动
力学分析

二、CVD 模型

1966 年 Grove 构建了一个简单有效的 CVD 模型——Grove 模型，较准确地预测了 CVD 薄膜淀积速率，解释了 CVD 过程中的众多现象，至今仍被广泛使用。Grove 模型认为薄膜淀积速率主要受两个因素控制：气相输运过程和表面化学反应过程。在气相输运过程中，反应剂在扩散运动作用下穿过边界层到达衬底表面；而在表面化学反应过程中，反应剂在一定激活条件下发生化学反应（反应运动）。因此，可以说化学气相淀积实际上是在扩散运动和反应运动两者的共同作用下完成的。而且，扩散运动和反应运动中的慢者将主导最终的 CVD 速率。

在构建 CVD 模型时，认为反应剂气流具有黏滞性，也就是说反应剂分子平均自由程远小于反应室几何尺寸。反应剂气体在经过衬底表面或反应室侧壁时，会受到衬底表面或反应室侧壁的摩擦力作用，使紧贴衬底表面或侧壁的气流速度为零，而当远离衬底表面或侧壁时，逐渐过渡到最大气流速度 U_m（主气流区流速），主气流区的气体流速均匀恒定。因此，在衬底表面附近就形成了一个气流受到扰动的薄层，称为边界层（或称附面层、滞流层），其厚度 $\delta(x)$ 为气流速度为零的衬底表面到气流速度为 $0.99U_m$ 时的区域厚度。在边界层内，假设气流为泊松流，即气流沿主气流方向没有速度梯度，而沿垂直气流方向的流速为抛物线型。此外，在边界层内，由于衬底表面化学反应会消耗反应剂，因此沿垂直气流方向还存在反应剂浓度梯度。如图 11-3-2 所示，定义基座左侧为坐标原点，边界层厚度随着远离原点而增加，可以表示为

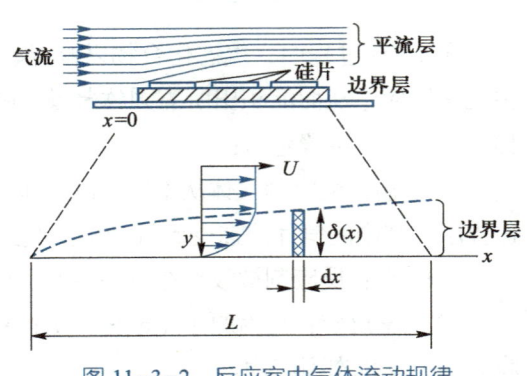

图 11-3-2　反应室中气体流动规律

$$\delta(x) = (\mu x / \rho U)^{1/2} \tag{11-3-1}$$

其中，μ 是气体黏滞系数，ρ 是气体密度，U 是边界层中流速。设基座长度为 L，边界层平均厚度可表示为

$$\bar{\delta} = \frac{1}{L}\int_0^L \delta(x)\mathrm{d}x = \frac{2}{3}L\left(\frac{\mu}{\rho UL}\right)^{1/2} = \frac{2L}{3\sqrt{Re}} \tag{11-3-2}$$

其中，$Re = \rho UL/\mu$ 为气体的雷诺数，是一个无量纲数，$U \leq 0.99U_m$。Re 值较小时（如小于 2000），气流为平流型。Re 值较大时，气流为湍流型。商用 CVD 反应室中 Re 很低（低于 100）。

为了构建 Grove 模型，将图 11-3-1 简化为图 11-3-3。图中，F_1 为边界层中反应剂的扩散流密度，F_2 为衬底表面反应剂发生化学反应生成薄膜原子（或分子）的流密度（反应流密度）。流密度定义为单位时间内通过单位面积的原子或分子数，单位为原子或分子数/

($cm^2 \cdot s$)。这里作两点假设，即① 化学气相淀积在稳定状态下进行，② 边界层中流密度为线性近似（流密度正比于边界层两侧反应剂浓度差）。

根据稳定状态假设可知，扩散流密度 F_1 与反应流密度 F_2 相等，即

$$F_1 = F_2 = F \tag{11-3-3}$$

根据边界层中流密度线性近似假设以及菲克第一定律，可以得到

$$F_1 = h_g(C_g - C_s) = D_g(C_g - C_s)/\overline{\delta} \tag{11-3-4}$$

其中，h_g 为气相质量输运系数，D_g 为反应剂气相扩散系数，C_g 为主气流区中反应剂浓度，C_s 为衬底表面反应剂浓度，$h_g = D_g/\overline{\delta}$，$D_g \propto T^{1\sim 1.8}$。

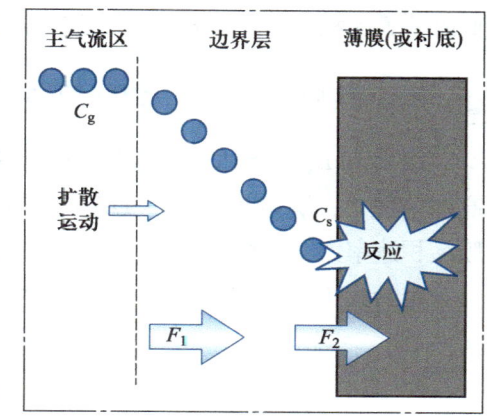

图 11-3-3 Grove 模型建模示意图

假定反应流密度正比于衬底表面反应剂浓度 C_s，则可以得到

$$F_2 = k_s C_s \tag{11-3-5}$$

其中，k_s 为表面化学反应速率常数，$k_s = k_0 e^{-E_A/kT}$，E_A 为化学反应激活能。

结合式（11-3-3）、式（11-3-4）和式（11-3-5）可以得到

$$C_s = \frac{h_g C_g}{h_g + k_s} \tag{11-3-6}$$

定义 N 为形成一个单位体积薄膜所需原子数量（单位为原子数/cm^3），则薄膜淀积速率 G 可以表示为

$$G = \frac{F}{N} = \frac{F_2}{N} = \frac{h_g k_s}{h_g + k_s} \frac{C_g}{N} \tag{11-3-7}$$

$$C_g = Y C_T \tag{11-3-8}$$

其中，C_T 为主气流区单位体积中分子总数（包括反应剂和惰性稀释气体），Y 为反应剂的摩尔百分比。

由式（11-3-7）和式（11-3-8）可知，CVD 淀积速率与反应剂浓度 C_g（无稀释气体时）或反应剂的摩尔百分比 Y 成正比。当 C_g 或 Y 为常数时，薄膜淀积速率由 h_g 和 k_s 中较小者决定。

当 $h_g \ll k_s$ 时，由式（11-3-7）和式（11-3-8）可得

$$G = h_g \frac{C_g}{N} = h_g \frac{Y C_T}{N} \tag{11-3-9}$$

此时薄膜淀积速率由气相质量输运控制（或称扩散控制）。

当 $h_g \gg k_s$ 时，由式（11-3-7）和式（11-3-8）可得

$$G = k_s \frac{C_g}{N} = k_s \frac{Y C_T}{N} \tag{11-3-10}$$

此时薄膜淀积速率由表面化学反应控制（或称反应控制）。

三、影响 CVD 淀积速率的因素

由 k_s 和 D_g 的表达式可知两者都与温度正相关，且 k_s 对温度的变化更加敏感。因此，在高温情况下，满足 $h_g \ll k_s$，薄膜淀积速率为扩散控制；而在较低温度下，满足 $h_g \gg k_s$，薄膜淀积速率为反应控制。

结合式（11-3-2）和式（11-3-9）可知，扩散控制情况下薄膜淀积速率

$$G \propto h_g = \frac{D_g}{\delta} = \frac{D_g}{\dfrac{2L}{3\sqrt{Re}}} = \frac{D_g}{\dfrac{2L}{3\sqrt{\rho U L/\mu}}} = \frac{3D_g\sqrt{\rho U/\mu}}{2\sqrt{L}} \quad (11\text{-}3\text{-}11)$$

因此，薄膜淀积速率与 $U^{1/2}$ 成正比，而与 $L^{1/2}$ 成反比。图 11-3-4 为硅膜淀积速率与气流速率的关系，可见硅膜淀积速率随着气流速率 $U^{1/2}$ 线性增加。然而，当气流速率增加到一定程度时，会导致 $h_g \gg k_s$，淀积速率转变为反应控制且与气流速率无关，因此图 11-3-4 中淀积速率达到极大值且基本保持恒定。

微视频：
11-18 影响淀积速率的因素

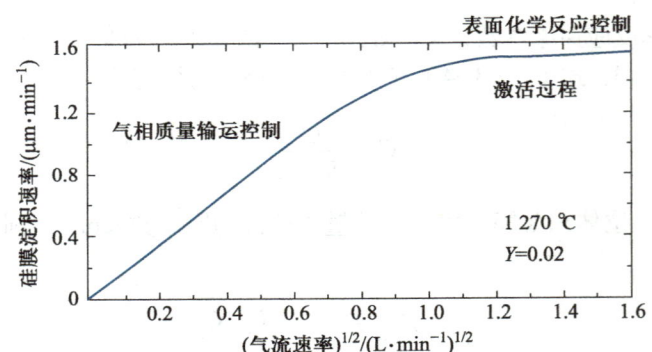

图 11-3-4　硅膜淀积速率与气流速率的关系

由式（11-3-10）可知，反应控制情况下薄膜淀积速率为

$$G = k_s \frac{C_g}{N} = k_0 \frac{C_g}{N} e^{-E_A/kT} \quad (11\text{-}3\text{-}12)$$

$$\ln G = \ln\left(k_0 \frac{C_g}{N}\right) - \frac{E_A}{k}\frac{1}{T} \quad (11\text{-}3\text{-}13)$$

因此，薄膜淀积速率与温度 T 成指数关系，对温度变化非常敏感。图 11-3-5 为采用四氯化硅和氢气为反应剂淀积多晶硅薄膜时半对数坐标下淀积速率与温度的关系。由图可见，低温区淀积速率与温度呈现线性关系，满足式（11-3-13）关系，且直线斜率为 $-E_A/k$。随着温度升高，k_s 逐渐增大，淀积速率不断增加。当温度高于某个值后，满足 $h_g \ll k_s$，此时表面反应所需反应剂数量高于扩散通过边界层到达衬底表面的反应剂数量，淀积速率由反应控制转变为扩散控制，且对温度不太敏感。

Grove 模型忽略了反应副产物解吸扩散过程以及边界层垂直方向的温度梯度，因此图 11-3-5 中反应剂浓度较低时，Grove 模型与实测结果（数据点）吻合较好，而反应剂浓度较高时则存在一定偏差。

四、CVD 工艺模拟

基于 Silvaco 商用数值软件进行工艺仿真，有助于深刻理解 CVD 工艺原理。图 11-3-6 是 Silvaco 软件中 Deckbulid 程序运行窗口及基本模拟程序，仿真中采用 Deposit 淀积命令。图 11-3-7 是在一个凹槽结构上淀积金属铝薄膜的工艺仿真结果，仿真中采用了 MOCVD 淀积设备，淀积时间为 1.5 min，淀积速率为 600 Å/min。由图可见，受反应剂分子到达角的影响，各处薄膜淀积不均匀，凹槽底部的薄膜较薄。

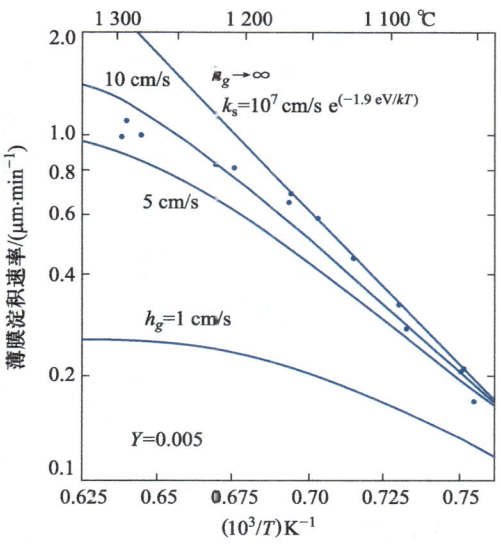

图 11-3-5　多晶硅薄膜淀积速率与温度的关系

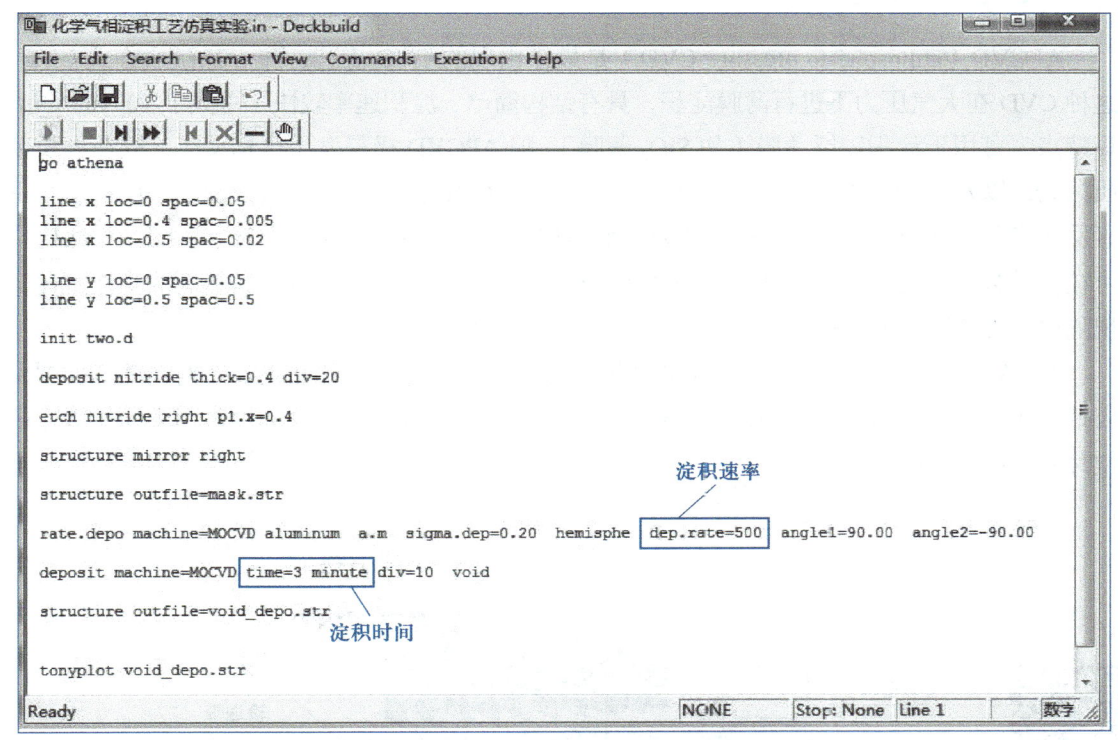

图 11-3-6　Silvaco 软件中 Deckbulid 程序运行窗口及基本模拟程序

11.3.2　CVD 工艺技术应用

化学气相淀积工艺种类繁多，可以按照淀积温度、反应室压力、化学反应激活方式等进

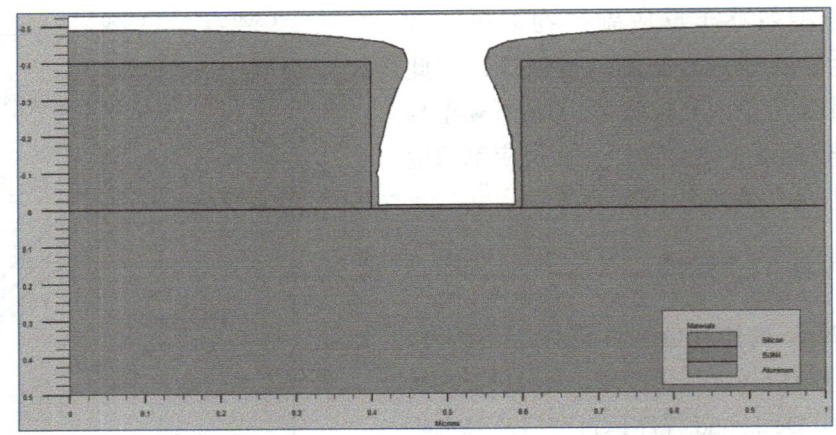

图 11-3-7　凹槽结构上淀积金属铝薄膜的工艺仿真结果

行分类，实际中可根据工艺需求进行选择。这里介绍常压化学气相淀积（APCVD）、低压化学气相淀积（LPCVD）、等离子体增强化学气相淀积（PECVD）等三种常用的 CVD 工艺方法。

一、APCVD 技术

APCVD（atmospheric pressure CVD）是最早出现的 CVD 工艺，属于热激活方式 CVD。这种 CVD 在大气压力下进行薄膜淀积，具有结构简单、淀积速率较快（可大于 100 nm/min）等特点，可用于淀积较厚薄膜（如 SiO_2 薄膜）。但 APCVD 极易发生气相反应，存在颗粒杂质污染，以及台阶覆盖性和均匀性较差等问题。APCVD 的反应室可以分为水平反应室、垂直反应室和桶形反应室。图 11-3-8 为目前常用的连续供片 APCVD 设备示意图。衬底硅片可在传送装置作用下连续通过非淀积区和淀积区，非淀积区和淀积区通过流动的惰性气体实现隔离，可实现多个衬底上淀积厚度相等且均匀的薄膜。

APCVD 的薄膜淀积速率一般由质量输运控制，因此合理设计反应室结构以精确控制反应剂的成分、计量和输运过程，进而确保各衬底硅片表面及同一衬底硅片表面不同位置在单位时间内可以获得相同数量的反应剂，是实现薄膜均匀淀积的关键。

微视频：
11-19CVD
系统

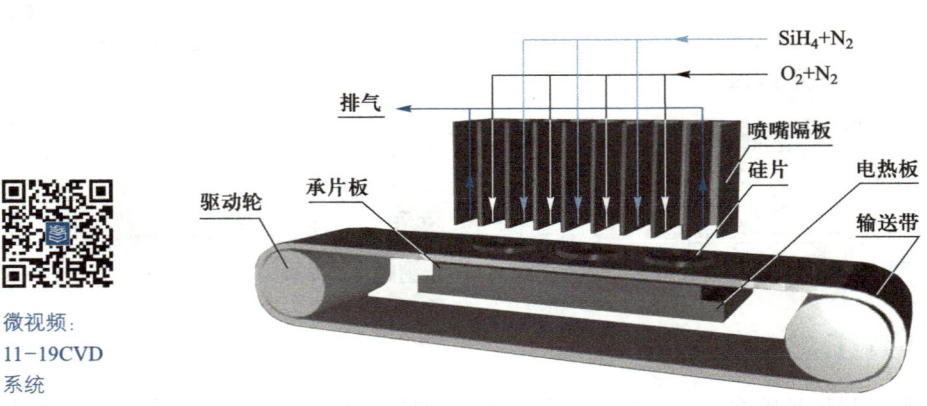

图 11-3-8　连续供片 APCVD 设备示意图

二、LPCVD 技术

LPCVD（low pressure CVD）也属于一种热激活方式 CVD，其淀积温度相对较低，反应室气压通常在 1～100 Pa，主要用于介质薄膜淀积。LPCVD 淀积速率相对较低，但淀积某些薄膜的均匀性和台阶覆盖性均优于 APCVD 淀积的薄膜。图 11-3-9 为采用水平式反应室和立式反应室的两种常用 LPCVD 设备示意图。在水平式 LPCVD 中，衬底硅片可以密集摆放，装载量大，因此更适合大批量生产；而在立式 LPCVD 中，反应剂气体可以均匀扩散到达硅片表面，易于提高薄膜淀积的均匀性。由于低压工作，反应室中反应剂密度低，气体分子平均自由程大，反应剂在气相和腔室壁发生反应显著减少，且产生的颗粒物容易被真空抽气系统抽走，因此 LPCVD 可以有效抑制颗粒污染问题。此外，低压环境中分子碰撞概率很低，可以实现良好的台阶覆盖。

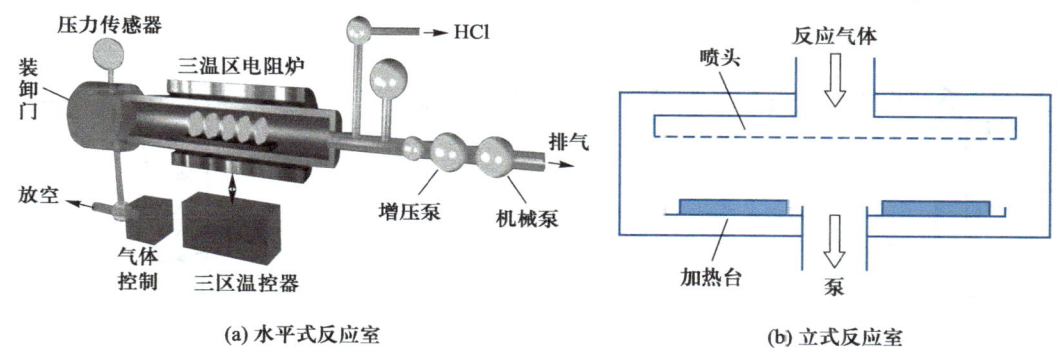

图 11-3-9　两种常用 LPCVD 设备示意图

LPCVD 的薄膜淀积速率主要由表面反应控制，因此确保所有衬底硅片处于相同温度环境是实现相同淀积速率的关键。通常的温度控制精度可在 ±0.5 ℃，完全可以满足 LPCVD 对温度控制的要求。

【思考】LPCVD 可以实现低温淀积，有什么好处？

三、PECVD 技术

PECVD（plasma-enhanced CVD）是一种能量增强型 CVD 方法，采用了热激活结合等离子体激活方式，如图 11-3-10 所示。薄膜淀积过程中，反应剂气体通过射频电场产生辉光放电，形成具有很强化学活性的等离子体，因此可实现较低温度下（如 350～400 ℃）高速淀积薄膜。PECVD 所制备的薄膜具有台阶覆盖性好、附着性强、针孔密度低等优点，其淀积速率和质量与衬底温度、反应室结构、射频功率的密度和频率等有关。

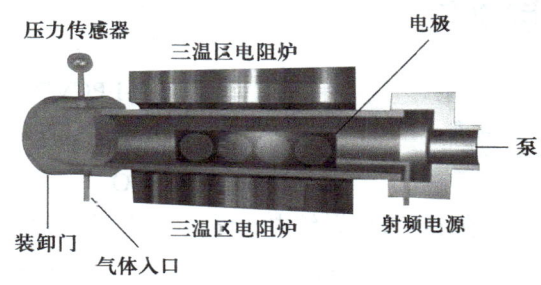

图 11-3-10　PECVD 设备示意图

PECVD 的薄膜淀积速率也是由表面反应控制,因此需要精确控制衬底温度以确保薄膜均匀淀积。

四、典型薄膜材料的 CVD 淀积

1. 薄膜的台阶覆盖

在薄膜淀积工艺中,通常要求实现薄膜的保形覆盖,也就是在衬底片上的所有图形(如台阶)上面均淀积相同厚度的薄膜,如图 11-3-11 所示。薄膜的台阶覆盖效果与反应剂分子的到达角以及反应剂分子的三种输运机制(直接入射、再发射和表面迁移)有关。衬底表面某一点可接收反应剂分子的所有方向构成的角度范围,称为到达角。图 11-3-11 中标记了几个典型位置在二维空间的到达角。图 11-3-12 为衬底表面反应剂分子的三种输运机制。反应剂分子的再发射和表面迁移能力是实现保形覆盖的关键。

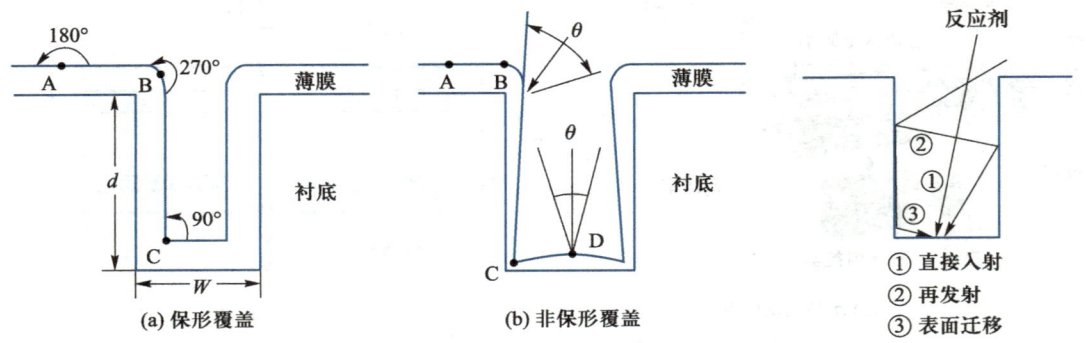

图 11-3-11　台阶覆盖效果　　　　图 11-3-12　衬底表面反应剂分子的三种输运机制

2. 典型薄膜淀积

集成电路芯片中常用的氧化硅薄膜、氮化硅薄膜、多晶硅薄膜、金属薄膜等,均可以采用 CVD 工艺制备。

（1）氧化硅薄膜淀积

CVD 氧化硅薄膜方法可以分为低温(300~450 ℃)和中温(650~750 ℃)两大类。

a. 低温淀积 SiO_2

（a）基于硅烷源的淀积

在 APCVD 系统、LPCVD 系统或 PECVD 系统中,可以利用硅烷与氧气反应淀积 SiO_2 薄膜。化学反应式为

$$SiH_4(气)+O_2(气) \longrightarrow SiO_2(固)+2H_2(气) \quad (11-3-14)$$

在 PECVD 系统中,可以利用硅烷与 N_2O(或 NO)反应淀积 SiO_2 薄膜。化学反应式为

$$SiH_4(气)+N_2O(气) \longrightarrow SiO_2(固)+N_2(气)+H_2(气) \quad (11-3-15)$$

在 SiO_2 淀积过程中同时送入 PH_3 气体进行掺杂,可以制备含有 P_2O_5 的二氧化硅——磷硅玻璃(PSG)。利用 APCVD 系统淀积 PSG 的化学反应式为

微视频:
11-20CVD
二氧化硅

$$4PH_3（气）+5O_2（气）\longrightarrow 2P_2O_5（固）+6H_2（气） \qquad (11-3-16)$$

(b) 基于 TEOS 源的淀积

在 PECVD 系统中，可以利用 TEOS [Si(OC$_2$H$_5$)$_4$，正硅酸四乙酯] 与氧气反应淀积 SiO$_2$ 薄膜。化学反应式为

$$Si(OC_2H_5)_4+O_2\longrightarrow SiO_2+H_2O+C_xH_y \qquad (11-3-17)$$

TEOS 在室温下为液态且化学性质稳定。该方法的优点是安全、方便、薄膜台阶覆盖性好，但 SiO$_2$ 膜中存在一定残余碳污染问题。

b. 中温淀积 SiO$_2$

在中等温度下的 LPCVD 系统中，利用 TEOS 热分解也可以淀积 SiO$_2$ 薄膜，化学反应式为

$$Si(OC_2H_5)_4\longrightarrow SiO_2+2H_2O+4C_2H_4 \qquad (11-3-18)$$

该淀积方法的保形覆盖性好，可以作为金属淀积前介质层。

c. 掺杂氧化硅的淀积

磷硅玻璃（PSG）可通过在淀积二氧化硅薄膜所采用的反应剂气体中掺入 PH$_3$ 气体而制备。PSG 由 P$_2$O$_5$ 和 SiO$_2$ 两种成分构成，可以采用 APCVD 系统、PECVD 系统制备。PSG 在高温下（1 000~1 100 ℃）可以实现平坦化工艺，即在高温下 PSG 可以流动，从而可实现更平坦表面，保障后续薄膜淀积有更好的台阶覆盖能力。通过升高温度、延长处理时间、提高氧化硅中磷浓度，均可增强薄膜流动性。

硼磷硅玻璃（BPSG）可以通过在 PSG 淀积工艺气体中掺入硼源（如 B$_2$H$_6$）而制备。BPSG 可以在 850 ℃实现回流平坦化工艺，主要用于金属淀积前介质。

(2) 氮化硅薄膜淀积

在集成电路中，氮化硅（Si$_3$N$_4$）薄膜可以用于最终钝化层和机械保护层、选择性氧化掩模层、MOSFETs 侧墙、STI 工艺 CMP 停止层等。氮化硅具有扩散掩蔽能力强（针对钠、水汽等）、底层金属保形覆盖好、薄膜中针孔少等优点，因此非常适合作为钝化层。然而，氮化硅介电常数较大（约为 6~9），不宜用作金属层间绝缘层。

a. LPCVD 技术淀积氮化硅

采用 LPCVD 技术淀积氮化硅薄膜常用 SiH$_2$Cl$_2$ 和 NH$_3$ 作为反应剂，工艺温度通常在 700~800 ℃之间，具体反应式为

$$3SiH_2Cl_2（气）+4NH_3（气）\longrightarrow Si_3N_4（固）-6HCl（气）+6H_2（气） \qquad (11-3-19)$$

LPCVD 淀积的氮化硅薄膜具有密度高（2.9~3.1 g/cm^3）、化学配比好、不易被稀 HF 溶液腐蚀、保形覆盖好等优点，可作为氧化掩模层、DRAM 中电容介质层等。然而，LPCVD 氮化硅薄膜中应力较大，容易导致较厚（大于 200 nm）氮化硅薄膜破裂。

b. PECVD 技术淀积氮化硅

利用 PECVD 技术淀积氮化硅薄膜时，可以选择 SiH$_4$ 和 NH$_3$（或 N$_2$）作为反应剂，温度在 200~400 ℃之间，具体反应式为

$$SiH_4（气）+NH_3（或 N_2）（气）\longrightarrow Si_xN_yH_z（固）+H_2（气） \qquad (11-3-20)$$

PECVD 的射频功率和频率、气流、反应室压强、温度等与氮化硅淀积速率、薄膜参数

（如折射率、腐蚀速率等）密切相关。采用 SiH_4 和 NH_3 淀积的氮化硅薄膜中存在大量以 Si-H 和 N-H 形式存在的 H（通常在 18~22 at%），容易导致器件发生阈值漂移。图 11-3-13 和图 11-3-14 分别为 PECVD 淀积温度、总气体中 NH_3 比例对氮化硅薄膜参数的影响。当 Si/N 比达到 0.75 时，氮化硅薄膜具有最大密度。采用 SiH_4 和 N_2 淀积的氮化硅薄膜中 H 含量较少（通常在 7~15 at%）。

微视频：
11-21CVD 氮化硅

微视频：
11-22CVD 多晶硅与金属

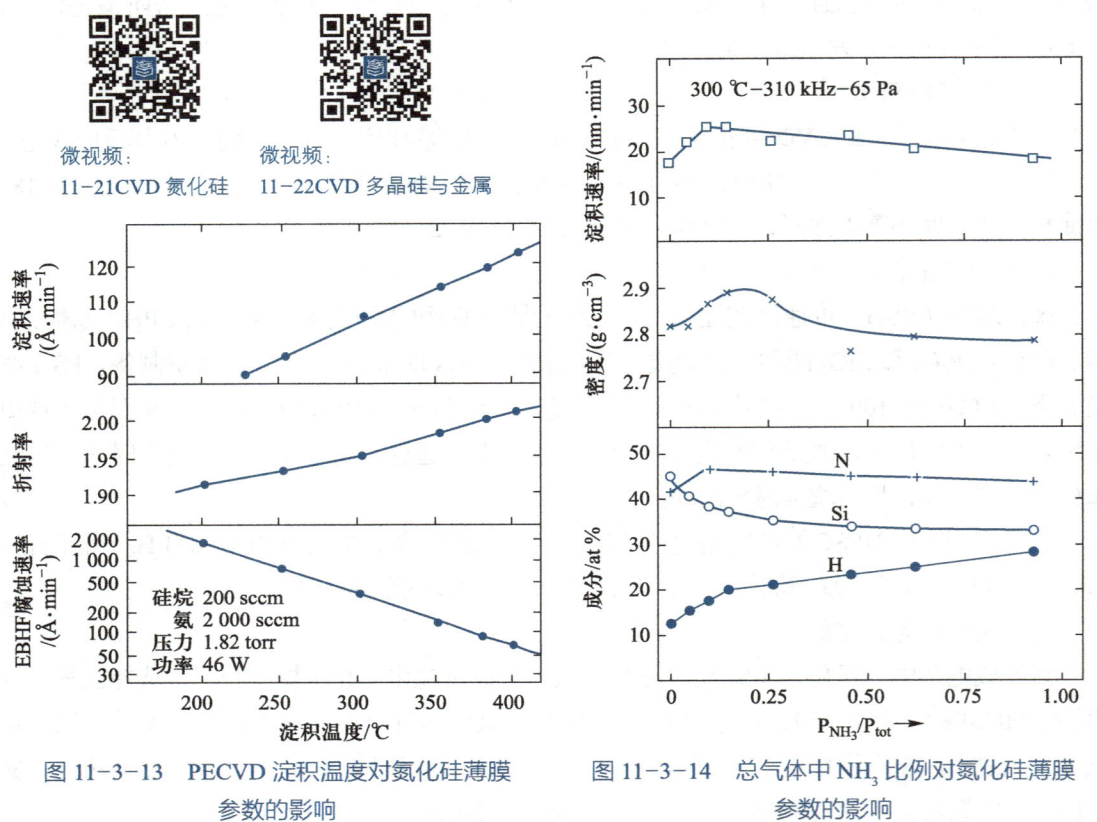

图 11-3-13　PECVD 淀积温度对氮化硅薄膜参数的影响

图 11-3-14　总气体中 NH_3 比例对氮化硅薄膜参数的影响

（3）多晶硅薄膜淀积

多晶硅薄膜由众多生长方向各不相同的小晶粒（尺寸大约在 100 nm 量级）组成，通常采用 LPCVD 技术在 580~650 ℃温度下热分解硅烷制备，具体反应式为

$$SiH_4（吸附）\longrightarrow Si（固）+2H_2（气） \tag{11-3-21}$$

LPCVD 多晶硅的均匀性好、台阶覆盖性好，可作为栅电极、互连线等材料。然而，SiH_4 在气相中也会发生分解，导致颗粒污染，易形成粗糙的多孔硅层。

采用扩散、离子注入或原位掺杂可实现多晶硅掺杂。扩散掺杂工艺需要在高温（900~1 000 ℃）下采用掺杂剂（如 PH_3、AsH_3 等）进行，可实现较低电阻率的多晶硅薄膜。离子注入掺杂形成的多晶硅薄膜电阻率较大，通常是扩散掺杂形成的多晶硅电阻率的 10 倍。原位掺杂是通过在 CVD 反应剂中加入掺杂剂（如 PH_3、AsH_3 等），在多晶硅薄膜淀积的同时完成杂质原子的结合，其淀积过程较为复杂。

（4）金属薄膜淀积

超大规模集成电路互连系统中的许多金属、金属硅化物、氮化物薄膜等可采用 CVD 制备。

a. CVD 钨

钨（W）、钛（Ti）、钼（Mo）、钽（Ta）等难熔金属已广泛应用于当今集成电路互连系统，其中 CVD W 的应用最为广泛。W 具有较低体电阻率（20 ℃时为 5.5 μΩ·cm，小于 Ti 和 Ta）、较高热稳定性（所有金属中熔点最高的金属，熔点为 3 410 ℃）、较低应力、良好保形覆盖性、强的抗电迁移能力和抗腐蚀性等优点。因此，在互连系统中 CVD W 主要用于钨插塞（plug）（用于填充特征尺寸在 90 nm～1 μm 之间的接触孔和通孔）和局部互连（因其电阻率高于铝、铜，不适用于全局互连）。

WF_6 是冷壁 LPCVD W 较理想的钨源，其沸点为 17 ℃，易于气态输送和精确控制流量。WF_6 可以与硅、氢或硅烷反应淀积 W，具体反应式为

$$2WF_6（气）+3Si（固）\longrightarrow 2W（固）+3SiF_4（气） \quad (11\text{-}3\text{-}22)$$

$$WF_6（气）+3H_2（气）\longrightarrow W（固）+6HF（气） \quad (11\text{-}3\text{-}23)$$

$$2WF_6（气）+3SiH_4（气）\longrightarrow 2W（固）+3SiF_4（气）+6H_2（气） \quad (11\text{-}3\text{-}24)$$

其中，采用 WF_6 与硅反应淀积 W 时，当薄膜厚度达到 10～15 nm 时，WF_6 很难扩散穿过 W 薄膜，反应会自行停止。

实际中，在冷壁 LPCVD 系统中采用 WF_6 淀积 W 有选择性淀积和覆盖淀积两种方法。在选择性 W 淀积工艺中，硅、金属以及硅化物的表面均可以提供良好的成核表面，而氧化物和氮化物表面不满足成核要求。淀积初始时，Ar 携带的 WF_6 与 Si 表面发生还原反应生成 W 薄膜，当 W 薄膜厚度达到自停止厚度时，采用 H_2 替换 Ar 输送，后续 WF_6 与 H_2 发生还原反应继续 W 薄膜淀积过程。

在覆盖淀积 W 工艺中，由于 W 在氧化物和氮化物表面附着性较差，通常需要首先淀积一层附着层（如 TiN），然后采用 LPCVD 在整个衬底上附着层表面淀积 W 薄膜，最后利用回刻（反刻）工艺去除多余的 W。

b. CVD 氮化钛

在超大规模集成电路多层互连系统中，通常利用 TiN 薄膜作为扩散阻挡层和附着层（黏附层）。例如，在铝互连系统中，TiN 薄膜作为扩散阻挡层可以防止硅与铝之间的扩散；在铜互连系统中，TiN 既作为附着层用于增强铜与硅和氧化硅之间的附着性，又作为扩散阻挡层阻止硅与铜之间的扩散；在接触孔和通孔中的 W 金属填充工艺中，TiN 薄膜既作为扩散阻挡层防止底层 Ti 与 WF_6 接触而反应（$2WF_6+3Ti \to 2W+3TiF_4$），进而避免在淀积层表面产生凸起，同时又作为附着层增加 W 与接触孔和通孔之间的黏附性。此外，相比 Ti，TiN 与硅的接触电阻更高，因此通常在 TiN 与硅之间插入一层 Ti，形成 TiN/Ti/Si 接触结构，以实现低接触电阻和高热稳定性的接触。

在热 LPCVD 中（温度高于 600 ℃），以 $TiCl_4$ 和 NH_3 为反应剂，可以淀积形成保形覆盖性好、质量高的 TiN 薄膜，具体反应式为

$$6TiCl_4（气）+8NH_3（气）\longrightarrow 6TiN（固）+24HCl（气）+N_2（气） \quad (11\text{-}3\text{-}25)$$

由于淀积温度高,且反应物中 Cl 会腐蚀铝,因此该工艺不适用于铝互连系统。

采用金属有机物化学气相淀积（metal organic CVD，MOCVD）技术,通过金属有机化合物源四二甲基氨基钛（Ti[N(CH$_3$)$_2$]$_4$，TDMAT）或四二乙基氨基钛（Ti[N(CH$_2$CH$_3$)$_2$]$_4$，TDEAT）,可以与 NH$_3$ 在 500 ℃ 以下温度淀积 TiN,且没有 Cl 产生,适用于互连线孔和接触孔中 TiN 淀积。

11.3.3　CVD 工艺技术发展

为了适应快速发展的集成电路工艺需要,众多新型的 CVD 技术发挥了重要作用,如原子层淀积技术、高密度等离子体 CVD 技术等。

一、原子层淀积技术

原子层淀积（atomic layer deposition，ALD）是新一代 CVD 系统的典型代表,它在传统 CVD 工艺方法基础上采用了独特的脉冲调控技术,图 11-3-15 和图 11-3-16 分别为 ALD 的系统示意图和淀积机制示意图。在 ALD 工艺中,反应剂前驱体依次送入腔室内,在相邻两次送入前驱体之间的中间过程采用清洗气体进行腔体清洗。在图 11-3-16 中,ALD 工艺生长材料层主要由四个不断重复的基本步骤（一个反应周期）组成:①反应剂前驱体 A 送入反应室并吸附在衬底表面反应;②送入清洗气体进行反应室清洗,移除多余反应剂 A 和副产物;③反应室中送入反应剂前驱体 B,与衬底表面前驱体 A 进行反应而形成分子层,待前驱体 A 完全消耗后反应自行停止;④再次送入清洗气体进行反应室清洗,移除多余反应剂 B 和副产物。重复进行上述工艺步骤,根据所需薄膜厚度确定反应周期数,直至达到预定

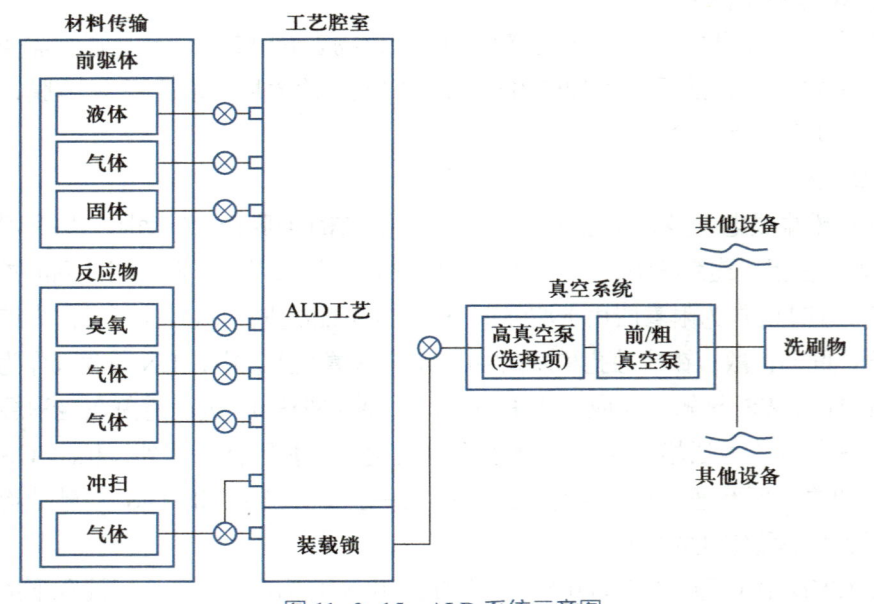

图 11-3-15　ALD 系统示意图

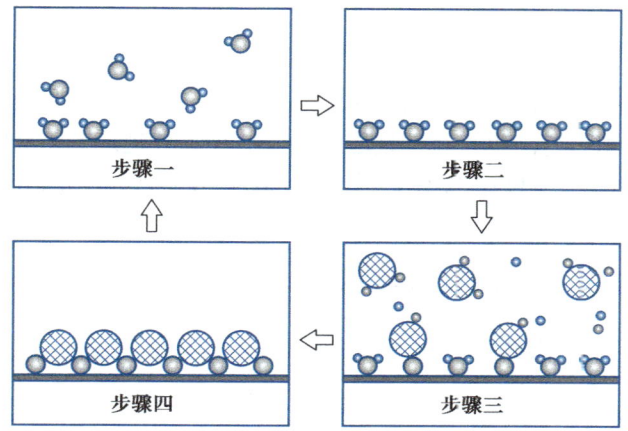

图 11-3-16 ALD 淀积机制示意图

薄膜淀积厚度。

由于化学反应发生在晶圆表面而不是腔室内,ALD 是一种自限制工艺。每层薄膜台阶以单原子层速率生长,因此可以精确控制厚度,易于实现高质量均匀薄膜。ALD 薄膜保形性好,可用于薄栅氧化层制备、深槽中氧化铝填充以及铜互连工艺中金属阻挡层制备等。

二、高密度等离子体 CVD 技术

高密度等离子体化学气相淀积(high-density plasma CVD,HDP-CVD)目前已成为 0.25 μm 以下尺寸先进工艺中的主流技术,其显著优势是可实现高质量高可靠的高深宽比沟槽填充,主要用途包括 STI 层淀积、金属层间介质层(intermetal dielectric layer,IDL)、刻蚀停止层、顶层钝化层等。在进行高深宽比沟槽填充时,由于顶部比底部淀积速率快,传统 CVD 工艺(如 PECVD)在沟槽中淀积的薄膜会出现夹断或空洞现象。而 HDP-CVD 工艺可以很好地解决该问题,且效率高。在 HDP-CVD 工艺中,采用了淀积-刻蚀-淀积的多次循环方式制备薄膜。具体来说,在每次淀积一定厚度薄膜且未出现夹断或空洞时,紧接着采用刻蚀工艺去除沟槽顶部多余薄膜,随后再进行下一次薄膜淀积,如此循环直至完成整个沟槽的填充。图 11-3-17 为 HDP-CVD 工艺流程示意图。

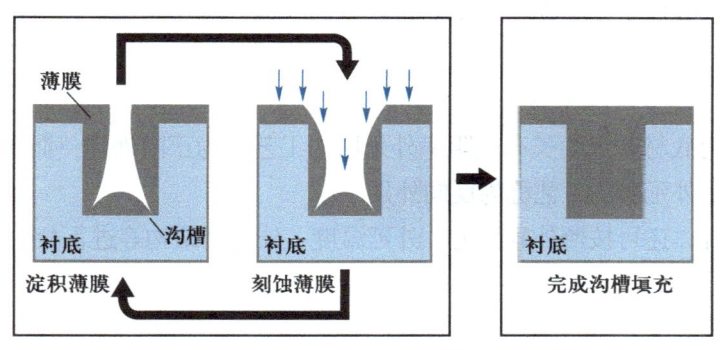

图 11-3-17 HDP-CVD 工艺流程示意图

11.4 外延工艺

外延（epitaxy）是一种在单晶衬底上按照衬底晶向生长单晶薄膜（外延层）的工艺，也属于一种化学气相淀积工艺。生长有外延层的衬底片称为外延片。当今的外延技术已经成为制造半导体结（PN 结）、半导体器件（二极管、BJT、CMOS、BiCMOS、FinFET）以及化合物半导体的必需工艺技术。

本节将主要介绍外延工艺原理、外延工艺技术特性与应用、外延工艺进展等内容。

11.4.1 外延工艺原理

一、外延工艺种类

微视频：
11-23 外延工艺基本概念

当前，已发展出了多种外延工艺，可以按照外延层与衬底材料类型、工艺方法、外延层与衬底电阻率等进行分类。

1. 按外延层与衬底材料类型分类

如果外延层与衬底为同种材料，则称同质外延，例如在 Si 衬底上外延 Si、在 GaN 衬底上外延 GaN 等。如果外延层与衬底材料在化学组分或者晶体结构方面存在差异，则称为异质外延，例如在 Si 衬底上外延 SiGe、在 SiC 上外延 GaN 等。

【思考】异质外延有什么困难和用途？

2. 按工艺方法分类

外延工艺可分为气相外延（vapor-phase epitaxy，VPE）、液相外延（liquid-phase epitaxy，LPE）、固相外延（solid-phase epitaxy，SPE）和分子束外延（molecular beam epitaxy，MBE）。气相外延可以采用氢化物、卤化物或金属有机物为反应剂进行薄膜外延，在 Si 外延工艺中一直占据主导地位。液相外延是元素半导体、Ⅲ-Ⅴ、Ⅱ-Ⅵ和Ⅳ-Ⅳ化合物半导体等薄层制备的重要技术。尤其在当前双异质结（DH）激光二极管、P-I-N 光电二极管、雪崩光电二极管、耿氏二极管、多量子阱激光器等众多器件结构制造中，液相外延技术相比其他外延生长技术具有独特之处。固相外延是一种非晶层在低于熔点或共晶点温度时按照单晶衬底晶向外延再结晶的工艺。例如，离子注入后的退火工艺。分子束外延是一种在超高真空条件下蒸发源受热产生的分子束（或原子束）喷射到单晶衬底表面生成外延层的技术，可以精确控制外延层厚度和界面位置，实现陡峭的外延层界面杂质分布。

3. 按外延层与衬底电阻率分类

在低电阻率衬底材料上生长高电阻率外延层的工艺称为正向外延，而在高电阻率衬底材料上生长低电阻率外延层的工艺称为反向外延。

除上述分类外，还可按照外延压力、外延温度、外延层结构等进行分类。

二、外延基本过程

从广义上讲，外延也是一种 CVD 工艺。因此外延过程包含了 11.3 节中 CVD 的全部基本过程。外延工艺中，反应剂在扩散运动作用下穿过边界层到达衬底表面，被衬底表面吸附后在一定激活条件下发生化学反应,析出组成外延层薄膜的原子(如 Si 原子)。析出的原子随后加接到衬底晶格点阵上,延续衬底晶向生长,同时副产物脱离衬底吸附并逸出反应室。

硅的外延工艺具有横向二维层生长特征,且与图 11-4-1 所示平台、台阶和扭转位置三种近晶面结构特征有着密切联系。如果化学反应析出的 Si 原子(吸附原子)停止于 A 位置,如图 11-4-1(b)所示,其他 Si 原子在表面迁移过程中可能被吸附过来,形成硅串或硅岛。大量的硅串或硅岛在合并时,会产生大量缺陷或形成多晶薄膜,如图 11-4-1(c)所示。如果吸附原子能量较高,可以沿着表面迁移至更稳定的台阶边缘位置(B 位置)。由于受到台阶边缘 Si-Si 键相互作用,该吸附原子更倾向于保持在 B 位置。扭转位置[如图 11-4-1(b)中 C 位置]是吸附原子最稳定的位置。位于扭转位置的吸附原子会形成一半的 Si-Si 键,因而不太可能进一步迁移。随着外延进行,更多吸附原子会迁移到扭转位置,从而加入到外延生长薄膜中。

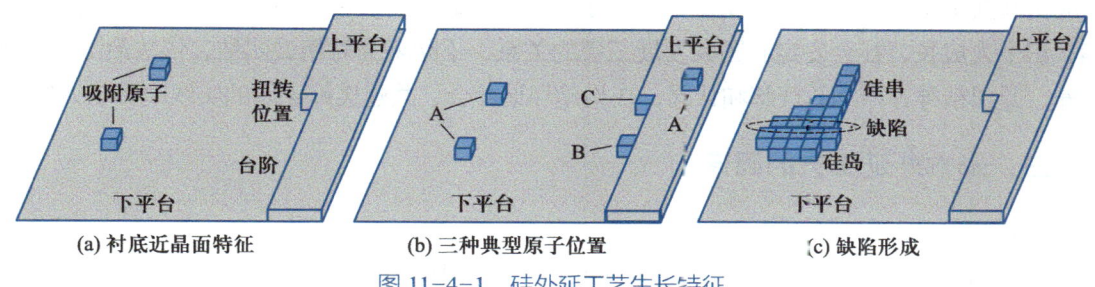

图 11-4-1 硅外延工艺生长特征

硅外延生长与硅自扩散的机制相同,因此提高外延温度可以加快吸附原子在衬底表面的迁移速率。在高温低生长速率情况下,析出的硅原子数量较少,吸附原子表面迁移能力强,因此吸附原子容易迁移至扭转位置,从而形成单晶薄膜。而在低温高生长速率情况下,析出的硅原子数量较多,且原子表面迁移能力较弱,因此在还未迁移至扭转位置之前吸附原子间便形成了硅串或硅岛,进而容易形成多晶薄膜。

硅气相外延的反应剂通常可采用四氯化硅($SiCl_4$)、三氯硅烷($SiHCl_3$)、二氯硅烷(SiH_2Cl_2)或硅烷(SiH_4)。采用氢气还原 $SiCl_4$ 是典型的硅外延工艺,总反应式为

$$SiCl_4(气) + 2H_2(气) \longleftrightarrow Si(固) + 4HCl(气) \tag{11-4-1}$$

实际上还存在以下可逆气相中间反应

$$SiCl_4 + H_2 \longleftrightarrow SiHCl_3 + HCl \tag{11-4-2}$$

$$SiCl_4 + H_2 \longleftrightarrow SiCl_2 + 2HCl \tag{11-4-3}$$

$$SiHCl_3 + H_2 \longleftrightarrow SiH_2Cl_2 + HCl \tag{11-4-4}$$

$$SiHCl_3 \longleftrightarrow SiCl_2 + HCl \tag{11-4-5}$$

$$SiH_2Cl_2 \longleftrightarrow SiCl_2 + H_2 \tag{11-4-6}$$

硅的析出反应可以表示为

$$SiCl_2(吸附) + H_2 \longleftrightarrow Si(固) + 2HCl \tag{11-4-7}$$

$$2SiCl_2(吸附) \longleftrightarrow Si(固) + SiCl_4 \tag{11-4-8}$$

由式（11-4-7）或式（11-4-8）的化学反应析出的硅原子加接到晶格点阵中，便可以形成单晶硅外延薄膜。此外，由式（11-4-7）或式（11-4-8）可知，硅也会在氯硅烷气氛中被腐蚀。由图 11-4-2 所示 $SiCl_4$ 氢还原法外延工艺中生长速率与温度的关系可见，硅外延生长发生在 1 173～1 673 K 温度范围，该温度区间以外会发生硅腐蚀反应。

【**构建和谐社会，共建美好家园**】通过上述硅外延工艺二维生长典型特征的学习可知，只有所有硅原子加接到晶格点阵位置、所有硅原子都坚守晶格格点岗位、遵守饱和化学键成键规则，且相邻硅原子

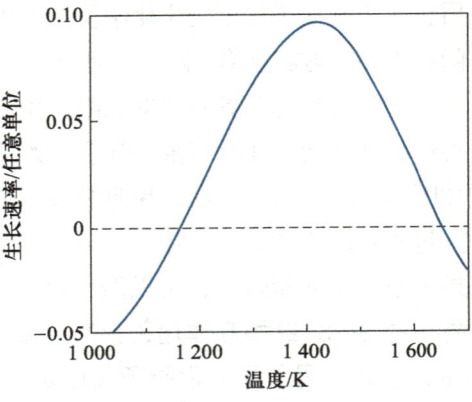

图 11-4-2　$SiCl_4$ 氢还原法外延工艺中生长速率与温度的关系

形成饱和共价键、齐心协力、精诚团结，才能实现无缺陷高质量单晶硅层。这启发我们要正确认识个人成长、社会安定和国家发展三者的关系，不断增强对精诚团结、依法治国、道德修养、爱国精神等内涵的理解和认同，在构建和谐社会、共建美好家园的实践中贡献力量。

三、影响外延工艺的因素

1. 温度对生长速率的影响

结合 11.3 节 CVD 知识可知，硅薄膜生长速率取决于硅原子析出的速率，在其他条件不变的情况下，硅原子析出速率与反应剂穿过边界层的扩散运动（与气相质量输运系数 h_g 相关）以及反应剂在衬底发生的反应运动（与表面化学反应速率常数 k_s 相关）密切相关。图 11-4-3 为基于不同硅源的硅薄膜生长速率与温度的关系。在低温区（A 区），满足 $h_g \gg k_s$，薄膜生长速率受表面化学反应控制，生长速率对温度变化非常敏感。A 区中不同硅源对应的曲线斜率均为 $-E_A/k$（E_A 为化学反应激活能），说明控制反应速率的机制均相同。在高温区（B 区），

微视频：
11-24 外延生长的影响因素

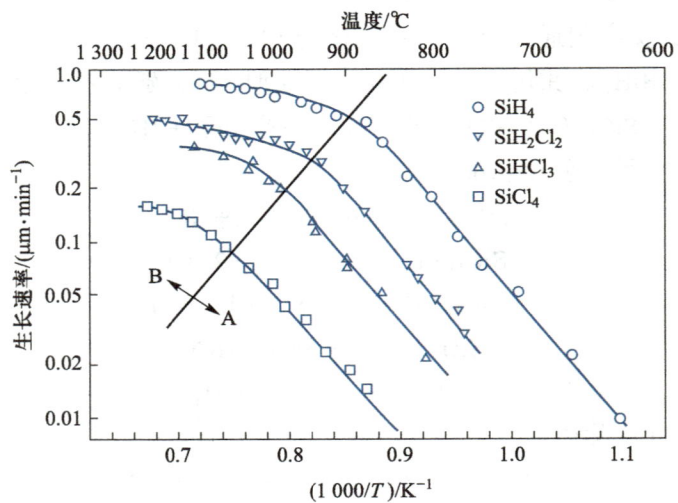

图 11-4-3　基于不同硅源的硅薄膜生长速率与温度的关系

满足 $h_g \ll k_s$,薄膜生长速率受气相质量输运控制(扩散控制),对温度不太敏感。在反应控制区(A区)与扩散控制区(B区)之间存在一个转折过渡区域。实际外延生长通常选择高温区生长,因此对温度控制精度要求不高。

2. 硅源对生长速率的影响

由图 11-4-3 可见,不同反应剂曲线的反应控制区与扩散控制区之间的转折过渡区域对应的温度(转折温度)不同。转折温度最高的是 $SiCl_4$,接着依次是 $SiHCl_3$ 和 SiH_2Cl_2,转折温度最低的是 SiH_4。而在相同温度下,生长速率则随着反应剂中氯元素含量的增加而减小,生长速率最高和最低的分别是 SiH_4 和 $SiCl_4$。

3. 反应剂浓度对生长速率的影响

根据前述内容可知,硅外延生长速率主要取决于两个重要环节,其一是反应剂扩散穿过边界层到达衬底表面后经表面化学反应而析出硅原子的速率(析出硅原子速率),其二是析出的原子加接到衬底晶格点阵的速率(硅原子加接速率)。图 11-4-4 给出了 $SiCl_4$ 氢还原法中硅膜生长速率与 $SiCl_4$ 浓度的关系。由图可见,当 $SiCl_4$ 浓度较低时,由于析出硅原子速率远小于硅原子加接速率,因此析出的硅原子形成单晶外延层,外延生长速率由析出硅原子速率控制,且生长速率随着 $SiCl_4$ 浓度的增加而增大。随着 $SiCl_4$ 浓度进一步增加至 A 点时,析出硅原子速率可以认为等于硅原子加接速率,此后进一步增加 $SiCl_4$ 浓度会导致析出硅原子速率大于硅原子加接速率,因此析出的硅原子形成多晶硅薄膜,且硅原子在衬底表面的排列速率控制着多晶硅生长速率。当 $SiCl_4$ 浓度增加至 B 点时(对应摩尔分数为 0.1 时),多晶硅生长速率达到峰值。此后,多晶硅薄膜生长速率随着 $SiCl_4$ 浓度增加而递减。当 $SiCl_4$ 浓度增加至 D 点时(对应摩尔分数为 0.28 时),只存在 Si 腐蚀反应。通常采用 $SiCl_4$ 硅源时,选择的外延生长速率约为 1 μm/min。

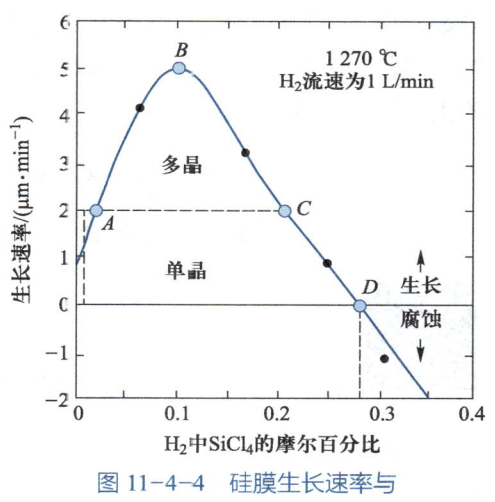

图 11-4-4 硅膜生长速率与 $SiCl_4$ 浓度的关系

4. 气体流速对生长速率的影响

$SiCl_4$ 氢还原法外延工艺温度通常在 1 200 ℃ 左右,反应剂到达衬底表面后发生化学反应的速率很快,因此硅原子的析出速率主要由反应剂扩散穿过边界层的速率决定。结合前述 CVD 基本原理可知,边界层厚度 $\delta(x) = (\mu x / \rho U)^{1/2}$。因此,在其他条件不变情况下,气体流速 U 越大,则边界层越薄,相同时间内扩散输运到衬底表面的反应剂数量越多,外延生长速率也就更快。然而,当气体流速过大时,扩散输运到衬底表面的反应剂数量会超过表面化学反应所能消耗的反应剂数量,导致外延速率转变为受表面化学反应速率控制,此时生长速率基本不随气体流速而变化。

5. 非理想效应对外延层浓度的影响

外延层中掺杂浓度精确可控是半导体器件和集成电路制造的实际需要,也是外延工艺的特点和优势。外延层中掺杂过程与外延生长过程类似，杂质原子结合入外延层的过程也会受到气相质量输运控制和表面化学反应控制。通常需要外延层与衬底之间具有突变型杂质分布，这种具有突变结的高质量外延层在高频半导体器件和电路中具有重要应用。然而，由于存在扩散效应和自掺杂效应，实际外延层中杂质分布往往偏离理想预期。

（1）扩散效应的影响

扩散效应是指高温外延过程中衬底与外延层中杂质互相扩散，导致衬底与外延层界面附近杂质再分布的现象。当杂质在硅中扩散速率远小于外延层生长速率时，衬底中杂质向外延层扩散或外延层中杂质向衬底扩散，均可以看作是在半无限大的固体中扩散。可以先假设在掺杂衬底上生长本征外延层情况，再假设在本征衬底上生长掺杂外延层情况。根据扩散方程，可以得到实际中衬底与外延层都掺杂时，发生扩散效应后外延层中的杂质分布为

$$C_E(x) = \frac{C_S}{2}\left(1 - \text{erf}\frac{x}{2\sqrt{D_S t}}\right) \pm \frac{C_{E0}}{2}\left(1 + \text{erf}\frac{x}{2\sqrt{D_E t}}\right) \quad (11\text{-}4\text{-}9)$$

其中，C_S 为衬底杂质浓度，C_{E0} 为外延层表面杂质浓度，D_S 为衬底中杂质在外延层中的扩散系数，D_E 为杂质在外延层中的扩散系数。衬底与外延层中杂质类型相同时上式两项之间取"+"，反之取"-"（如 N/P、P/N 外延，且 PN 结位置会向着轻掺杂一侧移动）。图 11-4-5 给出了扩散效应对杂质分布的影响。

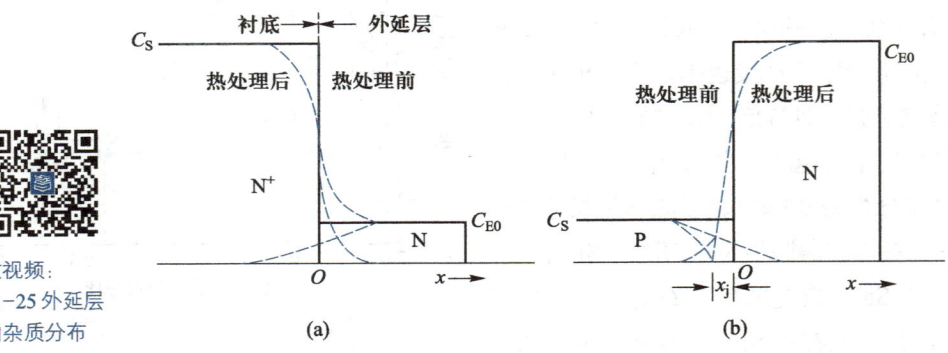

微视频：
11-25 外延层的杂质分布

图 11-4-5　扩散效应对杂质分布的影响

（2）自掺杂效应的影响

自掺杂效应是指高温外延过程中，衬底及外延层中的杂质扩散进入边界层，随后又从边界层扩散掺入外延层的现象。自掺杂效应是气相外延的本征效应，不可能完全避免，其杂质来源还包括外延反应室基座、反应剂气体中杂质等。

假设外延层中杂质均来源于自掺杂效应，在掺杂衬底上生长掺杂外延层时，外延层中杂质浓度分布为

$$C_E(x) = C_S e^{-\Phi x} \pm C_{E0}(1 - e^{-\Phi x}) \quad (11\text{-}4\text{-}10)$$

其中，C_S 为衬底杂质浓度，C_{E0} 为稳态时外延层中杂质浓度，Φ 为生长指数。生长指数 Φ 与掺杂剂、化学反应、反应系统及生长过程等因素有关。例如，As 的 Φ 大于 B、P 的 Φ；氯硅

烷反应过程中的 Φ 比硅烷的 Φ 小；边界层越厚，则 Φ 越大。式（11-4-10）中等号右侧的第一项代表在杂质浓度为 C_S 的衬底上生长非掺杂外延层时外延层中的杂质浓度分布；第二项代表在非掺杂衬底上生长掺杂外延层时外延层中的杂质浓度分布。如衬底与外延层中杂质类型相同，则上式两项之间取"+"，反之取"-"（此时 PN 结位置会向着外延层一侧移动）。图 11-4-6 给出了自掺杂效应对杂质分布的影响。

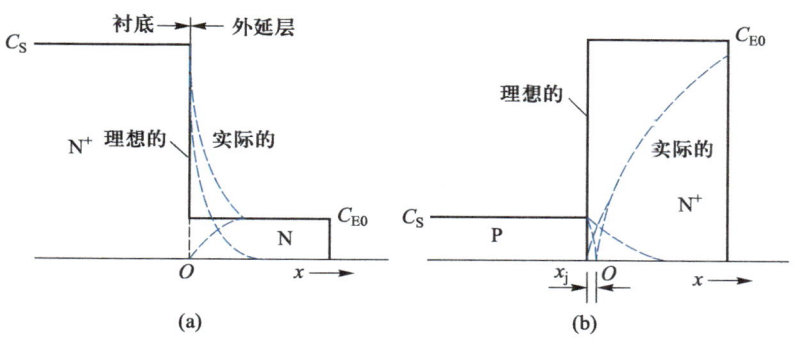

图 11-4-6 自掺杂效应对杂质分布的影响

实际中，扩散效应和自掺杂效应同时存在，两者综合作用会导致外延层与衬底界面附近的杂质浓度分布与理想情况差异较大。图 11-4-7 给出了在重掺杂衬底上生长轻掺杂外延层时，扩散效应和自掺杂效应共同作用对杂质分布的影响。受到扩散效应影响，衬底附近外延层中杂质浓度明显高于目标掺杂浓度。由于外延生长速率比杂质扩散速率大很多，扩散效应的影响仅仅局限于衬底附近很小范围内，在该范围外自掺杂效应起主要作用。

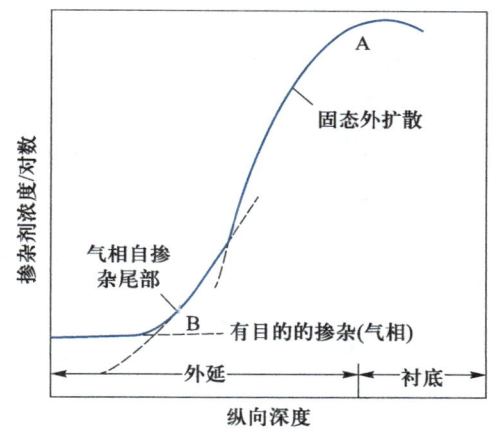

图 11-4-7 扩散效应和自掺杂效应共同作用对杂质分布的影响

四、外延工艺模拟

基于 Silvaco 商用数值软件进行工艺仿真，有助于深刻理解外延工艺原理。图 11-4-8 是 Silvaco 软件中 Deckbuild 程序运行窗口及基本外延模拟程序，仿真中采用 Epitaxy 淀积命令。图 11-4-9 是在一个磷掺杂浓度为 $5 \times 10^{15}\ cm^{-3}$ 的硅衬底上进行硼掺杂外延的工艺仿真结果，仿真中设置外延时间为 10 min，外延速率为 0.2 μm/min，外延硼掺杂浓度为 $5 \times 10^{16}\ cm^{-3}$，外延温度为 1 200 ℃。由图中所示杂质浓度的变化特点和规律可见，受扩散效应的影响，PN 结界面向衬底一侧进行偏移。

11.4.2 外延工艺技术应用

根据不同工艺需求，已经发展出了多样化的外延技术，如低压外延、选择性外延、SOI（分子束外延）等。

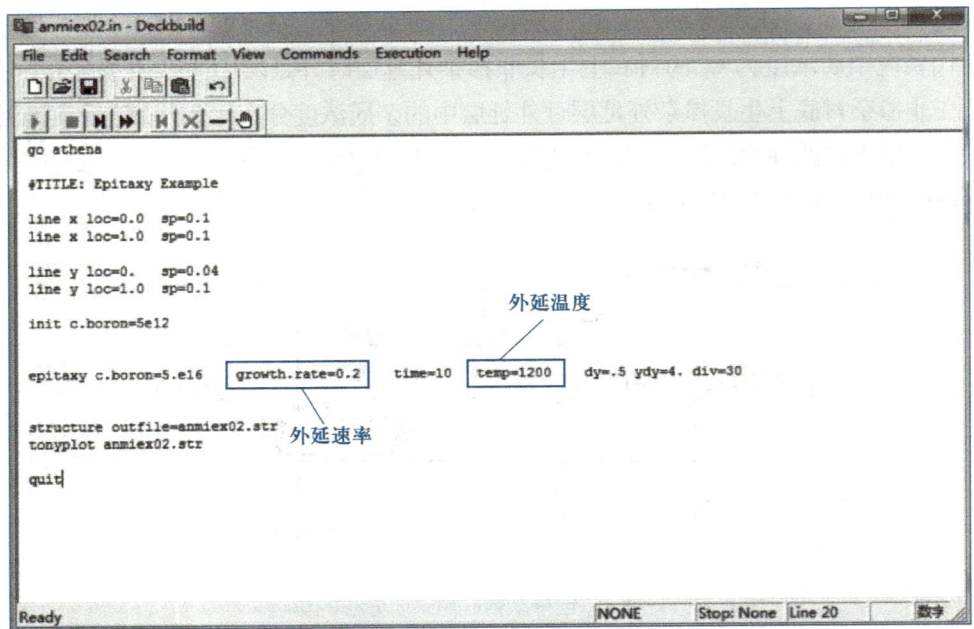

图 11-4-8　Silvaco 软件中 Deckbulid 程序运行窗口及基本外延模拟程序

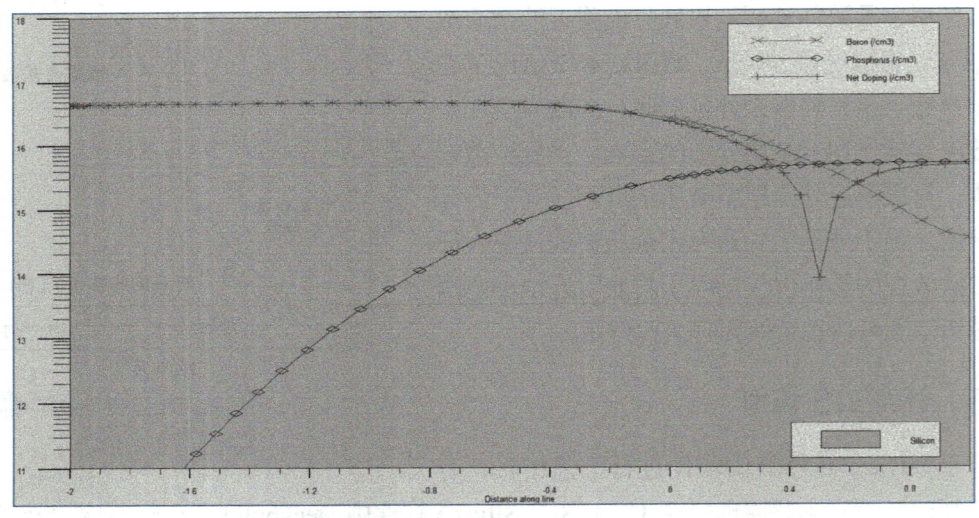

图 11-4-9　扩散效应作用下外延层与衬底中杂质浓度分布

一、低压外延

低压外延（low-pressure epitaxy）是一种反应室压力在 $1\times10^3\sim2\times10^4$ Pa 之间的外延工艺，可以有效减小自掺杂效应。当反应室内处于低压情况时，气体分子的平均自由程增大，杂质气相扩散速率加快，因此不同来源杂质可以快速穿过边界层进入主气流区而被排出反应室，从而有效降低了自掺杂效应对外延层杂质浓度和分布的影响，实现陡峭杂质分布。低压外延工艺的外延温度可以随着压力降低而减小。此外，低压外延还可以改善外延层电阻率均匀性，减少埋层图形的漂移和畸变。

二、选择性外延

选择性外延（selective epitaxial growth，SEG）是指在衬底表面特定区域生长外延层，而在其他区域不生长外延层的外延技术。选择性外延工艺中，扩散至掩模绝缘体表面的原子因为不易成核而会迁移到更容易成核的硅单晶区，因此绝缘体上很难生长成薄膜。通常采用 SiO_2 或 Si_3N_4 作为选择性外延的掩模，且硅在 SiO_2 上核化成膜可能性更小。氯可以抑制气相中和掩模表面的成核，硅源中氯原子含量越高，则选择性越好，硅源的选择性强弱顺序满足：$SiCl_4 > SiHCl_3 > SiH_2Cl_2 > SiH_4$。图 11-4-10 给出了两种选择性外延。

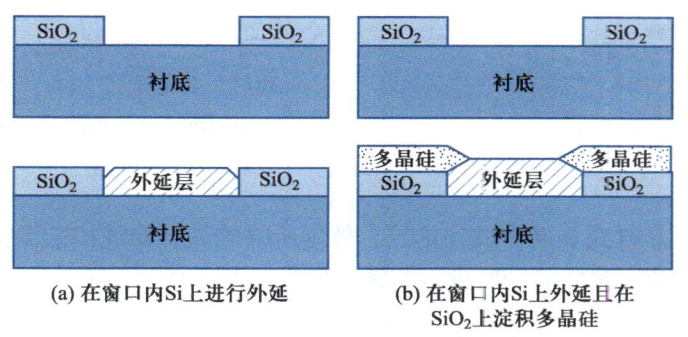

图 11-4-10　两种选择性外延

三、SOI 技术

SOI（silicon on insulator）是指在绝缘衬底上进行的硅异质外延。采用蓝宝石或尖晶石衬底进行硅异质外延称为 SOS（silicon on sapphire or spinel）。图 11-4-11 给出了体硅 CMOS 技术和 SOI CMOS 技术比较。在 SOI 技术中，器件制作在彼此分离的硅岛上，采用介质实现隔离，可以减小寄生电容，进而提升器件电特性及高集成度电路的工作速度。SOI 技术具有功耗低、耐高温和抗辐射能力强等优势，并可抑制 CMOS 电路闩锁效应。

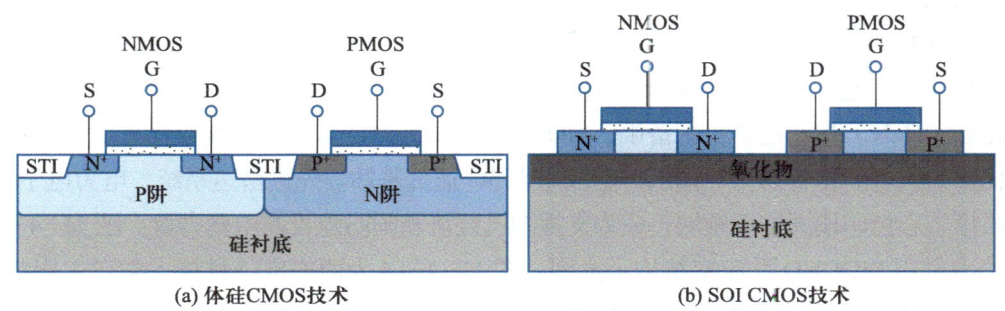

图 11-4-11　体硅 CMOS 技术和 SOI CMOS 技术比较

四、分子束外延技术

分子束外延（molecular beam epitaxy，MBE）是一种超高真空条件下的蒸发技术。图 11-4-12 为 MBE 系统及其生长腔室剖面示意图。分子束外延工艺中，蒸发源受热产生的分子束（或

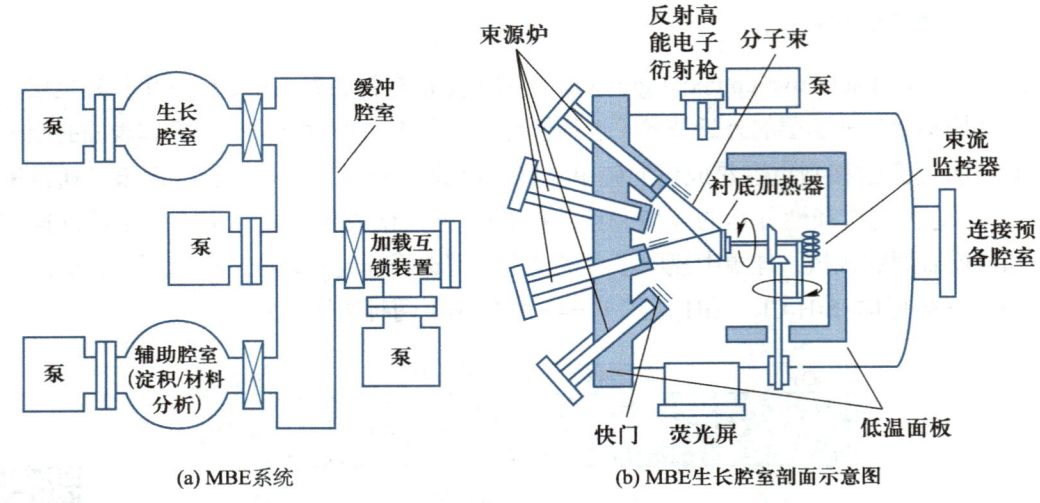

图 11-4-12　MBE 系统及其生长腔室剖面示意图

原子束）喷射到单晶衬底表面生成外延层。外延所需的高纯源或掺杂源分别放置在不同的喷射炉中，通过单独控制喷射炉温度调节蒸发温度和蒸发速率。当前，MBE 已成为生长元素或化合物半导体、金属、氧化物和超导体等外延薄层的多用途技术。相比气相外延技术，MBE 技术的优势包括：① 超高真空条件下工作，环境污染小；② 低温生长单晶层，扩散效应和自掺杂效应可以忽略；③ 精确控制外延层厚度和界面位置，外延界面附近没有过渡区。因此，MBE 外延技术可以实现陡峭的界面杂质分布。

11.4.3　外延工艺进展

一、MOCVD 技术

金属有机物化学气相淀积（metal organic CVD，MOCVD）是一种利用低温下易挥发的金属有机化合物作为源进行化学气相淀积的方法。这种 CVD 具有淀积温度低、薄膜组分可控性强、薄膜均匀性好、薄膜结构致密等优点。目前主要用于Ⅲ-Ⅴ族、Ⅱ-Ⅵ族等化合物半导体材料生长，也可用于硅 CMOS 电路中钨金属接触孔工艺的 TiN 金属阻挡层制备。尤其在氮化镓（GaN）基外延材料制备中，MOCVD 已成为广泛采用的重要方法。以第三代半导体氮化镓为代表的化合物半导体已广泛应用于 5G 通信基站、先进雷达系统、电力电子系统、紫外医疗、彩色印刷固化等领域，成为支撑国民经济和国防建设的中坚力量。图 11-4-13 为垂直式大气压 MOCVD 反应室结构示意图。图 11-4-14 为西安电子科技大学自主研制的我国首台宽禁带半导体用脉冲式金属有机物化学气相淀积系统（PMOCVD）。

【做一颗科技报国的"螺丝钉"】 早在 20 世纪 90 年代中后期，西安电子科技大学宽禁带半导体教师团队便将国际上刚起步的宽禁带半导体材料——氮化镓作为攻关方向。二十多年来，团队始终秉持"做一颗科技报国螺丝钉"的信念，服务国家发展战略，将个人的成长进步和团队的发展融入推动国家发展、民族振兴的时代洪流中，扎根西部，埋头钻研第三代半导体 MOCVD 技术，勇往直前，攻坚克难，解决了高性能氮化镓电子材料生长的众多国际难题，推动了我国氮化镓材料生长技术与MOCVD核心设备的发展和应用。作为新时代青年，要勇于肩负起时代赋予的使命和担当，积极投身祖国发展和建设需要，在为人民服务中茁壮成长、在艰苦奋斗中砥砺意志品质、在实践中增长工作本领，不惧风雨、勇挑重担，让青春在党和人民最需要的地方绽放绚丽之花，把科技报国的论文写在祖国的大地上。

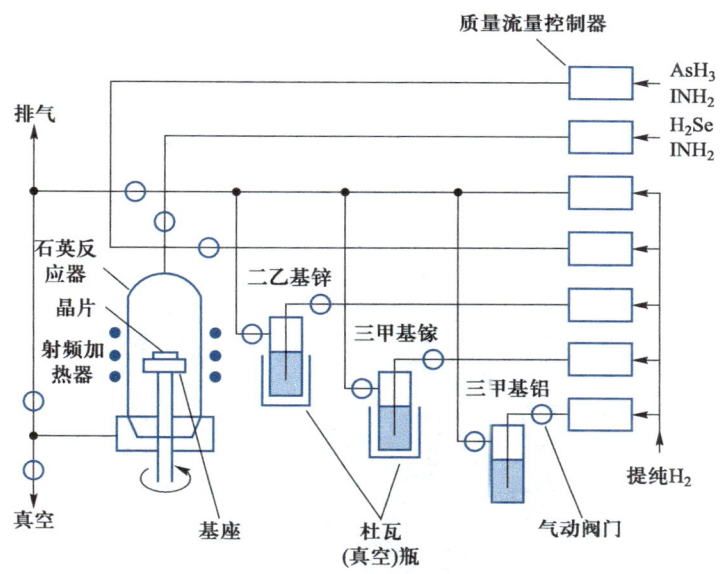

图 11-4-13　垂直式大气压 MOCVD 反应室结构示意图

二、MPCVD 技术

近年来，超宽禁带半导体金刚石材料以其优异的力学、光学、热学和电性能，被称为"终极半导体材料"，在航天航空、能源、智能传感器、精加工等众多高新技术领域有着广阔的应用前景。微波等离子体化学气相淀积（microwave plasma CVD，MPCVD）技术是制备大尺寸、高品质单晶金刚石的理想途径。图 11-4-15 为 MPCVD 设备结构示意图，主要由微波源、波导、反应腔及真空系统等部分组

图 11-4-14　西安电子科技大学自主研制的我国首台宽禁带半导体用 PMOCVD 系统

成。淀积过程中，微波源产生的微波经矩形波导管导入反应腔内部，在微波耦合与腔内结构的共同作用下将气体分子电离形成等离子体并扩散到样品表面，实现金刚石的生长。

图 11-4-16 为西安电子科技大学自主研制的 915 MHz MPCVD 大尺寸金刚石生长设备，该设备解决了大功率 MPCVD 设备腔体电-磁-热一体化设计、金刚石外延多参数解耦合与多维度控制技术、微波等离子体稳定均匀分布及工艺气体均匀喷射技术、设备多物理场控制调控技术以及高功率应用时波导及腔体散热等关键问题，可以进行 4～6 英寸的高品质金刚石材料生长。

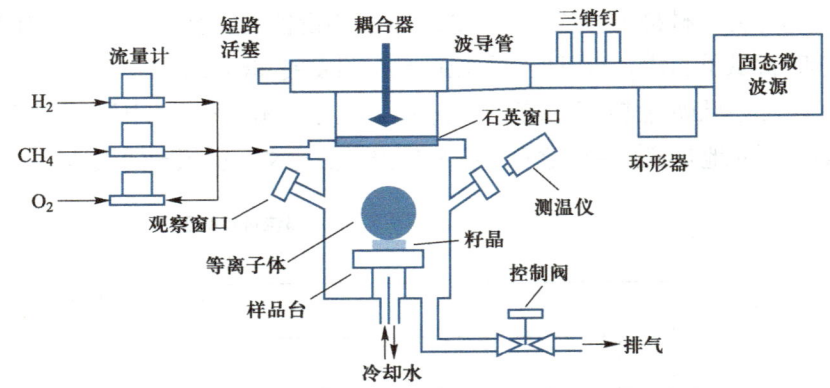

图 11-4-15　MPCVD 设备结构示意图

图 11-4-16　西安电子科技大学自主研制的 MPCVD 大尺寸金刚石生长设备

（1—设备控制机柜，2—微波功率电源，3—波导管，4—反应腔体，5—真空泵等其他配件）

图 11-4-17 为西安电子科技大学基于自研 MPCVD 设备生长金刚石的过程及制备的样品。

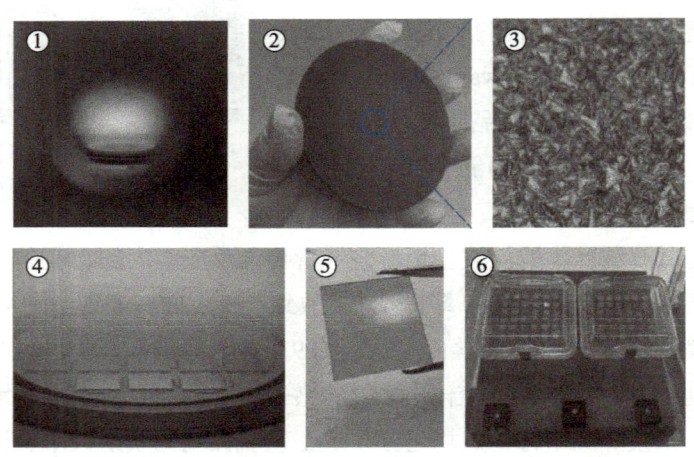

图 11-4-17　西安电子科技大学基于自研 MPCVD 设备生长金刚石过程及制备的样品

（1—多晶金刚石生长过程，2—多晶金刚石薄膜，3—多晶金刚石光学显微图像，
4—单晶金刚石生长过程，5—高质量单晶金刚石外延片，6—单晶金刚石衬底）

小结

本章介绍了薄膜工艺在集成电路芯片制造工艺中的重要性,阐述了硅的热氧化工艺、物理气相淀积工艺、化学气相淀积工艺、外延工艺等主要薄膜制备工艺的工艺原理、技术特性与技术应用,重点阐述了热氧化生长动力学、真空蒸发工艺和溅射工艺原理、CVD 模型及影响 CVD 淀积速率的因素、外延基本过程及影响外延工艺的因素等薄膜工艺技术内容,讨论了高压氧化技术、双极高功率脉冲磁控溅射技术、液态靶材磁控溅射技术、原子层淀积技术、高密度等离子体 CVD 技术、MOCVD 技术、MPCVD 技术等薄膜工艺的新进展和应用前景。

思考与习题

1. 请结合干氧氧化和湿氧氧化的工艺特性,解释为什么实际工艺中常常采用干氧 – 湿氧 – 干氧这种交替氧化的方式生长 SiO_2 薄膜。
2. 简述常规热氧化法制备二氧化硅薄膜的动力学过程,并画出相应的迪尔 – 格罗夫模型示意图。
3. 为什么溅射法淀积薄膜的台阶覆盖性能比真空蒸发要好?
4. CVD 过程中涉及了哪些区域、哪些运动?
5. 简述 CVD 中薄膜淀积速率的两种控制方式,它们分别与哪些参量有关?
6. APCVD、LPCVD、PECVD 的淀积速率分别由哪种控制方式主导?如何提高淀积速率?如何实现均匀的薄膜淀积?
7. 举例说明外延层在硅集成电路制造中的应用和作用。

第 11 章进阶习题

第12章 掺杂工艺

掺杂工艺是集成电路制造技术的基础工艺，主要包括扩散工艺和离子注入工艺，可以改变硅半导体的电特性，实现衬底、外延层制备，形成CMOS器件的阱、源和漏、多晶硅栅等有源区。

本章将围绕这两种技术的工艺原理与技术特性，详细阐述恒定表面源扩散工艺、有限表面源扩散工艺，以及离子注入设备原理、注入机理、浓度分布、注入损伤与退火、离子注入应用、先进的离子注入技术等内容。

12.1 硅掺杂基础知识

根据掺杂后硅半导体导电性质的不同，硅掺杂可以分为P型掺杂和N型掺杂。表12-1-1给出了硅掺杂过程中常用的杂质元素，其中硼（B）、磷（P）、砷（As）、锑（Sb）是最常用的4种杂质。

表12-1-1　硅掺杂过程中的常用杂质元素

受主杂质 ⅢA （P型）		半导体 ⅣA		施主杂质 ⅤA （N型）	
元素	原子序数	元素	原子序数	元素	原子序数
硼（B）	5	碳（C）	6	氮（N）	7
铝（Al）	13	硅（Si）	14	磷（P）	15
镓（Ga）	31	锗（Ge）	32	砷（As）	33
铟（In）	49	锡（Sn）	50	锑（Sb）	51

硅集成电路制造技术中，扩散和离子注入是两种最主要的掺杂方法。扩散工艺又称为热扩散，是利用高温驱动掺杂元素穿过硅表面进入到设计位置。离子注入工艺是通过高能离子轰击硅晶圆，将掺杂离子射入到硅晶圆的设计位置。

在20世纪60—70年代集成电路制造技术发展的初期，热扩散是硅掺杂的主要手段。而随着工艺技术的进步以及器件尺寸的缩小，现代集成电路制造几乎所有的掺杂工艺都是通过离子注入实现的。图12-1-1给出了CMOS器件中典型的掺杂区域。表12-1-2给出了典型掺杂区域对应的掺杂技术。

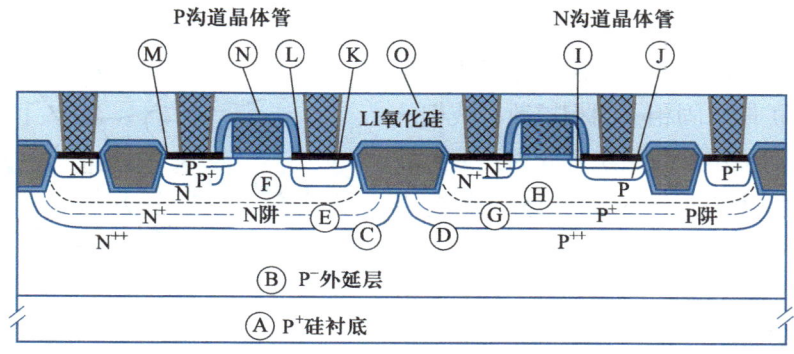

图 12-1-1 CMOS 器件中典型的掺杂区域

表 12-1-2 典型掺杂区域对应的掺杂技术

掺杂区域	杂质	方法
A. P$^+$ 硅衬底	B	扩散
B. P$^-$ 外延层	B	扩散
C. 倒掺杂 N 阱	P	离子注入
D. 倒掺杂 P 阱	B	离子注入
E. P 沟道穿通	P	离子注入
F. P 沟道阈值电压（V_T）调整	P	离子注入
G. P 沟道穿通	B	离子注入
H. P 沟道 V_T 调整	B	离子注入
I. P 沟道轻掺杂漏（LDD）	As	离子注入
J. N 沟道源/漏	As	离子注入
K. P 沟道 LDD	BF$_2$	离子注入
L. P 沟道源/漏	BF$_2$	离子注入
M. 硅	Si	离子注入
N. 掺杂多晶硅	P/B	离子注入或扩散
O. 掺杂 SiO$_2$	P/B	离子注入或扩散

12.2 扩散工艺

20 世纪 70 年代以前，硅的杂质掺杂主要通过高温扩散进行。本节将针对扩散工艺原理与技术特性、扩散机理、扩散杂质分布和扩散工艺仿真等内容展开介绍。

微视频：
12-1 扩散工艺

12.2.1 扩散工艺原理与技术特性

扩散工艺是在高温下（$T=800\sim1\,000\,°C$），将掺杂剂导入放有硅片的高温炉中，置于硅片表面上或是表面附近，从而实现将杂质扩散到硅片内的目的。扩散工艺的掺杂浓度从表面到体内单调下降，杂质的分布状态主要取决于温度和扩散时间。其原理示意图如图 12-2-1 所示。

扩散按照掺杂源形态可分为固体源扩散、液态源扩散和气态源扩散，按照扩散形式可分为气相→固相扩散、固相→固相扩散、液相→固相扩散等，而按照扩散系统可分为开管扩散和闭管扩散，按照杂质分布形式可分为恒定表面源扩散和有限表面源扩散。

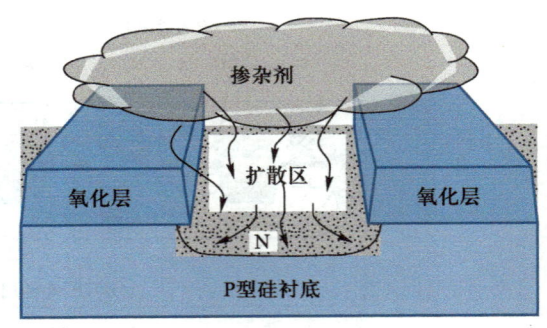

图 12-2-1　硅扩散掺杂原理示意图

扩散工艺的特点是扩散源多样（气态、液态和固态源均可进行扩散），工艺流程简单，扩散设备只需一根石英管，可批量扩散，工艺成本低。扩散的缺点是横向扩散严重，结深和浓度分布不能独立控制，对晶圆的扩散均匀性差。

【思考】扩散工艺为什么需要高温？

12.2.2　扩散机理

扩散机理主要包括间隙式扩散和替位式扩散。硅掺杂扩散机理如图 12-2-2 所示。

微视频：
12-2 二维扩散和扩散的局限性

微视频：
12-3 扩散的基本概念

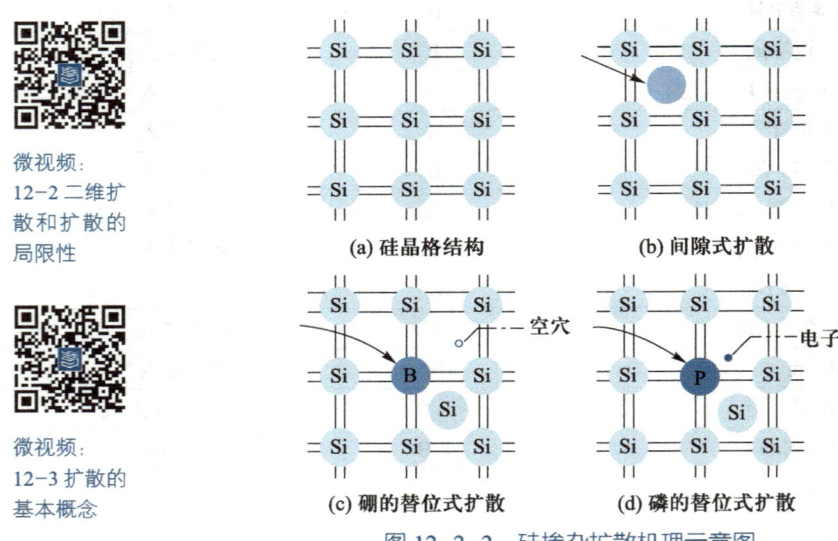

图 12-2-2　硅掺杂扩散机理示意图

一、间隙式扩散

间隙式扩散指的是杂质在晶格的间隙中扩散，间隙式杂质一般为半径较小的原子，如 H 原子。如图 12-2-3 所示，间隙位置的势能相对较小，相邻两间隙之间则是势能极大的位置，间隙杂质进行扩散的时候需要跨越一个能垒 W_i。

二、替位式扩散

替位式扩散指的是杂质原子从一个晶格点替位的位置运动到另一个替位的位置，替位式杂质一般为半径与 Si 相近的原子，如 B、P、As、Sb 等。如图 12-2-4 所示，与间隙式扩散相反，势能极小位置在晶格，间隙处是势能极大位置，必须越过一个势垒 W_s，同时，杂质要发生替位式扩散，还必须要求邻近替位格点有空位，形成空位所需的能量为 W_v。因此，替位杂质进行扩散的时候需要跨越的能垒为 W_v+W_s。

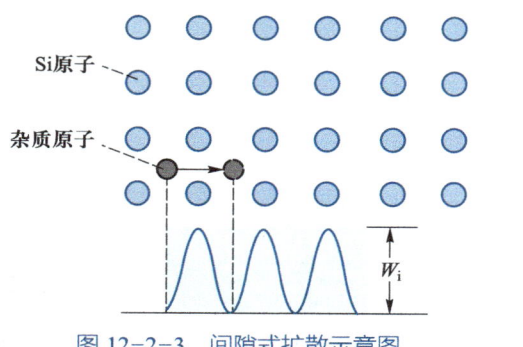
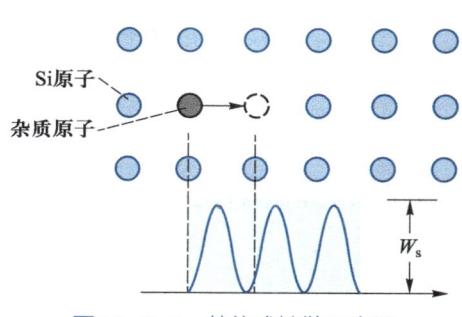

图 12-2-3　间隙式扩散示意图　　　　图 12-2-4　替位式扩散示意图

在通常情况下，对硅中的替位杂质来说，W_v+W_s 为 3~4 eV，这个值为硅禁带宽度的 3~4 倍，刚好与替位杂质近邻出现空位时所需要的能量相近，因为出现一个空位需要打破 3~4 个共价键。

【思考】为什么掺杂原子最终必须处在替位（晶格格点）上？

12.2.3　扩散杂质的浓度分布

一、扩散方程与扩散系数

菲克第一定律认为，杂质扩散的方向是使杂质浓度梯度 $\dfrac{\partial N(x,t)}{\partial x}$ 变小，而杂质的扩散流密度 J 正比于 $\dfrac{\partial N(x,t)}{\partial x}$，其比例系数 D 定义为扩散系数，即

$$J = -D\dfrac{\partial N(x,t)}{\partial x} \qquad (12\text{-}2\text{-}1)$$

式中，"-"表示流密度方向是浓度减小。对 Si 平面工艺，扩散流密度 J 近似沿垂直 Si 表面方向（x 方向），则有

$$J = J(x) = -D\dfrac{\partial N}{\partial x} \qquad (12\text{-}2\text{-}2)$$

如图 12-2-5 所示，根据质量守恒定律，即单位时间内，在相距 dx 的两个平面（单位面积）之间，杂质数的变化量等于通过两个平面的流量差。

则有

$$\dfrac{\partial N}{\partial t}dx = J_2 - J_1 = \Delta J = \dfrac{\Delta J}{dx}dx = D\dfrac{\partial^2 N}{\partial x^2}dx \qquad (12\text{-}2\text{-}3)$$

简化可得扩散方程（菲克第二定律）如下：

$$\dfrac{\partial N}{\partial t} = D\dfrac{\partial^2 N}{\partial x^2} \qquad (12\text{-}2\text{-}4)$$

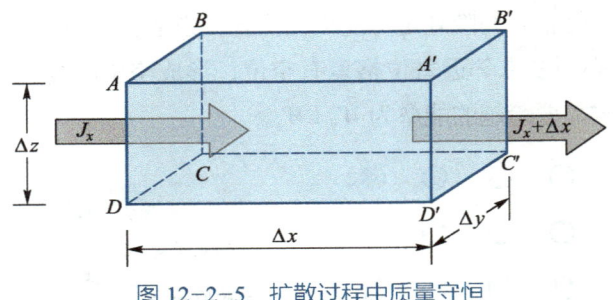

图 12-2-5　扩散过程中质量守恒

扩散本质上是微观粒子做无规则热运动的统计结果，其中扩散系数 D 可表示为

$$D = -D_0 \cdot \exp\left(-\frac{\Delta E}{kT}\right) \quad (12\text{-}2\text{-}5)$$

式中，D 单位为 cm^2/s；D_0 为表观扩散系数，表示 $1/kT \to 0$ 时的扩散系数；ΔE 为扩散激活能，间隙式扩散 $\Delta E = W_i$，替位式扩散 $\Delta E = W_s + W_v$；k 为热力学常数；T 为扩散温度。

扩散系数 D 是描述粒子扩散快慢的物理量，是微观扩散的宏观描述。D 与 ΔE 成反比，替位式扩散能量高，为慢扩散，而间隙式扩散能量低，为快扩散。D 与 T 成正比，因此扩散为高温工艺（$T = 800 \sim 1\,000$ ℃）。若 $\Delta T = \pm 1$ ℃，则 $\Delta D = 5\% \sim 10\%$，因此扩散工艺过程中一定要精确控温，才能保证扩散工艺的均匀性和一致性。

【思考】扩散工艺过程中精确控温可以采取什么方法？

二、扩散杂质的浓度分布

扩散方式按照杂质分布形式可分为恒定表面源扩散和有限表面源扩散。两者的扩散工艺不同，杂质分布也不同。

1. 恒定表面源扩散

恒定表面源扩散的工艺原理是，扩散过程中持续提供杂质源，使硅晶圆表面杂质浓度 N_S 始终不变，如两步扩散工艺的预淀积。

恒定表面源扩散起始（扩散时间 $t = 0$）浓度 $N(x, 0) = 0$，扩散中表面浓度 $N(0, t) = N_s$，而硅晶圆体内深处的浓度 $N(\infty, t) = 0$。解式（12-2-4）的扩散方程，得掺杂浓度分布

$$N(x, t) = N_s \left(1 - \frac{2}{\sqrt{\pi}} \int_0^{\frac{x}{2\sqrt{Dt}}} \exp(-\lambda^2) d\lambda \right) \quad (12\text{-}2\text{-}6)$$

对式（12-2-6）简化，得

$$N(x, t) = N_S \left[1 - \mathrm{erf}\left(\frac{x}{2\sqrt{Dt}}\right)\right] = N_s \mathrm{erfc}\left(\frac{x}{2\sqrt{Dt}}\right) \quad (12\text{-}2\text{-}7)$$

式中，$\sqrt{Dt}$ 表示扩散长度，N_S 为扩散工艺温度下杂质在 Si 中的固溶度，$\mathrm{erf}(x)$ 表示误差函数，$\mathrm{erfc}(x)$ 表示余误差函数，上述硅扩散掺杂的恒定表面源扩散分布也被称为余误差分布。

根据上述分布函数积分可得杂质总量 Q 为：

$$Q = \int_0^\infty N(x,t)\mathrm{d}x = \int_0^\infty N_\mathrm{S}\mathrm{erfc}\left(\frac{x}{2\sqrt{Dt}}\right)\mathrm{d}x = 2N_\mathrm{S}\sqrt{\frac{Dt}{\pi}} = 1.13 N_\mathrm{S}\sqrt{Dt} \quad (12\text{-}2\text{-}8)$$

结深 x_j 为杂质浓度 $N(x,t)$ 等于衬底浓度 N_B 时所对应的扩散距离，即

$$x_\mathrm{j} = 2\sqrt{Dt}\,\mathrm{erfc}^{-1}\left(\frac{N_\mathrm{B}}{N_\mathrm{S}}\right) \quad (12\text{-}2\text{-}9)$$

恒定表面源扩散浓度分布特性如图 12-2-6 所示，在某一温度下的扩散过程中，表面浓度 N_S 始终恒定，而结深和杂质总量与扩散时间成正比。

2. 有限表面源扩散

有限表面源扩散的工艺原理是：扩散前在硅晶圆表面预先淀积一层一定量的杂质作为扩散杂质源，在整个扩散中不再有新的扩散源补充，如两步扩散工艺的再分布。

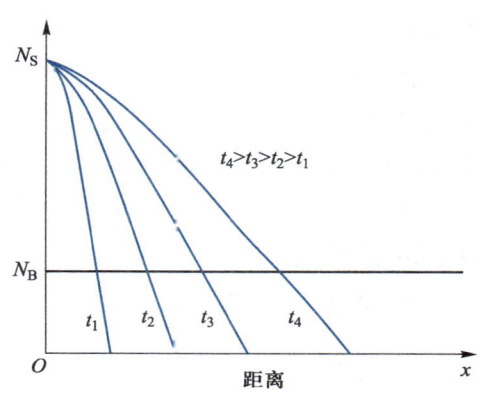

图 12-2-6　恒定表面源扩散浓度分布特性

在有限表面源扩散过程中，杂质源限定于扩散前淀积在晶片表面极薄层内的杂质总量 Q，没有补充，也不会减少。假设扩散开始时，杂质总量 Q 均匀分布在厚度为 δ 的薄层内，则初始条件为

$$\begin{aligned} 0 \leqslant x < \delta \quad & N(x,0) = Q/\delta = N_\mathrm{S} \\ x \geqslant \delta \quad & N(x,0) = 0 \end{aligned} \quad (12\text{-}2\text{-}10)$$

假定杂质在硅内要扩散的深度远小于硅片的厚度，则边界条件为

$$N(\infty, t) = 0 \quad (12\text{-}2\text{-}11)$$

解扩散方程，得掺杂浓度分布

$$N(x) = \frac{Q}{\sqrt{\pi Dt}}\exp\left(-\frac{x^2}{4Dt}\right) = N_\mathrm{S}\exp\left(-\frac{x^2}{4Dt}\right) \quad (12\text{-}2\text{-}12)$$

式中，Q 表示杂质总量，$\sqrt{Dt}$ 表示扩散长度，N_S 表示表面杂质浓度为

$$N_\mathrm{S} = \frac{Q}{\sqrt{\pi Dt}} \quad (12\text{-}2\text{-}13)$$

杂质浓度分布函数为高斯函数，有限表面源扩散分布也被称为高斯分布。

结深 x_j 为杂质浓度 $N(x,t)$ 等于衬底浓度 N_B 时所对应的扩散距离，为

$$x_\mathrm{j} = 2\sqrt{Dt}\left(\ln\frac{N_\mathrm{S}}{N_\mathrm{B}}\right)^{1/2} \quad (12\text{-}2\text{-}14)$$

有限表面源扩散浓度分布特性如图 12-2-7 所示，杂质总量不随扩散时间改变，但杂质浓度分布与结深随扩散时间而变化。表面浓度及体内浓度与扩散时间成反比，而结深与扩散

时间成正比。

【思考】扩散工艺过程中结深和浓度分布能不能独立控制，为什么？

3. 两步扩散工艺

由于扩散工艺不能独立控制表面与结深，实际的扩散工艺通常采用了"两步扩散"工艺方法，即第一步为预扩散或预淀积，第二步为主扩散或者再分布。

预淀积是在较低温度下，采用恒定表面源扩散方式，在硅晶圆表面一薄层内淀积一层一定数量的杂质，杂质可认为是均匀分布，其目的是控制杂质的总量。

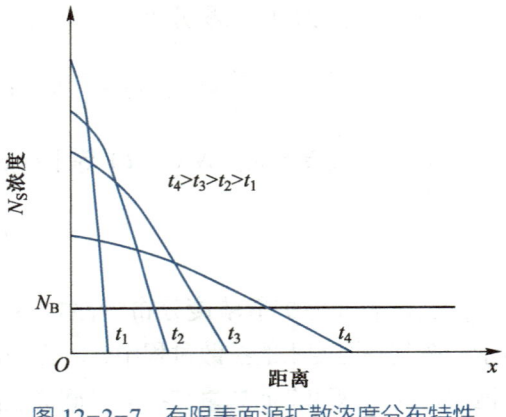

图 12-2-7 有限表面源扩散浓度分布特性

再分布是将预淀积的杂质作为扩散源，在较高温度下进行主扩散，其目的是获得设计的表面浓度和深度。

【思考】经过两步扩散之后的杂质最终分布形式由什么决定？

12.2.4 扩散工艺仿真

为了能够更深入、更直观地理解硅的扩散工艺原理，掌握"两步扩散"中预淀积工艺以及不同扩散条件对预淀积工艺的影响，本节采用器件与工艺 TCAD 仿真工具 Silvaco 来对扩散工艺进行模拟仿真。

图 12-2-8 是 Silvaco 软件中 Deckbulid 程序运行窗口及基本模拟程序，仿真中采用 diffuse

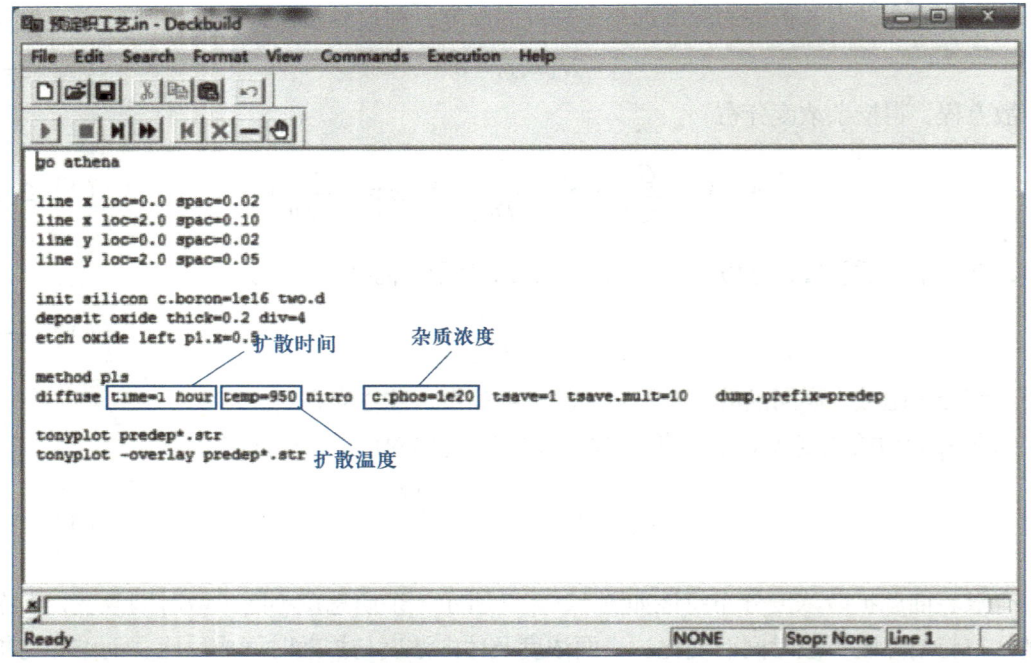

图 12-2-8 Silvaco 软件中 Deckbulid 程序运行窗口及基本模拟程序

扩散命令。图 12-2-9 是扩散的预淀积工艺仿真结果，仿真设置磷为杂质源，杂质浓度为 1×10^{20} cm^{-3}，预淀积时间为 1 小时，设置扩散温度分别为 800 ℃、900 ℃、1 000 ℃。从图中可以看出，杂质磷的扩散属于恒定表面源扩散，所以硅表面的磷浓度保持不变；随着扩散温度在 800 ℃、900 ℃、1 000 ℃变化，杂质磷扩散进入硅片的总量 Q 增多，在硅片同一深度下磷的浓度逐渐增大，结深也随着扩散时间的增长而变深。

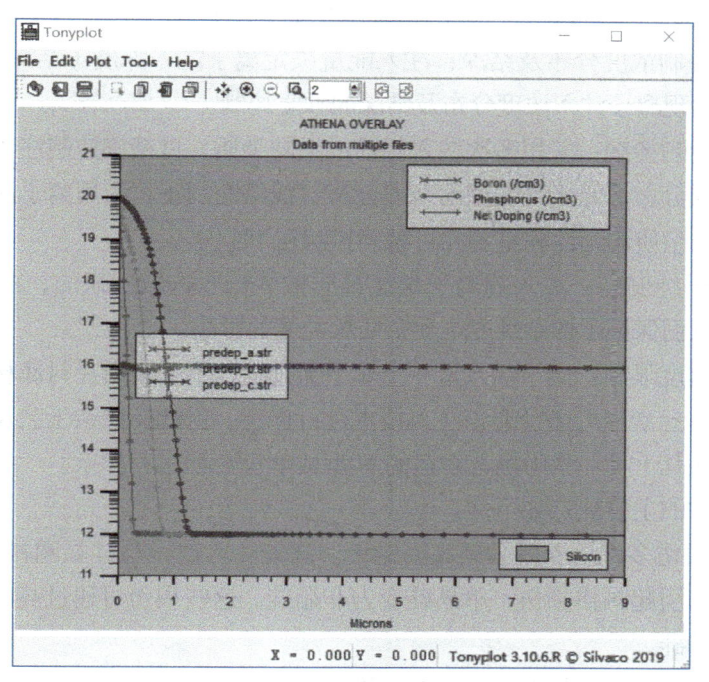

微视频：
12-5 离子注入基本概念

图 12-2-9　扩散的预淀积工艺仿真结果

12.3　离子注入工艺

离子注入工艺是现代集成电路杂质掺杂的主要技术，广泛应用于阱、源漏区、多晶硅栅等有源区的掺杂。同时，在隔离工艺中防止寄生沟道的沟道截断、阈值电压调整的沟道掺杂、CMOS 阱的形成以及源漏区域的形成等主要工序，均采用离子注入工艺进行掺杂。

本节将针对离子注入工艺原理与技术特性、离子注入设备结构、离子注入机理、离子注入浓度分布、离子注入沟道效应、离子注入工艺仿真等内容展开介绍。

12.3.1　离子注入工艺原理与工艺特性

离子注入工艺原理是：低温下将具有动量的带电离子入射到硅晶圆的特定区域，从而实现衬底掺杂的目的。具体来说，离子注入技术首先将杂质原子经过离子化变成带电的杂质离子，并使其在电场中加速，获得一定能量后，直接轰击到半导体基片内，进入硅片中的离子通过与靶内原子核和电子的碰撞损失能量并随机停止在离表面某个距离的位置上，从而在体内形成一定的杂质分布，起到掺杂作用。

相对于扩散工艺，离子注入工艺的主要优点如下。

（1）注入温度低：离子注入时，衬底温度在室温或低于 400 ℃，二氧化硅、氮化硅、光刻胶等都可以用来作为选择掺杂的掩蔽层，而热扩散工艺的掩模必须是能耐高温（800～1 000 ℃）的材料。

（2）横向扩散小：由于离子注入具有方向性，注入杂质相对于掩模图形近于垂直入射，横向效应比热扩散小得多，这一特点有利于器件特征尺寸的缩小。

（3）可独立控制浓度分布及结深：注入能量决定离子注入深度（结深），注入剂量决定注入浓度，从而实现离子注入浓度分布及结深的独立控制。

（4）可实现均匀掺杂：采用多次注入相同或不同杂质，可精确控制注入原子的数目，得到各种形式的杂质分布，对于突变型的杂质分布、浅结的制备，采用离子注入技术很容易实现。同一平面内的杂质均匀性和重复性可精确控制在 1% 内。

（5）注入离子纯度高：注入的离子是通过质量分析器选取出来的，被选取的离子纯度高，能量单一，从而保证了掺杂纯度不受杂质源纯度的影响。

（6）不受固溶度限制：离子注入是一个非平衡过程，不受杂质在衬底材料中的固溶度限制，原则上对各种元素均可通过离子注入技术进行掺杂，这就使掺杂工艺灵活多样，适应性强。根据需要可从几十种元素中挑选合适的 N 型或 P 型杂质进行掺杂。

离子注入技术的主要缺点如下。

（1）注入区损伤多，注入后必须高温退火。高能注入离子与硅晶圆衬底原子发生碰撞，硅原子产生位移，引起晶格损伤，单晶硅变为非晶硅。这些损伤可通过高温退火消除，使非晶硅再转变为单晶硅。

（2）成本高，注入设备复杂。离子注入设备包含离子的产生、离子的加速、离子的控制三大基本组成部分，每部分都需要极高的控制精度才能实现各种形式的掺杂杂质分布。

【思考】为什么要用离子注入工艺代替扩散工艺进行掺杂？

12.3.2 离子注入设备结构

离子注入工艺在离子注入机内进行，它是半导体工艺中最复杂的设备之一，具体设备组成如图 12-3-1 所示。

1. 离子源

离子源产生离子注入用的等离子，等离子是通过高能电子轰击气体分子产生的，最常用的杂质源有 B_2H_6、BF_3、PH_3 和 AsH_3 等气体。产生等离子的方法有射频（RF）、微波等，其中 RF 方法可在较低温度下产生等离子体，获得高能离子束流。

2. 质量分析器

质量分析器也叫磁分析器，主要作用是利用带电离子在磁场中受洛伦兹力作用，运动轨迹发生弯曲，从而将离子注入所需的离子筛选出来。离子运动轨迹由离子质量、速度、磁场强度和离子所带电荷决定。磁场强度调整到与注入离子的轨迹匹配，期望得到的注入离子就能通过质量分析器末端的窄缝，其他离子则被分析器磁铁的侧壁阻挡。

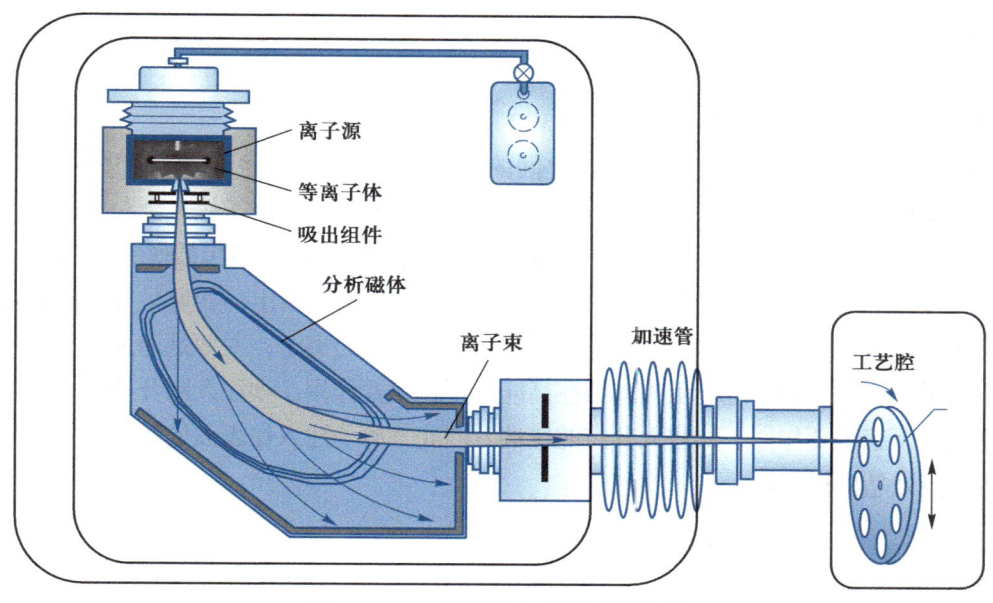

图 12-3-1　离子注入机组成示意图

3. 加速器

加速器的主要作用是利用强电场，使注入离子获得更大的运动速度，从而使离子获得注入工艺所需的能量。加速器一般采用线性设计，由一系列被介质隔离的电极组成，电极上的负电压将叠加在一起形成总的电压差。总电压越高，离子的速度越大，即能量越大。高能量意味着杂质离子能够被注入硅片更深处，而低能量可以被用于超浅结注入。

4. 扫描器

扫描器的主要作用就是通过束流扫描的方式，使离子在整个靶片上均匀注入。扫描方式通常有三种：一是靶片静止，离子束在 X、Y 方向做电扫描；二是离子束在 Y 方向作电扫描，靶片在 X 方向做机械运动；三是离子束静止，靶片在 X、Y 方向做机械运动。一般来说，中低电流注入机采用的是固定靶片的方法，大电流注入机采用的是固定离子束的方法。

【思考】为什么要将注入的杂质形成离子？为什么其要具有能量？

【我的科研故事——国内外离子注入机对比】早在 2009 年，本人作为西安电子科技大学微电子学院教师，参与攻关利用离子注入技术实现 SOI 制备，先后前往中科院半导体所和中科院上海微系统所进行离子注入实验，针对同批次实验样品（4 英寸硅晶圆），选择同样的注入条件（注入离子 H^+，注入剂量 $10^{16}/cm^2$），中科院半导体所采用的设备为中电科某所制造，占地 200 m^2，完成实验耗时 24 h，而中科院上海微系统所采用的设备为日本佳能制造，占地 70 m^2，完成实验耗时仅仅 1.5 h。这启示我们发展自主集成电路制造技术是我国集成电路产业的唯一出路！同学们任重道远！

微视频：
12-6 离子注入机理–核碰撞与电子碰撞

12.3.3　离子注入机理

在 1963 年，林华德（J. Lindhard）、沙夫（Scharff）和希奥特（H. E. Schiott）

提出了离子注入的碰撞机理，并创立了注入离子在靶内分布的理论，被简称为 LSS 理论。根据 LSS 理论，离子在靶内的能量损失可以分为两个相互独立的碰撞过程：核碰撞（核阻挡 S_n）和电子碰撞（电子阻挡 S_e），如图 12-3-2 所示。

核碰撞是指注入离子与靶内原子核之间的相互碰撞。由于注入离子与靶原子的质量相近，每次碰撞会导致离子发生大角度散射并损失能量。同时，靶原子核也会获得能量，如果超过束缚能，原子核将离开原晶格位置，形成缺陷，这是离子注入引起损伤的根源之一。

离子注入的能量损伤过程如图 12-3-3 所示，从图中可以看出，能量较低、质量较大的离子，主要是通过核阻挡损失能量，能量较高、质量较小的离子，主要是通过电子阻挡损失能量。离子注入过程中，电子阻挡本领在高能量下起主要作用，如注入刚开始时；核阻挡本领在低能量下起主要作用，如注入分布的尾端。因此，离子注入在表面处晶格损伤较小，而在射程终点处晶格损伤较大。

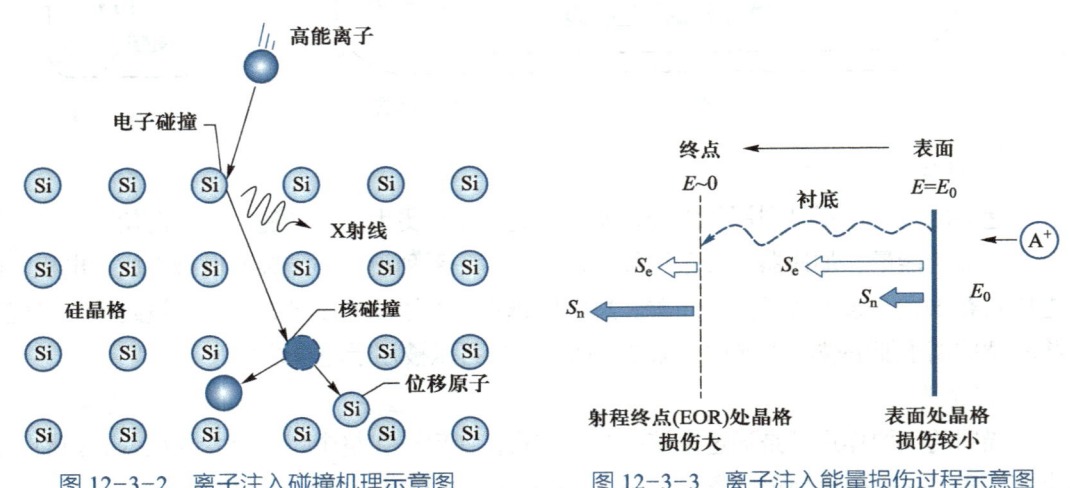

图 12-3-2　离子注入碰撞机理示意图　　图 12-3-3　离子注入能量损伤过程示意图

【思考】为什么离子注入表面损伤小，终点损伤大？

12.3.4　注入离子的浓度分布

注入靶内的离子，在同靶内原子核及电子碰撞过程中，不断损失能量，最后停止在某一位置。任何一个注入离子，在靶内所受到的碰撞是一个随机过程。如果注入大量的离子，那么这些离子在靶内将按一定统计规律分布。

定义注入离子在靶内走过的路径之和为总射程 R，初始能量为 E_0 的离子在靶内的总射程 R 可以根据核阻挡本领 $S_n(E)$ 和电子阻挡本领 $S_e(E)$ 积分求得：

$$R = \int dR = -\int_{E_0}^{0} \frac{dE}{dE/dR} = \int_{0}^{E_0} [S_n(E) + S_e(E)]^{-1} dE \qquad (12\text{-}3\text{-}1)$$

定义总射程 R 在离子入射方向（垂直靶片）的投影长度为投影射程 X_P，即离子注入的有效深度；X_P 的平均值为平均投影射程 R_P；反映 R_P 的分散程度或分散宽度的标准偏差或投影偏差为 ΔR_P。

求解注入离子的射程和离散微分方程，可得距靶表面为 x 处的浓度分布为

$$N(x) = N_{\max} \exp\left[-\frac{1}{2}\left(\frac{x-R_\mathrm{P}}{\Delta R_\mathrm{P}}\right)^2\right] \quad (12\text{-}3\text{-}2)$$

式中，$N_{\max} = 0.4 N_\mathrm{S}/\Delta R_\mathrm{P}$，是最大浓度，而 N_S 为注入剂量。式（12-3-2）是高斯函数，故离子注入浓度分布也称为高斯分布。

根据结深的定义，定义的结深 x_j 为杂质浓度 $N(x)$ 等于衬底浓度时所对应的注入深度，由式（12-3-2）可得离子注入 x_j 为

$$x_\mathrm{j} = R_\mathrm{P} \pm \Delta R_\mathrm{P} \sqrt{2\ln\left(\frac{N_{\max}}{N_\mathrm{B}}\right)} \quad (12\text{-}3\text{-}3)$$

式中，N_B 为衬底浓度。

如图 12-3-4 所示，注入离子浓度分布特点是：① 与扩散浓度分布不同，最大浓度不在表面，而在 R_P 处；② 在 R_P 两边，注入离子浓度对称下降，偏差越大，下降越快，在标准偏差 ΔR_P 处的 $N(x)$ 下降到峰值浓度的 60% 左右。

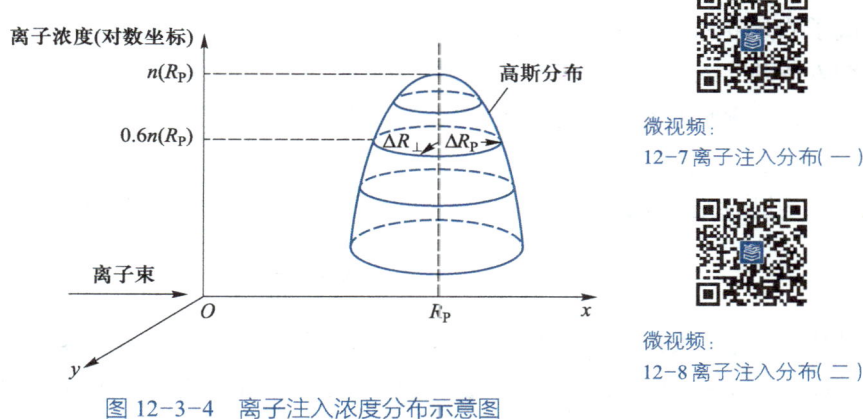

图 12-3-4　离子注入浓度分布示意图

【思考】扩散工艺的有限表面源（再分布）也是高斯分布，与离子注入的高斯分布有何不同？

12.3.5　离子注入沟道效应

若注入离子沿硅单晶的主晶轴方向（<100>、<110>和<111>）注入前进，仅受到电子阻挡，其射程比相同注入离子和相同注入能量的非晶靶远得多，这种现象称为沟道效应，如图 12-3-5 所示。

沟道效应的好处是注入深、损伤小，但很难控制注入离子的浓度分布。因此，实际的离子注入工艺要避免沟道效应。

【思考】为什么不利用沟道效应，在低注入能量下获得较深的结深？

为了防止沟道效应，工艺上采用了三种主要方法：① 使注入方向偏离主晶轴方向，偏离的典型值为 7°左右；② 在单晶表面淀积介质膜，如 SiO_2、Si_3N_4、Al_2O_3 和光刻胶等；③ 在

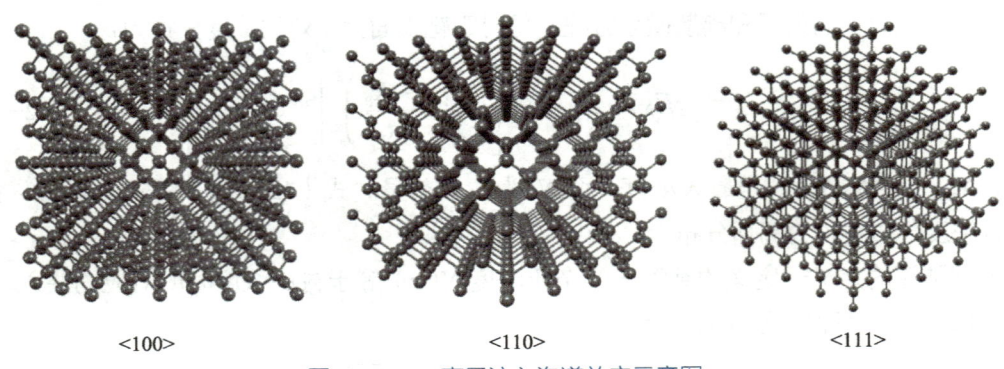

图 12-3-5　离子注入沟道效应示意图

晶体表面制造损伤层，如注入 Si、Ge 等不影响掺杂浓度的重离子。

【思考】减小沟道效应是否还有其他方法？

12.3.6　离子注入工艺参数

离子注入的主要工艺参数包括离子源的种类、注入离子的剂量、注入离子的能量、注入离子的角度和硅片的旋转等，其中最重要的是注入离子的剂量和能量，两者分别决定了离子注入掺杂的浓度和离子注入的深度。与扩散掺杂工艺相比，离子注入可独立控制浓度分布及结深，关键原因就是上述两个工艺参数可以独立控制。

1. 注入剂量 Q

剂量 Q 是单位面积硅片表面注入的离子数，单位是原子数 $/cm^2$。Q 可由下面的公式计算：

$$Q = \frac{It}{enA} \quad (12\text{-}3\text{-}4)$$

其中，I 代表束流，单位是 C/s（A）；t 代表注入时间，单位是 s；e 代表电子电荷，等于 1.6×10^{-19} C；n 代表离子电荷（比如 B^{3+} 等于 3）；A 代表注入面积，单位是 cm^2。

2. 注入能量

在集成电路制造中，注入能量由离子注入机加速器的电场决定，电场电压越高，离子的速度越大，即能量越大。因此，离子注入能量 E 一般用电子电荷与电势差的乘积来表示，单位是千电子伏特（keV），比如带一个正电荷的离子在电势差为 100 kV 的电场运动，其能量为 100 keV。典型的离子注入工艺的注入能量范围为 5~500 keV。

12.3.7　离子注入工艺仿真

仿真设置硼为杂质源，杂质浓度为 1×10^{13} cm^{-3}，注入能量为 35 keV，分析偏离角分别为 0°、1°、2°、7° 和 10° 时注入离子在 Si 晶体中的分布特点和规律。图 12-3-6 是器件与工艺 TCAD 仿真工具 Silvaco 软件中 Deckbulid 程序运行窗口及基本模拟程序，仿真中采用 implant 离子注入命令。

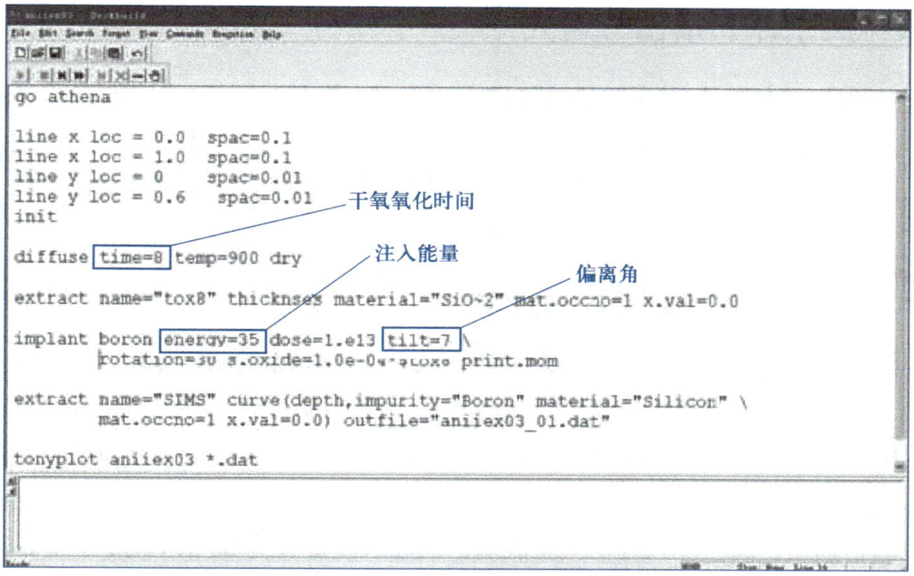

图 12-3-6 Silvaco 软件中 Deckbulid 程序运行窗口及基本模拟程序

图 12-3-7 是离子注入偏离主晶轴法抑制沟道效应的工艺仿真结果，从图中可以看出，离子注入分布并不严格服从高斯分布，当轻离子 B 注入 Si 中，会有较多的 B 离子受到大角度的散射而引起在峰值位置与表面一侧有较多的离子堆积；离子注入过程中存在沟道效应，使入射方向偏离晶体主轴一定角度，可以抑制沟道效应，当角度变化时，可以认为沟道半径变化，7°为偏离角典型值。

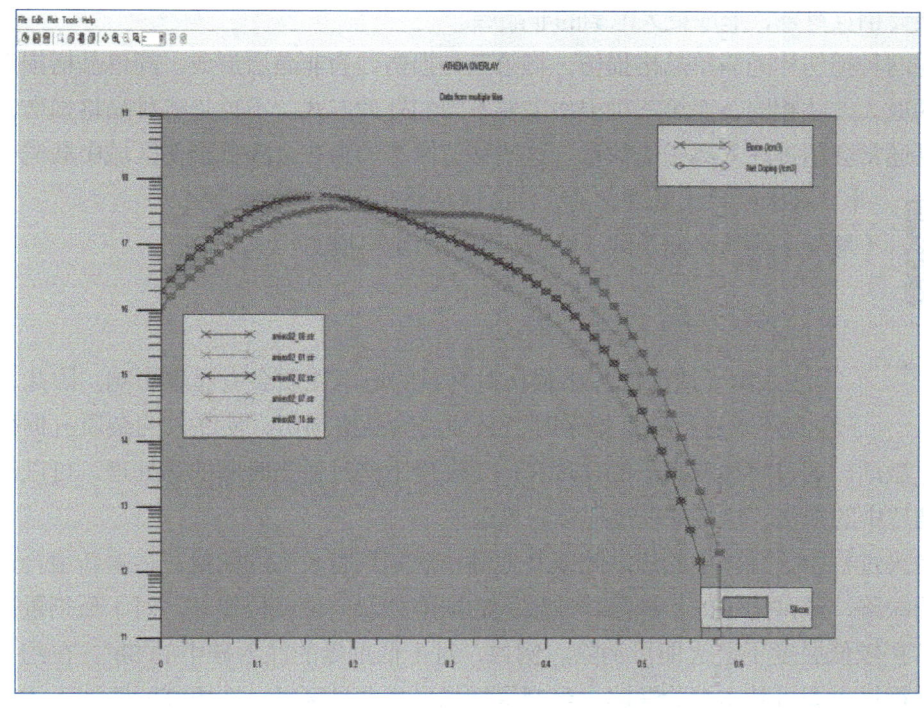

图 12-3-7 离子注入偏离主晶轴法抑制沟道效应的工艺仿真结果

12.4 离子注入损伤与退火

由于离子注入对有源区注入层造成了较大的损伤，使多晶硅变成非晶硅。而注入离子在非晶硅中并不能提供有效的载流子，且非晶硅中电子和空穴的迁移率非常小。因此，离子注入后必须进行退火，使非晶硅注入层重新恢复为单晶，同时激活注入离子。本节将针对离子注入损伤、离子注入退火等内容展开介绍。

12.4.1 离子注入损伤

在离子注入过程中，碰撞可能导致靶原子移动并离开晶格位置，形成移位原子，也可以称为反冲原子。第一级反冲原子是指与入射离子碰撞而移位的原子，而与第一级反冲原子碰撞发生移位的原子则称为第二级反冲原子，以此类推。这种连续碰撞的现象被称为"级联碰撞"。级联碰撞会导致大量靶原子移位，形成大量空位和间隙原子，从而造成晶格损伤。离子注入损伤实验表明，当注入能量 E 为 80 keV 时，1 个 B 离子可以引起约 480 个 Si 原子位移，而 1 个 As 离子可以引起约 4 000 个 Si 原子位移。

当不同能量的离子被注入硅晶圆的有源区时，可能依次出现以下损伤效应。

（1）产生孤立的点缺陷或缺陷群，使本来完美的硅晶体出现损伤。这种情况通常发生在每次离子传递给硅原子的能量接近某一临界值时。

（2）形成局部的非晶区域，特别是在低剂量重离子注入时。当单位体积内的移位原子数接近半导体原子密度时，会形成非晶区域。

（3）随着注入离子引起损伤的积累，会形成非晶层。随着注入剂量的增加，局部的非晶区域可能会相互重叠，形成更大范围的非晶层。

将前两种损伤称为简单晶格损伤，将第三种损伤称为非晶层形成。简单晶格损伤和非晶层形成的退火方法相同，而第三种损伤需要不同的处理方式。不论是哪种晶格损伤，移位原子的数量通常会超过注入离子的数量。这些移位原子的存在会降低损伤区域中载流子的迁移率，在未经退火处理之前，注入区域将呈现高电阻状态。

【思考】为什么离子注入能引起很大的晶格损伤？

12.4.2 离子注入退火

注入离子造成的晶格损伤对材料的电学性质会有显著影响。因此，采用离子注入技术进行硅片掺杂时，必须消除晶格损伤，使注入的杂质占据替代位置以实现电激活。通过将注有离子的硅片在一定温度下经过适当时间的热处理，可以部分或完全消除硅片中的损伤，这种处理过程称为热退火。

在退火过程中，晶体中的点缺陷或其他简单缺陷具有较高的能量，在重新组合过程中会形成新的缺陷，通常为小的点缺陷群或较大的缺陷如双空位或位错环。对于低剂量造成的损伤，通常在较低温度下退火即可消除。例如，对于低剂量的注入硅中的 Sb^+，在约 300 ℃的温度下进行退火即可基本消除缺陷。当剂量增加形成非晶区时，在更高的温度下才能开始分解无序群，但掺杂剂的激活率较低。

非晶区的重新结晶通常需要在 550~600 ℃的温度范围内进行。在重新结晶过程中，载流子激活所需温度低于寿命和迁移率恢复所需温度，因为硅原子进入晶格的速度较慢。杂质的激活能一般较低，而硅本身的扩散激活能较高，这意味着即使杂质原子已进入晶格位置，仍可能存在一定数量的硅间隙，这些间隙会影响载流子的寿命和迁移率。

通过对晶格结构进行调整，可实现晶体性能的恢复，退火前后晶格结构的变化如图 12-4-1 所示。

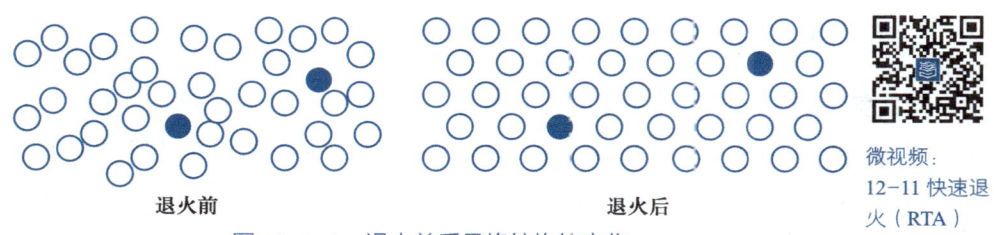

图 12-4-1　退火前后晶格结构的变化

不同的注入条件会导致不同程度的晶格损伤，而各种器件对于电学参数的恢复要求也各不相同。因此，具体的退火条件和方式需根据实际情况和需求而定。

1. 传统热退火

传统热退火方法是在真空环境或高纯度气体（如氮气、氩气）气氛下的石英炉管中进行，故也称为炉退火。传统热退火工艺流程简单，设备要求低，可批量退火，工艺成本低。

但是传统热退火过程中，整个晶片都需要经受高温处理，这会增加表面污染，并可能导致杂质再分布，破坏离子注入技术的优势。此外，长时间高温处理也可能导致硅片的翘曲变形，这些问题限制了传统热退火方法在超大规模集成电路（VLSI）中的应用。

2. 快速退火技术

随着集成电路技术的不断发展，对损伤区域的处理、电学参数的恢复以及离子注入电激活率的要求变得越来越严格。传统的热退火方法已经难以满足这些要求，因为它无法完全消除缺陷，反而可能引入二次缺陷。此外，在高剂量注入时，电激活率也难以达到理想水平，需要较高的退火温度（至少 1 000 ℃）才能完全激活某些杂质。

为了应对这些挑战，开发了快速退火（RTP）技术。快速退火的目的是通过升高退火温度或缩短退火时间来实现退火过程，从而提高效率。这种方法可以更有效地处理损伤区域、提高电学参数的恢复程度，并提高离子注入的电激活率，同时减少硅片的翘曲变形和杂质再分布的风险。快速退火和传统热退火后器件有源区的掺杂浓度分布如图 12-4-2 所示。

目前，快速退火技术采用多种方式实现，包括脉冲激光、脉冲电子束与离子束、扫描电子束、连续波激光以及非相干宽带光源（例如：卤灯、电弧灯、石墨加热器）。这些方法共同点在于能够瞬间将硅片的特定区域加热到所需温度，并在很短的时间内（$10^{-3} \sim 10^2$ s）完成退火过程。

【思考】离子注入为什么需要快速退火？

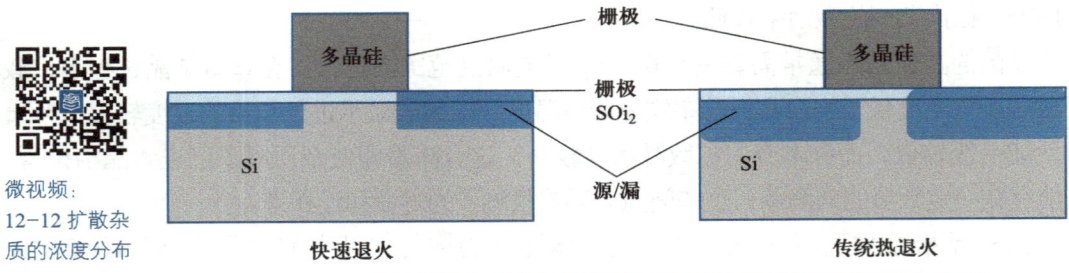

图 12-4-2　快速退火和传统热退火后器件有源区的掺杂浓度分布示意图

12.5　离子注入应用

现代集成电路制造的大部分掺杂工序均采用离子注入技术，例如防止寄生沟道的沟道截断、阈值电压调整的沟道掺杂、CMOS 阱的形成以及源漏区域的形成等主要工序。尤其是小尺寸器件的浅结掺杂，只有离子注入工艺才能实现。下面我们以阱注入、阈值调整注入、源漏轻掺杂注入（LDD）为例进行详细介绍。

12.5.1　阱注入

与器件的源漏区相比，阱的深度更深，浓度也更低。因此，阱区的离子注入工艺通常采用高能量（约为 10^3 keV）和低剂量（约为 10^{13} cm^{-2}）的方式。阱注入示意图如图 12-5-1 所示，离子注入的掩模是光刻胶，SiO_2（图中黑色线条所示）的作用是减小沟道效应。

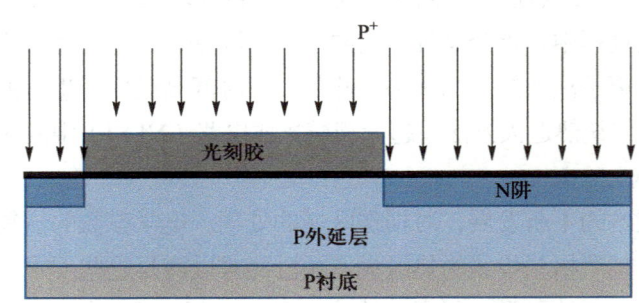

图 12-5-1　阱注入示意图

12.5.2　阈值调整注入

由于阈值电压对沟道区域的杂质浓度非常敏感，因此调整沟道区域的杂质浓度是必不可少的，以确保器件能够达到设计要求的性能。通常，增加沟道区域的杂质浓度可以提高器件的阈值电压，同时减小器件的漏电流。

为了实现这一目的，通常会采用中等束流注入机，进行低能量（约为 10 keV）和低剂量（约为 10^{11} cm^{-2}）的离子注入。在 PMOS 器件中，会注入 As 或 P 元素，而在 NMOS 器件中，则会注入 B 或 BF_2 元素。阈值调整注入示意图如图 12-5-2 所示。

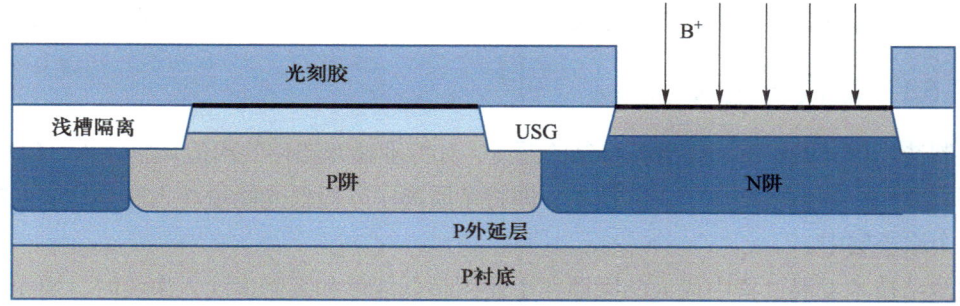

图 12-5-2 阈值调整注入示意图

12.5.3 源漏轻掺杂（LDD）注入

源漏轻掺杂注入（lightly doped drain，LDD）是对 NMOS 和 PMOS 进行轻浓度的离子注入，目的是抑制漏电流引起的势垒降低效应和减少热载流子注入效应。当工艺制程缩小到 0.5 μm 以下时，NMOS 和 PMOS 都需要进行 LDD 工艺，如图 12-5-3 所示。

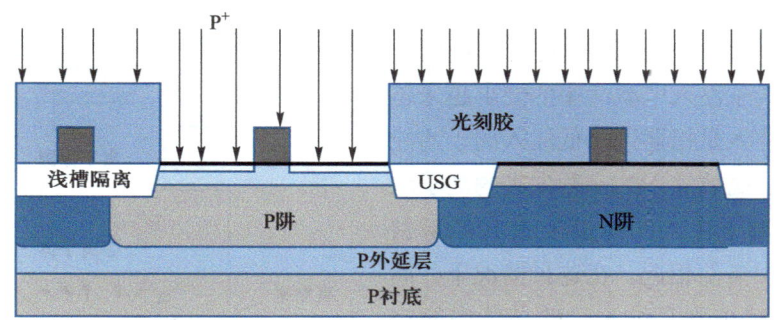

图 12-5-3 LDD 注入示意图

在进行 LDD 注入之前，需要注入 Ge 来形成非晶化层，以消除沟道效应。对于 NMOS 器件而言，会注入重离子 As 以形成浅层结构，注入能量约为 10 keV，注入剂量的数量级约为 10^{14} cm^{-2}。而对于 PMOS 器件，由于 B 原子质量较轻，需要更深的注入深度，因此通过注入 BF$_2$ 重离子团来形成浅结构，注入能量一般在 0～10 keV 左右，注入剂量的数量级也约为 10^{14} cm^{-2}。

随着器件尺寸的不断缩小，LDD 注入的深度逐渐变浅，这就要求更低能量地注入，这也是未来小于 10 nm 制程中离子注入所面临的重要挑战之一。此外，LDD 注入后的退火需要更短的时间，以减少离子的热扩散。

【思考】离子注入工艺还有哪些应用？

12.6 先进的离子注入技术

随着集成电路技术的不断发展，器件尺寸不断缩小，小尺寸器件的浅结掺杂等对离子注入工艺的要求变得越来越高，一系列先进的离子注入技术不断涌现。下面我们以超浅结注入、低能离子注入、中性束流注入等技术为例简要介绍一下离子注入技术的最新发展。

12.6.1 超浅结注入

在制造小尺寸器件时,需要减小结的深度,如深亚微米器件的阈值调整注入、LDD 注入等,都需要相应的超浅结离子注入技术,即将杂质离子以极低的能量注入硅晶片表面的几个到几十个原子层中。

超浅结技术发展过程中最大的问题在于使用超低能量和高密度注入束流时,离子之间会相互排斥并导致注入束流的不断扩展。低能量、轻质离子以及从离子质量分析器到晶片的较长传输距离都会加剧这种效应。

为了避免束流扩展,可以采用分子注入方法,同时引入易离子化气体如氙气来帮助维持较低的空间电荷。一旦氙气离子化,释放的电子可以降低束流中的空间电荷,有助于抑制束流扩展,从而将注入离子准确地打到靶材上。

12.6.2 低能离子注入

随着集成电路技术的不断发展,对离子注入损伤以及离子注入电激活率的要求越来越高。低能离子注入是指通过降低注入离子的能量实现低损伤、高效注入的一种先进的离子注入技术。低能离子注入的能量接近 100 eV 甚至更低,与沉积条件相近。在这种情况下,离子注入的深度减小到几纳米,硅晶体内的空穴间隙对、背散射离子和基底硅原子的溅射都会显著降低,离子注入损伤效应与高能离子注入情况下相比显著降低。研究者们最早采用等离子体浸没离子注入器(如图 12-6-1 所示),成功对 MOS 器件进行低能掺杂,验证了低能注入掺杂的可行性。目前,类似的等离子体掺氮工艺也被应用于栅极二氧化硅氮化工艺中。

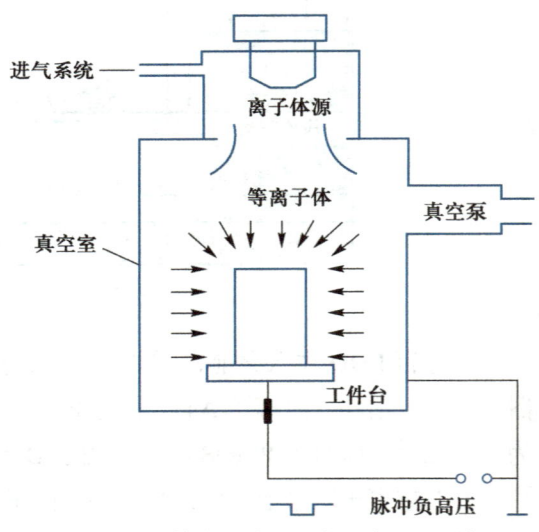

图 12-6-1　等离子体浸没离子注入器示意图

12.6.3 中性束流注入

中性束流注入是指通过栅格阵列,在离子壁碰撞过程中通过电子转移将离子束转化为高能中性粒子束注入。中性束流注入系统示意图如图 12-6-2 所示,其等离子体室类似于上述"等离子体浸没离子注入器"的设计,可以在栅偏置约为 100 eV 及以下的情况下实现高效注入,可用于纳米级工艺节点掺杂应用。目前该方法已被开发用于中性束刻蚀(NBE),并应用于 Fin FET 和量子点阵列的制备。

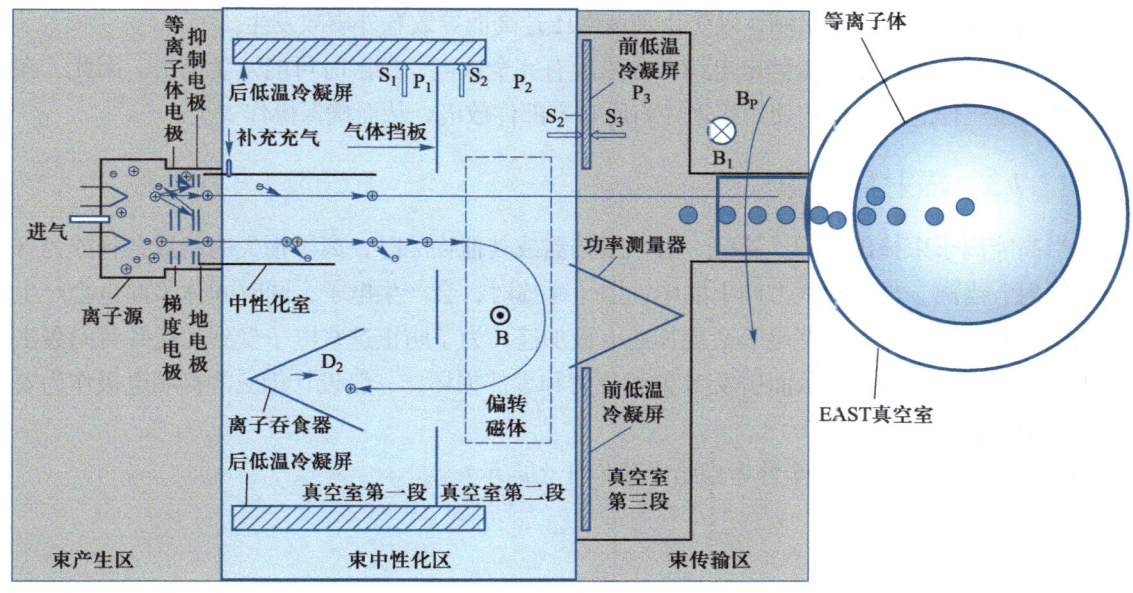

图 12-6-2 中性束流注入系统示意图

【思考】离子注入技术的发展趋势是怎样的?

12.7 离子注入工艺的安全性

离子注入的气体杂质源有毒、易燃、易爆或具有腐蚀性,并且离子加速电压通常高达 250 kV,因此,离子注入工艺过程的安全性问题至关重要。本节将针对离子注入工艺中的化学危险源、高压危险源和辐射危险源等内容展开介绍。

12.7.1 化学危险源

在离子注入工艺中,三氢化砷(AsH_3)、三氢化磷(PH_3)和三氟化硼(BF_3)是最常用的气体掺杂源材料。

三氢化砷和三氢化磷通常作为砷和磷的气体来源,在集成电路制造过程中应用广泛。这两种气体具有剧毒性和易燃性,在生产中必须小心操作以确保安全。

三氟化硼通常用作硼的气体源,具有腐蚀性。接触 BF_3 可能引起严重的皮肤、眼睛和呼吸道问题。

12.7.2 高压危险源

高电压或电流具有严重的安全风险,包括电击、烧伤、肌肉和神经损伤,甚至心脏停搏和死亡,因此对高电压和电流必须谨慎处理。

统计数据显示,接触 250 V 的交流电的死亡率大约为 3%,当电压超过 10 kV 时,这一概率急剧增加。空气中的火花击穿电压约为 8 kV/cm。在使用带有 250 kV 加速电极的离子注入机时,击穿距离大约为 31 cm。尖锐部分可能具有更长的击穿距离,因此在使用离子注入机时必须确保有安全锁定机制,以防止加速电压升高而导致意外事故发生。

由于高电压会产生大量静电电荷,如果没有完全放电,接触时可能发生电击。因此,在进入注入机工作之前,需要使用接地棒将所有零部件放电,从而确保操作安全。

12.7.3 辐射危险源

当高能离子束撞击晶圆、狭缝、射束阻挡器或其他物品时,离子损失的能量会释放为 X 射线辐射。当离子与沿射线方向上的中性原子碰撞时,会产生电子,同时固体表面也会产生二次电子发射的电子,这些电子会被加速电极加速。为了防止这些电子受到加速并背向轰击离子源和其他射线部分,从而引发 X 射线辐射和零件损坏,一般设计相应的抑制电极作为安全防护部件。

【思考】离子注入技术的安全性考虑给予我们什么启示?

小结

掺杂工艺是集成电路制造技术的基础工艺之一,本章围绕硅掺杂工艺技术,详细阐述了扩散工艺和离子注入工艺两种技术的工艺原理、工艺特性、相关工艺应用及最新技术发展。

扩散工艺的特点是工艺流程简单,对设备要求不高,工艺成本低。扩散工艺的缺点是高温深结,横向扩散严重,结深和浓度分布不能独立控制,对晶圆的扩散均匀性差。

相对于扩散工艺,离子注入工艺注入温度低,横向扩散小,可独立控制浓度分布及结深,目前已经成为亚微米、深亚微米掺杂技术的标准工艺。

思考与习题

1. 扩散工艺的机理是什么?为什么掺杂原子最终必须处在替位(晶格格点)上?
2. 在实际工艺中,扩散为什么要采取两步工艺法?
3. 扩散为什么需要高温?扩散有哪些局限性?
4. 对比分析扩散工艺与离子注入工艺的技术特性,并说明为什么离子注入工艺特别适合小尺寸器件的制造。
5. 为什么要将注入的杂质形成离子,为什么其要具有能量?
6. 扩散工艺的有限表面源扩散浓度分布也是高斯分布,与离子注入的高斯分布有何不同?
7. 为什么离子注入工艺后必须进行退火,而且要采用快速退火?

第 12 章进阶习题

第 13 章　清洗工艺与化学机械研磨

清洗是晶圆制造的重要工艺环节，将直接影响产品良率。随器件尺寸不断缩小和器件结构的复杂化，芯片对杂质含量的敏感度也相应提高，清洗工序的数量和重要性将不断提升。

化学机械研磨（chemical mechanical polishing，CMP）是集成电路制造平面化工艺的先进技术，其使用化学腐蚀和机械力对硅晶圆表面或其他衬底材料进行平坦化处理，去除多余物质或为后续工艺提供平整基底以提高工艺窗口。

本章主要介绍了清洗技术和化学机械研磨的原理、应用及常见缺陷。

13.1　清洗工艺技术

清洗工艺包含湿法清洗和湿法刻蚀。湿法清洗是通过化学药液去除硅片上的颗粒、有机残留、金属污染和自然氧化物等。湿法清洗具有效率高、成本较低等优势，但由于化学试剂使用多，会造成化学污染和图形损伤等。湿法刻蚀是通过化学反应去除薄膜。例如，氢氟酸去除二氧化硅，磷酸去除氮化硅。湿法刻蚀受溶液浓度、刻蚀时间和反应温度等因素的影响。

13.1.1　RCA 清洗工艺

RCA 清洗工艺是美国无线电公司（RCA）的 Kern 和 Puotinen 发明并于 1970 年发表的，是至今仍被广泛应用的最成熟的清洗技术。

一、常见的清洗配方

（1）SC1（standard clean-1）：由 NH_4OH、H_2O_2 和 H_2O 按一定比例混合而成的碱性溶剂，主要去除有机污染物、金属离子和颗粒。其中 H_2O_2 能氧化分解部分颗粒，并能与硅反应生成 SiO_2。NH_4OH 可分解成 NH_4^+ 和 OH^-，蚀刻 SiO_2 表面从而除去颗粒。OH^- 在颗粒和硅片表面吸附产生斥力，防止颗粒再被吸附。

（2）SC2（standard clean-2）：由 HCl、H_2O_2 和 H_2O 按一定比例混合而成的酸性溶液，主要去除金属离子。过氧化氢是强氧化剂，能够氧化表面金属，而盐酸与金属离子生成可溶性氯化物而溶解。

（3）SPM（sulfuric acid peroxide mixture）：由 H_2SO_4、H_2O_2 和 H_2O 混合而成，主要去除有机溶剂和光刻胶，温度控制在 120～150 ℃。H_2SO_4 可使有机物脱水碳化，过氧化氢再将碳化物氧化成 CO 或者 CO_2 气体，达到清洗目的。

（4）DHF（diluted hydrofluoric acid）：由 HF 与 H_2O 稀释而成，稀释比从 1∶10～1∶1 000 不等，用湿法蚀刻的方式去除 SiO_2，同时将吸附在二氧化硅上的微粒和部分金属离子溶解于溶剂中。

二、清洗步骤

RCA 清洗步骤是先用 SPM 去除大量有机污染物，然后用 DHF 去除因 SPM 强氧化性形成的二氧化硅，再用 SC1 去除少量有机物、金属和颗粒，最后用 SC2 去除残留的金属离子等污染物。

13.1.2　常见清洗工艺缺陷

一、颗粒或沾染清洗不干净

如图 13-1-1 所示为颗粒或沾染清洗不干净的示意图，可能原因有清洗程式异常、机台异常或环境污染等。

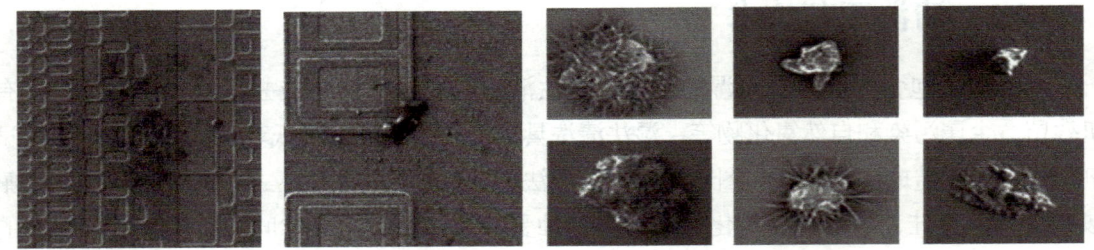

图 13-1-1　不同类型的颗粒或沾染清洗不干净示意图

二、图形损伤（pattern damaged）

刷洗机（scrubber）N_2 流量太强导致的图形受损，如图 13-1-2 所示，因此针对不同层薄膜，需控制合适的 N_2 流量。

三、交叉污染

如图 13-1-3 所示，辅助晶圆边缘膜层脱落导致产品受到污染。预防措施是将辅助晶圆与产品片分开在不同机台工艺。

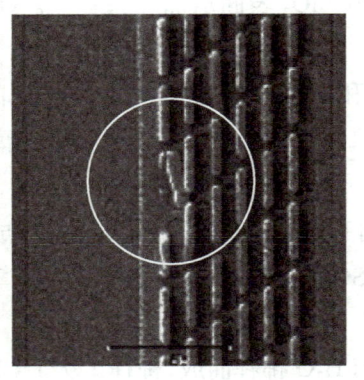

图 13-1-2　图形损伤示意图

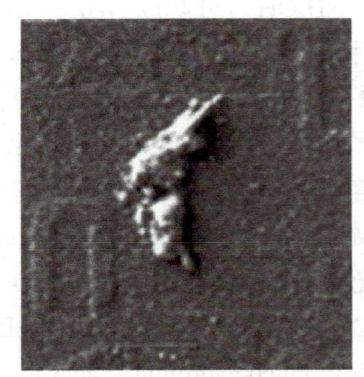

图 13-1-3　交叉污染缺陷示意图

13.2 化学机械研磨

CMP 是目前最先进的平坦化技术，广泛应用于集成电路制造的浅槽隔离（STI）、金属前介质（ILD）、钨塞（W plug）以及铜互连等工艺的平坦化处理。

13.2.1 CMP 工艺原理

如图 13-2-1 所示，CMP 分为两个过程：① 化学过程，研磨液中的化学品和硅片表面发生化学反应，生成比较容易去除的物质；② 物理过程，研磨液中的磨粒和硅片表面材料发生机械物理摩擦，去除化学反应生成的物质。

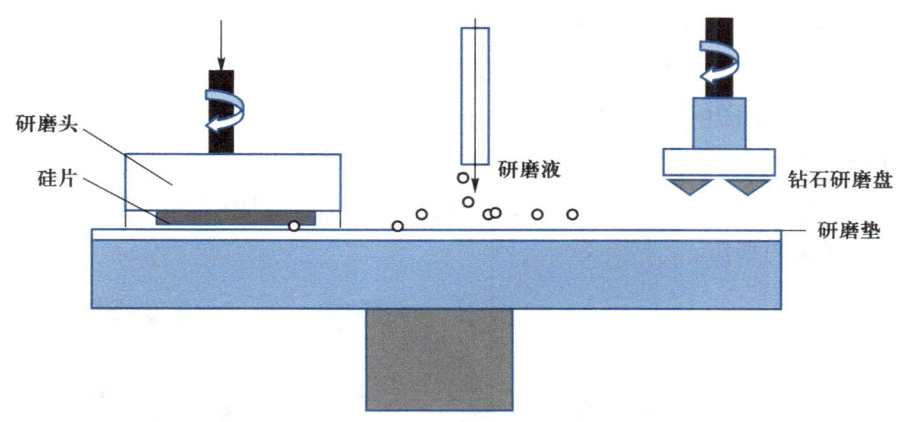

图 13-2-1 CMP 研磨示意图

CMP 选择比：即两种材料的研磨速率比，如氧化硅研磨速率为 2 000 A/min，氮化硅研磨速率为 50 A/min，则氧化硅与氮化硅的选择比为 40。

CMP 凹陷（dishing）与侵蚀（erosion）：如图 13-2-2 所示，高密度图形区域的研磨速率通常比宽图形间距区域的研磨速率快，导致小而孤立凸出的图形在平坦化过程中因机械力作用一起被研磨掉，形成侵蚀。而对于单个图形来讲，因为两种材料的选择比不一样，会出现凹陷。

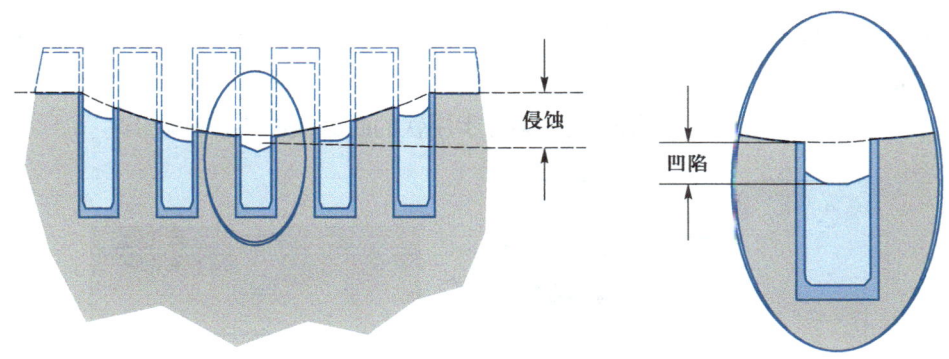

图 13-2-2 CMP 凹陷与侵蚀示意图

CMP 研磨液（slurry）由去离子水、研磨颗粒（如图 13-2-3 所示）以及 PH 值调节剂、氧化剂、分散剂、抗腐蚀剂、杀菌剂等添加剂组成。研磨过程中，研磨液的氧化剂等成分与硅片表面材料发生化学反应，形成化学反应薄膜；研磨颗粒机械地磨掉，最终实现表面平坦化。

CMP 研磨垫（pad）的作用是让承载研磨液分布更均匀，并提供机械磨力，移除研磨过程产生的副产物。研磨垫根据其硬度可分为硬垫和软垫，硬垫具有良好的耐磨性和耐化学性。如图 13-2-4 所示，表面开有特殊沟槽，可

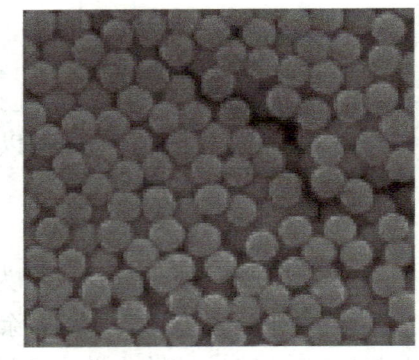

图 13-2-3　CMP 研磨颗粒

将研磨液中的研磨颗粒送入硅片表面以提高研磨的均匀性，但由于材质较硬，容易产生划伤缺陷。软垫能够较好控制研磨过程中给硅片带来的划伤缺陷，但由于材质较软，很难控制研磨均匀度。CMP 通常采用硬垫粗磨和软垫精磨的策略。

如图 13-2-5 所示，CMP 钻石盘（disk）的作用是维持研磨垫表面粗糙度以保证研磨速率稳定，帮助研磨液在研磨垫上均匀分布，同时带走研磨过程中产生的副产物，以减少硅片在研磨过程中带来的划伤。

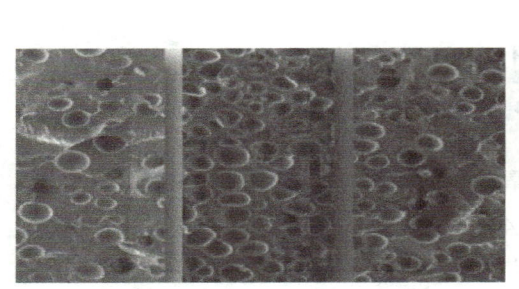

图 13-2-4　研磨垫孔隙

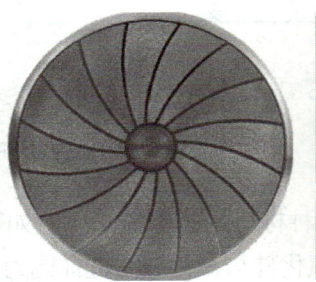

(a) 钻石盘外形

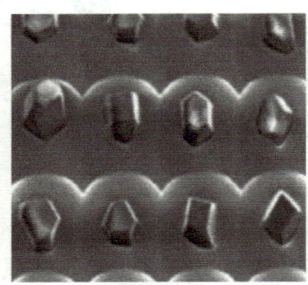

(b) 钻石盘镶嵌的钻石

图 13-2-5　钻石盘示意图

13.2.2　浅槽隔离化学机械研磨工艺（STI CMP）

如图 13-2-6 所示，浅槽隔离（shallow trench isolation，STI）需要填入二氧化硅，STI CMP 就是对凸出的二氧化硅做平坦化处理的工艺。其通常采用三步研磨：第一步采用高研磨速率的 SiO_2 研磨液去除大部分氧化物，第二步用氧化物/氮化硅高选择比（高于 30）的研磨液去除剩余氧化物并停在氮化硅上，第三步用软的研磨缓冲垫控制缺陷。

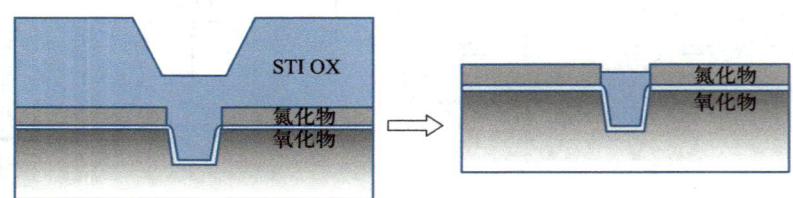

图 13-2-6　STI CMP 工艺前后对比图

13.2.3 层间介质层化学机械研磨工艺（ILD CMP）

层间介质层（ILD，inter-layer dielectric）隔绝器件与第一层金属布线，保护前段所形成的器件和结构，如图 13-2-7 所示。ILD CMP 平坦化为后段提供平整稳定的表面，采用三步研磨工艺：第一步用 SiO_2 研磨液较大压力去除大部分氧化物，第二步用相同研磨液相同压力去除剩余氧化物，第三步用低压力缓冲控制缺陷。ILD CMP 难点在于目标厚度及均匀性的控制，一般采用自动工艺控制系统来提高片间及片内厚度均匀性。

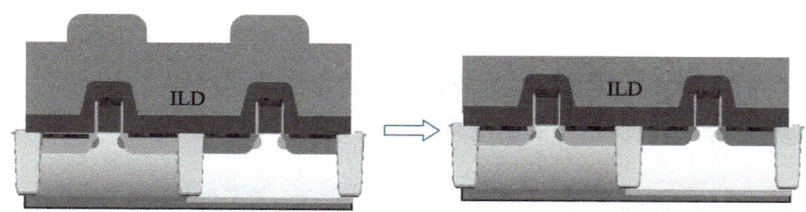

图 13-2-7　ILD CMP 工艺前后对比图

13.2.4 钨化学机械研磨工艺（W CMP）

W CMP 是在钨 CVD 工艺对多余钨做平坦化处理形成钨接触孔，以连接前段器件和后段金属互连线（如图 13-2-8 所示）。

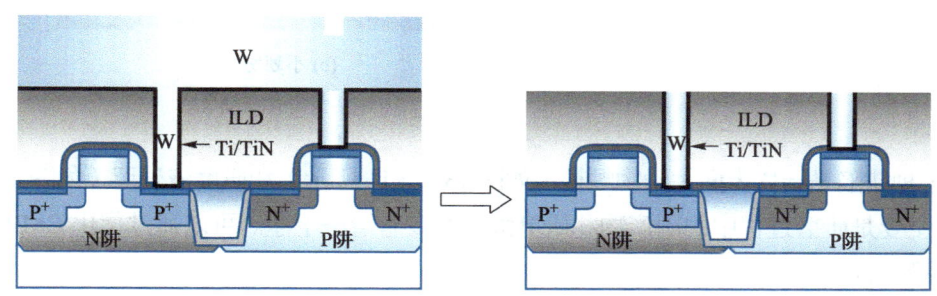

图 13-2-8　W CMP 工艺前后对比图

W CMP 分三步研磨：第一步采用大压力高研磨速率的研磨液去除大部分钨；第二步用相同研磨液且较低压力去除剩余钨和阻挡层（barrier），停在氧化物层上并过度研磨（over polish），保证无 W/Barrier 残留；第三步选用氧化物/钨选择比为 2∶1 的研磨液和软的缓冲垫去除一定厚度的氧化物来控制缺陷。钨化学机械研磨的难点在于凹陷与侵蚀缺陷的控制。

13.2.5 铜化学机械研磨工艺（Cu CMP）

Cu CMP 是在 Cu 电镀工艺后对多余的 Cu 进行研磨去除以形成金属导线（如图 13-2-9 所示）。Cu CMP 通常采用三步研磨工艺：第一步采用大压力高研磨速率的铜研磨液去除大部分铜；第二步用相同研磨液（Cu/TaN 高选择比）较低压力较低研磨速率来去除剩余铜，并让研磨停止在阻挡层上，经过过度研磨保证无铜残留；第三步用阻挡层研磨液搭配软垫小压力磨掉阻挡层，并去除一定厚度的氧化层来保证没有铜和阻挡层残留，并控制凹陷和缺陷。

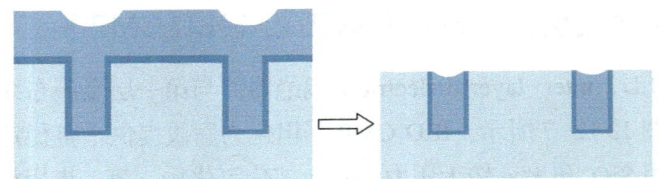

图 13-2-9 Cu CMP 工艺前后对比图

13.2.6 常见的 CMP 缺陷

划伤（scratch）是 CMP 最常见且不可避免的缺陷（如图 13-2-10 所示），可分为两种，一种是大划伤，一般由钻石盘钻石脱落或大的颗粒镶嵌在研磨垫上所导致。另一种是小划伤，一般由研磨液结晶或研磨液里的研磨颗粒团聚导致。

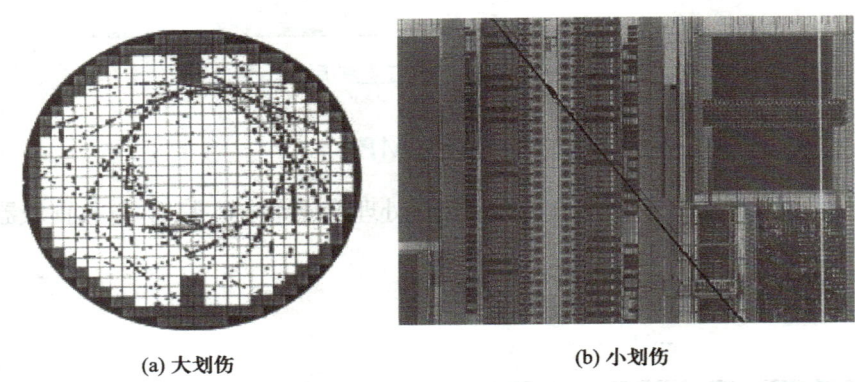

(a) 大划伤　　　　　　　　　　(b) 小划伤

图 13-2-10 划伤（scratch）示意图

另一种缺陷是硅片表面污染物颗粒（如图 13-2-11 所示）和研磨液残留（如图 13-2-12 所示），主要是研磨过程中的副产物和研磨液残留没有清洗干净。可以通过优化 CMP 清洗的效率去除残留物。

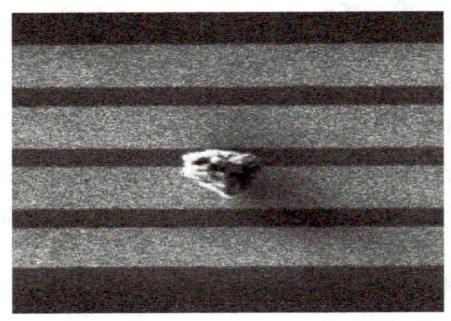

图 13-2-11 硅片表面污染物颗粒

图 13-2-12 研磨液残留

此外还有凹陷、侵蚀、金属残留和铜腐蚀等类型缺陷，需不断优化和改善工艺来减少缺陷、提升良率。

小结

本章节介绍了化学机械研磨的基本工作原理,并在此基础上重点讲述了 CMP 工艺应用的几个主要工艺环节。在此基础上,我们进一步分析了化学机械研磨技术可能带来的制造缺陷,及对应可能的解决方法。

思考与习题

1. 请说明 CMP 的工作原理。
2. 试阐述 STI CMP 工艺流程。
3. 试阐述 W CMP 工艺流程。
4. 试阐述 Cu CMP 工艺流程。
5. 在半导体工艺中有哪几种常见清洗配方?清洗工艺中有哪些常见缺陷?

第 13 章进阶习题

第四篇
集成电路制造工艺集成技术

第 14 章 阱工艺

阱（well）工艺是 CMOS 集成电路的基础工艺，是构造晶体管的重要步骤。阱工艺用于隔离不同类型的器件，这种隔离有助于减少器件之间的相互干扰，提高电路的性能和可靠性。另外通过调整阱中的掺杂浓度，可以控制 MOSFET 的阈值电压。不同的应用需要不同的阈值电压，阱工艺可以灵活地满足这些需求，优化器件的性能和功耗。

本章主要介绍阱工艺的原理以及工艺流程中光刻、离子注入和热处理环节的基本参数。

14.1 阱工艺原理和流程

微视频：
14-1 阱技术

在早期集成电路制造中的阱工艺，用扩散工艺方法进行掺杂（doping）。自 20 世纪 90 年代开始，现代集成电路采用离子注入技术制作阱，可提供比扩散技术更好的掺杂精度和控制能力，实现了更好的电气隔离。

14.1.1 阱工艺原理

阱工艺的原理是通过掺杂工艺，在衬底中形成具有特定掺杂类型（N 型、P 型）和浓度的区域。这些特定区域将作为后续器件结构的基础，并决定其电性。

图 14-1-1 是 CMOS IC 双阱工艺，即 N 阱（N-Well）与 P 阱（P-Well）工艺同时使用。N 阱光刻版光刻形成 N 阱区域（光刻胶显影区），通过 N 型离子注入在衬底上形成 N 阱，N 阱用于制作 PMOS 器件。P 阱光刻版光刻形成 P 阱区域，通过 P 型离子注入在衬底上形成 P 阱，P 阱用于制作 NMOS 器件。

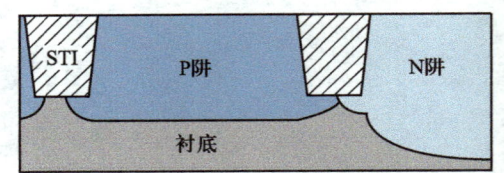
图 14-1-1 双阱工艺示意图

随着摩尔定律的推进，三维结构晶体管的发明需要更加复杂的阱工艺和掺杂工艺，以形成高纵横比的阱和精确的掺杂分布。高介电常数（high-k）材料和金属栅极（metal gate）技术的出现，进一步提升了器件性能和可靠性。但这些新材料的引入对阱工艺提出了更高的要求，需要精确控制掺杂。阱工艺的发展是半导体技术不断进步的结果。从早期的扩散到离子注入和复杂的三维结构，阱工艺在每一个阶段都不断演进，以满足集成电路日益增长的需求。

14.1.2 阱工艺流程

如图 14-1-2 所示，传统阱工艺主要流程为衬底薄膜生长（多为氧化层，用于保护衬底等）、光刻（定义离子注入区域）、离子注入（能量和剂量为晶圆厂核心机密）、光刻胶去除及清洗，以及相应的退火工艺（形成均匀阱区域）。不同的器件需要不同的阱工艺（不同的

图 14-1-2　传统阱入工艺主要流程

离子注入区域、能量和剂量），故阱工艺可根据需求定义多道光刻版层，各道的阱工艺流程需重复上述流程。

14.2　阱工艺（参数）考量

阱工艺是集成电路制造工艺中的一个基础步骤，此环节对最终器件的基本性能有着巨大的影响。

14.2.1　阱光刻工艺考量

表 14-2-1 为常见 65 nm 工艺节点的部分设计规则（design rule），从表中可以看出，阱工艺层有着相对较大的关键尺寸（CD），光刻工艺难度并不大。

表 14-2-1　65 nm 设计规则（部分）

光刻版层	工艺方式	最小尺寸 /μm
有源区（Active）	蚀刻	0.08
阱（Well）	离子注入	0.45
栅极（Gate）	蚀刻	0.06
源 / 漏（Source/Drain）	离子注入	0.18

由于阱工艺为高能量的离子注入以形成较大的阱深，故需选择较厚的光刻胶作为阻挡。但较厚的光刻胶会导致较小焦深（DOF），光刻胶图形的形貌（profile）也会变得重要，甚至在图形密度较低的区域（isolated patterns）产生图形缺陷（defect），如光刻胶倒塌，光刻胶残留等。针对此类光刻缺陷，可通过调整光刻参数（如数值孔径 NA、照明系统相干因子 Sigma）来改善，也可通过调整光刻胶烘烤温度、OPC 修正等方法改善。

为减少此类缺陷问题发生，选择阱工艺层光刻胶时应在技术层面做充分的比较。例如光刻胶的离子注入阻挡效率、光刻能量（影响生产效率）、烘烤温度（影响光刻胶图形形貌等）、图形缺陷率等都是要思考的因素。

14.2.2　阱工艺离子注入工艺参数考量

阱工艺最主要的作用是定义和隔离不同类型的器件，因而在同一器件的所有离子注入工艺中，阱的注入深度是最深的，需要分多次注入。

以应用在显示驱动芯片（display driver IC，DDIC）的高压芯片为例，高压器件（HV device）阱深度在 7～8 μm，中压和低压器件在 4 μm 以内。P 阱工艺注入离子以 3 价硼（B）为主，在小尺寸器件中，二氟化硼（BF_2）也经常被用到。硼的质量较轻，在高能量离子注入过程中容易引起扩散和沟道效应，导致掺杂不均匀。而 BF_2 离子的质量较重，可以减少这些效应，确保掺杂的均匀性和精确性。N 阱则以 5 价的磷（P）为主，同族的原子质量更重的砷（As）在小尺寸的器件中也常被应用。阱的掺杂浓度通常比源/漏区（source/drain）的掺杂浓度低，阱的掺杂浓度通常在 $10^{16} \sim 10^{18}$ atom/cm³ 范围内，而源/漏区的掺杂浓度则可以高达 $10^{19} \sim 10^{20}$ atom/cm³，这种差异主要是由阱和源/漏的角色和功能决定的，阱区的中低掺杂浓度有助于形成稳定的电场和可靠的电性能，而源/漏区的高掺杂浓度则确保了低电阻和高效的电流传输。

14.2.3 阱工艺热处理参数考量

在阱工艺中，离子注入并去除光刻胶后，退火（annealing）是一个非常关键的步骤。这个工艺最重要的目的包括：① 激活掺杂：通过退火将离子注入过程中引入的掺杂剂激活，使它们进入晶格中的活性位点，变成电活性杂质；② 修复离子注入过程中对硅晶格造成的损伤；③ 通过热扩散过程，使掺杂剂在硅中的分布更加均匀或达到设计的浓度剖面；④ 解除在离子注入和其他加工步骤中引入的应力。

为了达到这样的目的和作用，需要根据掺杂的离子、所需的扩散深度和掺杂浓度剖面控制退火工艺的温度、时间和压力。典型退火温度范围为 600～1 100 ℃，时间从几秒钟（快速热退火）到几小时（常规炉管退火），另外需要控制机台腔体内的压力，以优化扩散条件。

如图 14-2-1 所示为退火温度变化曲线，阱工艺的热处理采用快速热退火（rapid thermal annealing，RTA），可在短时间内高温退火，实现快速加热和冷却晶圆，激活掺杂剂并修复晶格损伤。以浸润式热退火为例，其在短时间内将整个硅片加热至 400～1 300 ℃范围内，并在最高温度持续 5～200 s，达到活化离子、修复晶格和氧化等目的。

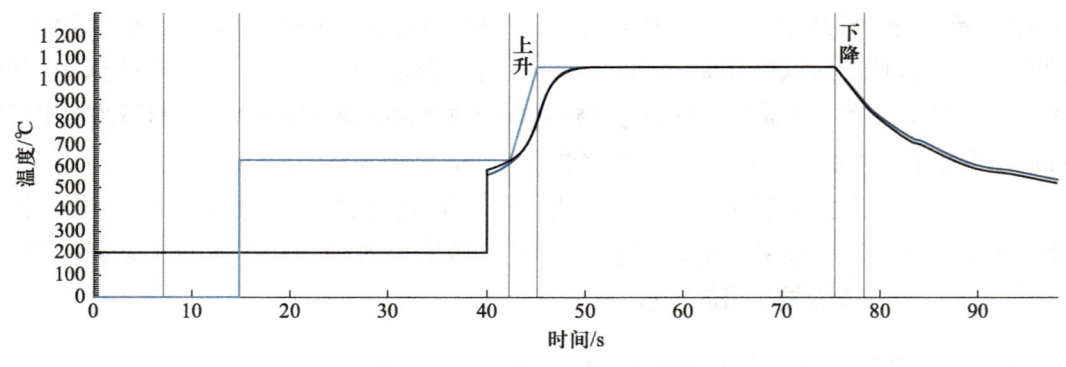

图 14-2-1　退火温度变化曲线

小结

本章主要学习了阱工艺原理和流程，以及阱工艺中光刻、离子注入、热处理的基本参数。阱工艺在集成电路制造中具有多方面的作用，它不仅提供了基本的器件隔离功能，还通过优化阈值电压、抑制寄生效应、降低功耗、提高抗辐射能力等方式，显著提升了电路的整体性能和可靠性。

思考与习题

1. 阱工艺的主要作用及其工艺流程是什么?
2. 阱工艺的光刻环节中有哪些常见缺陷?
3. 如何选择阱工艺光刻胶?
4. 阱工艺的离子注入中主要有哪些元素? 作用是什么?
5. 阱工艺的热处理目的是什么?

第 14 章进阶习题

第15章 浅槽隔离工艺

浅槽隔离（shallow trench isolation，STI）作为现代集成电路制造最先进的隔离工艺，具有隔离面积小、无隔离台阶等技术优势，是现代集成电路制造 0.25 μm 及以下工艺制程的标准隔离工艺技术。

本章重点介绍 STI 的工艺原理、技术特性、关键工艺以及工艺流程等内容，通过本章学习，读者可对 STI 有一个相对全面的认识。

微视频：
15-1 CMOS 与双极集成电路

15.1 STI关键工艺

20 世纪 60—70 年代，集成电路的隔离采用场氧隔离工艺，其技术特点是工艺简单、隔离台阶高，不利于多层互连工艺。

为克服场氧隔离的缺点，开发了局部氧化隔离工艺（local oxidation of silicon，LOCOS），其技术优点是一次光刻完成隔离工艺、隔离台阶大幅降低，但技术缺点是鸟嘴现象侵蚀有源区、高温工艺引起杂质重新分布和不利于后续工艺中的平坦化。

为适应超大规模集成电路的多层互连工艺，20 世纪 90 年代开发了 STI 工艺，并一直应用至今。

15.1.1 STI 工艺技术特性

一、STI 工艺原理

采用干法刻蚀工艺在硅晶圆表面刻蚀出隔离浅沟槽，采用 CVD 工艺淀积二氧化硅填充硅沟槽，采用 CMP 工艺使隔离区完全平坦化。

二、STI 工艺技术特性

① 无鸟嘴：STI 的隔离绝缘介质采用 CVD 淀积工艺制作，没有局部氧化隔离技术的鸟嘴效应；② 隔离面积小：STI 的隔离沟槽是在硅晶圆表面下采用干法刻蚀制作，其隔离面积小，提高了集成电路的集成度。③ 完全平坦化：STI 采用了先进的平坦化技术 CMP 工艺，可将凸出的隔离介质完全平坦化，没有隔离台阶，提高了后续光刻工艺分辨率和多层互连工艺可靠性。

三、STI 主要工艺步骤

如图 15-1-1 所示，STI 的主要工艺步骤有硅沟槽刻蚀、沟槽填充和 CMP。

（1）硅沟槽刻蚀：采用干法刻蚀技术，在硅晶圆表面刻蚀出硅沟槽，沟槽具有直角和圆角，深宽比在 2∶1 至 7∶1 之间，甚至更高。

（2）硅沟槽填充：采用高密度等离子体化学气相淀积工艺（HDP-CVD），在沟槽中淀积填充 SiO_2 绝缘材料（USG，未掺杂二氧化硅）。

（3）CMP：采用 CMP 技术，去除凸出的 SiO_2 绝缘材料。

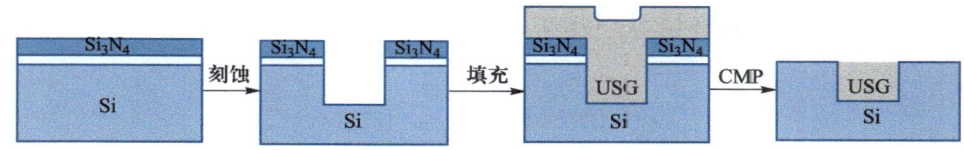

图 15-1-1　STI 主要工艺步骤示意图

15.1.2　STI 沟槽刻蚀工艺

相对于局部氧化隔离工艺，STI 工艺的特点是其隔离介质完全在硅晶圆表面的沟槽里，无隔离台阶，完全平坦化。因此，在硅晶圆表面刻蚀硅沟槽是 STI 的第一个关键工艺。

一、掩模层淀积

为保障刻蚀单晶硅沟槽的各向异性，需要 Si_3N_4/SiO_2 复合层作为刻蚀的掩模层。如图 15-1-2 所示，首先采用 LPCVD 工艺淀积 SiO_2 缓冲层，再采用 LPCVD 工艺淀积 Si_3N_4 薄膜，SiO_2 薄膜可有效缓解 Si_3N_4 薄膜的应力。

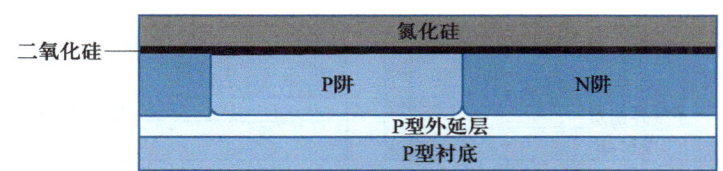

图 15-1-2　STI 沟槽刻蚀的 Si_3N_4/SiO_2 复合掩模层淀积工艺示意图

二、硅沟槽刻蚀

如图 15-1-3 所示，硅沟槽刻蚀工艺步骤如下：① 通过光刻工艺，形成 Si_3N_4/SiO_2 复合掩模层光刻胶图形窗口；② 采用 CHF_3 干法刻蚀剂，刻蚀 Si_3N_4/SiO_2 复合掩模层；③ 去除光刻胶，在 Si_3N_4/SiO_2 复合层图形的掩模层下，采用 HBr 等离子体刻蚀硅晶圆。为提高刻蚀的各向异性，用 O_2 作为沟槽侧壁的钝化媒介，同时提高对 Si_3N_4/SiO_2 掩模层的刻蚀选择性。

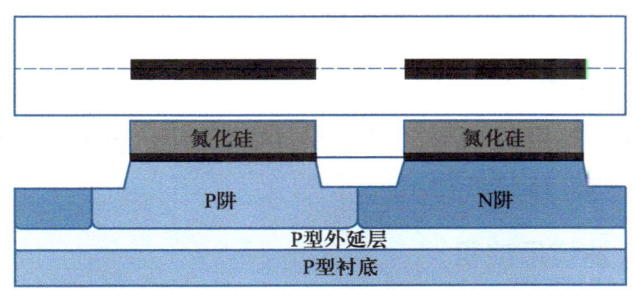

图 15-1-3　STI 硅沟槽刻蚀工艺示意图

15.1.3 STI 沟槽填充工艺

STI 硅沟槽的尺寸很小，深宽比较大。因此，采用高密度等离子体（HDP）CVD 工艺，在硅沟槽中淀积未掺杂的 SiO_2 隔离介质，HDP-CVD 的气体源是 SiH_4 和 O_2 以 Ar 作为载气。STI 沟槽填充工艺示意图如图 15-1-4 所示。

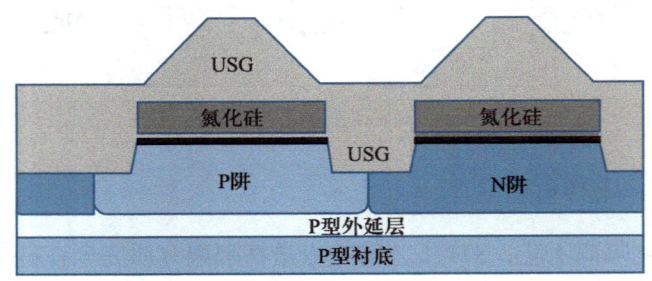

图 15-1-4　STI 沟槽填充工艺示意图

15.1.4 STI 平坦化工艺

采用 CMP 工艺，对凸起的 USG 进行平坦化研磨，并停止在 Si_3N_4/SiO_2 复合掩模层，如图 15-1-5（a）所示。STI CMP 后，通过湿法刻蚀工艺，去除 Si_3N_4/SiO_2 复合掩模层，如图 15-1-5（b）所示。

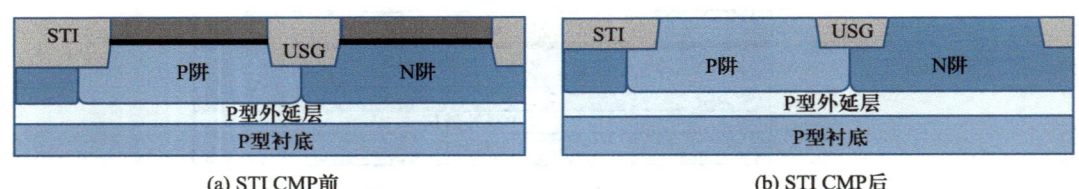

图 15-1-5　STI CMP 平坦化工艺示意图

【思考】为什么 CMP 对浅槽隔离工艺很重要？

15.2 STI 工艺流程

以先进的 22 nm 平面 MOSFET 和 14 nm FinFET 为例，阐述 STI 的典型工艺流程。

15.2.1 平面 MOSFET STI 工艺流程

一、衬垫氧化层生长

在 P 型外延层上，采用 LPCVD 工艺淀积衬垫氧化层（pad oxide），缓解后续淀积的 Si_3N_4 薄膜的高应力，如图 15-2-1 所示。

二、Si_3N_4/SiO_2 掩模层淀积

通过 LPCVD 工艺，淀积一层厚度 1 200 Å 左右的 Si_3N_4 掩模，与 SiO_2 薄膜构成复合掩模层,如图 15-2-2 所示。

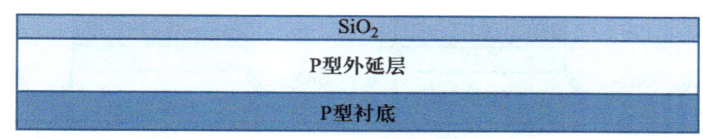

图 15-2-1 衬垫氧化层淀积

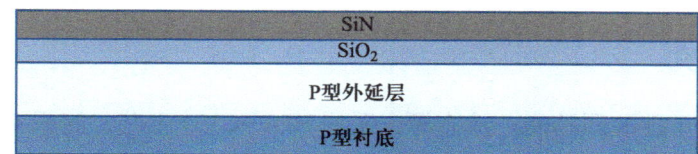

图 15-2-2 Si_3N_4 掩模层淀积

三、硬掩模淀积及光刻

采用 PECVD 方法,淀积一层厚度为 2 000 Å 的非晶碳作为硬掩模,并在其上淀积厚度为 500 Å 的底部防反射涂层。通过光刻工艺,将光刻版上的图形转移到光刻胶上,如图 15-2-3 所示。

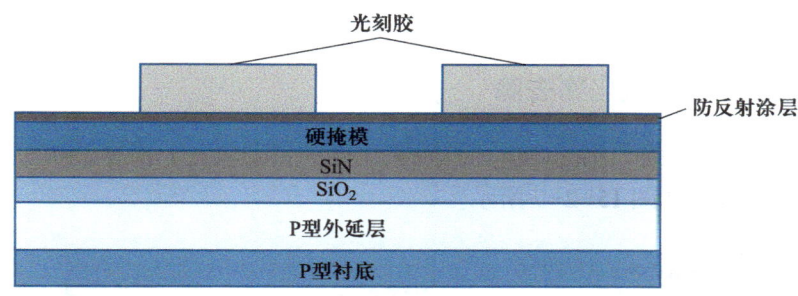

图 15-2-3 硬掩模淀积及光刻

四、形成浅槽

采用干法刻蚀工艺,分别刻蚀掉硬掩模、SiN 阻挡层和 SiO_2 缓冲层。去除光刻胶,在硬掩模的掩蔽下,干法刻蚀硅晶圆表面,最终形成 STI 的硅沟槽结构,如图 15-2-4 所示。

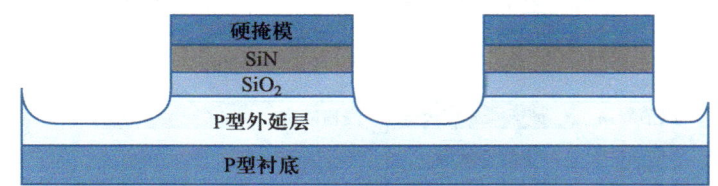

图 15-2-4 刻蚀形成浅槽

五、沟槽垫氧生长

采用氧化工艺,在硅沟槽中生长 100 Å 厚度的沟槽垫氧层,以缓解硅沟槽上下角附近的应力,改善硅与填充氧化物之间的界面特性,如图15-2-5所示。

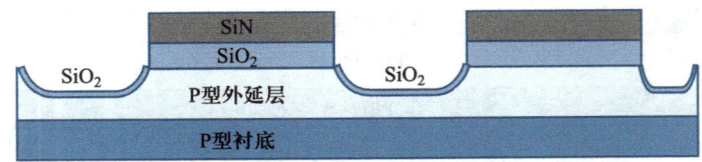

图15-2-5 浅槽垫氧生长

六、沟槽填充

使用TEOS(正硅酸四乙酯)液态源,采用HDP-CVD工艺,淀积4 000 Å的氧化物。随后进行20 min 1 000℃热处理,使氧化物变得更加致密,更具抗湿法刻蚀的能力,完成STI沟槽填充,如图15-2-6所示。

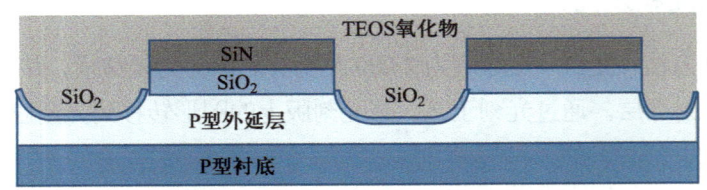

图15-2-6 沟槽填充

七、氧化物抛光与氮化物去除

采用CMP工艺,去除凸出的SiO_2,并在氮化硅层自动停止。使用140 ℃热磷酸湿法刻蚀工艺,去除氮化硅,如图15-2-7所示。

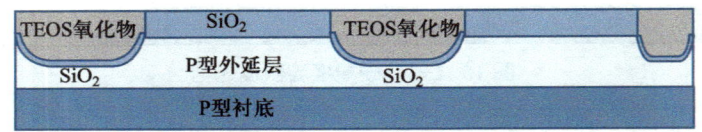

图15-2-7 氧化物抛光与氮化物去除

八、垫氧去除及牺牲氧化层生长

采用HF湿法去除硅沟槽的垫氧,并采用氧化工艺生长出50 Å的牺牲氧化层,如图15-2-8所示。

图15-2-8 垫氧去除及牺牲栅氧生长

15.2.2 FinFET 的 STI 工艺

FinFET STI 流程与传统平面 MOSFET STI 流程大体类似，不同的是 FinFET 在制作 Fin（鳍）的同时就形成了 STI 所需的浅槽。这里只给出不同于 MOSFET STI 的关键流程，如下所述。

一、Fin 与 STI 沟槽刻蚀

采用干法刻蚀技术，刻蚀直到 P/N 阱层，形成 Fin 的同时，也形成了 STI 沟槽，如图 15-2-9 所示。

二、氧化物淀积与刻蚀

采用 CVD 工艺，淀积填充 TEOS 氧化物。采用 CMP 工艺，去除多余的 TEOS 氧化物，并在氮化硅层停止。采用热磷酸溶液，去除多余的氮化物；刻蚀移除 Fin 周围的 TEOS，剩下的 Fin 之间的 TEOS 氧化物作为 STI，如图 15-2-10 所示。

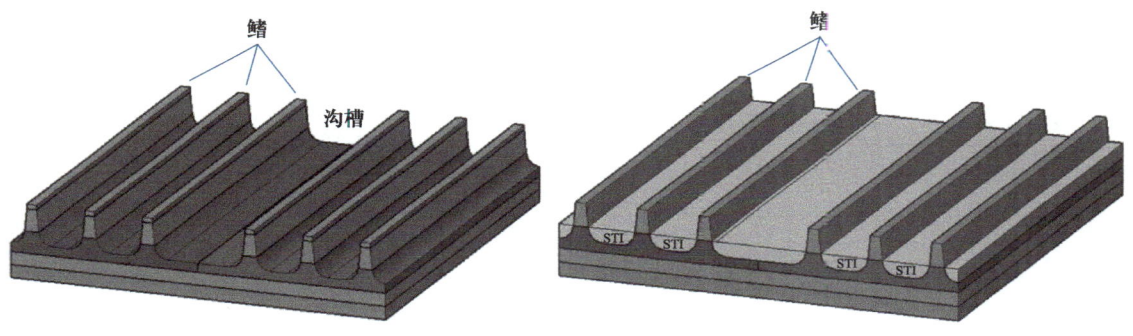

图 15-2-9　刻蚀形成 Fin 与 STI 沟槽　　　图 15-2-10　TEOS 氧化物淀积与刻蚀

【思考】FinFET STI 工艺与平面 MOSFET STI 工艺的主要区别是什么？

小结

本章首先介绍了 STI 技术的演化由来，然后讨论了 STI 的工艺原理和工艺特性。随着器件尺寸的不断微缩化，STI 技术也日新月异。鉴于此，本章还介绍了 STI 的最新技术。由于 CMP 工艺对于 STI 技术的实际应用至关重要，本章对 STI CMP 这一关键工艺进行了重点讨论，包括 STI CMP 工艺步骤和研磨液的选择等内容。最后，本章分别以 22 nm 平面 MOSFET 和 14 nm FinFET 为例，介绍了 STI 典型的工艺制作流程。

思考与习题

1. 简述 IC MOSFET 隔离技术的发展历程。
2. 为什么 STI 浅槽隔离技术需要结合 CMP 技术？

3. 请画出 STI 浅槽隔离技术的工艺流程。
4. 简述 STI 浅槽隔离填充工艺的技术发展。
5. 简述 STI 工艺原理与技术特性。

第 15 章进阶习题

第16章 栅极工艺

MOSFET是集成电路最重要的基本器件,而栅又是MOSFET最重要的有源区,通过栅可控制MOSFET的开启,进而实现IC的逻辑功能。因此,栅极工艺是集成电路制造流程中重要的一环。

本章主要介绍MOSFET栅结构及其组成材料,重点阐述MOSFET栅制备工艺流程、自对准多晶硅栅工艺和高k介质金属栅(HKMG)工艺等内容。

16.1 MOSFET栅

20世纪60—70年代,MOSFET的栅极是铝栅,其优点是电阻率低,但缺点是不耐高温、存在铝栅与源漏套刻对准不齐等问题。20世纪80年代,多晶硅栅取代了铝栅,其优点是栅极阈值电压V_t可调、耐高温工艺和可实现源漏自对准。

从45 nm工艺制程开始,栅氧化层的厚度减小到2 nm以下,这导致了栅极与衬底之间出现量子隧穿效应,并形成栅极泄漏电流。为解决薄栅氧介质的隧穿效应,使用高k栅介质金属栅(HKMG)取代多晶硅栅。HKMG的优势,一是高k栅介质较栅氧介质厚,避免了隧穿效应;二是金属栅(metal gate,MG)克服了多晶硅栅的V_t漂移、耗尽效应、过高的栅电阻和费米能级的钉扎等现象。

16.1.1 栅结构及其组成材料

如图16-1-1(a)所示,平面MOSFET栅的典型结构包括栅极和栅介质两部分,与栅下面的半导体共同构成金属-氧化物-半导体(MOS)结构。不同于平面MOSFET,IC先进工艺节点器件,如图16-1-1(b)所示FinFET和图16-1-1(c)所示GAAFET,分别采用三栅和围栅构型。

栅极材料早期是金属铝,金属铝栅在器件源漏形成后制备,工艺过程中易出现栅区与源区或漏区可能衔接不上的情况,影响器件良率。所以,到20世纪80年代发展出了多晶硅栅极工艺,该栅极工艺可实现栅区的自对准(原因在16.2节详述)。在多晶硅栅极工艺基础上,为进一步降低栅极的电阻率,还发展了复合多晶硅栅极。但在发展到12英寸45 nm以下工艺节点时,由于高k栅介质的引入以及工艺能力的提升,一些制程的栅极材料又开始出现采用金属栅极材料的情况。

在IC MOSFET设计中,通过栅介质厚度调节栅电压。栅介质通常是SiO_2,为了得到更高的电容值需要采用更薄的氧化层。65 nm工艺制程的等效栅氧厚度仅为23 Å,如此薄的栅介质会导致其直接隧穿漏电。

为避免薄栅氧介质的隧穿漏电,采用了高介电常数材料作为栅介质。55 nm工艺制程的栅介质是氮氧化硅(SiON),因为SiON相较SiO_2具有较高的介电常数。例如,高k金属栅

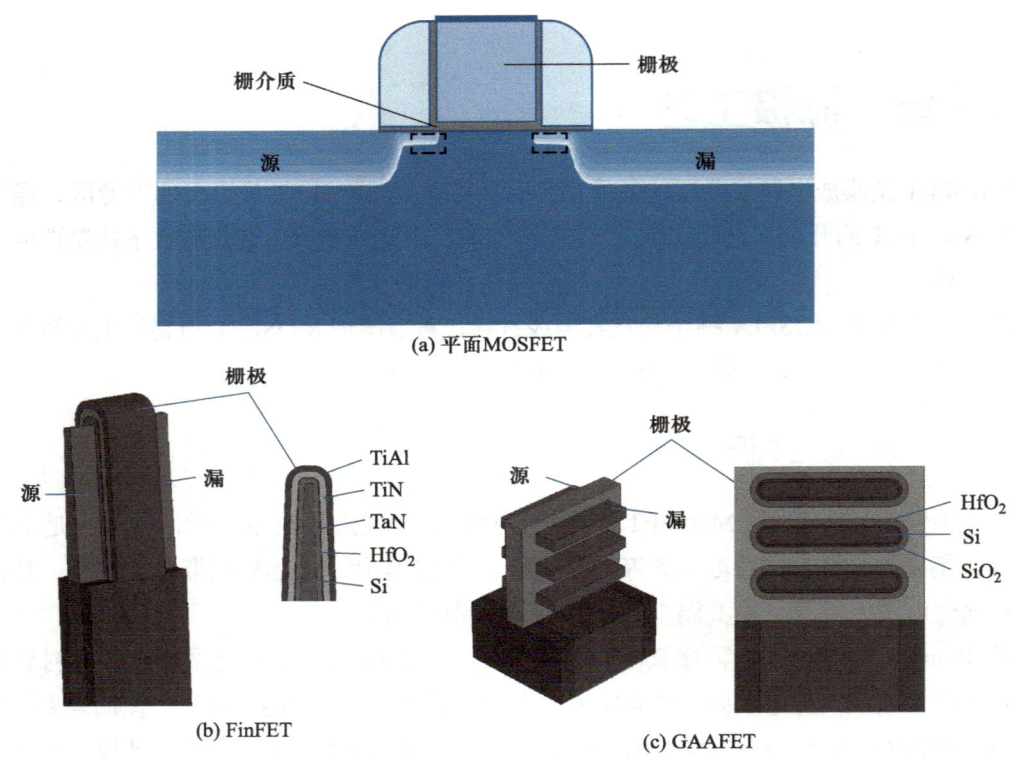

图 16-1-1　MOSFET 的栅极结构

介质采用介电常数更高的 HfO_2，被用于 28 nm 及更先进的工艺制程。

为了保证栅极与沟道的良好界面特性，高 k 栅介质一般采用 SiO_2/高 k 介质复合层结构。

16.1.2　IC MOSFET 栅极线宽

除了栅结构及其组成材料外，栅极宽度也是 IC MOSFET 栅的一个重要指标，它决定了 MOSFET 器件及其集成电路的性能。因此，通常用栅极宽度作为特征尺寸来定义集成电路制造的工艺制程，如图 16-1-2 所示。

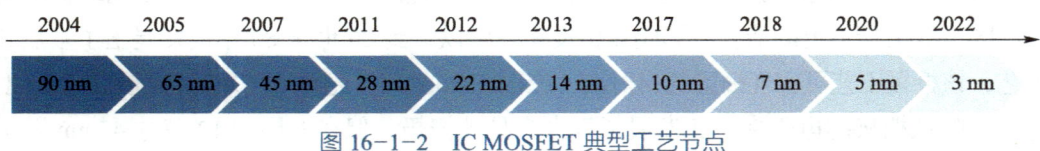

图 16-1-2　IC MOSFET 典型工艺节点

值得注意的是，即使是成熟工艺制程（包括 28 nm 及其之前制程），由于应变 Si 工程等先进技术的引入，部分工艺制程名称也与实际栅极物理尺寸有所不同。IC 先进制程（相对 28 nm 成熟制程）在引入 FinFET 结构之后，尤其后续进一步引入 GAA 结构后，工艺节点名称与实际栅极物理尺寸不相符的情况更加明显。

【思考 1】简述 IC MOSFET 栅极演化的大致历程。

【思考 2】随着工艺节点的进步，为什么需要提高栅介质的电容？

16.2 自对准多晶硅栅工艺

各工艺节点下，IC MOSFET 栅制备工艺流程不尽相同。整个多晶硅栅的工艺制作流程中，有一点需要特别说明，即自对准工艺。

在自对准工艺出现之前，早期的 IC MOSFET 采用的是铝栅工艺，其先采用扩散法形成源和漏扩散区，然后再形成栅区，易出现栅区位置不能精确对准的情况。栅区与源区或漏区衔接不上，就会使沟道断开，致使 MOS 晶体管无法工作。发现问题并解决问题，是工科学生能力素质的体现，工程师们发现这一问题后，提出了一种解决方案。即设计晶体管时让栅区宽度比源和漏扩散区的间距要大一些，光刻时使栅区的两端分别落在源和漏扩散区上，并有一定余量。这一方案虽然解决了之前出现的器件可能无法工作的问题，但也产生了较大的栅对源、漏的覆盖电容，使电路的开关速度降低。在此背景下，自对准工艺技术应运而生。下面，让我们结合自对准多晶硅栅工艺流程，看看工程师们提出的自对准工艺是如何解决这一问题的。

16.2.1 栅氧介质氧化与多晶硅制备

干氧氧化工艺制备的 SiO_2 栅氧化层致密、均匀性和重复性好，与沟道单晶硅和多晶硅栅的界面缺陷少，器件的电学可靠性高。

以气态 SiH_4 为源，采用低压化学气相淀积技术（LPCVD），淀积生长多晶硅。

栅氧介质氧化与多晶硅淀积如图 16-2-1 所示。

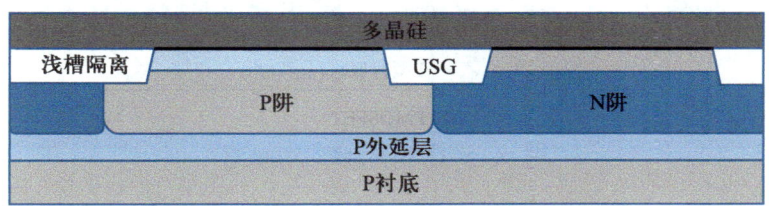

图 16-2-1　栅氧介质氧化与多晶硅淀积

16.2.2 多晶硅栅刻蚀

采用干法刻蚀工艺使多晶硅形成多晶硅栅，刻蚀停止在栅氧介质层。刻蚀剂选择 Cl_2、HCl，其刻蚀的各向异性和选择性好。多晶硅栅刻蚀如图 16-2-2 所示。

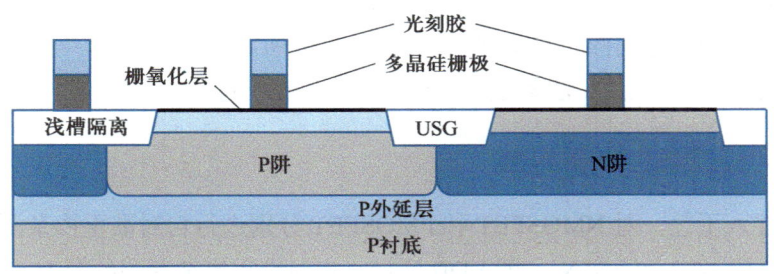

图 16-2-2　多晶硅栅刻蚀

【思考】刻蚀多晶硅栅为什么要保留源漏区的栅氧化层。

16.2.3 自对准轻掺杂源漏 LDD

分别采用质量较大的 N 型砷离子 As^+ 和 P 型硼氟离子 BF_2^+，形成 N 沟 LDD 和 P 沟 LDD，注入能量和剂量根据具体的制程而有所不同。自对准轻掺杂源漏如图 16-2-3 所示。

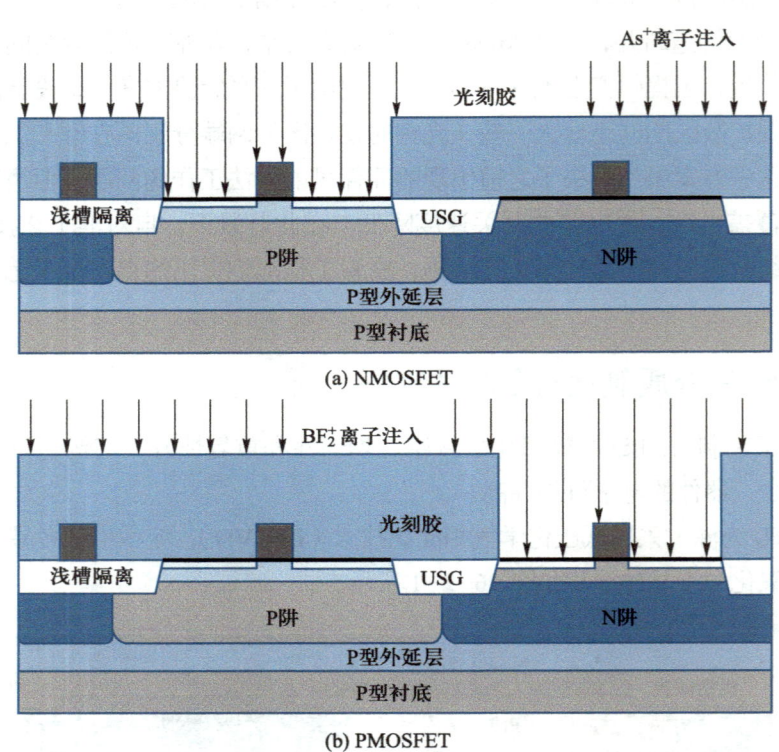

图 16-2-3　自对准轻掺杂源漏

【思考】N 沟 LDD 和 P 沟 LDD 为什么不采用常规的质量较低的磷离子和硼离子？

16.2.4 侧墙制备

第一步采用 PECVD 工艺，在 200～400 ℃下淀积氮化硅薄膜。第二步采用干法刻蚀工艺，刻蚀氮化硅薄膜，形成侧墙。侧墙的作用，一是在后续的自对准重掺杂源漏步骤保护已形成的 LDD 区域，二是帮助形成栅、源和漏极的自对准金属硅化物。二氧化硅也可制作侧墙，但常用于较大的工艺制程。侧墙制备如图 16-2-4 所示。

【思考】侧墙刻蚀为什么采用干法刻蚀，湿法刻蚀为什么不行？

16.2.5 自对准重掺杂源漏

采用离子注入工艺，对 **NMOSFET** 和 **PMOSFET** 分别进行自对准重掺杂源漏。由于侧墙的保护，侧墙下区域掺杂仍为 N^-，即 LDD 区域。自对准重掺杂源漏如图 16-2-5 所示。

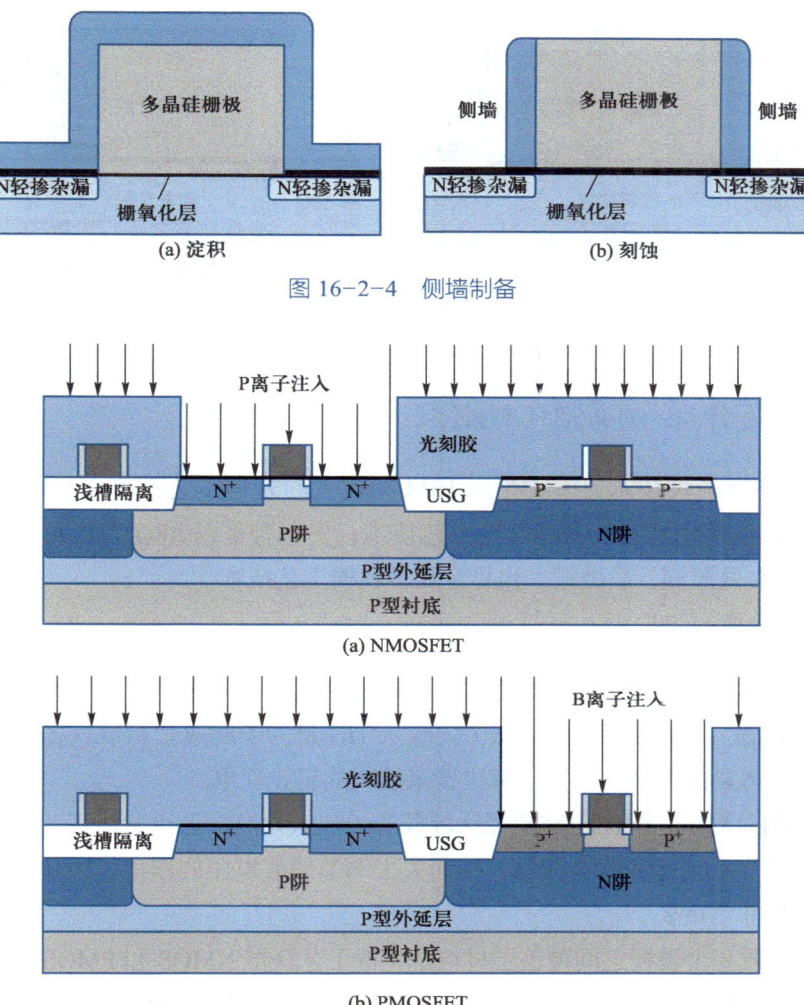

图 16-2-4 侧墙制备

(a) NMOSFET

(b) PMOSFET

图 16-2-5 自对准重掺杂源漏

16.2.6 自对准金属硅化物接触电极

CVD 技术淀积金属 Ti，退火后与多晶硅及源漏区域表面的 Si 形成低电阻率 $TiSi_2$，刻蚀剩余金属 Ti，最终自对准形成栅、源和漏极的 $TiSi_2$。$TiSi_2$ 具有更低的电阻和更好的热稳定性，且与 Si 形成均匀稳定的接触界面。自对准金属硅化物接触电极如图 16-2-6 所示。

【思考】为什么要制备侧墙？自对准工艺的优势是什么？

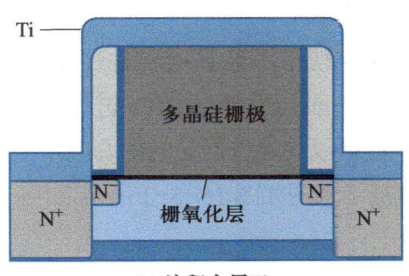

(a) 淀积金属Ti

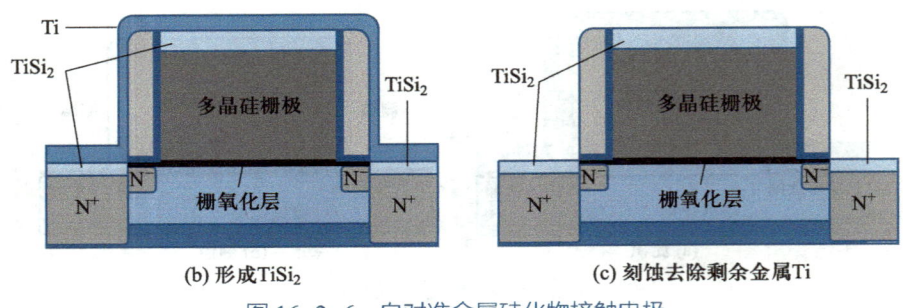

图 16-2-6 自对准金属硅化物接触电极

16.3 高 k 介质金属栅（HKMG）工艺

HKMG 工艺有两种技术，一种是以 IBM 为代表的先栅工艺技术（gate-first），即先做栅，后做源漏，也称金属嵌入多晶硅栅工艺技术；另一种是以 Intel 为代表的后栅工艺技术（gate-last），即先做源漏，后做栅，也称金属替代栅工艺技术。

16.3.1 先栅工艺

先栅工艺技术是指在高 k 介质材料与多晶硅栅之间嵌入高熔点金属 TiN 层和不同功函数层，功函数层称为"覆盖层（cap layer）"。嵌入 TiN 是为了解决金属嵌入多晶硅栅工艺中多晶硅栅耗尽，嵌入功函数覆盖层可以解决费米能级的钉扎现象。

先栅工艺相对简单，但由于需要经历源漏离子注入和高温退火激活工艺，大多数金属栅极材料经高温退火后功函数都会漂移，从而失去调节阈值电压的作用。因此，选择合适的先栅极金属栅材料非常重要。

调整高 k 介质与金属栅之间覆盖层材料是先栅工艺获得 NMOS 和 PMOS 所需栅极功函数的常用手段，如 NMOS 栅极覆盖层为厚度 1 nm 的 La_2O_3 薄膜。La_2O_3 有更多负电性原子，经高温热处理后，与高 k 介质相互扩散混合，形成 N 型功函数材料，以调整 NMOS 阈值电压 V_t。而 PMOS 栅极覆盖层为厚度 1 nm 的 Al_2O_3 薄膜，Al_2O_3 有更多正电性原子，经高温热处理后，覆盖层也与高 k 介质相互扩散混合，形成 P 型功函数材料，以调整 PMOS 阈值电压 V_t。

覆盖层工艺是先栅工艺的一个挑战，因为 PMOS 和 NMOS 覆盖层上分别需要淀积不同材料，且厚度只有 1 nm 左右。因而，利用光刻和刻蚀去除 La_2O_3 和 Al_2O_3 的保护层而不对高 k 介质层产生损伤是非常困难的。

高 k 介质材料 HfO_2 的介电常数是 25，但是 HfO_2 在温度超过 500 ℃时会发生晶化，产生晶界缺陷，同时晶化还会造成表面粗糙度增加，这会引起漏电流增加，从而影响器件性能。所以 HfO_2 不适合先栅工艺技术，一般会通过对 HfO_2 进行掺 Si 和氮化形成 HfSiON 以改善它的高温性能，但是它的介电常数只有 7~15。金属嵌入多晶硅栅示意图如图 16-3-1 所示。

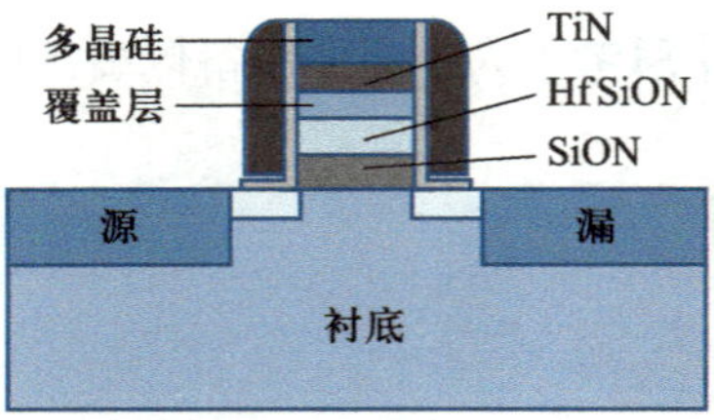

图 16-3-1 金属嵌入多晶硅栅示意图

16.3.2 后栅工艺

后栅工艺虽然流程复杂,且集成度也比先栅工艺低,但金属栅极材料不需要经受高温,工艺上可有效地调节栅极材料功函数值,方便调节阈值电压。此外,后栅工艺更利于源漏选择性外延 SiGe 工艺,可在 PMOS 沟道引入应变,提升器件性能。因此,在同时兼顾高性能与低功耗的情况下,后栅工艺逐渐取得优势,是目前大规模生产中的主流工艺。金属替代多晶硅栅极示意图如图 16-3-2 所示。

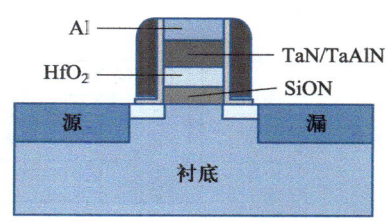

还需要说明几点:① 在金属替代栅极工艺中 PMOS 的金属栅极材料是 TaN,NMOS 的金属栅极材料是 TaAlN,二者所用材料不同;② 因为金属替代栅极工艺中金属栅极是淀积在沟槽里的,它要求淀积工艺具有很好的台阶覆盖率,所以选择原子层淀积技术淀积金属栅极;③ 最后淀积一层低阻金属 Al 的目的是降低栅电阻。

图 16-3-2 金属替代多晶硅栅极示意图

16.3.3 混合栅工艺

相对先栅工艺,后栅工艺可去除假栅,通过选择性外延 SiGe 形成 PMOS 的源/漏极,在沟道引入应变,这对 PMOS 性能提升非常重要。因此,混合了先栅和后栅的综合工艺被开发出来,即混合栅工艺。图 16-3-3 是混合型 HKMG 工艺结构示意图,其中 NMOS 采用先栅工艺,而 PMOS 采用后栅工艺技术。

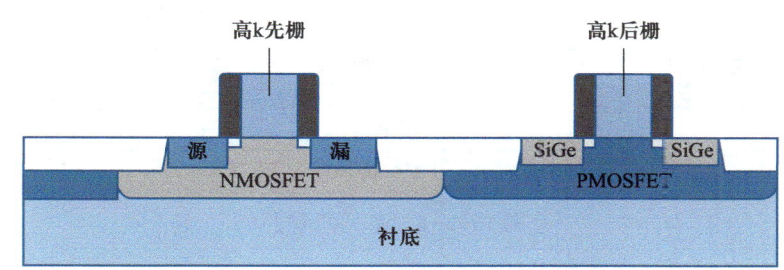

图 16-3-3 混合型 HKMG 工艺结构示意图

16.3.4 平面 MOSFET 高 k 后栅工艺流程

下面以 22 nm 成熟 IC MOSFET 制程为例,介绍较完整的后栅工艺制作流程。

一、初始层结构

刻蚀填充制备 STI 结构,并完成 P 阱和 N 阱的注入,形成初始层结构,如图 16-3-4 所示。

二、掺磷非晶硅假栅

采用化学气相淀积技术淀积非晶硅作为牺牲性栅电极(假栅),为方便后续工艺中将其去除,需对非晶硅注入磷,如图 16-3-5 所示。

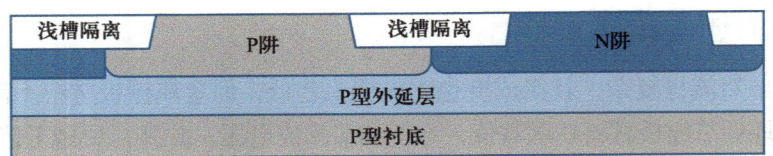

图 16-3-4　初始层结构

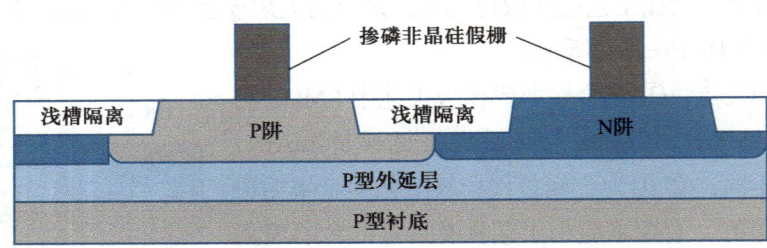

图 16-3-5　制备掺磷非晶硅假栅

三、淀积间隔层

在源漏和栅极上氧化生长出多晶氧化物，PECVD 淀积 SiO_2，形成"偏移间隔层"，即如图 16-3-6 所示的淀积间隔层。间隔层不仅可利于后续假栅的去除，也有利于源漏离子注入工艺时减小沟道效应。

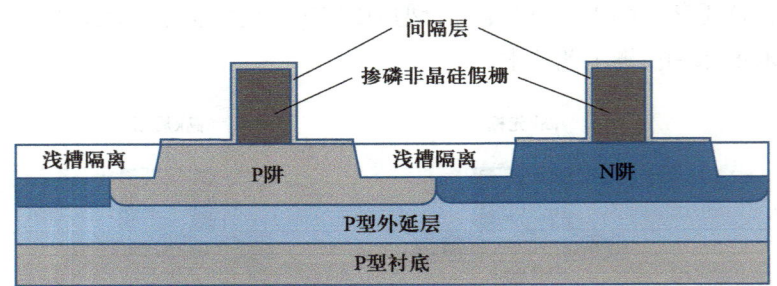

图 16-3-6　淀积间隔层

四、源漏区域轻掺杂

通过离子注入工艺，在源漏区域进行轻掺杂，自对准形成 LDD 区域，如图 16-3-7 所示。

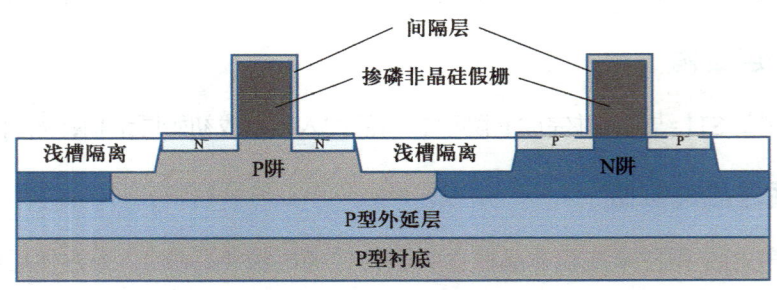

图 16-3-7　离子注入形成轻掺杂源漏区域

五、形成假栅侧墙

PECVD 工艺淀积氮化硅薄膜，干法刻蚀形成假栅侧墙，以保护 LDD 区域，如图 16-3-8 所示。

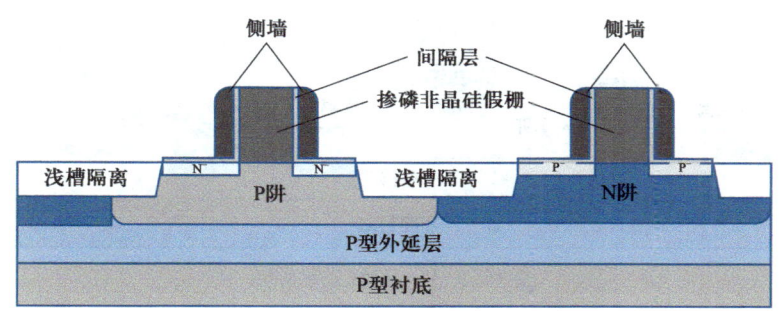

图 16-3-8　淀积刻蚀形成假栅侧墙

六、制备源漏

湿法刻蚀 PMOS 源/漏区，PECVD 工艺选择性外延生长 SiGe（对 PMOS 沟道施加压缩应变，增强沟道内空穴迁移率）。同样，湿法刻蚀 NMOS 源漏区，PECVD 工艺选择外延生长 SiC（对 NMOS 沟道施加拉应力，增强沟道电子的迁移率），如图 16-3-9 所示。

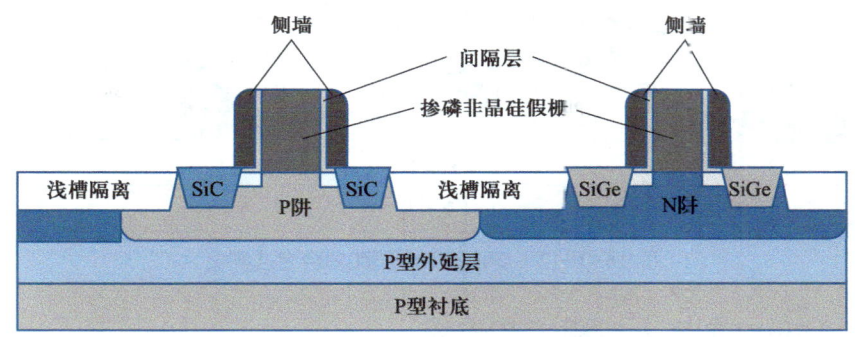

图 16-3-9　刻蚀、原位掺杂选择性外延制备重掺杂 SiC、SiGe 源漏

七、源漏接触电极

经过非晶硅假栅、金属淀积、刻蚀工艺等工艺流程之后，形成了源漏金属电极接触结构，如图 16-3-10 所示。

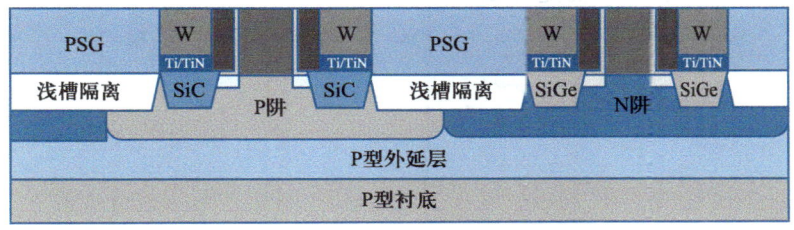

图 16-3-10　淀积源漏接触电极

八、去除假栅

刻蚀去除假栅如图 16-3-11 所示,第一步采用 CMP 工艺打开假栅顶部,第二步采用干法刻蚀去除非晶硅假栅,第三步在栅腔壁上生长氧化物偏移间隔层。

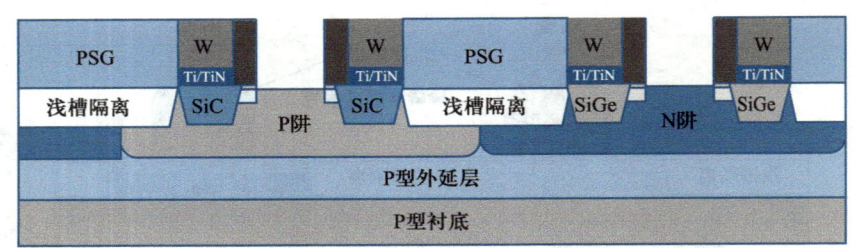

图 16-3-11　刻蚀去除假栅

九、淀积高 k 介质和复合金属栅极

在一氧化二氮、一氧化氮等气氛中氧化生长二氧化硅,形成 SiON。使用原子层沉积技术,在 SiON 上沉积氧化铪（HfO_2）薄膜。最后,分别淀积形成 PMOS 和 NMOS 复合金属栅极材料,如图 16-3-12 所示。

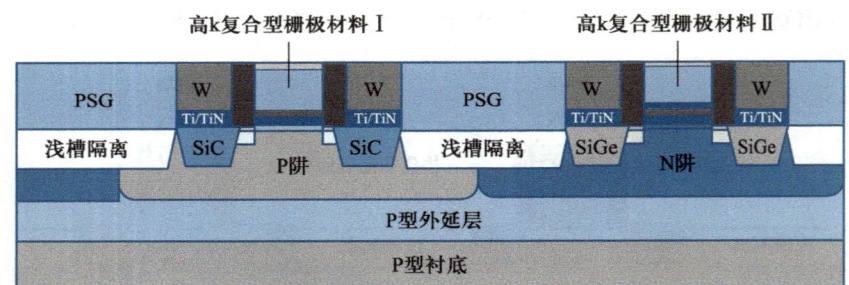

图 16-3-12　淀积高 k 介质和复合金属栅极

16.3.5　FinFET 高 k 后栅工艺流程

相对 22 nm 成熟 IC MOSFET 高 k 后栅工艺制作流程,FinFET 结构的高 k 后栅工艺制作流程更复杂一些,此处仅给出几个与平面 MOSFET 明显不同的关键工艺流程,如图 16-3-13 所示。

【思考 1】PMOS 和 NMOS 的金属栅极材料是否一致？为什么？

【思考 2】混合栅工艺的技术优势是什么？

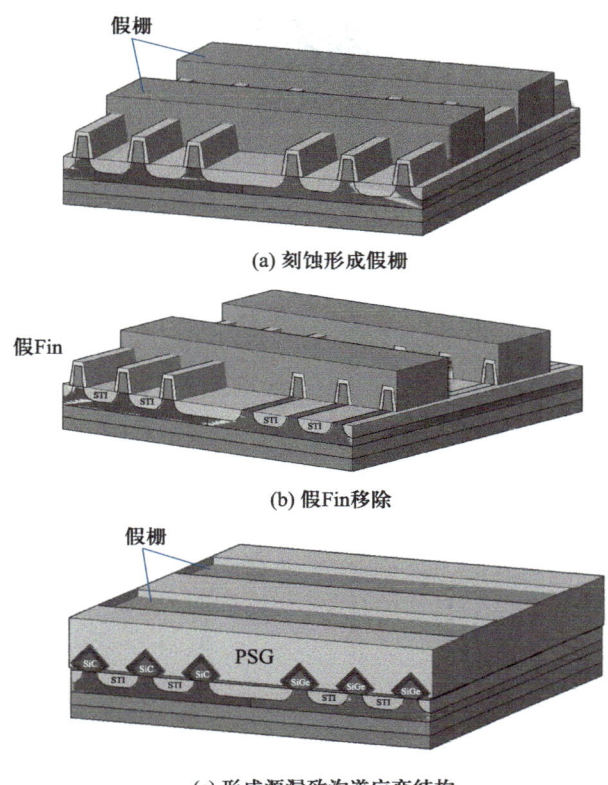

(a) 刻蚀形成假栅

(b) 假Fin移除

(c) 形成源漏致沟道应变结构

图 16-3-13　FinFET 高 k 后栅关键工艺流程

小结

本章首先阐述了 IC MOSFET 栅构成结构、栅组成材料以及栅极线宽三方面内容，让读者对栅有一个初步的认识。之后介绍了自对准多晶硅栅工艺的技术由来以及工艺流程，希望读者在掌握该工艺技术特点的同时，提高工艺技术开发的思维意识。考虑到先进制程中高 k 介质金属栅工艺的重要性，本章讨论了高 k 介质金属栅工艺中两种典型工艺的技术特点，并以后栅工艺为例，给出了高 k 介质金属栅工艺流程。

思考与习题

1. IC MOSFET 栅结构由什么组成？
2. 工艺节点名称与实际栅极物理尺寸是否相符？请举例说明。
3. 请表述 IC MOSFET 栅极氮氧化硅介质层的两种制备方法。
4. 请画出自对准工艺的流程图。
5. 试比较说明先栅工艺和后栅工艺。
6. 请画出高 k 栅制备工艺流程图。
7. FinFET 高 k 后栅工艺和平面 MOSFET 高 k 后栅工艺的主要区别是什么？

第 16 章进阶习题

第 17 章 源漏工艺

随着器件尺寸的缩小,热载流子效应和短沟道效应等小尺寸效应愈加显著,严重影响 MOS 器件的性能。轻掺杂漏技术(lightly doped drain,LDD)可降低热载流子注入效应,晕环离子注入可抑制漏致势垒降低效应。

本章将详细阐述现代集成电路制造的源漏工艺,介绍如何利用轻掺杂漏区离子注入来降低热载流子注入效应,如何通过晕环离子注入来降低深亚微米器件中的源漏穿通,以及现代的源漏重掺杂工艺如何降低寄生电阻,保证电流的驱动能力,从而提高 MOS 器件制备的可靠性。

17.1 轻掺杂漏区

轻掺杂漏区注入也称 LDD 注入,如图 17-1-1 所示,在多晶硅栅极形成后,需要对 NMOS 和 PMOS 进行轻掺杂注入,以抑制漏致势垒降低效应和降低热载流子注入效应。

本节将针对 LDD 注入的工艺原理与技术特性、工艺流程、先进的 LDD 注入技术等内容展开介绍。

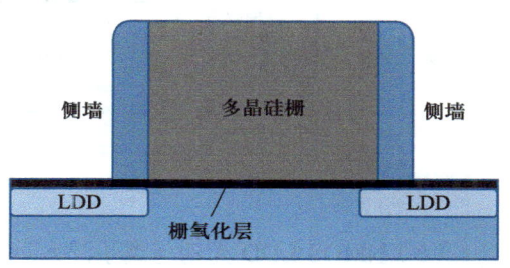

图 17-1-1 LDD 结构示意图

17.1.1 工艺原理与技术特性

LDD 离子注入工艺是指在栅极的边界下方与源漏之间形成低掺杂的扩展区,该扩展区在源漏与沟道之间形成杂质浓度梯度,从而减小漏极附近的峰值电场,达到降低热载流子注入效应和改善器件可靠性的目的。

在 0.8 μm 及以下尺寸工艺中,由于 NMOS 器件的热载流子注入效应比 PMOS 更严重,通常只在 NMOS 中进行 LDD 离子注入。当尺寸缩小到 0.5 μm 以下时,NMOS 和 PMOS 都需要 LDD 离子注入。由于注入深度较浅,需要低能大束流即高束流的离子注入设备实现。LDD 注入后的退火需要更短的时间,以减少离子的热扩散。而且 LDD 注入作为源漏有源区与沟道的交接处,电阻率增加,增加了源漏额外的寄生电阻,且提高了工艺的复杂性,使得成本上升。

【思考】LDD 技术如何降低热载流子注入效应?

17.1.2 工艺流程

LDD 注入的工艺流程包括如下步骤。

(1)衬底氧化和多晶硅淀积。如图 17-1-2 所示,采用干氧氧化工艺生长栅介质 SiO_2,

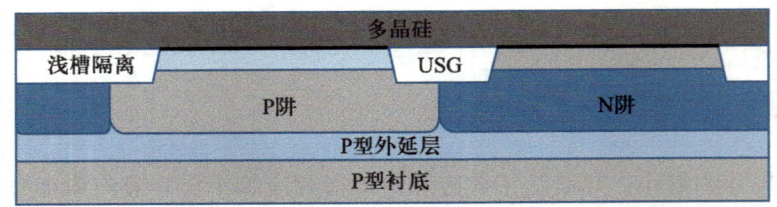

图 17-1-2　衬底氧化和多晶硅淀积后的器件剖面图

厚度约 150 Å；利用 LPCVD 工艺淀积多晶硅薄膜。

（2）多晶硅图形化。如图 17-1-3 所示，通过光刻工艺和反应离子刻蚀工艺，形成多晶硅栅图形。刻蚀多晶硅栅图形时，在源漏区要保留栅氧化层。

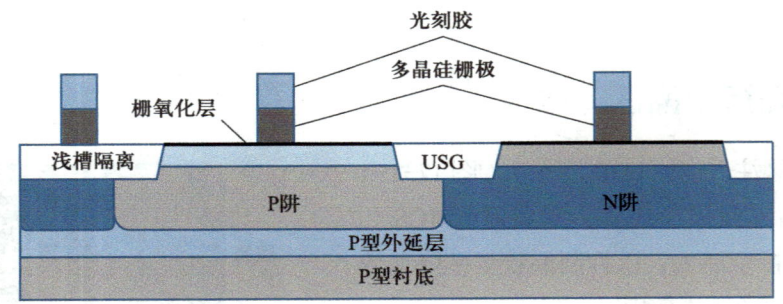

图 17-1-3　多晶硅图形化后的器件剖面图

（3）NMOS LDD 光刻与离子注入。如图 17-1-4 所示，通过光刻工艺和干法刻蚀工艺，形成 NMOS LDD 注入区。采用低能量和低剂量的 As^+ 离子注入工艺，形成 NMOS LDD 注入层。

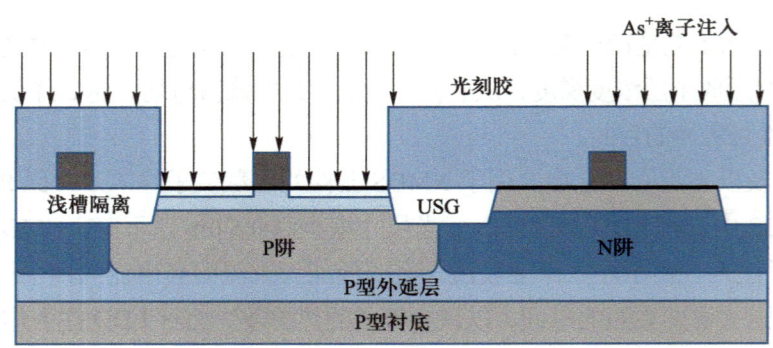

图 17-1-4　NMOS LDD 光刻与离子注入示意图

【思考】NMOS LDD 离子注入为什么采用 As^+ 离子，而不是常用的 P 离子？

（4）PMOS LDD 光刻与离子注入。如图 17-1-5 所示，与 NMOS LDD 光刻类似，通过光刻工艺和干法刻蚀工艺，形成 PMOS LDD 注入区。采用低能量和低剂量的二氟化硼（BF_2^+）离子注入工艺，形成 PMOS LDD 注入层。

【思考】PMOS LDD 离子注入为什么采用 BF_2^+ 离子，而不是常用的 B 离子？

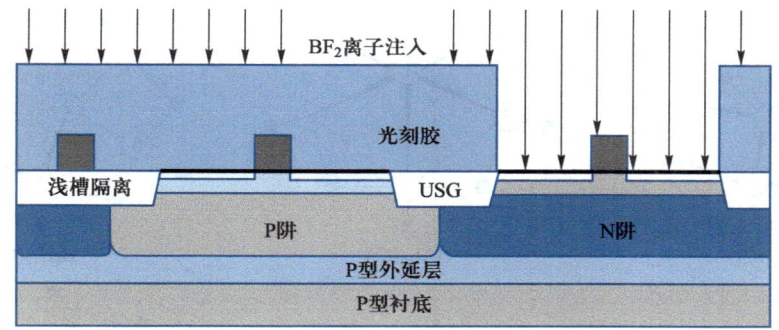

图 17-1-5　PMOS LDD 光刻与离子注入示意图

（5）去除光刻胶。通过干法刻蚀和湿法刻蚀去除光刻胶。

（6）清洗。将晶圆放入清洗槽中清洗，得到清洁的表面，防止表面的杂质在后续退火工艺中扩散到内部。

（7）LDD 退火激活。在 950 ℃的 H_2 环境中进行快速热退火（RTP），退火时间是 5 s 左右，目的是修复离子注入造成的硅表面晶体损伤，激活离子注入的杂质。

17.1.3　先进的 LDD 注入技术

随着器件尺寸的不断缩小，LDD 注入的深度逐渐变浅，这就要求采用更低的能量进行注入，这也是未来小于 10 nm 制程中离子注入所面临的重要挑战之一。下面我们以大分子离子注入、低温离子注入、共同离子注入为例详细介绍先进的 LDD 注入技术。

1. 大分子离子注入

在注入能量小于 1 keV 的情况下，现有的离子注入设备已经很难调出稳定的束流来完成工艺需求。

为解决这一难题，业界提出选择磷和砷的二聚和多聚离子等大分子，如 P_2、P_4、As_2、As_4 等来取代 N 型掺杂的 P 和 As^+，B_8H_{14}、$B_{18}H_{22}$、$C_2B_{10}H_{12}$ 等来取代传统的 B 或 BF_2^+ 作为 LDD 的离子注入源，实现更高的离子注入束流。B 的大分子离子注入源示意图如图 17-1-6 所示。

在注入能量相同的情况下，大分子离子注入可以得到更大的注入束流，而且同时注入多个原子也大大提高了注入效率。大分子离子注入本身是掺杂和非晶态二合一的注入过程，它所造成的硅衬底的晶格损伤和缺陷比传统的注入方式低很多。

但是大分子离子注入也存在相应的问题，比如多聚离子的制备和提纯问题，离子源的结构设计问题，质量分析器也需要提供更强的磁场进行偏转筛选，以及多聚离子的高能加速过程容易分解等，目前该项技术也在持续改进当中。

2. 低温离子注入

衬底温度对离子注入工艺的影响很大，低温离子注入工艺是指在离子注入过程中，硅片温度保持在 0 ℃以下，甚至到 −100 ℃或更低。该项技术对离子注入机本身结构并没有太大改变，只是额外用一台冷却器通过冷却液或液氮的循环，来实现对晶圆温度的控制，如图 17-1-7 所示。

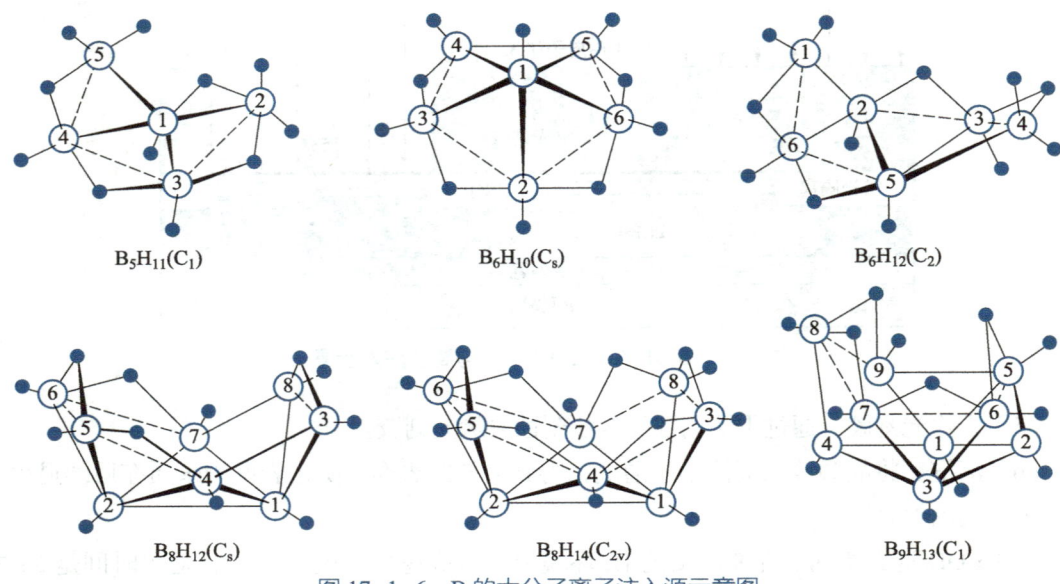

图 17-1-6　B 的大分子离子注入源示意图

图 17-1-7　低温离子注入机

低温离子注入的工艺原理是：低温下，原子晶格处于较低的能量状态，在被注入离子破坏后，相对比较难恢复单晶态，因此非晶化的速度比较快，形成的非晶层也比较厚，并且在此过程中产生的间隙（原子）也比较容易停留在非晶态层中，可以得到比较低的射程端缺陷。

低温离子注入的工艺特性体现在 LDD 制作中，可以表现出比较好的电学性能，如更低的漏电流、更少的注入缺陷以及在随后退火过程中可以使注入离子达到较高的活化和相对较少的扩散等。

但是低温离子注入技术产生的更厚的非晶层，也增加了后续退火的难度。低温离子注入技术一直在持续发展和改进当中，需要在工艺设计过程中进行适当的取舍或折中考虑。

3. 共同离子注入

共同离子注入的工艺原理是将除通常所需注入的 N 或 P 型掺杂离子之外的其他杂质离子

（如碳、氟、氮等）一起注入器件的特定区域，用来调节 LDD 浅结的深度、轮廓，改善其可靠性和寿命。

共同离子注入的工艺特性在于可以抑制退火过程中掺杂元素的扩散，提高掺杂元素的活化，在器件的短沟道效应的抑制、漏电流的降低以及工作电流的提高方面都有很大的改善。

共同离子注入技术目前已经在 65 nm 节点得到了广泛的应用。以 PMOS LDD 为例，碳和氟离子就经常被用于共同离子注入，以减少硼元素的扩散和提高它的活化率。但是注入离子的增加对离子源的结构设计，质量分析器的结构优化，以及多离子的高能加速过程等也提出了新的挑战，该项技术也在持续改进当中。

【思考】上述先进的 LDD 离子注入技术之间有何区别和联系？

17.2 晕环离子注入

随着 CMOS 集成电路工艺特征尺寸的不断缩小，短沟效应对器件性能的影响已不容忽视，表现出驱动能力降低、器件提前进入饱和的现象。此外，短沟器件还存在漏致势垒降低效应的影响，表现在器件阈值因受工作电压影响而发生偏移，导致泄漏电流增加、栅控能力减弱。

短沟道器件的漏致势垒降低效应可以通过在 LDD 结构中采用晕环（Halo）离子注入来抑制。本节将针对晕环离子注入的工艺原理与技术特性、工艺流程、反短沟道效应等内容展开介绍。

17.2.1 工艺原理与技术特性

晕环离子注入的工艺原理在于它能提高衬底与源漏交界面的掺杂浓度，使得源漏极间的载流子浓度增大，形成强度大于载流子扩散运动的内电场，从而减小源漏耗尽区的宽度，令源极和漏极的耗尽区的宽度小于器件的沟道长度，防止源漏穿通，抑制短沟道器件的漏致势垒降低效应。

晕环离子注入的类型与衬底相同，例如 NMOS 的晕环注入类型是 P 型，而 PMOS 的晕环离子注入类型是 N 型。晕环离子注入时，离子注入的方向与晶圆并不是垂直的，而是存在一定的角度，并且同时转动晶圆，这就形成一个类似口袋的掺杂区，如图 17-2-1 所示，所以晕环离子注入也称口袋离子注入。

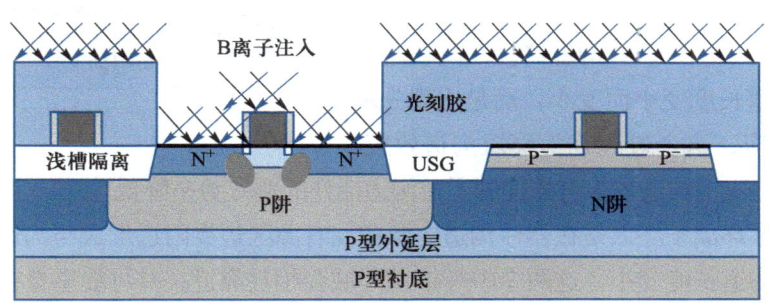

图 17-2-1 晕环离子注入示意图

晕环离子注入的深度比 LDD 离子注入深，从而有效地降低了源和漏极的耗尽区的横向扩展，防止源漏穿通现象。晕环离子注入仅仅应用于短沟道器件，以 0.18 μm 工艺节点为例，晕环离子注入只会应用在 1.8 V 器件，3.3 V 不是短沟道器件，所以不需要晕环离子注入。

【思考】LDD 结构中如何通过晕环离子注入抑制短沟道器件的漏致势垒降低效应？

17.2.2 工艺流程

NMOS 器件的晕环离子注入结构工艺实现简单，便于在现有的硅 CMOS 工艺中应用。对 NMOS 器件，可以采用 B^+、BF_2^+ 等形成 P^+ Halo 区。为了避免 P^+ Halo 区的重叠和倾斜注入对 LDD 浅结、栅介质和栅氧的破坏，在侧墙形成后进行晕环离子注入是较好的选择；同时，掩模边缘对注入会有掩蔽，可以获得较好的掺杂分布。

晕环离子注入是在前述 LDD 注入之后进行的，其基本流程如下。

（1）侧墙材料淀积。采用 PECVD 工艺在衬底上淀积一层全覆盖的 SiO_2，如图 17-2-2 所示。

（2）侧墙形成。采用干法刻蚀工艺将源、漏、栅上方的 SiO_2 材料去除，如图 17-2-3 所示。

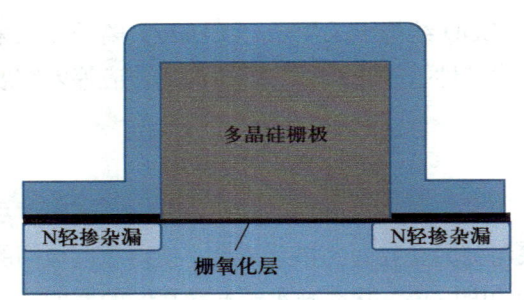

图 17-2-2 侧墙材料淀积示意图

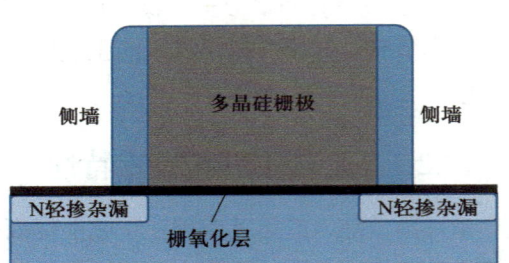

图 17-2-3 侧墙形成示意图

（3）晕环离子注入。采用离子注入工艺，在 LDD 基础上形成 Halo 区，如图 17-2-4 所示。

【思考】晕环离子注入工艺的前后道工艺是什么，有什么注意事项？

17.2.3 反短沟道效应

采用晕环离子注入，短沟道器件的阈值电压并不会随着沟道长度变小而变小，而是出现先增大后变小的效应，这个效应称为反短沟道效应。

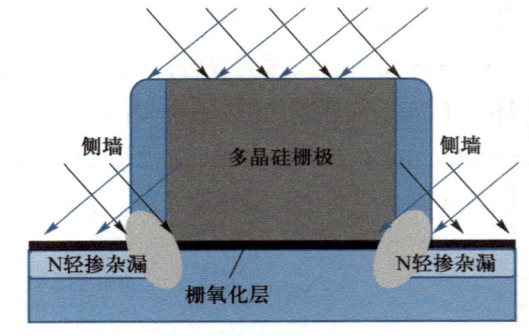

图 17-2-4 晕环离子注入示意图

晕环离子注入的反短沟道效应有效抑制了短沟道器件的漏致势垒降低效应。

这是因为晕环离子注入是在器件沟道中源和漏有源区边界附近形成与沟道同型的中等掺杂区域，随着沟道长度变小，这两个中等掺杂区域会相互靠近，并可能重叠在一起，随着它们相互靠近，沟道的掺杂浓度会逐渐变大，导致阈值电压变大和饱和电流变小。

晕环离子注入结构由于与平面 CMOS 工艺的兼容性，以及抑制短沟道效应和漏致势垒降低效应的作用，在 22 nm 工艺节点前得到广泛关注。实际的应用情况将取决于晕环离子注入的角度、能量和剂量，由晕环离子注入对衬底载流子浓度分布的影响决定。

【思考】晕环离子注入的反短沟道效应是如何产生的？

17.3 源漏重掺杂

现代的源漏重掺杂工艺可以降低寄生电阻，保证电流的驱动能力，从而提高 MOS 器件制备的可靠性。本节将针对源漏重掺杂的工艺原理与技术特性、工艺流程、侧墙工艺发展等内容展开介绍。

17.3.1 工艺原理与技术特性

在 LDD 结构形成后，由于注入的离子浓度较低，导致器件的源漏接触电阻较高。为了解决这个问题，需要在器件的源漏有源区进行重掺杂，以降低串联电阻，保证电流的驱动能力，从而提高器件的速度。

然而，重掺杂的源漏离子注入工艺可能会影响到轻掺杂的 LDD 结构。为了避免重掺杂的离子影响到 LDD 结构，可以通过侧墙工艺来保护 LDD 结构。

侧墙工艺的步骤包括先沉积一层薄二氧化硅，然后利用各向异性干法刻蚀技术去除表面的二氧化硅层。在刻蚀过程中，多晶硅栅的侧墙上会保留一部分二氧化硅，形成保护层。这样一来，在进行源漏重掺杂之前，LDD 结构就能够得到有效的保护。

侧墙工艺不需要使用掩模，只需要利用各向异性干法刻蚀技术即可完成。通过侧墙工艺的应用，可以有效保护 LDD 结构，提高器件性能，并避免重掺杂对 LDD 结构的影响。

【思考】侧墙工艺为什么需要干法刻蚀形成？

17.3.2 工艺流程

在半导体器件制程中，一旦完成了栅侧墙隔离，接下来的步骤就是进行源漏重掺杂离子注入。在这个过程中，源极和漏极两端会发生反掺杂，生成一个二极管结构，即栅源极区和栅漏极区之间形成二极管。这个二极管结构始终处于反向偏置状态，可以实现源极区域和漏极区域之间的电隔离效果。只有在栅极施加电压时，栅极下方的薄层沟道才会反转，从而实现晶体管的导通状态。具体步骤如下。

（1）NMOS 源漏区光刻与离子注入。如图 17-3-1 所示，通过光刻工艺和干法刻蚀工艺，形成 NMOS 源漏区。在多晶硅栅/侧墙和光刻胶的掩蔽下，采用高能量和高剂量的磷离子进行注入，可自对准实现 NMOS 源和漏功能区。

（2）PMOS 源漏区光刻与离子注入。如图 17-3-2 所示，通过光刻工艺和干法刻蚀工艺，形成 PMOS 源漏区。在多晶硅栅/侧墙和光刻胶的掩蔽下，采用高能量和高剂量的硼离子进行注入，可自对准实现 PMOS 源和漏功能区。

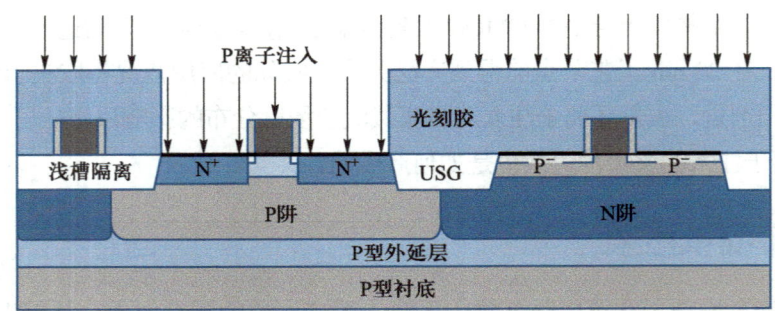

图 17-3-1　NMOS 源漏区光刻与离子注入示意图

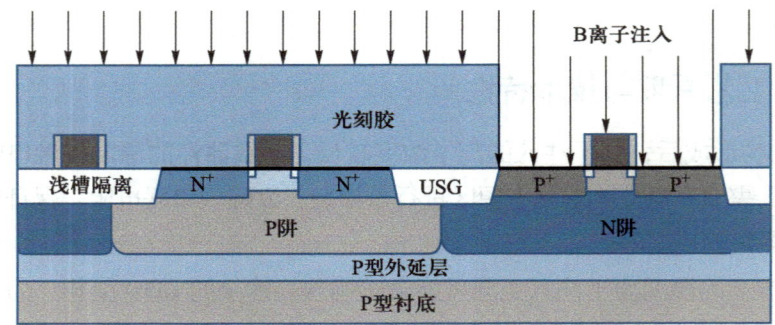

图 17-3-2　PMOS 源漏区光刻与离子注入示意图

（3）去除光刻胶并清洗。通过干法刻蚀和湿法刻蚀去除光刻胶，将晶圆放入清洗槽中清洗，得到清洁的表面，防止表面的杂质在后续退火工艺中扩散到内部。

（4）源漏离子退火激活。在 950 ℃的 H_2 环境中进行快速热退火（RTP），退火时间是 10~20 s，目的是修复离子注入造成的硅表面晶体损伤，激活离子注入的杂质。

【思考】源漏重掺杂工艺的前后道工艺是什么，有什么注意事项？

17.3.3　侧墙工艺发展

在 0.8 μm 及以下工艺制程中，侧墙材料是二氧化硅。在深亚微米制程中，如果仍然采用 SiO_2 作为侧墙材料，由于栅极和漏极之间的距离较近，SiO_2 无法提供足够的隔离。这可能导致栅极和漏极之间的金属接触填充存在严重的漏电问题。相比之下，新一代的侧墙材料 SiN 具有更好的电隔离特性。因此，在深亚微米工艺中采用 SiN 作为侧墙材料可以有效缓解漏电问题。

随着工艺制程的不断进步，到了 0.18 μm 及以下的制程，使用 SiO_2 和 SiN 作为侧墙介质层会带来新的问题。SiN 材料的应力较大，可能导致器件产生形变，进而影响器件的性能，如饱和电流下降和漏电流增加。为了解决这一问题，需要减小 SiN 的厚度。为了平衡 SiO_2 和 SiN 的性能，可以采用三明治结构 $SiO_2/SiN/SiO_2$ 来代替纯 SiO_2 和 SiN 作为侧墙介质层。在这种结构中，两层 SiO_2 之间的 SiN 层可以减小 SiN 的应力对器件的影响，同时保持电性隔离特性。

当工艺制程继续发展到 90 nm 及以下时，栅极与漏极的寄生电容开始逐渐增大并影响器件的开关速度。为了降低栅漏之间的寄生电容，必须增大栅极和漏极 LDD 结构的距离，此时需要进行双重侧墙隔离。

【思考】三明治结构的复合侧墙的制备工艺是什么？

小结

源漏工艺是现代 CMOS 技术的基础工艺，本章围绕现代源漏工艺技术，针对如何降低热载流子效应和短沟道效应等小尺寸效应，详细阐述了轻掺杂漏区离子注入技术、晕环离子注入技术和现代的源漏重掺杂工艺技术的工艺原理、工艺特性、工艺流程及最新技术发展。

思考与习题

1. 引入 LDD 工艺的目的及其制造流程是什么？
2. 自对准工艺的意义是什么？
3. 先进的 LDD 技术有哪些？
4. 简述晕环离子注入的工艺原理。
5. 侧墙工艺的目的和工艺流程是什么？

第 17 章进阶习题

第18章 金属硅化物工艺

作为接触电极材料，金属硅化物以其与硅接触特性好、接触电阻低、可实现自对准工艺等优势，在现代集成电路制造工艺中完全取代了传统的铝、Ti 等金属材料。

本章主要介绍了典型硅化钛、硅化钴、硅化镍等金属硅化物的材料特性及其制备工艺。

18.1 典型的金属硅化物

金属与直接接触的有源区和多晶硅栅的硅反应形成金属硅化物。硅化物对硅形成良好的冶金接触，并在接触金属和硅结区域用作附着层。金属硅化物还具有相对高的最低溶解温度，许多硅化物在超过 1 000 ℃时仍具有良好的热稳定性。

在硅裸露的区域，金属与硅反应形成硅化物。在硅片表面的其他区域，如表面为二氧化硅覆盖的区域，则没有金属硅化物形成。如图 18-1-1 所示，不需要掩模与光刻，能够自对准地制备源漏和栅极的接触材料。通常，在多腔集成设备中使用快速热退火（RTA）工艺完成金属硅化物接触材料的制备。表 18-1-1 给出了常用硅化物的部分材料特性。

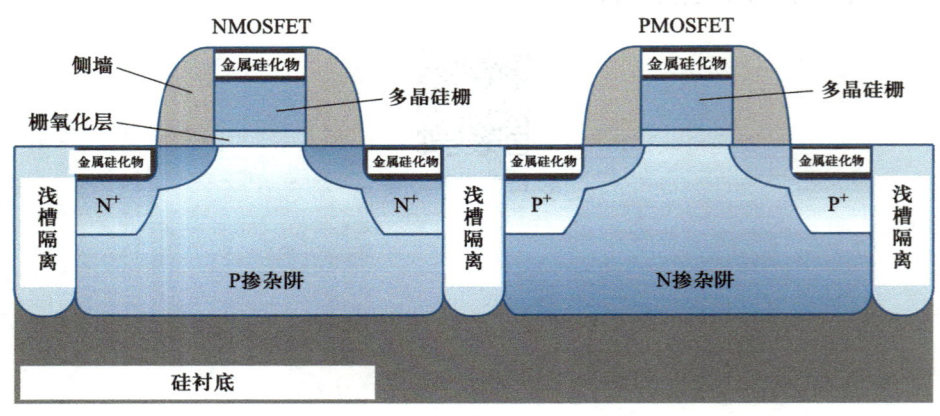

图 18-1-1 金属硅化物在 MOSFET 中的应用示例

表 18-1-1 常用硅化物的部分材料特性

硅化物	最低熔化温度 /℃	形成的典型温度 /℃	电阻率 /（μΩ·cm）
钴/硅（$CoSi_2$）	900	550～700	13～19
钼/硅（$MoSi_2$）	1410	900～1100	40～70
铂/硅（$PtSi_2$）	830	700～800	28～35
钽/硅（$TaSi_2$）	1385	900～1100	35～55
钛/硅（$TiSi_2$）	1330	600～800	13～17
钨/硅（WSi_2）	1440	900～1100	31

18.1.1 硅化钛

$TiSi_2$ 是最常用的金属硅化物，通常将其用作晶体管硅有源区和钨塞之间的接触。有时也将其称作黏附层，因为 $TiSi_2$ 能够紧紧地把钨和硅黏合在一起。

$TiSi_2$ 的优点是电阻率低、高温稳定性好，与作为钨塞阻挡层的 TiN 能够很好地在工艺上兼容。

在与硅的退火过程中，$TiSi_2$ 会形成两个不同的颗粒相，一个是低温 C49 相，另一个是高温 C54 相。$TiSi_2$ 的 C49 相形成在退火温度 625～675 ℃之间，其电阻率为 60～65 μΩ·cm。C49 相形成后，经过第二次退火形成 C54 相。二次退火温度约为 800 ℃，电阻率仅为 10～15 μΩ·cm。因而，通过两步退火能够进一步降低接触电阻。

18.1.2 硅化钴

在 0.18 μm 及更小工艺制程，对于超浅的源/漏结，接触层也不断减薄。$TiSi_2$ 电阻率会随结构减薄而增加，但采用 $CoSi_2$ 则可解决这一问题。

$CoSi_2$ 经退火处理，其接触电阻值仍然保持在 13～19 μΩ·cm。$CoSi_2$ 的颗粒尺寸比 $TiSi_2$ 小约十倍，因而在热退火处理过程中，低电阻相被完全成核并长大。由于 $CoSi_2$ 颗粒的尺寸较小，其电接触也较易形成。

在金属-金属硅化物-硅材料系统的热处理过程中，硅可能发生扩散，并穿过硅化物进入到金属中。为了避免这个问题，通常在金属硅化物与金属层之间淀积一层金属阻挡层。氮化钛（TiN）阻挡层对钨和铝工艺都很有效，铜互连工艺则以 TaN 作为扩散阻挡层。

18.1.3 硅化镍

65 nm 工艺制程之后，$CoSi_2$ 也逐渐显现线宽效应，即接触电阻会随线宽减小而显著增大，因而需选用硅化镍（Ni_2Si）。但由于镍原子的扩散能力很强，会在源、漏极上造成侵蚀缺陷，并增加漏电。因此，常采用含铂 5～10 atom% 的铂镍合金制备硅化镍。

先进工艺制程的深宽比也进一步增大，要求铂镍合金的沉积具有更好的台阶覆盖性。在铂镍合金形成硅化物的热处理过程中，若金属层厚度不均，则较厚一侧形成的硅化物厚度也较厚，这将降低器件良率。使用先进的低压溅射技术（advanced low pressure sputtering，ALPS）工艺进行铂镍合金层的淀积，可改善硅化物厚度的均匀性。

18.2 金属硅化物工艺特性

自对准硅化物技术为器件提供了稳定的接触结构，减小了源/漏区的接触电阻和方块电阻，并且由于硅化物的电阻率比多晶硅更低，还可以减小栅电阻，即在设计上可以得到更小的串联电阻，减小 RC 延时，提高电路的速度。该技术能够优化漏端电场，减小反偏漏电流，同时又能很好地与露出的源/漏区以及多晶硅栅对准，控制对准误差。

本节将以典型的硅化钛（$TiSi_2$）为例，介绍金属硅化物的主要工艺特性。

18.2.1 侧墙工艺

侧墙工艺是指形成环绕多晶硅的氧化介质层，保护 LDD 结构，通过防止重掺杂的源漏离子注入工艺把离子注入 LDD 结构的扩展区。在侧墙的制备过程中，不需要光刻版和光刻，而是利用干法刻蚀的各向异性特性形成了栅两侧的保护结构。

1. SiO_2 薄膜淀积

利用 APCVD 在晶圆表面淀积一层厚度约为 400 Å 的二氧化硅层。利用 TEOS（$Si(OC_2H_5)_4$，正硅酸四乙酯）和 O_3 在 400 ℃ 发生反应形成二氧化硅淀积层。TEOS 在室温常压下为液体，且具有良好的台阶覆盖能力。这种方法制备的氧化层具有非常好的间隙填充能力。侧墙结构可以保护栅极，形成 PLDD 和 NLDD 的掺杂结构，同时防止栅和源漏接触通道之间发生漏电。淀积氧化硅侧墙结构的剖面图如图 18-2-1 所示。

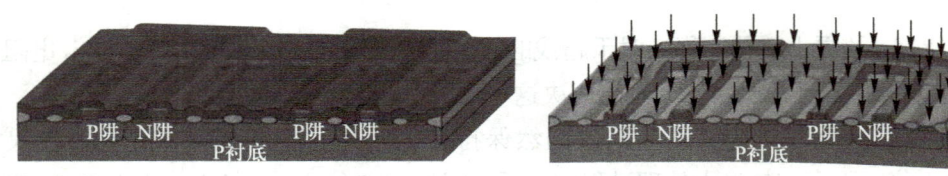

图 18-2-1　淀积氧化硅侧墙结构的剖面图

【思考】能否采用氧化工艺制备侧墙。

2. 侧墙刻蚀

采用 Cl_2 和 CF_4 作为工艺气体，利用各向异性的干法刻蚀形成侧墙。由于在栅两侧的氧化物层在垂直方向较厚，且干法刻蚀具有各向异性的刻蚀特性，在完全刻蚀掉源漏极表面的二氧化硅材料时，在栅极两侧仍会保留一定厚度未被刻蚀的氧化物，形成侧墙结构。

18.2.2 金属淀积工艺

相对于 PVD 工艺淀积金属 Ti，采用 CVD 工艺淀积的 Ti 具有更好的台阶覆盖特性。尤其是在侧墙结构制备完成之后，针对具有典型台阶结构且未平坦化的结构表面，在小尺寸器件结构中，工艺的台阶覆盖能力会显著影响金属膜层的均匀性。

18.2.3 退火工艺

在金属层淀积完成之后，需要进行快速热退火处理以及选择性刻蚀，形成金属硅化物。

以金属 Ti 的自对准技术硅化物工艺为例，首先淀积一层 Ti 薄膜，实际工艺中，往往再淀积一层 TiN 薄膜覆盖在 Ti 薄膜上，以防止 Ti 在快速热退火处理时流动。

第一次快速热退火的温度相对较低，一般在 450～650 ℃。Ti 与有源区和多晶硅栅的硅反应形成高阻态的 C49 相金属硅化物 Ti_2Si。Ti 不会与氧化硅反应生成金属硅化物，所以可以利用湿法刻蚀去除表面的 TiN 薄膜和氧化硅上未反应的 Ti 薄膜。

第二次快速热退火一般高于 750 ℃。通过第二次快速热退火，能够将高阻态的 C49 相

Ti_2Si 转化为低阻态的 C54 相的 $TiSi_2$。

如果仅通过一次快速热退火生成低阻态的 $TiSi_2$，则需要更高的工艺温度。而高温条件会使得 Si 沿着 $TiSi_2$ 的晶粒边界扩散，氧化硅边界上的 $TiSi_2$ 过度生长，湿法刻蚀无法去除氧化物上的金属硅化物，造成短路。

18.2.4 刻蚀工艺

采用各向同性的湿法刻蚀工艺，覆盖刻蚀表面未反应的金属 Ti。湿法刻蚀具有更好的选择性，能够有效地去除未反应的残余金属 Ti，保证金属硅化物的接触结构不被过刻蚀。

18.3 自对准金属硅化物工艺流程

通过侧墙工艺，可在栅、源和漏极表面自动对准生成金属硅化物。图 18-3-1 概述了以硅化钛为例的自对准工艺流程。

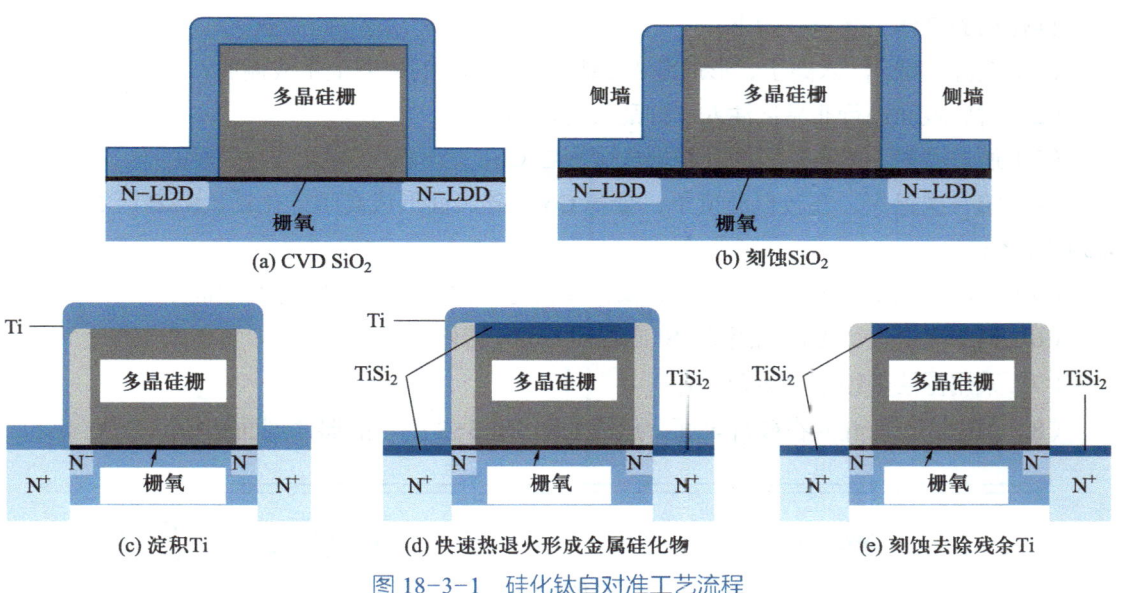

图 18-3-1 硅化钛自对准工艺流程

18.3.1 硅化钛工艺流程

硅化钛的具体工艺流程如下：
（1）在源/漏区注入离子、形成源/漏结，在多晶硅的侧壁上生成侧墙；
（2）对硅表面进行非晶化注入，打乱表面晶相；
（3）通过溅射工艺在硅表面沉积形成金属层 Ti；
（4）第一次退火，在金属与硅表面形成高阻 C49 Ti_2Si 硅化钛，SAB 区域的金属 Ti 被保留；
（5）采用湿法刻蚀选择性去除未反应的金属，金属硅化物层覆盖露出的源/漏区；
（6）第二次退火，促使高阻 C49 Ti_2Si 向低阻 C54 $TiSi_2$ 转化；
（7）采用湿法刻蚀去除多余 Ti；

（8）沉积金属前介质在硅片表面，刻蚀出接触孔，形成如图 18-3-2 所示的器件剖面结构。

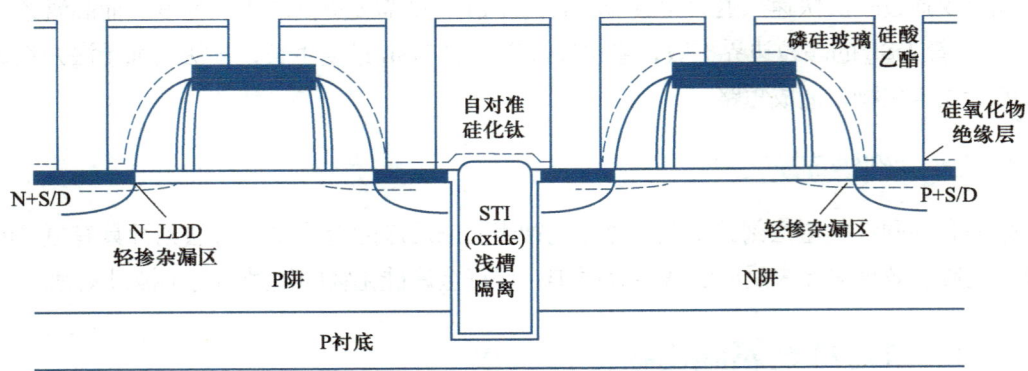

图 18-3-2　自对准硅化钛器件剖面结构图

18.3.2　硅化钴工艺流程

硅化钴的具体工艺流程如下：

（1）在源/漏区注入离子、形成源/漏结，在多晶硅的侧壁上生成侧墙；

（2）对硅表面进行非晶化注入，打乱表面晶相；

（3）通过溅射工艺在硅表面沉积形成金属层 Co；

（4）第一次退火，在较低温度下，金属 Co 与硅表面形成高阻硅化钴，SAB 区域的金属 Co 被保留；

（5）采用湿法刻蚀去除未反应的金属，金属硅化物层覆盖露出的源/漏区；

（6）第二次退火，促使高阻 Co_2Si 向低阻 $CoSi_2$ 转化；

（7）采用湿法刻蚀去除多余 Co；

（8）沉积金属前介质在硅片表面，形成如图 18-3-3 所示的器件剖面结构。

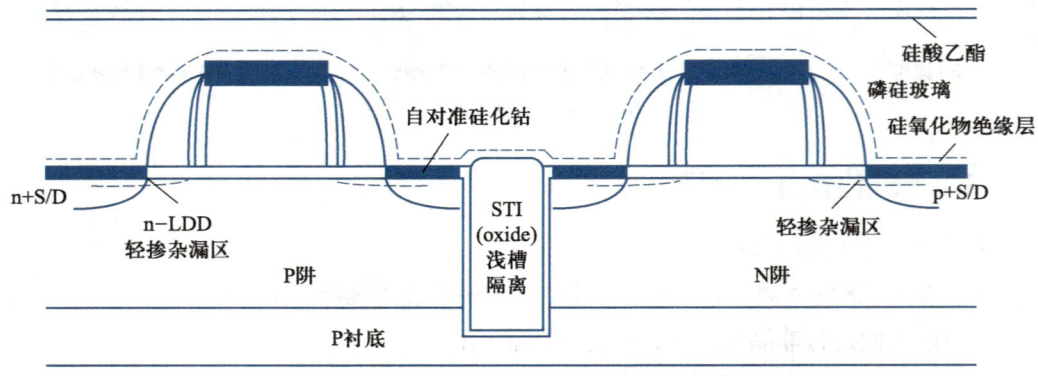

图 18-3-3　自对准硅化钴器件剖面结构图

18.3.3　硅化镍工艺流程

硅化镍工艺的具体工艺流程如下：

（1）在源漏区注入离子，形成源漏结，在多晶硅的侧壁上生成侧墙；

（2）对硅表面进行非晶化注入，打乱表面晶相；

（3）通过 PVD 淀积 NiPt 和 TiN，其中，TiN 能够防止 NiPt 在快速热退火之前暴露在外而被氧化，防止 NiPt 在后续快速热退火过程中流动导致金属硅化物厚度不均；

（4）第一次退火，在氮气氛围下，温度条件为 200～300 ℃环境下快速热退火，促使 NiPt 与硅反应生成高阻的 Ni_2PtSi；

（5）选择性刻蚀，采用湿法刻蚀清除 TiN 和未与 Si 反应的 NiPt；

（6）第二次退火，在氮气氛围下，在温度条件为 400～450 ℃环境下快速热退火，促使高阻 Ni_2PtSi 向低阻 $NiPtSi_2$ 转化；

（7）采用湿法刻蚀去除多余 Ni；

（8）沉积金属前介质在硅片表面，刻蚀出接触孔。

18.3.4　Ni 与 GeSi 的金属硅化物工艺流程

随着器件特征尺寸的不断减小，在 MOSFET 的通道区域使用应变硅技术能够提高 PMOS 器件速度。与 Si 相比，Ge、GeSi 或异质结构的 Ge/Si 因为在应变和带隙方面具有更大的灵活性而为器件性能的提升提供了更多可能性。$Si_{1-x}Ge_x$ 和纯锗具有更高的载流子迁移率，通过异质外延工艺能够制备成应变材料。

在多种金属硅化物中，Ni 相较于 Ti、Co 和 Pt 等具有更低的热预算、硅消耗量，能更好克服窄线条效应，并具有较低的机械应力。

Ni 在锗硅上形成金半接触的工艺方法与传统的镍硅化物的制备工艺类似，主要工艺过程如下：

（1）晶圆标准清洁，去除前一步残留的氧化物；

（2）采用物理气相淀积工艺淀积金属 Ni 薄膜；

（3）通过快速热退火工艺形成金属硅化物；

（4）采用湿法刻蚀工艺去除表面的参与金属。

18.4　金属硅化物技术发展

随着器件特征尺寸的不断减小，传统的多晶硅与二氧化硅的栅结构遇到了过高的栅泄漏电流以及多晶硅耗尽效应等技术挑战。为了消除这些效应对器件性能的影响，降低栅薄层电阻，金属栅和高 k 介电层逐渐替代了多晶硅栅结构，并在 45 nm 及以下工艺节点广泛应用。

由于金属硅结对半导体器件的性能至关重要，要求低阻金属端子取代晶体管中的高掺杂硅。需要通过金属和硅之间的低肖特基势垒进行有效的电荷注入。在 N 型硅衬底上稀土金属硅化物仅具有 0.4 eV 的肖特基势垒，这在互连接触面积越来越小的超大规模集成电路接触设计中非常重要，因而引起了人们对稀土金属硅化物的广泛研究兴趣。同时，稀土金属硅化物与 Si⟨111⟩衬底晶格失配较小（～0.75%），因而还可以实现二维稀土金属硅化物外延生长。

例如，EuSi$_2$ 是在 Si〈111〉表面沉积单层铕，于 500 ℃下退火形成 1×1 结构的二维硅化物。铕化硅作为一种新型的纳米电子学中与 Si 接触的多功能材料，其外延 EuSi$_2$/Si 结易于制造，且无异相。EuSi$_2$/N-Si 结的肖特基势垒被确定为所有硅化物中最低的，并且在 SB-MOSFET 中存在应用的可能。

小结

金属硅化物是用于集成电路金属化中金半接触结构的关键功能材料。随着超大规模集成电路的临界线宽向纳米尺度发展，对于金属硅化物的材料特性及其稳定性也提出了更高的要求，研究和开发新的金属硅化物材料及其制备工艺越来越重要。本章节介绍了 TiSi$_2$、CoSi$_2$、NiSi，以及新型金属硅化物的制备工艺、特性和应用现状等。

思考与习题

1. 请简述什么是自对准硅化物工艺。
2. 金属硅化物在器件中的作用是什么？制备金属硅化物的典型工艺流程是什么？
3. 欧姆接触和肖特基接触的区别有哪些？
4. 在自对准形成金属硅化物的工艺过程中，侧墙的刻蚀和残余表面金属的刻蚀各应该采用什么刻蚀工艺，为什么？
5. 随着器件特征尺寸的不断减小，金属硅化物材料和工艺的发展趋势是什么？

第 18 章进阶习题

第19章 接触孔/通孔工艺

随着器件特征尺寸的减小和系统集成度的提升,集成电路制造对接触孔和通孔工艺提出了更高密度、更优电学特性和可靠性、更强散热性和热稳定性、高成品率,以及低成本的要求。

本章主要介绍了接触孔/通孔的制造工艺原理及其技术特性,以及接触孔/通孔的制造工艺流程。

19.1 接触孔/通孔工艺原理与技术特性

接触孔工艺是集成电路制造中的关键工艺,也是技术难度最高的工艺之一。接触孔的尺寸是集成电路工艺中最小的尺寸之一,是决定芯片面积的关键尺寸。

19.1.1 工艺原理

接触孔工艺是用于将有源和无源器件与第一层互连金属在物理和电学上连接起来的工艺。接触孔工艺的质量直接影响其接触电阻。高的接触电阻会导致芯片的效率下降和功耗增加。

随着集成电路的复杂性增加,只使用一层金属互连已经不能满足需求。现在的集成电路可能设计10层甚至更多的金属互连层,这些金属层通过介质层进行分隔。因而,通过在介质层上构造通孔,并在通孔中填充金属,以实现层间互连。

在接触孔/通孔的制造上,一般包括孔刻蚀、绝缘层淀积、黏附层和扩散阻挡层淀积、种子层淀积以及导电材料的填充等工艺。接触孔/通孔工艺示意图如图19-1-1所示。

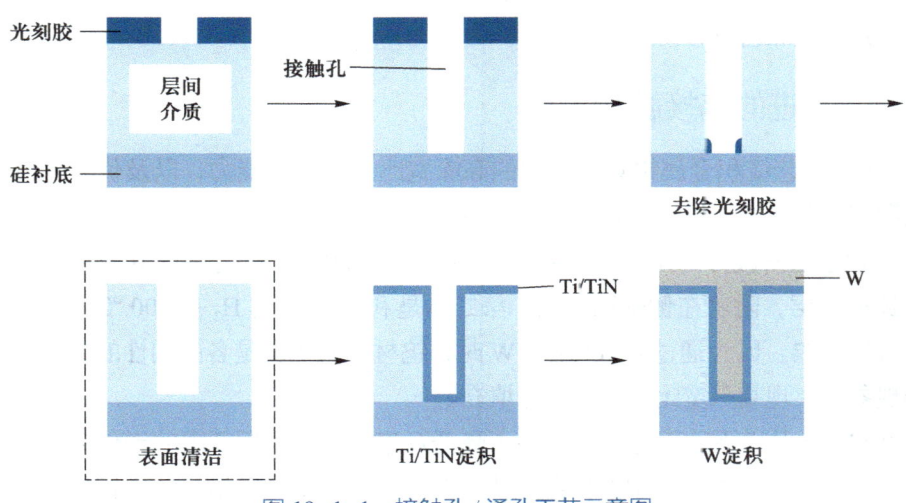

图19-1-1 接触孔/通孔工艺示意图

19.1.2 接触孔/通孔刻蚀

接触孔刻蚀的具体工艺流程如下。

（1）采用 CVD 工艺生长 SiO_2 或 Si_3N_4 介质层，采用 CMP 工艺打磨介质层实现平坦化。由于接触孔一部分连接在源漏硅衬底上，另一部分连接在多晶硅栅上，因而需要被刻蚀的接触孔深度不一致。工艺上既要将介质膜刻蚀完全，又不能损坏其下的材料和结构。通常在介质层下引入 Si_3N_4 作为阻挡层（barrier layer）。

【思考】为了实现较高的选择比，应该怎样设计干法刻蚀工艺呢？

（2）采用光刻工艺曝光接触孔图形，刻蚀 SiO_2 或 Si_3N_4 介质打开接触孔，热退火回流形成光滑的接触孔形状。通常在 SiO_2 介质层中掺杂硼和磷，形成硼磷硅玻璃或磷硅玻璃，使其具有更好的回流特性。实际工艺中，为了改善阻挡层淀积的均匀性，会略微扩大接触孔的上开口。

（3）采用 PVD 工艺制备阻挡层（如 Ti/TiN），采用 CVD 工艺淀积金属钨塞（W-plug），并采用 CMP 工艺或干法刻蚀工艺去除残留在氧化层表面多余的钨，形成互相隔离的接触孔。

（4）中温（约 400 ℃）退火，形成金属与硅衬底间的欧姆接触。

19.1.3 金属铝接触孔/通孔工艺特性

Al 的制备工艺简单，在较低工艺温度条件下，使用 PVD 或 CVD 工艺都可以实现 Al 的淀积。其与 N^+/P^+ Si 以及多晶硅的接触电阻也较低。同时，常用的湿法刻蚀与干法刻蚀都能够实现对 Al 薄膜的有效刻蚀。

但 Al 的缺点在于电阻率较高，会造成较高的互连延迟。更为严重的是，Al 材料存在严重的电迁移问题，并可能出现尖楔现象。此外，淀积铝的蒸发或者溅射工艺难以形成良好的台阶覆盖。当 CMOS 工艺技术发展到亚微米，特别是到了 0.5 μm 及以下的工艺技术时，接触孔的直径缩小到 0.5 μm，需要填充深宽比大于 1∶1 的接触孔和通孔。铝的蒸发或者溅射工艺难以满足以上工艺制程的要求。

19.1.4 先进的钨接触孔工艺

采用 CVD 工艺淀积金属钨具有极强的高深宽比通孔填充能力，以及优异的台阶覆盖特性。从亚微米工艺开始，钨逐渐替代铝成为新的接触孔和通孔的填充材料。

钨的淀积过程一般分为两个步骤：第一步是利用 WF_6 与 SiH_4 在 400 ℃ 的条件下淀积一层均匀的钨成核层，附着在侧壁和底面；第二步是利用 WF_6 与 H_2 在 400 ℃ 条件下沿着钨成核层淀积大量的钨。因为通过 CVD 淀积 W 时，钨材料的生长是各向同性的，因而能够有效防止空洞现象，实现高深宽比通孔的良好填充。

对于 0.13 μm 及以下的工艺技术，为了降低互连延迟，利用低阻的铜作为填充通孔和互连线的材料。但是由于铜在硅中的扩散很快，为了有效隔离硅和铜，填充接触孔的材料仍然是钨。

19.1.5 阻挡层

通过引入阻挡层能够消除浅结材料扩散和结尖刺等问题,提高欧姆接触的可靠性。以钨塞为例,在钨塞和硅衬底之间制备阻挡层。

以 0.35 μm 工艺为例,阻挡金属层的厚度为 400 nm~600 nm。而在 0.25 μm 工艺节点结构中,阻挡金属层的厚度已减小到约 100 nm。当器件特征尺寸降低至 0.18 μm 或更小结点时,阻挡金属层的厚度则仅为 23 nm 或更少。因而,用作阻挡层的材料需要具有:① 良好的阻挡扩散特性;② 高电导率和低的欧姆接触电阻;③ 与半导体和金属材料的良好附着性;④ 良好的抗电迁移特性;⑤ 良好的高温稳定性;⑥ 较强的抗侵蚀和抗氧化特性。

具有高熔点的难熔金属例如钛(Ti)、钨(W)、钽(Ta)、钼(Mo)、钴(Co)、铂(Pt)等都常用于多层金属化。例如在双极工艺的肖特基二极管中,用钛作为阻挡层,增强铝合金连线的附着、减小接触电阻、减小应力,并控制电迁移。钨的阻挡层金属也是钛和氮化钛。钨会引起硅重金属污染,钛和氮化钛叠层可以有效防止钨扩散进硅和氧化硅。

铜的阻挡层金属是钽和氮化钽。亚微米技术阻挡层金属的厚度是几百纳米,而深亚微米技术阻挡层金属的厚度只有几十纳米。钽和氮化钽作为阻挡层金属的阻挡性能比钛和氮化钛更优,因而在同类型工艺中利用氮化钽替代氮化钛。

19.1.6 焊接层

为了增加 W 和基体材料间的黏附力,需要淀积 Ti 作为焊接层起到黏合作用。但因为在淀积 W 的工艺过程中会用到 WF_6,WF_6 会与 Ti 反应生成"火山口"缺陷,造成接触孔材料与衬底间的剥离。在阻挡层 TiN 的扩散阻挡作用下能够避免 WF_6 与 Ti 的扩散和接触,避免"火山口"的形成。

在焊接层的制备工艺中,薄膜应力是需要控制的关键参数之一。较大的薄膜应力会导致扩散阻挡层因为内建应力产生断裂。薄膜应力包括本征应力和热应力。本征应力来源于部分原子处于非平衡晶格位置,形成了晶格失配造成应力。其中,产生压应力的原因是一部分原子聚集在空隙的晶格位置,并向低能量晶格位置扩展。产生拉应力的原因则是部分晶格位置缺少原子。热应力是由于金属薄膜和硅衬底的热膨胀系数不同造成的。由于多数金属的热膨胀系数都比硅大,所以在薄膜沉积以后冷却到室温时,薄膜收缩比硅衬底更加显著,会造成沉积后的薄膜产生拉应力。TiN 的薄膜应力非常大,容易从衬底上剥离,因而 Ti 也作为 TiN 与衬底间的应力缓冲层增强接合力。

为了保证 Ti/TiN 起到黏合作用和阻挡作用,需要在接触孔/通孔的侧壁淀积形成均匀的具有一定厚度的薄膜。如果黏合和阻挡层厚度过厚,一方面其导电性远不如填充金属,另一方面可能对后续高深宽比的填充金属电极造成困难。如图 19-1-2 所示,通过反应温度能够精确控制淀积速率、成膜形貌。

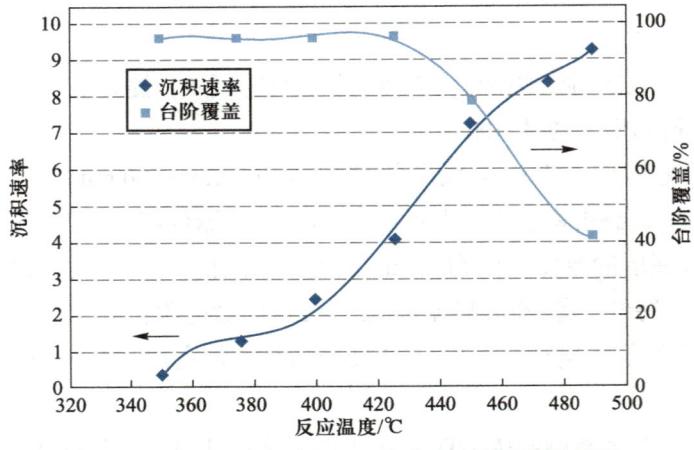

图 19-1-2 反应温度与沉积速率和台阶覆盖的关系

19.2 接触孔/通孔工艺流程

接触孔/通孔的工艺流程一般包括：氮化硅沉积、层间介质层沉积、层间介质平坦化、接触孔/通孔光刻、接触孔/通孔刻蚀、接触孔/通孔清洗、黏合/阻挡层沉积、钨栓沉积，以及钨栓平坦化。

19.2.1 氮化硅沉积

通常采用氮化硅作为刻蚀停止层，实现对接触孔刻蚀工艺的控制。随着 CMOS 技术发展到 90 nm 技术节点以下，低沟道迁移率、短沟道效应和寄生电容成了导致器件性能下降的主要原因。氮化硅的高应力特性也常被用来通过应力工程调控器件的电子或空穴迁移率，提高器件性能。通过对氮化硅薄膜组分和厚度的设计，实现刻蚀阻挡功能，同时提供应力来源。

19.2.2 层间介质层沉积

采用 APCVD 工艺在二氧化硅中原位掺杂 PH_3 和 B_2H_6 形成硼磷硅玻璃 BPSG。同时掺入硼和磷能够将二氧化硅薄膜的玻璃转化温度降低至 700 ℃，在较低温度条件下形成回流实现平坦化，该工艺常应用于第一层层间介质 ILD，形成如图 19-2-1 所示的器件剖面结构。

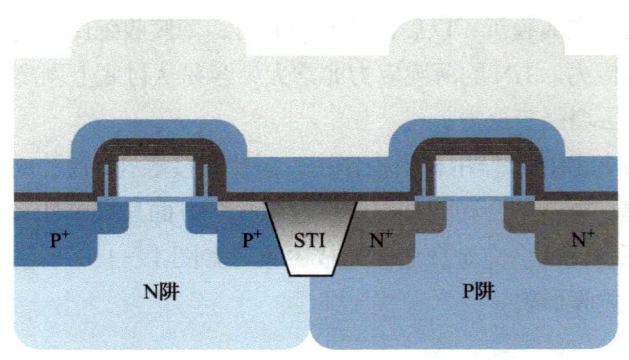

图 19-2-1 层间介质淀积后的器件剖面结构图

19.2.3 层间介质层平坦化

在 BPSG 回流实现局部平坦化后,通过酸槽清洗去除硼和磷粒子。将晶圆放入清洗槽中清洗,利用酸槽将 BPSG 回流时析出的硼和磷清除。在 BPSG 表面淀积一层 USG。这是因为 BPSG 的研磨速率较慢、硬度过小,淀积一层 USG 可以避免 BPSG 被 CMP 划伤,提高工艺效率。在此基础上,通过 CMP 实现 ILD 的平坦化,得到如图 19-2-2 所示的器件剖面结构。

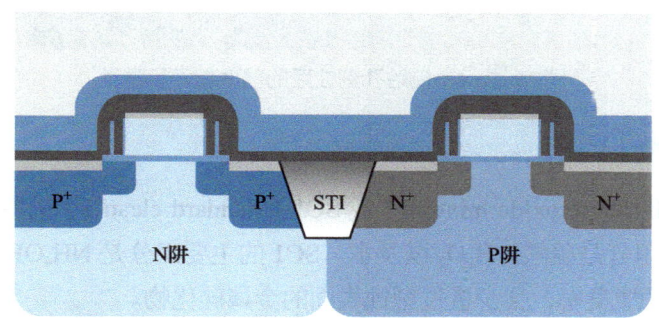

图 19-2-2　层间介质平坦化后的器件剖面结构图

19.2.4 接触孔光刻

接触孔光刻是接触孔工艺的关键与核心过程,直接决定版图所设计的接触孔目标图形能否精准转移到晶圆表面,以及多层结构之间的套刻精准度。将接触孔光刻版上的图形转移到衬底表面的光刻胶上,形成如图 19-2-3 所示的接触孔的光刻胶图案,在非接触孔区域上保留光刻胶。

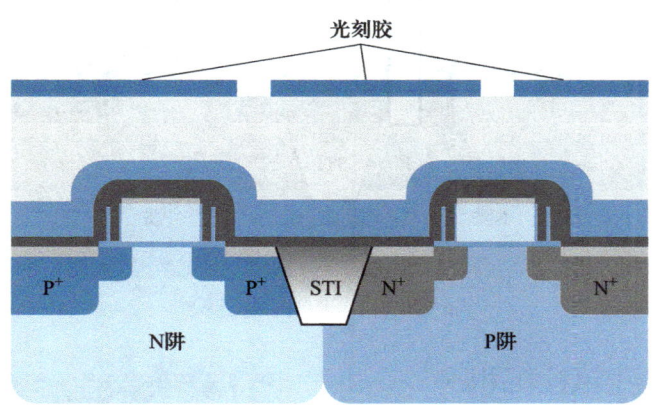

图 19-2-3　光刻工艺形成的接触孔图案化掩模

19.2.5 接触孔刻蚀

利用干法刻蚀去除无光刻胶覆盖区域的氧化物,获得如图 19-2-4 所示垂直的侧墙形成接触通孔,提供金属和底层器件的连接。刻蚀的气体是 CHF_3 和 CF_4。通过干法刻蚀和湿法刻蚀去除光刻胶。

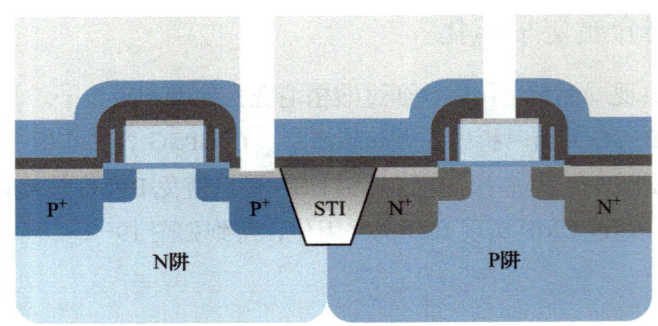

图 19-2-4　接触孔刻蚀后的器件剖面示意图

19.2.6　接触孔清洗

采用 SPM（sulfuric peroxide mixture）或 SC1（standard clean 1）去除刻蚀产生的残余污染物。SPM 的主要组分是硫酸、H_2O_2 以及水。SC1 的主要组分是 NH_4OH、H_2O_2 以及水。通常为保证接触孔的功能良率，会少量过刻蚀表面的金属硅化物。

19.2.7　接触孔黏合层沉积

在 Ti 上淀积一层 TiN 作为阻挡层和衬垫层。如图 19-2-5 所示，采用 PVD 工艺淀积 200 Å 的 Ti 和 500 Å 的 TiN。通入气体 Ar 轰击 Ti 靶材，淀积 Ti 薄膜。通入气体 Ar 和 N_2 轰击 Ti 靶材，淀积 TiN 薄膜。采用快速热退火在 800 ℃的 H_2 环境中，修复刻蚀造成的硅表面晶格损伤。

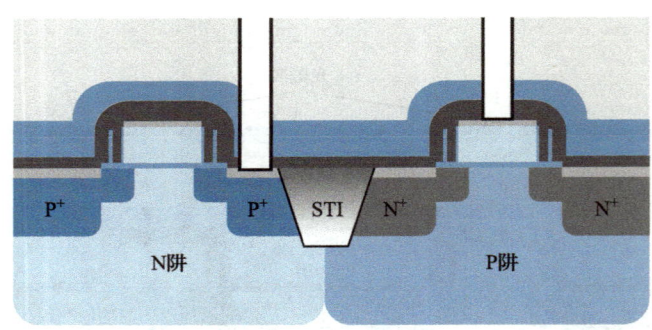

图 19-2-5　Ti/TiN 层淀积

19.2.8　接触孔钨栓沉积

采用 LPCVD 工艺淀积钨填充薄膜。在填充工艺中，会先形成"形核层"，再进行"体沉积"。并采用覆盖式 CVD-W 与回刻的方法。如图 19-2-6 所示，先在整个 Si 片上淀积富余的 W，再通过回刻去除多余的 W。

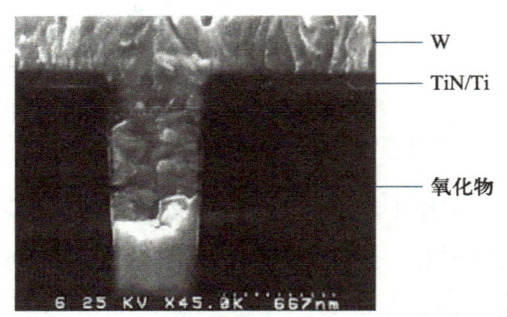

图 19-2-6　金属 W 填充通孔的填充效果电镜图

19.2.9 接触孔钨栓平坦化

钨栓填充后,晶圆表面覆盖着一层高低不平的 W 金属膜,需要进行平坦化,为后续工艺提供平坦的表面,并去除多余的金属接触。在钨的 CMP 过程中,先通过金属研磨去除掉表面大部分的钨层和阻挡层,再通过氧化物掩模进一步控制钨的局部突出,形成如图 19-2-7 所示的器件结构。

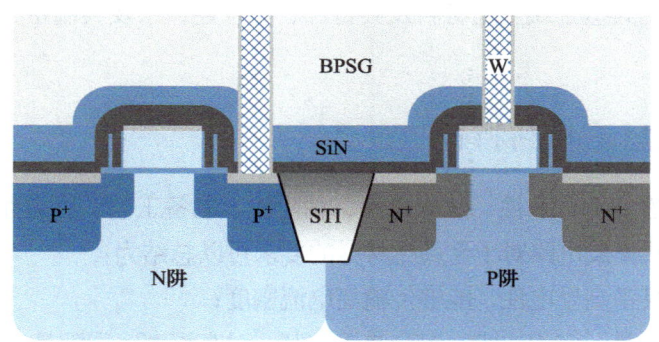

图 19-2-7 平坦化的器件结构

小结

本章从接触孔/通孔的结构、关键材料以及工艺流程出发,介绍了接触孔/通孔制造中的关键工艺问题和工艺方法。随着芯片制程的不断提升,对于接触孔/通孔的制造也在对准、电气性能和可靠性等方面提出了更高的要求。

思考与习题

1. 什么是接触孔?什么是通孔?两者之间存在哪些异同点?
2. 简单说明接触孔的制备工艺步骤。
3. 黏合层的主要功能是什么?主要组分和结构是什么?
4. 为什么一般采用钨作为金属层间互连的填充材料?它具有什么样的材料特性?
5. 为什么在通孔制备工艺流程中需要进行 CMP? CMP 的作用和意义是什么?
6. 请简述接触孔/通孔的结构,及其对应的材料和制备工艺。

第 19 章进阶习题

第 20 章　金属互连工艺

随着集成电路器件尺寸的缩小，互连线延迟和面积已成为制约集成电路速度和集成度的瓶颈所在。除了影响 CPU 的速度，互连线线宽尺寸的缩小还会导致电迁移等问题的加剧。

本章将重点介绍典型金属互连材料及其特性、铝互连体系及其制备工艺、先进的铜互连工艺等。

20.1　金属互连材料特性

为了提高芯片性能和可靠性，从导电性、黏附性、制备工艺、可靠性等多个方面对互连材料提出要求。现代集成电路对于金属化材料的要求可以总结为：

（1）导电性：具备高导电性，能够传输高电流密度；

（2）淀积工艺：易于淀积成膜，组分易于控制，对高深宽比间隙具有较好的填充能力；

（3）图形化工艺：对下层衬底有着高选择比，且易于平坦化；

（4）黏附性：与下层衬底和层间介质等界面具有较强的黏附性，易于与外电路实现电连接。

（5）应力：具有比较小的本征应力和结构应力，减少硅片的扭曲形变和材料失效，避免金属线断裂、空洞。

（6）可靠性：在后续工艺可能涉及的温度和环境变化条件下，具有较好的延展性和性能稳定性，抗电迁移能力强。

20.1.1　金属铝

Al 的导电性略差于铜和金，但与 N^+/P^+ Si 以及多晶硅的接触电阻较低，有很好的过电流密度，并对 SiO_2 材料具备优异的黏附性。

Al 的制备工艺简单，在较低工艺温度条件下，使用 PVD 或 CVD 工艺都可以实现 Al 的淀积。其与 N^+/P^+ Si 以及多晶硅的接触电阻也较低。同时，常用的湿法刻蚀与干法刻蚀都能够实现对 Al 薄膜的有效刻蚀。但铝互连的缺点在于，其电阻率仍较高，会造成器件较高的互联延迟。并且 Al 材料存在严重的电迁移问题和尖楔现象。因此，Al 互连体系正在逐步被 Cu 互连体系所取代，但 Al-Cu-Si 合金仍在现代集成电路中作为互连材料使用。

一、铝的电迁移现象

电迁移是指，大电流密度下，导电电子与铝金属离子发生动量交换，使金属离子沿电子流方向迁移。

电迁移带来的不良影响：

（1）金属靠近正极一侧产生堆积，形成小丘或晶须，会引起布线金属间的短路；

（2）金属靠近负极一侧产生空洞，会引起布线金属间的开路或多层布线上下两层间的短接。

铝的抗电迁移能力较差，作为应用最多的布线金属，提高其抗电迁移能力的方法主要有以下 4 种。

（1）在铝膜中加入少量的硅和铜，由于杂质在晶粒/晶界处的分凝效应，所加的硅和铜主要位于晶界处，杂质的存在可减少铝离子在晶界处的迁移，使 MTF 的值提高一个量级。

（2）增大铝晶粒尺寸，并采用"竹状"结构，使晶粒间界垂直电流方向，如图 20-1-1 所示。

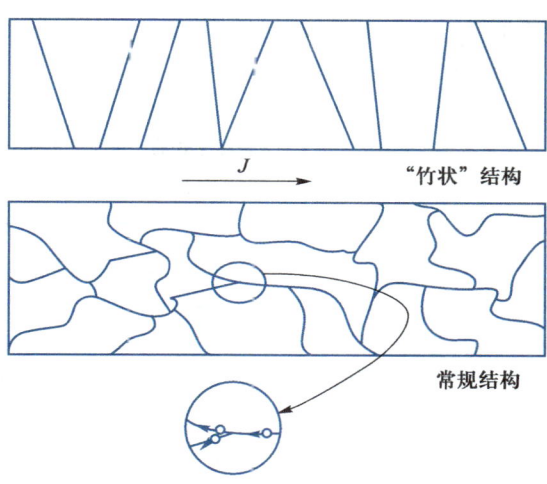

图 20-1-1　不同铝引线薄膜的截面结构

（3）在铝膜表面覆盖 Si_3N_4，或其他介质薄膜，也可以提高铝的抗电迁移能力。

（4）将金属互连线设计得宽而短。

微视频：
20-1 互连延迟

二、铝的尖楔现象

Al 尖楔现象由 Al-Si 接触的物理现象引起：Si 在 Al 中的溶解度较高，且扩散系数较大，使 Al 像尖钉一样楔进 Si 衬底，如图 20-1-2 所示。

影响尖楔深度和形状的因素有：退火条件，SiO_2 厚度，Si 晶向等。如〈111〉晶向的 Si 横向扩散性强，尖角趋平（双极 IC 采用）。〈100〉晶向的 Si 纵向扩散性强，尖角严重（MOS IC 采用）。

尖楔现象的改善方法包括：

（1）采用 Al-Si 或 Al-Si-Cu 合金，但需要注意 Si 的分凝问题，即退火冷却后，Si 在 Al 膜的晶粒间界析出。

（2）掺杂多晶硅双层金属化结构。因为磷（砷）在多晶硅晶粒间界中分凝，使晶粒间界中的硅原子的自由能减小，降低了这些硅原子在铝中的溶解度。

（3）阻挡层结构。典型的工艺是采用 PtSi 或 Pd_2Si 作欧姆接触材料，TiN 作阻挡层。

20.1.2　金属铜

如图 20-1-3 所示，随着技术节点的演进，器件的门延时不断降低，互连延迟成为集成电路速度的瓶颈。以 Al 互连为例，0.25 μm 技术节点后，互连延迟对集成电路与器件总延时的影响就超过了门延时的影响。互连延迟成了现代集成电路器件速度的瓶颈。

通常用电阻电容（RC）常数来表征互连线的延迟时间，即：

$$RC = \frac{\rho l}{w t_m} \cdot \frac{\varepsilon w l}{t_{ox}} = \frac{\rho \varepsilon l^2}{t_m t_{ox}} \qquad (20-1-1)$$

式中，ρ 为金属连线的电阻率，l、w、t_m 分别为金属连线的长度、宽度和厚度，ε、t_{ox} 分别为介质层的介电常数和厚度。

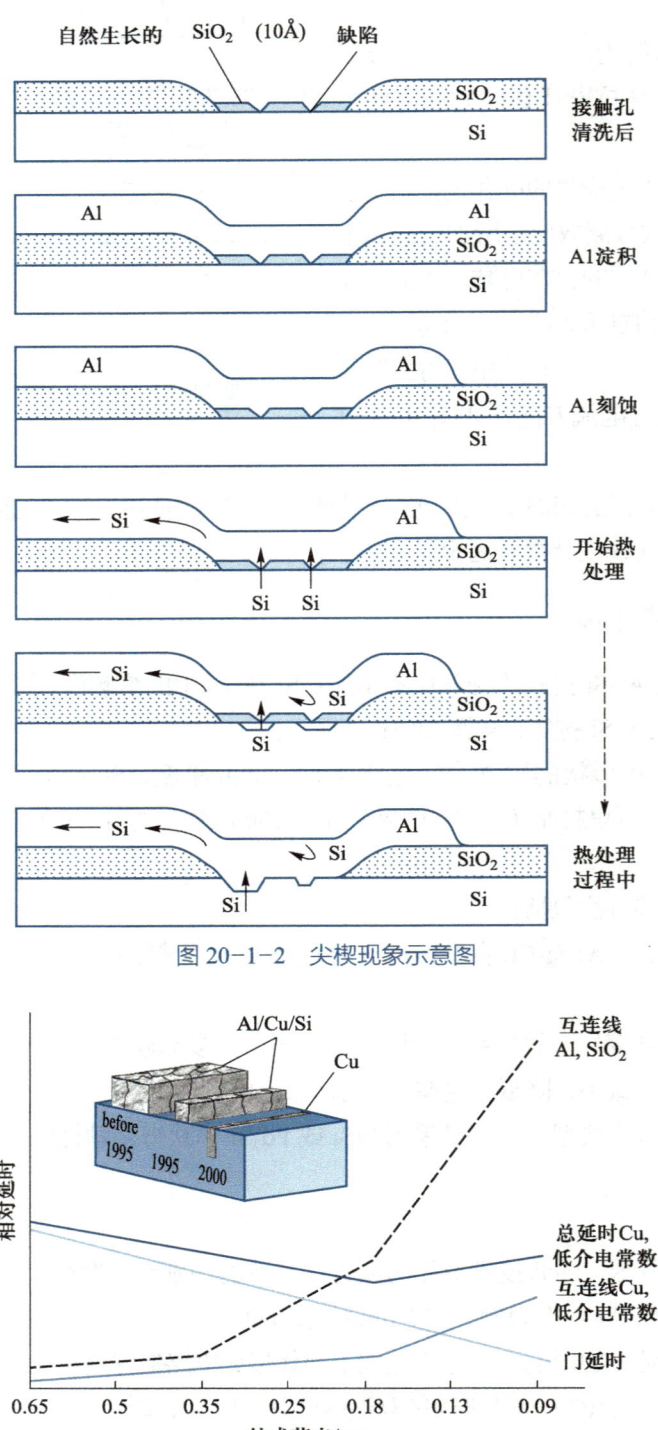

图 20-1-2　尖楔现象示意图

图 20-1-3　不同技术节点器件对应的相对延时及其组成

由式（20-1-1）可知，金属导电层的电阻率越低，绝缘层的介电常数越小，互连线越短，互连线的延迟时间也就越短，电路速度也就越快。因此，采用低阻的互连材料可以有效降低互连系统的延迟时间。

对于金属材料的选取，除了要求低电阻率，还需要抗电迁移能力强，理化稳定性能、机械性能和电学性能在经过后续工艺及长时间工作之后保持不变，最好薄膜淀积和图形转移等加工工艺简单且经济，制备的互连线台阶覆盖特性好、缺陷浓度低、薄膜应力小。

实际上没有完全满足上述要求的金属或金属性材料，早期的 ULSI 采用铝及铝合金作为导电材料。近年来随着工艺技术的发展，铜已经成为金属导电材料的首选，在集成度更高的 ULSI 中取代铝及铝合金。

铜的优点包括：

（1）电阻率低，只有铝的 40%～45%；

（2）抗电迁移能力好于铝约两个数量级。

铜的缺点包括：

（1）铜在硅中是快扩散杂质，能使硅"中毒"，即铜进入硅内后改变了器件的性能；

（2）与硅、二氧化硅之间的黏附性差；

（3）由于与 Cu 相关的化合物的挥发性都比较差，因此难以对 Cu 使用常规的刻蚀工艺。

铜的多层互连系统是在集成电路技术进入 0.18 μm 时出现并发展起来的互连技术，目前已成为 ULSI 最主要的互连系统。但如前所述，传统的 Al 互连工艺无法适用于 Cu，在形成互连线的图形化过程中，如何实现 Cu 的刻蚀成了其应用于器件互连最大的挑战。

【思考】为什么 Cu 互连不能采用传统的 Al 互连刻蚀工艺，即 Cu 为什么不能采用干法刻蚀？

20.1.3 金属钛

在集成电路中，金属 Ti 常以 Ti、TiN、TiSi$_2$ 等形式应用于器件的金属化。其中 Ti 一般作为黏合层使用，帮助黏附性较差的材料与二氧化硅表面黏合在一起。如图 20-1-4 所示，在 Al-Cu 合金的互连线，以及 W 塞中 Ti 都作为黏合层来改善器件结构。TiN 一般作为阻挡层使用，例如，W 材料由于易于发生扩散，在 W 与二氧化硅之间制备一层 TiN 能够有效阻挡扩散效应。此外，TiN 还常用作防反射涂层。例如，在金属 Al 互连线上层淀积 TiN，能够防止后续光刻工艺中曝光光纤在金属互连线上的反射，从而提高光刻分辨率。TiSi$_2$ 常用作栅、源、漏的接触电极。

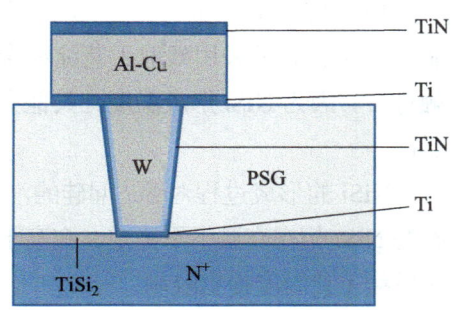

图 20-1-4　金属 Ti 在集成电路器件中的应用

20.1.4 金属钨

钨是一种具有高熔点（3 410 ℃）、高硬度的金属元素，且化学性质相对稳定，常温下不受空气侵蚀。由于 CVD 工艺制备的 W 材料具有出色的台阶覆盖性和空隙填充能力，W 常作为接触孔/通孔的填充金属使用。但需要注意的是，由于 W 易于向 Si 和 SiO_2 中扩散，并且在界面上的附着性较差，需要淀积 Ti 和 TiN 作为焊接层和阻挡层，以帮助 W 和二氧化硅形成良好的黏结，并防止 W 的扩散。

20.1.5 金属钽

钽是一种高熔点（2 995 ℃）、富有延展性和强抗腐蚀特性的刚灰色金属。与 Ti 和 TiND 的作用类似，Ta/TaN 作为 Cu 互连的阻挡层，可以防止铜扩散穿过氧化硅进入硅有源区。Ta 与硅及其他常用材料的结合性好，能够形成强而稳定的界面。TaN 的化学惰性强，能够更好地阻挡铜原子向下扩散。

相比 Ti 及 TiN，Ta/TaN 具有更好的高温热稳定性，能够在高温下保持良好的机械与电气性能。

20.1.6 金属钴

Co 主要用于 0.18 μm～90 nm 工艺制程的金属硅化物，$CoSi_2$ 具有低体电阻率、与 Si（001）良好的晶格匹配等优良特性。通常使用 TiN 覆盖层来减少钴和硅与空气中的氧气发生的不良反应，并延缓钴和硅之间的反应，从而制备高质量的多晶 $CoSi_2$。

随着特征尺寸的减小，多晶 $CoSi_2$ 的制备工艺仍然存在团聚、硅消耗和漏电流等严重问题。由于线宽和浅源/漏结的限制，团聚问题会导致大晶粒 $CoSi_2$ 的形成，从而导致电阻降低。此外，Co/Si 结构向 $CoSi_2$ 的转变形成了欧姆接触，但必然需要消耗 Si 衬底，其比例为 1 nm Co 消耗 3.6 nm Si。

20.1.7 金属镍

Ni 主要用于 65 nm 及更小尺寸工艺制程的金属硅化物，改善栅极薄层电阻和栅极中的多晶硅耗尽。通常采用溅射工艺淀积金属 Ni，再通过快速热退火工艺自对准生成 NiSi 作为接触材料。因为 NiSi 形成温度比其他金属硅化物更低，因此适于更小特征尺寸和热积存较低的器件。

NiSi 的形成过程对源/漏硅的消耗较少，同时镍硅化物形成时产生的应力最小。但低阻态的 NiSi 相在高温下不稳定，在高于 700 ℃ 条件下会因团聚和相变转变为高阻态，因而可能对后续工艺温度提出限制。

20.2 铝合金互连工艺

为了防止尖楔现象和电迁移效应，先进的 Al 互连工艺采用铝合金取代纯铝金属材料，如 Al-Si 合金、Al-Cu 合金和 Al-Si-Cu 合金。

20.2.1 绝缘介质工艺

铝合金互连的层间绝缘介质 ILD 和金属间绝缘介质 IMD 是 SiO_2、SiON 和 SiO_2/SiON。利用 CVD 工艺淀积 ILD 和 IMD，并用 CMP 工艺去除凸出的绝缘介质，保证多层互连的绝对平整化。

20.2.2 钨塞工艺

第一步，采用 PVD 的溅射工艺，淀积 Ti 黏结层。

第二步，采用 MOCVD（350~400 ℃下，前驱体 TDMAT；Ti[N(CH$_3$)$_2$]$_4$）工艺，淀积 TiN 阻挡层。

第三步，采用 WCVD 工艺，淀积金属 W，形成钨塞。W 源是 WF_6 气体，先与 SiH_4 反应形成 W 淀积的核层；再与 H_2 反应，淀积形成 W 塞。

第四步，采用 CMP 工艺，去除多余的金属 W。

20.2.3 铝合金工艺

第一步，采用 PVD 的溅射工艺，淀积 Ti 焊接层，帮助铝合金与绝缘介质 SiO_2 形成牢固的黏结。

第二步，采用 PVD 工艺，淀积铝合金，形成铝合金互连的主体。

第三步，采用 CVD 工艺，淀积反射层 TiN，提高铝合金互连的光刻分辨率。

20.2.4 CMP 工艺

如图 20-2-1 所示，在典型 CMOS 金属化工艺流程中，需要进行多次的 CMP 平坦化。例如：① PMD 金属前介质：在构造第一层金属互连线前，需要应用 CMP 技术处理多余的介质层材料 BPSG；② IMD 层间介质：对每一层绝缘介质层，都需要应用 CMP 技术研磨多余的 USG；③ W 钨塞：在通孔填充时，采用 CVD 工艺淀积 W，多余的 W 需要通过 CMP 技术研磨处理；④ Cu：在大马士革铜互连工艺中，在金属 Cu 回填后，也需要应用 CMP 技术研磨掉多余的 Cu。

20.2.5 工艺流程

（1）淀积介质薄膜。采用 CVD 工艺淀积 BPSG，作为构建接触孔并形成电学隔离的介质材料。

（2）接触孔光刻。采用光刻工艺实现接触孔结构的图形化，将接触孔光刻版上的图形转移到衬底表面的光刻胶上，在非接触孔区域上保留光刻胶。

（3）接触孔刻蚀。采用干法刻蚀去除无光刻胶覆盖区域的氧化物，制造接触孔，提供金属和底层器件的连接。

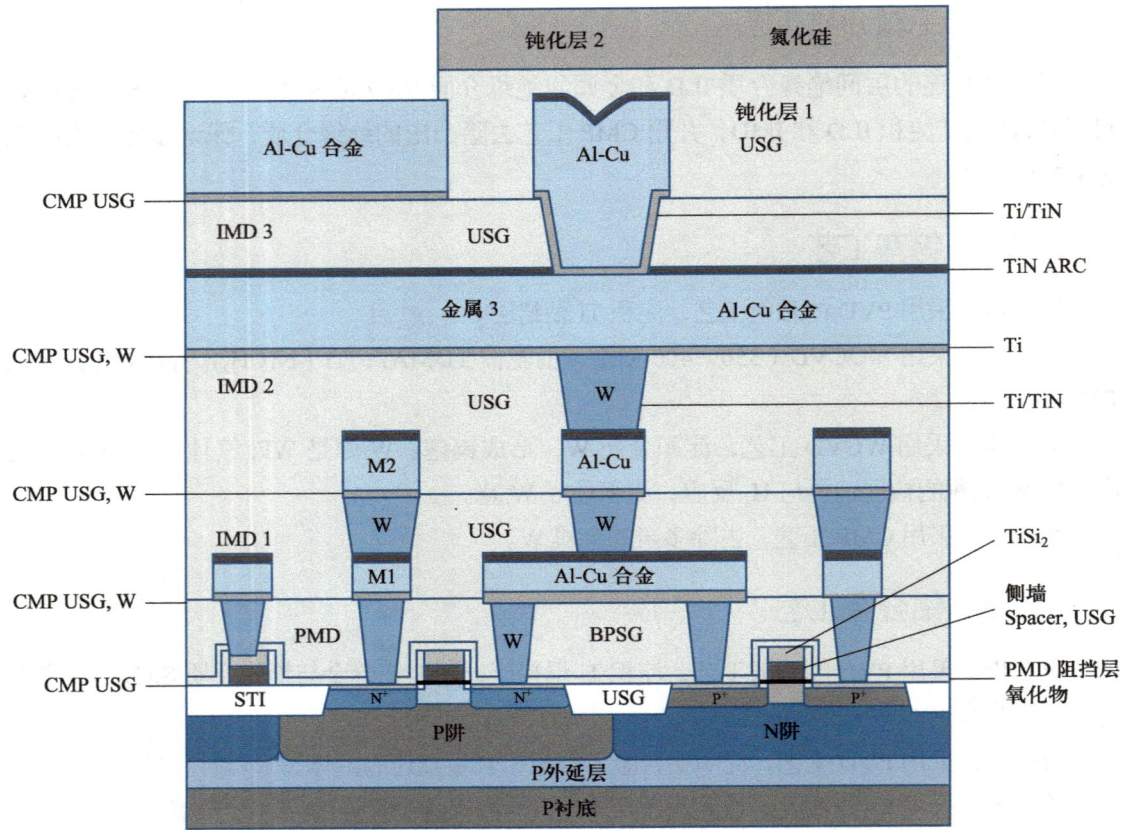

图 20-2-1　典型 CMOS 器件截面示意图及其中 CMP 技术的应用

（4）淀积黏附层/阻挡层。采用 PVD 工艺淀积 200 Å 的 Ti 和 500 Å 的 TiN，为后续金属填充材料的淀积提供黏附层和扩散阻挡层。

（5）淀积钨塞。采用 CVD 工艺淀积金属钨。通过先形成"形核层"，再进行"体沉积"的两步法工艺，实现良好的高深宽比结构填充。

（6）钨塞平坦化。采用 CMP 工艺回刻富余淀积的 W 实现结构平坦化，并避免不同接触孔间的短路。

（7）淀积黏附层/阻挡层。采用 CVD 工艺淀积 Ti 和 TiN，为铝铜合金的互连线提供黏附层和扩散阻挡层。

（8）淀积互连金属。采用 PVD 工艺淀积铝铜合金，并采用光刻和刻蚀工艺实现互连线的图案化制造。

（9）淀积减反射层。采用 CVD 工艺淀积 TiN，作为后续光刻工艺的减反射层。最终形成如图 20-2-2 所示的器件结构剖面示意图。

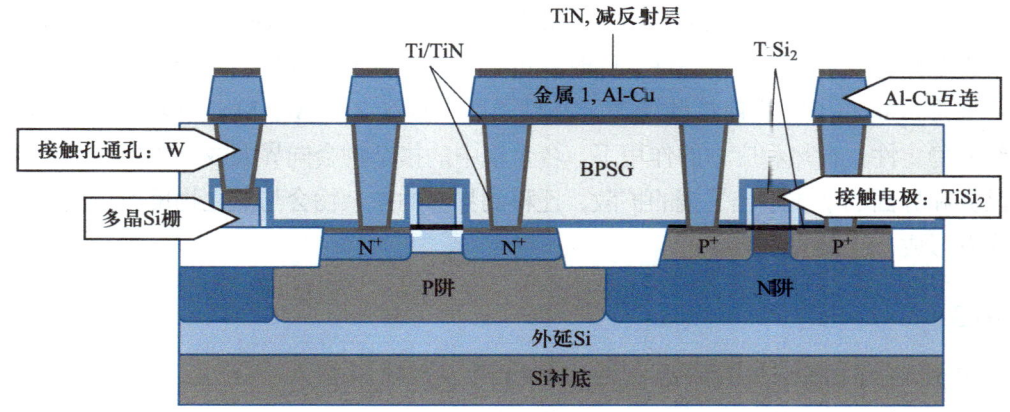

图 20-2-2　铝合金互连工艺制造的器件剖面示意图

20.3　铜互连大马士革工艺

铜化合物大多是不挥发的，因此常规刻蚀工艺方法并不能有效刻蚀铜材料。铜互连工艺需要在绝缘介质上刻蚀出互连图形沟槽，再将铜填充在沟槽里形成铜互连，这种工艺方法被称为大马士革镶嵌工艺。

铜互连工艺分为单大马士革工艺和双大马士革工艺。单大马士革工艺仅把单层金属导线的制作方式由传统的方式（金属层蚀刻+介质层填充）改为镶嵌方式（介质层蚀刻+金属层填充）。而双大马士革工艺则是将通孔与金属互连线结合在一起，都用镶嵌工艺，只需要一道金属填充的步骤，可简化工艺。

为进一步降低互连延迟，Cu 互连工艺需要选取低 k 绝缘介质，低 k 介质应与 Cu 具有良好的材料与工艺兼容性。为了防止 Cu 扩散，还应匹配合适的势垒层材料。由于镶嵌填充的是 Cu，故 Cu CMP 工艺是去除多余的 Cu。

20.3.1　低 k 介质

铝互连的 ILD 和 IMD 采用 SiO_2，但 SiO_2 的介电常数（k）较高，且与 Cu 的黏结性较差。为降低互连延迟，Cu 互连工艺通常采用更低介电常数的介质材料。

20.3.2　铜淀积

在电介质材料上镀铜需要先制备电镀种子层。通常采用物理气相淀积工艺制备纯铜或铜合金种子层。铜的沉积需要注意避免铜的团聚，不连续的铜薄膜会大幅降低电镀时的载流性能。

铜的化学电镀包括两个过程：化学过程和电学过程。其基本原理为：将长有阻挡层和铜种子层的硅片作为阴极浸入硫酸铜溶液，用于补充溶液中铜离子的铜块作为阳极预先放入镀液中，在外加直流电源的作用下，溶液中的铜离子向阴极移动，并在阴极表面获得两个电子形成铜膜。

随着互连线线宽缩小，对互连线的稳定性提出更高的要求。通过对工艺和设备的优化，能够改进薄膜特性及其阶梯覆盖性。同时，也亟须新的种子层材料。由于界面铜的活化能较高，容易形成铜原子的快速扩散通道。在种子层中掺杂 Zr、Al、Mn、Ag 等金属能够提高互连线的稳定性。在热和应力的作用下，合金铜中的掺杂物会向界面或晶界中扩散，这些富集在晶界和界面的杂质阻挡了铜的扩散，迁移到界面的掺杂物会与氧化物反应形成多元氧化物，自发形成一层铜的阻挡层。

20.3.3 大马士革镶嵌工艺

如图 20-3-1 所示，大马士革工艺的关键的工艺流程如下。

（1）氧化物沉积和图形化：在低 k 介质层上分别刻蚀出引线沟槽和通孔图形。

（2）金属铜填隙：采用溅射工艺淀积一层薄的金属势垒层（阻挡层），以防止 Cu 的扩散。在此基础上，采用溅射工艺淀积 Cu 籽晶层。最后，采用电镀工艺在沟槽和通孔内淀积 Cu，并在 400 ℃下退火，促进 Cu 结晶，降低电阻率。

（3）金属平坦化 CMP：采用 CMP 工艺回刻富余的金属铜。

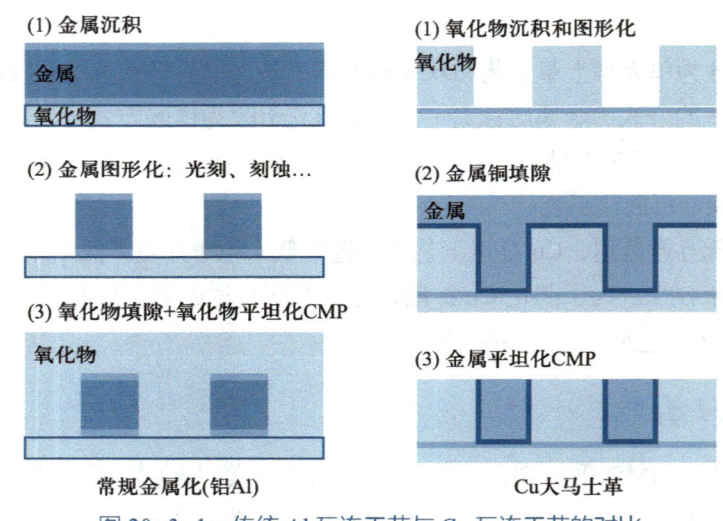

图 20-3-1　传统 Al 互连工艺与 Cu 互连工艺的对比

【思考】通过大马士革工艺，实现了铜互连体系对铝互连体系的材料和制造工艺替代，你从中得到了哪些启示？

如图 20-3-2 所示，双大马士革工艺能够一步完成互连线和通孔的制造。双大马士革工艺依据干法刻蚀方式的不同来分类，可分为：先开槽后开孔、先开孔后开槽和自对准式三种。

1. 先开槽后开孔

首先，在已经淀积好的介质层上刻蚀出导线用的沟槽图形。其后，光刻通孔图形，并刻蚀出通孔结构。此方法的缺点在于进行通孔的光刻时，由于此处的光阻较厚，因此曝光与显影较为困难。此外，氮化硅刻蚀停止层还具有阻挡铜扩散的功能，但其缺点是会增加导线间的电容值。

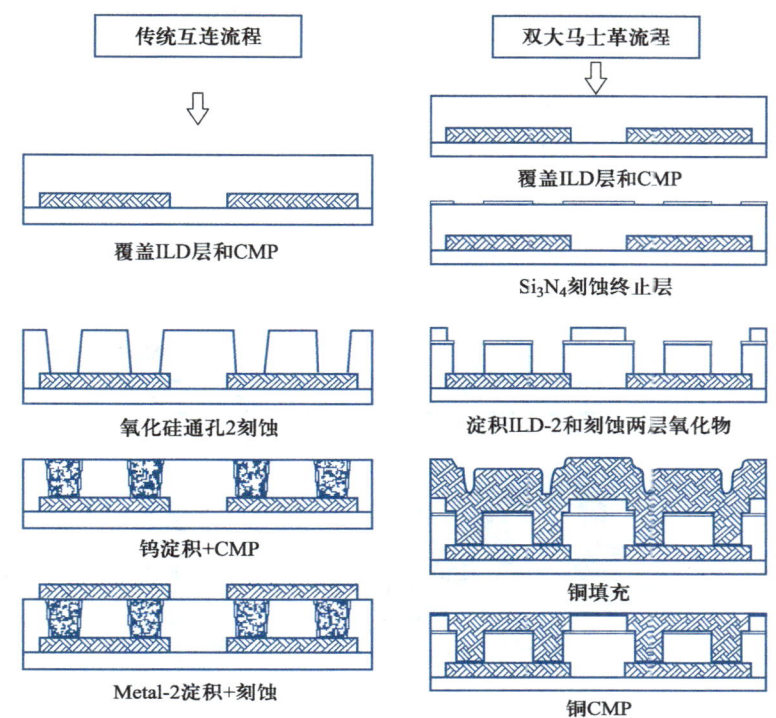

图 20-3-2 传统互连流程与双大马士革工艺流程的对比

2. 先开孔后开槽

先进行通孔的刻蚀,然后再刻蚀导线用的沟槽图形。其主要优点为:由于通孔的光刻比沟槽困难,而此方法中通孔的光刻是在平坦的平面上,因此较为容易,光刻窗口也比较大。缺点是:在之后的沟槽光刻过程中,由于光刻胶会将通孔填满,可能会造成在沟槽刻蚀后,通孔内存在有机残余物的问题。

3. 自对准式

首先,在已经淀积好的介质层上再淀积氮化硅薄层。其后,刻蚀出通孔所需的图形,但不继续刻蚀下层的介质层。淀积第二层的介质层,然后进行沟槽的光刻与刻蚀。在刻蚀至沟槽底部时,利用氧化硅对氮化硅的高刻蚀选择比,以氮化硅作为沟槽的刻蚀停止层,并在通孔位置处继续刻蚀直至完成。

20.4 钝化层与铝板工艺

完成金属互连线的沉积与刻蚀后,需要在最外层制备钝化层以及最后铝板层,实现芯片与外界环境的隔离,满足晶圆可接受度测试等测试需求。

覆盖完整、厚度均匀、无应力、无空洞、附着力好的钝化保护层能够在有效形成表面保护的同时克服表面缺陷,对以 Na^+ 为代表的可动电荷有着阻挡、固定和提取的作用。

20.4.1 氮化硅/氧化硅层淀积

如图 20-4-1 所示，通常采用 PECVD 交替沉积氮化硅和氧化硅结构。由于氮化硅致密并具有很好的耐磨性，作为表面钝化结构能够有效防止环境中的水汽进入器件破坏器件结构和性能。

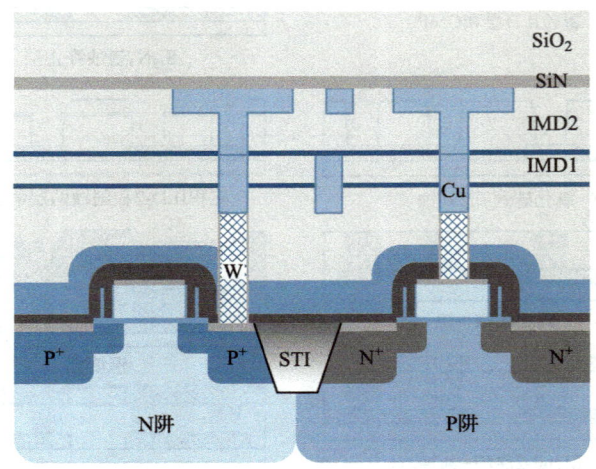

图 20-4-1　钝化层淀积后的器件剖面结构图

20.4.2 氮化硅/氧化硅层刻蚀

完成钝化层材料淀积后，如图 20-4-2 所示，在金属连线处通过光刻和干法刻蚀形成金属互连窗口。

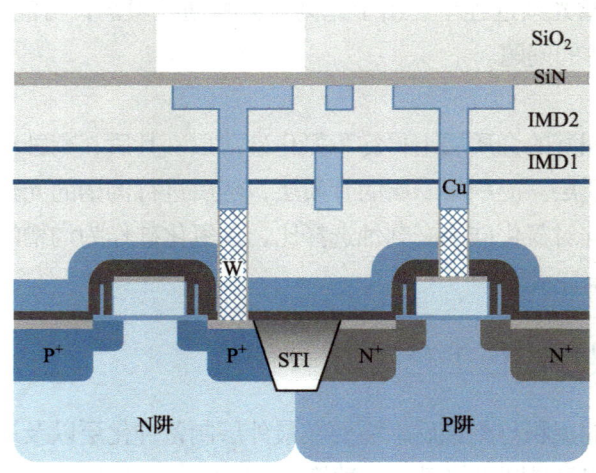

图 20-4-2　钝化层刻蚀后的器件剖面结构图

20.4.3 金属铝淀积

在钝化层表面采用物理气相淀积工艺淀积铝板，形成如图 20-4-3 所示的器件剖面结构。

20.4.4 金属铝刻蚀

如图 20-4-4 所示，对铝板进行光刻图形化，并采用干法刻蚀刻蚀出互连线图形。

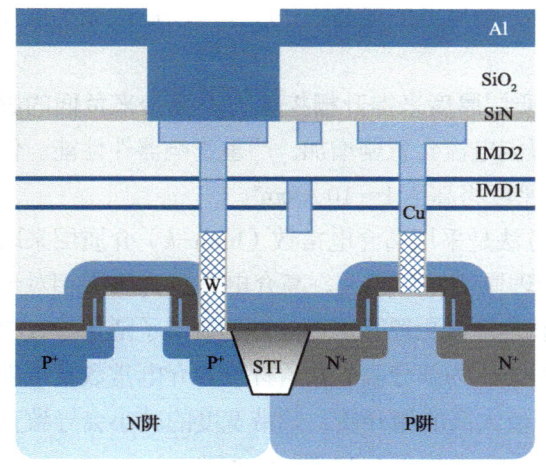
图 20-4-3 铝板淀积后的器件剖面结构图

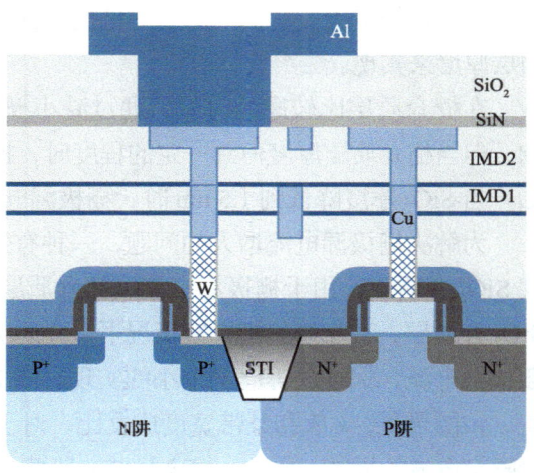
图 20-4-4 铝板光刻和刻蚀后的器件剖面结构图

20.4.5 覆盖层淀积

在最后一层金属化连线的表面淀积 SiN/SiO$_2$，制备表面覆盖层，形成如图 20-4-5 所示的器件剖面结构。

20.4.6 覆盖层刻蚀

如图 20-4-6 所示，采用干法刻蚀刻蚀覆盖层，制备连线窗口。

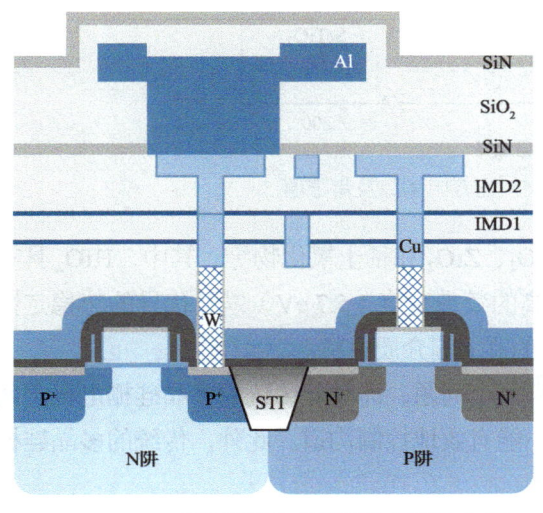
图 20-4-5 覆盖层淀积后的器件剖面结构图

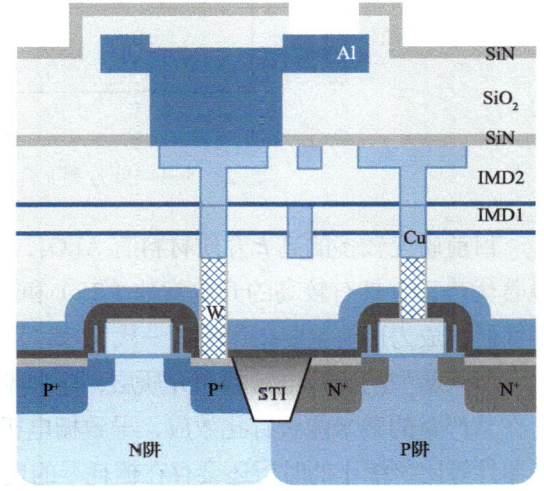
图 20-4-6 覆盖层刻蚀后的器件剖面结构图

【思考】为什么采用铝铜合金替代纯铝作为互连线？

20.5 新型互连技术及其发展

随着 MOSFET 等比例缩小,栅介质层厚度 t_{ox} 也随之缩小。为了有效控制短沟道效应,需要增强栅控能力。解决办法之一是提高栅电容。栅电容的提高,一般也可以通过减小栅介质层厚度来实现。

在栅介质层比较厚的时候,通过减小栅介质层厚度来提升栅控能力不会带来负面的影响,但当栅介质层厚度薄到一定的程度时,栅极漏电流会急剧增加,严重影响器件性能。例如,当 SiO_2 厚度降低到 1.5 nm 时,栅极漏电流密度将高达 1~10 A/cm^2。

为解决栅极漏电流增大的问题,一种有效方法是采用高介电常数(high-k)介质层来取代 SiO_2 介质层。由于栅极漏电流跟栅介质层物理厚度密切相关,高介电常数介质层相对于 SiO_2 介质层,在相等的栅电容情况下,介质层物理厚度更厚,因而能够抑制量子隧穿导致的栅极漏电流,保证了等比例缩小的实现。图 20-5-1 为部分高 k 介质材料的介电常数及带隙值。由图可见,k 值和禁带宽度成反比。对于 k 值太高的栅介质,禁带宽度的减小会导致直接隧穿电流的增加。因此,高 k 材料一般要求其介电常数介于 12 到 60 之间。

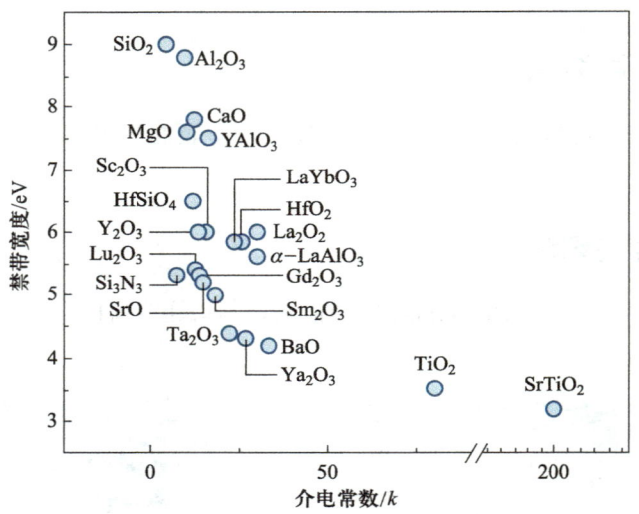

图 20-5-1　部分高 k 介质材料的介电常数及带隙值

目前研究较多的高 k 介质材料有 Al_2O_3、HfO_2、ZrO_2 和稀土氧化物等。其中,HfO_2 具有显著优势,它具有较高的介电常数(25)和较高的禁带宽度(5.7 eV)以及优异的热稳定性等性质,成为目前主要采用的新一代 MOS 器件的高 k 栅介质材料。

引入新型的高介电常数栅介质层,还会带来一个问题,即其与传统的多晶硅栅电极之间存在着严重的费米能级钉扎效应,导致栅电极不能有效地控制沟道。此外,传统的多晶硅栅在器件等比例缩小的时候还会存在栅耗尽的现象。

解决这个问题的一种方法是采用金属栅电极,它不仅能克服费米能级钉扎效应,还能有效地进行功函数调制,实现低的开启电压。Intel 在 45 nm 工艺时首次启用了高介电常数金属栅极(HKMG, high-k/metal gate)技术,即采用 HfO_2 作为栅极电介质,TiN 替代传统的多晶硅栅极作为金属栅极。HKMG 技术有力地支持了 CMOS 场效应晶体管技术向 28 nm 及以下技术的迭代发展。

小结

本章节介绍了典型的金属互连材料特性，对比了铝合金互连体系和铜互连体系的材料、结构和工艺特性及其差别，重点阐述了铜互连大马士革工艺的工艺特性与工艺流程，并简要介绍了新型金属互连工艺及其发展。

思考与习题

1. 什么是铝的电迁移和尖楔现象？如何在应用中改善这些问题？
2. 什么是大马士革工艺？
3. 铝作为一种重要的金属化材料，它具有哪些优点？又在应用中面临着哪些挑战？
4. TiN 在金属互连结构及其制造工艺中起到了哪些重要的作用？
5. 为什么不能借用铝合金互连工艺制造铜互连结构？
6. 对比铝合金材料体系和铜互连材料体系，试分析材料创新与工艺创新在技术发展过程中的关系。

第 20 章进阶习题

第五篇

集成电路制造后端工艺

第 21 章 晶圆测试

集成电路生产流程由晶圆制造、晶圆测试、芯片封装和封装后测试组成,而测试环节主要集中在晶圆可接受测试(wafer acceptance test,WAT)、可靠性(reliability)测试和良率(chip probing,CP)测试三个环节。晶圆测试能够使芯片在进一步加工之前发现问题,避免在有缺陷的芯片上浪费更多的时间和资源。

本章主要介绍常见的几种晶圆测试方法及其基本原理。

21.1 WAT 测试

WAT 也称为工艺控制监测(process control monitor,PCM)。WAT 是在晶圆流片结束之后和品质检验之前,测量特定测试结构的电性参数。作为成品晶圆交货的质量凭证,WAT 测试的目的是通过这些测定的电性参数,评估晶圆制造过程的质量和稳定性。

大多数情况下,WAT 测试是通过放置在切割道(scribe lane 或划片槽)上特定的测试结构完成的。通过这些测试结构的组合和测试结果的分析,可以监测到晶圆制造的对应工艺环节。WAT 的电学参数一般可分为两大类别:生产工艺相关的表征部分和器件性能相关的表征部分。

21.1.1 生产工艺相关部分

生产工艺相关部分的结构包含多种测试结构,图 21-1-1 为常用的测试结构,其测试结构设计的目的是验证在生产工艺流程中,同层与同层之间电介质的隔绝能力。加恒定小电流(通常是 1 μA 或更小)到 Pad1(引脚盘)和 Pad2 的导线上,若线路中有短路,则测量出的电压值就偏低,代表着介质的隔绝能力有问题。

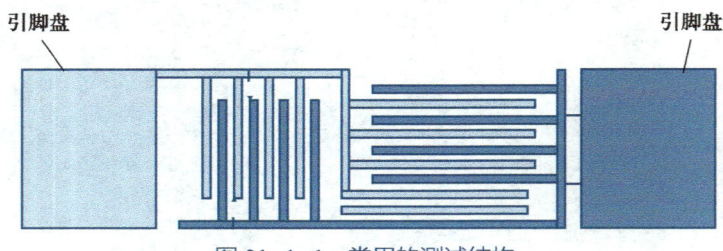

图 21-1-1 常用的测试结构

21.1.2 器件性能相关部分

器件性能相关部分的测试结构通常是针对特定节点的工艺平台。基于芯片所对应的工作电压要求、SPICE 模型、关键工艺特征以及物理设计规则,设计各种不同尺寸的晶体管结构或相关结构,摆放在切割道中,通过常规的电性测量,实现对所生产的芯片晶体管电学性能的表征与管控。

以 MOSFET 为例，WAT 测试结构设计之初需考虑到阱邻近效应（well proximity effect）、扩散区长度影响（length of diffusion）、STI 应力等效应，经相应的实验设计（design of experiment，DOE）验证，从而实现对平台工艺的有效监控。

图 21-1-2 是针对 MOSFET 阱效应所做的 WAT 测试结构，间隙（X）是阱曝光的边缘到活性区的距离，在研发过程中，对设计规则进行确认，最终固定的测试结构会被摆放入切割道上的测试线中。

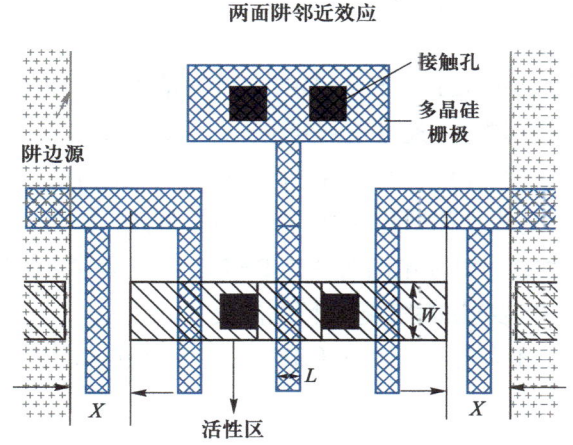

图 21-1-2　针对 MOSFET 阱效应所做的 WAT 测试结构

对于沟道长度（L）与宽度（W），在 WAT MOSFET 测试结构中，基于短沟道效应（short channel effect）和反窄宽度效应（reverse narrow width effect）的考量，至少会把四个不同的结构摆放入相关的测试图形组中，对产线工艺进行监控与表征。

21.2　良率测试

相对于切割封装后的芯片最终性能良率测试（final test），晶圆代工厂提及的芯片性能测试通常是指晶圆级的芯片性能良率测试。

21.2.1　CP 良率测试

晶圆级测试不能使用插座（socket），而必须使用探针卡对芯片引脚盘（pad）进行探测，所以称晶圆级芯片性能测试的良率为 CP 良率。

CP 测试是在切割封装前确认芯片的各种功能和参数是否达标，一旦测试结果不通过，就会通过打点（ink）或者 mapping 的方式将失效芯片的坐标记录下来，在封装裸芯片（die 或 chip）时会跳过这个坐标。

CP 测试的目的有两个：第一是提高良率，节省封装成本；第二是在封装之前对芯片的参数和性能作修调。

良率测试项的顺序一般都是先测 Open/Short，然后测最基础但容易失效的项目，如启动电压和静态电流等。一旦失效，后面的项目便无须进行。

晶圆最外围 2 mm 处的芯片良率往往很低，这是工艺本身造成的，因此在 CP 测试时会提前打点排除这些无效的芯片。在计算良率的时候，我们把晶圆内有效的芯片数量称为该产品的 GDPW（gross die per wafer）。

$$CP良率 = \frac{晶圆测试合格芯片的数量(passed\ die)}{晶圆内有效的芯片数量(GDPW)} \qquad (21-2-1)$$

21.2.2　晶圆的可测试性设计

晶圆的可测试性设计（design for test，DFT）指的是在芯片原始设计阶段即插入各种用于提高芯片可测试性的硬件逻辑，通过这部分逻辑，生成测试向量，达到测试大规模芯片的目的。芯片良率测试已经不再单纯作为芯片产品的检验、验证手段，而是与集成电路设计有着密切联系的专门技术，与设计和制造成为了一个有机整体。

扫描路径设计是一种针对时序电路芯片的 DFT 方案，基本原理是时序电路可以模型化为一个组合电路网络和带触发器的时序电路网络的反馈。

除了扫描路径设计，还有内建自测试（BIST）和自动测试向量生成（ATPG）等几个常用的 DFT 方法。

1. 内建自测试（built-in self-test，BIST）设计

BIST 是在芯片的设计中加入一些额外的自测试电路，测试时只需要从外部施加必要的控制信号，通过运行内建的自测试硬件和软件，检查被测电路的缺陷或故障。和扫描设计不同的是，内建自测试的测试向量一般是内部生成的，而不是外部输入的。BIST 大致可分为两类：LBIST（logic BIST）和 MBIST（memory BIST）。LBIST 通常用于测试逻辑电路，MBIST 用于存储器测试。

2. 自动测试向量生成（automatic test pattern generation，ATPG）

ATPG 是在半导体电器测试中使用的测试图形向量由程序自动生成的过程，测试向量按顺序地加载到器件的输入脚上，输出的信号被收集并与预算好的测试向量相比较，从而判断测试的结果。

21.3　可靠性测试

可靠性的定义是系统或元器件在规定条件下和规定时间内，完成规定功能的能力。规定时间称为寿命，芯片产品的寿命一般要求达到 10 年。

芯片可靠性主要包括三个部分：设计可靠性、器件/工艺可靠性和产品可靠性。设计及产品可靠性验证属于芯片设计公司的管理范畴。

芯片在不同条件下的失效过程可划分为三个阶段：初期失效阶段、随机失效阶段和磨损失效阶段。如图 21-3-1 "浴缸曲线" 所示，初期失效率主要是缺陷造成的。随机失效阶段的失效率相对比较低，一般为常数，器件特性基本恒定，但一旦发生故障，常常是致命的。失效率随着时间增大而提高的阶段，我们称之为磨损失效阶段。

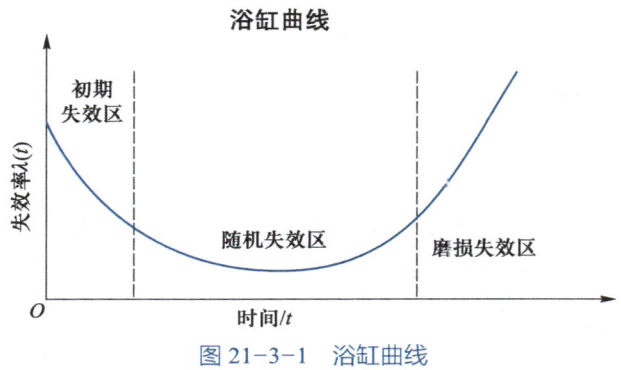

图 21-3-1　浴缸曲线

设计可靠性必须建立在 IC 开发的每个过程中，包括设计、工艺开发和制造的各个阶段。通常在工艺平台开发过程中，利用真实产品或特殊设计的具有产品功能的工艺评估载具（technology qualification vehicle，TQV）对产品设计、工艺开发以及封装后的产品的可靠性进行评估。

工艺可靠性是通过特殊设计的电子器件结构来研究芯片工艺相关的可靠性失效模式的物理模型、寿命评估方法（可参考 JEDEC 相关的标准技术文件），并针对主要失效机理提出对策措施、消除工艺开发和生产阶段中的可靠性问题，从而保证集成电路在特定使用年限内的可靠性。

工艺可靠性测试可分为两种方式：晶圆级可靠性（wafer-level reliability，WLR）测试和封装级可靠性（package-level reliability，PLR）测试。对于 WLR，是将整块晶圆放在探针台上进行测试。对于 PLR，需要切割晶圆，在切割道上拾取测试结构，将它们固定在特殊载体上（通常称为"陶瓷封装"），并将陶瓷封装好的样品置于高温和电压应力下的特殊烘箱中。由于 PLR 相对复杂，目前逐渐被 WLR 所取代。

JEDEC（Joint Electron Device Engineering Council）国际固态技术协会是微电子产业的领导标准机构，以技术协会的形式汇集了全球电子元件制造商和设计工程师，其制定的标准为全行业所接受和采纳。表 20-3-1 列出了关键模块相关的可靠性失效模式。

表 21-3-1　关键模块相关的可靠性失效模式

关键模块	失效模式		
	英文全称	英文简称	中文全称
晶体管	hot carrier injection	HCI	热载流子注入
	negative bias temperature instability	NBTI	负偏压温度不稳定性
栅氧化层	time dependent dielectric breakdown	TDDB	经时介电层击穿
金属互连层	electro migration	EM	电迁移
	stress migration	SM	应力迁移

关键模块	失效模式		
	英文全称	英文简称	中文全称
金属互连层	low k time dependent dielectric breakdown	Low k TDDB	低 k 时间相关的介电层击穿
制程整合	plasma induced damage	PID	等离子体诱导损伤

21.3.1 热载流子注入

经过一段时间的工作,集成电路 MOS 器件的电学性能会逐步退化。例如,阈值电压(V_t)漂移,跨导(G_m)降低,饱和电流(I_{dsat})减小,断态泄漏电流(I_{off})升高,最终导致器件不能正常工作。这种现象是热载流子所致,故称热载流子注入效应。

如图 21-3-2 所示,热载流子是指其能量比费米能级大几个 KT 以上的载流子,可分为沟道热电子、漏极雪崩热载流子、衬底热电子和二次产生热电子。这些载流子与晶格不处于热平衡状态,当其能量达到或超过 Si/SiO$_2$ 界面势垒时会注入氧化层中,产生界面态、氧化层缺陷或被陷阱所俘获,使氧化层电荷增加或波动不稳。热载流子包括热电子和热空穴。

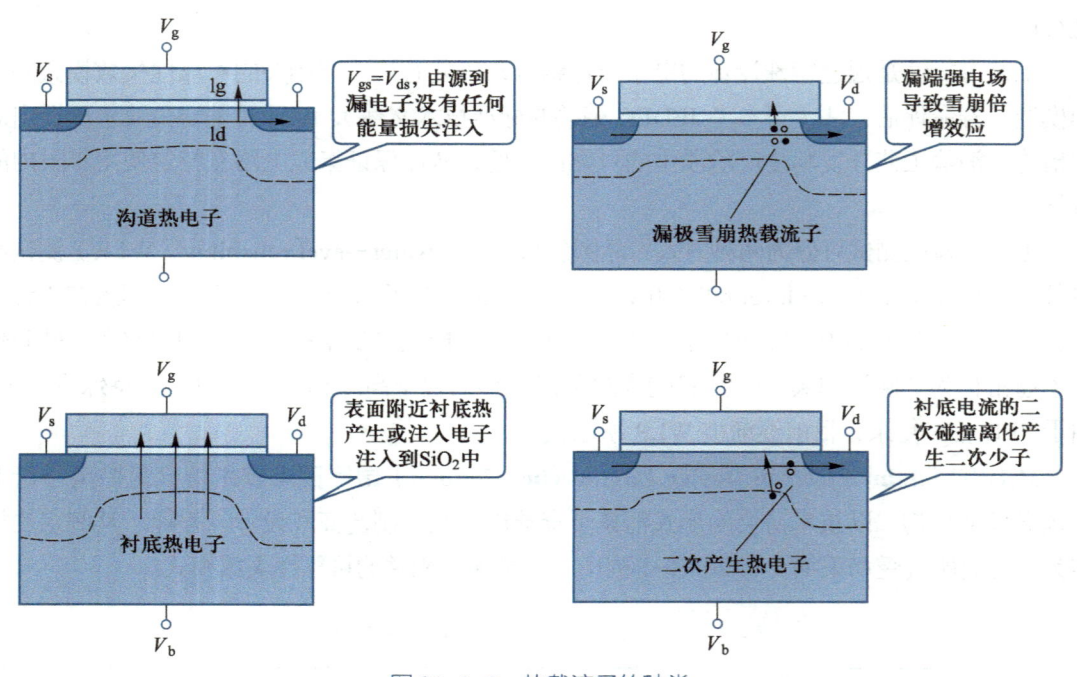

图 21-3-2 热载流子的种类

一、HCI 寿命模型

MOSFET 可靠性遵循 JEDEC 标准中对模型寿命计算作出的规范,以器件失效判断标准为基础,规定相关参数相对变化 10% 为器件失效判断准则。

寿命估算的步骤为:测量得到器件参数退化量和过压时间;根据这两个参数量来确定正常电压条件下的器件寿命;寻找器件寿命与电压间的数学关系,根据线性关系,将过压下的寿命外推到正常工作条件下的寿命。

二、HCI 改善方法

(1) 轻掺杂漏极 (lightly doped drain, LDD), 也就是通常所说的源漏扩展技术 (source drain extension);

(2) Guard-ring 优化设计, 提供衬底欧姆接触, 收集衬底热载流子等。以 NMOS 为例, 在 NMOS 周围添加 P 型欧姆接触环, 加之低电平, 高电场作用下碰撞产生的大部分空穴将被具有低电平的 P 型欧姆接触环吸引, 从而直接通过衬底接触环流向 V_{ss}。

21.3.2 电迁移

电迁移 (EM, electromigration) 是金属线在电流和温度作用下产生的金属迁移现象。金属原子沿电子流方向迁移时, 会在原有位置上形成空洞, 同时金属原子迁移堆积形成丘状突起 (晶须)。前者将引线开路或断裂, 而后者会造成光刻困难和多层布线之间的短路。

失效模型: 使用加速条件 (如高温、大电流密度) 测试电迁移失效寿命, 然后根据加速因子反推正常应用条件下的寿命。Black 方程 (20-3-1) 为评估电迁移的经典模型, 其平均失效时间表示为:

$$T_{TF} = A_0 \cdot (J - J_{crit}) - n \cdot \exp(E_{aa}/kT) \qquad (21-3-1)$$

式中, J 是所加应力电流密度; J_{crit} 是在被测试的特定结构中没有发生电迁移时的电流密度。

21.3.3 介电层的瞬时击穿和经时击穿

一、瞬时击穿 (本征击穿)

电压加大时, 电场强度达到或超过该介质材料所能承受的临界场强, 介质中流过的电流很大而马上击穿, 这叫本征击穿。由缺陷引起的介质击穿叫非本征击穿。可以将氧化层缺陷分成三种类型: A, B, C 模式。击穿电场小于 1 MV/cm 称为 A 模式; 击穿电场介于 2~6 MV/cm 为 B 模式; C 模式击穿电场通常大于 8 MV/cm。A 和 B 模式是缺陷失效, C 模式是本征击穿。

二、经时击穿 (time dependent dielectric breakdown, TDDB)

与时间有关的介质击穿是指施加的电场低于栅氧的本征击穿场强, 并未引起本征击穿, 但经历一定时间后仍发生了击穿。这是由于施加电应力过程中, 氧化层产生并积聚了缺陷 (陷阱) 的缘故。

小结

本章节主要学习了晶圆测试的三个环节: WAT、可靠性和 CP 良率测试, 以及各环节的步骤和原理。通过这类测试以确保从晶圆制造到芯片封装过程中的质量控制, 提高生产良率和产品质量。通过早期检测，可减少在后续制造中不必要的成本浪费。现代集成电路的发展已经高密度化，实时精确的测试反馈是提升晶圆制造良率的关键。

思考与习题

1. 何为 WAT 测试？其对后续生产工艺有何影响？
2. 何为 CP 测试？其目的是什么？
3. 何为可靠性测试？何为热载流子注入效应？
4. 什么是电迁移现象？

第 21 章进阶习题

第 22 章　封装技术

封装是集成电路制造完成后不可缺少的一道工序,其可以有效保护集成电路免受外界环境的影响,这些外部因素可能会导致电路失效或性能下降。封装的选择和设计对于确保集成电路的可靠性、性能和寿命至关重要。正确的封装技术能够显著延长芯片的使用寿命,提高其在各种环境下的工作可靠性,从而提升产品的整体质量。

本章主要介绍传统封装的基本原理以及先进封装的基本技术。

22.1　封装技术概述

封装的目的是将切割好的芯片进行固定、引线和塑封保护,经过封装的半导体器件将可以在更高的温度环境下工作,抵御物理损害与化学腐蚀。封装给半导体器件带来了更佳的性能表现与耐用度。

封装主要解决两个核心问题:一是怎么封,既能保护芯片,又能兼顾小型化、散热和低成本等;二是怎么连线,提高连接密度和传输速度。

传统封装概念从最初的晶体管直插时期开始产生,如图 22-1-1 所示。传统封装过程如下:将晶圆背面研磨减薄并切割为晶粒(die)后,使晶粒贴合到相应的基板架的小岛(leadframe pad)上,再利用导线将晶片的接合焊盘与基板的引脚相连(wire bonding)实现电气连接,最后用外壳加以保护(mold 或 encapsulation)。

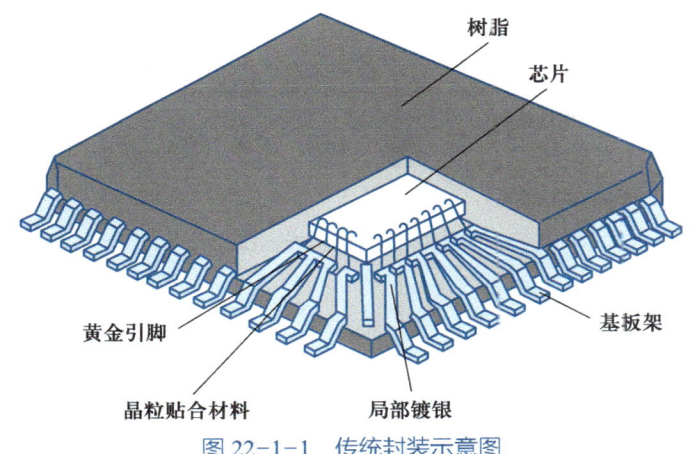

图 22-1-1　传统封装示意图

传统封装引线框架较大,导致芯片体积较大,另外引线较长导致传输信号耗时较长且信号容易失真。围绕这两个问题,封装技术路径大致可分为四个阶段:一是传统封装裸片贴装阶段,代表连接方式是引线键合;二是倒片封装,代表连接方式是焊球或凸点;三是晶圆封装,代表连接方式是 RDL 重布线技术;四是 2.5D/3D 封装,代表连接方式是 TSV 硅通孔技术。每一代技术的本质区别是芯片和电路的连接方式。

先进封装技术于 20 世纪 90 年代出现，通过以点代线的方式实现电气互联，实现更高密度的集成，大大减小了对面积的浪费。先进封装示意图如图 22-1-2 所示。先进封装有着高效率、高性能、低成本的优势，具体特征表现为：① 封装元件概念演变为封装系统；② 单芯片向多芯片发展；③ 平面封装（multi-chip module，MCM）向立体封装（3D）发展；④ 倒装连接、TSV 硅通孔连接成为主要键合方式。

图 22-1-2　先进封装示意图

22.2　先进封装技术

先进封装技术主要包括倒装类、晶圆级封装、2.5D 封装和 3D 封装等。

22.2.1　倒装类封装

一、倒装芯片技术（Flip chip，FC）

Flip chip 是引线键合技术（wire bonding，WB）发展后的更高级连接技术。WB 的芯片焊盘限制在芯片四周（如图 22-2-1 所示），而 FC 则将裸芯片面朝下，将整个芯片面积与基板直接连接（如图 22-2-2 所示），省掉了互连引线，互连长度大大缩短，减小了 RC（resistance capacitance）延迟，有效地提高了电性能。

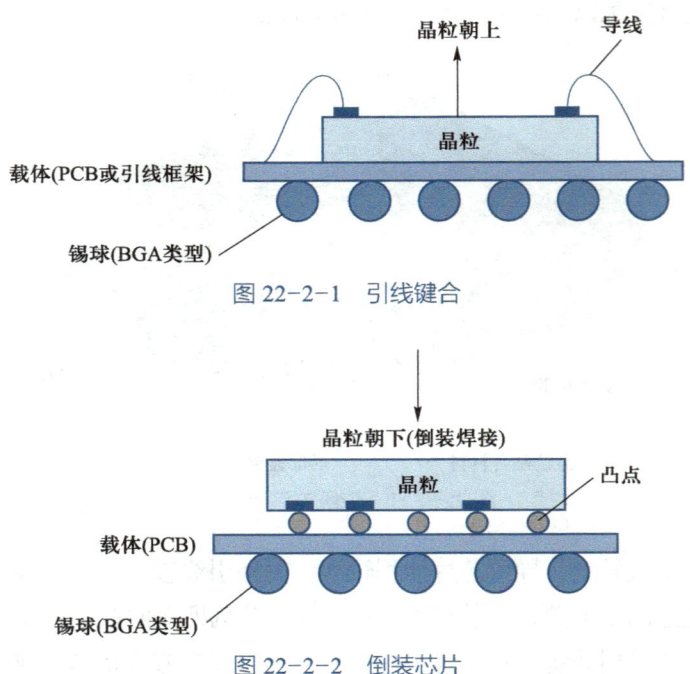

图 22-2-1　引线键合

图 22-2-2　倒装芯片

Flip chip 的优势主要在于：小尺寸，功能增强（增加 I/O 数量），性能增强（互连短），提高了可靠性（倒装芯片可减少 2/3 的互连引脚数），提高了散热能力（芯片背面可以有效进行冷却）。

二、凸块封装技术（Bumping）

Bumping 是通过在芯片表面制作金属凸块提供芯片与气互连的"点"接口（如图 22-2-3 所示），是 Flip chip 技术中的关键环节，也反映了先进封装"以点代替线"的发展趋势。bumping 提供了芯片之间、芯片和基板之间的"点连接"，避免了传统 wire bonding 向四周辐射的金属"线连接"，减小了芯片面积。

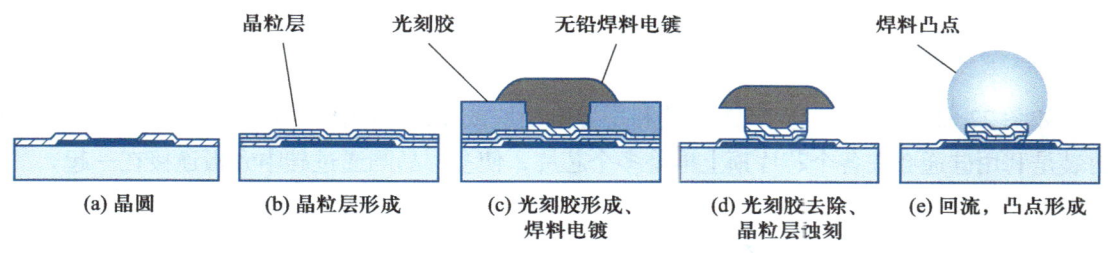

图 22-2-3　凸块封装工艺图

Bumping 分为焊料与非焊料两大类，按制作方法分为焊料凸点、金凸点、聚合物凸点。凸点工艺直接影响到倒装技术的可行性和性能的可靠性。焊锡球是最常见的凸点材料。对于高密度的互连及细间距的应用，铜柱是一种新型的选择。连接时，焊锡球会扩散变形，而铜柱会很好地保持其原始形态，因此铜柱可用于更密集的封装，目前铜柱技术发展最为迅速。

三、晶圆级封装（wafer-level-packaging，WLP）

WLP 的特点是，多个裸片在晶圆上同时被封装。由于整个晶圆是一次性封装，因此该解决方案比传统封装方案成本更低，封装后芯片尺寸更小、更薄，这是智能手机等尺寸敏感设备非常看重的。

如图 22-2-4 所示，晶圆级封装分为扇入式（fan-in wafer-level packaging，FIWLP）和扇出式（fan-out wafer-level packaging，FOWLP）两种类型，它们的区别主要在重分布层中，重分布层用于将裸片的接口重新布线到所需的位置。扇入就是重分布层向内布线，形成一个非常小的封装。重分布工艺还可以用于扩展封装的可用区域，延伸芯片触点到超出芯片尺寸，就形成了扇出式封装。FIWLP 适用于低引脚数的集成电路，FOWLP 的优势在于减小了封装的厚度，增大了扇出（更多的 I/O 接口），获得了更优异的电学性质及更好的耐热表现。

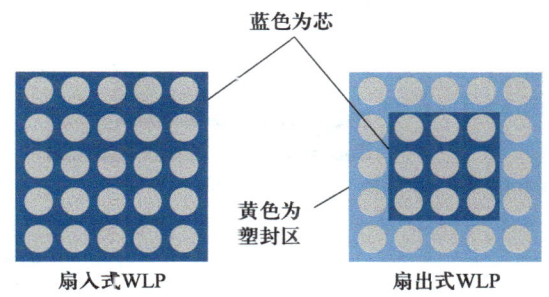

图 22-2-4　晶圆级封装分类

22.2.2 立体封装

立体封装是使用硅晶圆制作的硅中介板（silicon interposer），将数个功能不同的芯片直接封装成一个具有更高效能的芯片。换言之，就是采用芯片叠高的方式，在硅上面不断叠加硅芯片，改善工艺成本及物理限制，让摩尔定律得以继续维持。

一、2.5D 封装

如图 22-2-5 所示，2.5D 封装是将逻辑芯片、存储芯片或其他芯片平铺在具有硅通孔（TSV）的硅中介板上，实现芯片之间、芯片与封装基板之间更紧密的互连。

二、3D 封装

如图 22-2-6 所示，与 2.5D 封装利用导电凸块或 TSV 将组件堆栈在中介板上不同，3D 封装是利用硅通孔在各个芯片顶上堆叠多个芯片，使多层晶圆通过硅中介板连接在一起。

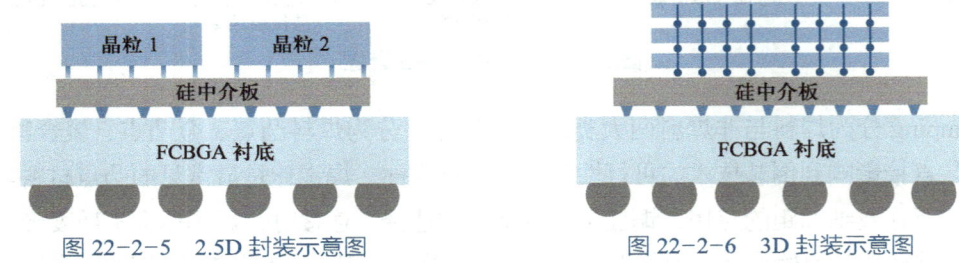

图 22-2-5　2.5D 封装示意图　　　　图 22-2-6　3D 封装示意图

三、重布线（redistribution layer，RDL）技术

如图 22-2-7 所示，RDL 技术是将沿芯片外围分布的焊接区转换为在芯片表面上按照平面阵列式分布的凸点焊区，目的是对芯片的铝焊区位置进行重新布局，使新焊区满足对焊料球最小间距的要求，并使新焊区按照阵列排布。做法就是先淀积一层电介质用于隔离，接着使原本的触点裸露，再淀积新的金属层来实现重新布局布线。

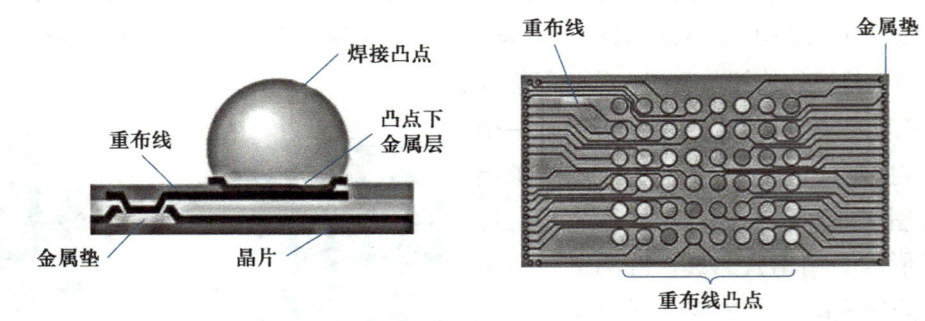

图 22-2-7　RDL 示意图

四、硅通孔（through silicon via，TSV）技术

如图 22-2-8 所示，TSV 技术通过在芯片与芯片之间、晶圆与晶圆之间制作垂直导通，

实现芯片之间互连,使三维方向堆叠的密度最大,外形尺寸最小,并且能够大大改善芯片速度和降低功耗,是2.5D和3D封装解决方案的关键实现技术。

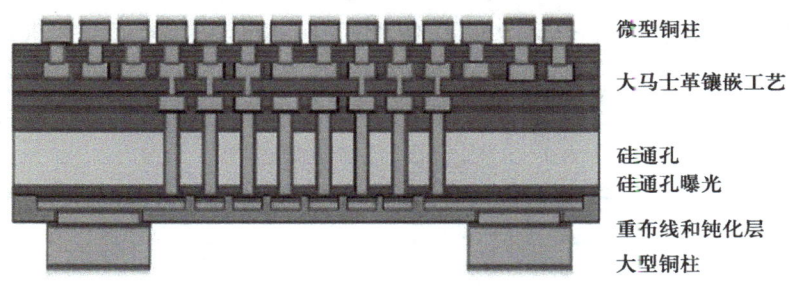

图 22-2-8　TSV 技术示意图

硅通孔填充导电性良好的铜,贯穿整个芯片以提供电气连接,形成从芯片一侧到另一侧的最短路径。由于连接距离更短、强度更高,它能实现更薄更小而性能更好、密度更高、尺寸和重量明显减小的封装。

五、系统级整合（system on wafer, SoW）技术

SoW 主要包括 InFO（integrated fan-out）和 CoWoS（chip on wafer on substrate）封装技术,这两种技术通过利用整个晶圆,将逻辑裸晶与高带宽存储器（high bandwidth memory, HBM）进行有效整合。这一整合不仅限于芯片级别,而是旨在通过系统级别的视角,全面提升系统性能、速度等多方面的表现。目前,全球最先进的封装形式主要采用 SoIC（small outline integrated circuit）、CoWoS 及 InFO 这三种技术。

六、小外形集成电路封装（small outline integrated circuit, SoIC）

SoIC 平台专为 3D 硅芯片堆叠设计,提供 SoIC-P（带凸块）与 SoIC-X（无凸块）两种堆叠技术方案。其中,SoIC-P 作为微凸块堆叠方案,尤其适用于追求低成本的行动应用等场景。而 SoIC-X 则采用混合键合技术,专为高性能计算与人工智能领域打造。其显著优势在于接点间距可缩至微米级别,从而大幅增加两芯片间的互连接口,将互连密度提升至新高度。

七、晶片－晶圆－基板封装（chip on wafer on substrate, CoWoS）

2011 年台积电首次推出了 CoWoS 这一创新产品。CoWoS 作为一种先进的 2.5D 与 3D 封装技术,其核心理念可拆解为 CoW（chip-on-wafer）与 WoS（wafer-on-substrate）两个组成部分。CoW 即芯片堆叠技术,它实现了芯片间的垂直堆叠;而 WoS 则是将堆叠后的芯片固定于基板之上的技术。通过这一组合,CoWoS 技术成功地将芯片以多层堆叠的方式封装于基板上,形成了紧凑的 2.5D 与 3D 结构。这一设计不仅显著减少了芯片占用的空间,还有效降低了功耗与制造成本。

图 22-2-9 展示了 CoWoS 封装的详细过程。在此过程中，逻辑芯片及高带宽内存首先被连接至中介板上。随后，利用中介板内部精密的微小金属线，实现了不同芯片间电子信号的整合与传输。同时，通过先进的硅通孔技术，进一步将中介板与下方的基板紧密相连。最终，通过金属球的连接，整个封装体得以与外部电路实现无缝对接。

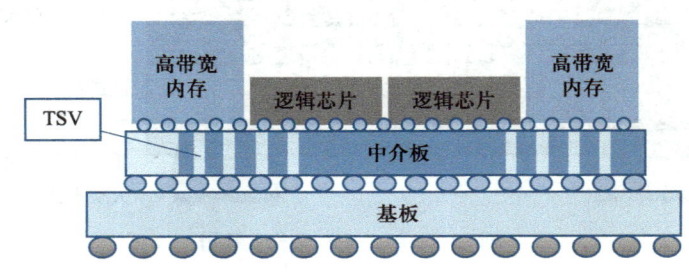

图 22-2-9　CoWoS 封装示意图

在探讨先进封装技术时，人们首先联想到的往往是台积电，而非传统的封装测试大厂。这一现象源于先进封装技术已深入到 7 nm 以下领域，而传统封装厂商的研发速度难以与晶圆制造工艺的快速发展相匹配。特别是 CoWoS 封装技术中的 CoW 部分，其高度精密性要求，使得仅有台积电等少数先进晶圆代工企业能够胜任，从而导致了供不应求的市场状况。

以往芯片性能的提升主要依赖于半导体工艺的改进，但随着元件尺寸逐渐逼近物理极限，芯片微缩的难度日益增加。为了维持小体积、高性能的芯片设计，半导体产业不仅需要持续推动先进工艺的发展，还需在芯片架构上进行创新，实现由单层向多层堆叠的转变。

CoWoS 包括 CoWoS-S、CoWoS-L 和 CoWoS-R，根据中介层材质的不同，成本也不同。

CoWoS-S 技术采用 Si 中介层，此类型技术为 2011 年首创的 CoWoS 技术，专为高性能 SoC 与 HBM 提供前沿的封装解决方案。

CoWoS-R 技术引入 RDL 来实现布线，其设计更侧重于优化芯粒间的互连能力。尽管此技术有助于降低成本，但牺牲了 I/O 密度。

CoWoS-L 技术，巧妙地结合了 Chiplet 与本地硅并进行互连，这不仅融合了 CoWoS-S 与 InFO 技术的优势，还赋予了产品高度的灵活集成性。

根据产品的具体需求，SoIC 芯片能够与 CoWoS 或 InFO 技术实现整合。值得一提的是，AMD 的 MI300A/MI300 X 即为首个采用 SoIC-X 与 CoWoS 技术整合的实例。此外，台积电与英伟达携手推出的 Blackwell AI 加速器，正是采用了 CoWoS-L 技术，成功地将两个采用 5 nm 工艺的 SoC 与八个 HBM 堆叠整合至单一模组之中。

小结

本章节学习了传统封装和先进封装的技术流程。纵观封装工艺的发展历程，从传统引线键合封装到倒装芯片技术，再到扇入式（fan-in packaging）以及扇出式封装（fan-out packaging）、2.5D 和 3D 等先进的封装技术，可以看出其技术升级的趋势在于实现芯片的高密度集成、体积的微型化、更快的速度和更低的成本，最终应用于消费性、高速运算和专业性电子产品等。

当前集成电路的发展已经出现多条路径发展的思路，一方面沿着摩尔定律进一步微缩，另一方面通过先进封装等技术在芯片集成度提高、效能提升上面开辟新路径。通过本章的学习，希望开拓大家学习集成电路制造的视野，获得构建集成电路时效能提升、功耗降低、面积缩小等新思路。

思考与习题

1. 请简述传统封装工艺流程。
2. 先进封装主要有哪些技术？
3. 立体封装有哪几种？请分别简述其特点。

第 22 章进阶习题

第 23 章　品质认证及智慧制造

品质认证在集成电路制造中不仅是质量保障的手段，也是晶圆厂提升市场竞争力、降低成本以及促进工艺持续改善的重要工具。通过获得并维持品质认证，晶圆厂能够在快速发展的环境中保持领先地位。

智慧制造通过整合先进的技术，提高集成电路制造的生产效率、产品质量和灵活性，显著增强晶圆厂的竞争力和盈利能力。随着技术的不断发展，智慧制造将在集成电路制造行业中发挥越来越重要的作用。

本章主要介绍晶圆厂中常见的品质认证体系以及智慧制造系统。

23.1　集成电路FAB品质认证

品质认证通常由第三方专业机构对企业的管理体系或生产品质进行评估和认证，确认其符合特定标准。

23.1.1　ISO9001 质量管理体系简介

ISO9001 是由全球第一个质量管理体系标准 BS5750 转化而来，1987 年首发，为总体管理体系设立了标准，帮助各类组织通过客户满意度的提升、员工积极性的提高来获得成功。

ISO9001 质量管理体系从领导力到持续改进共涉及 10 个部分：① 范围、② 规范性引用文件、③ 技术术语、④ 组织的背景、⑤ 领导作用、⑥ 策划、⑦ 支持、⑧ 运行、⑨ 绩效评价、⑩ 持续改进，以客户需求为导向，涵盖原材料供应商管理到客户服务的全部产品生产管理过程。通常将 ISO9000 质量管理体系、ISO14000 环境管理体系、ISO45001 职业安全健康管理体系合称为三体系。

23.1.2　IATF16949 质量体系简介

1996 年，世界著名汽车制造厂和它们的代表组织——AIAG（美国）、ANFIA（意大利）、FIEV（法国）、SMMT（英国）、AND VDA（德国）组织成立了国际汽车工作小组，简称为 IATF。同年 IATF 协调和制定了汽车工业通用的质量管理体系标准，2016 年 IATF 正式发布 IATF16949 的第一版。

IATF16949 是对 ISO9001:2015 的补充解释，通过过程管理进一步控制产品的生产过程，更全面监控产品的质量。主要体现在质量的五大工具（统计过程控制、测量系统分析、失效模式和效果分析、产品质量先期策划、生产件批准程序）。随着汽车行业的飞速发展，IATF16949 质量管理体系标准逐渐成为客户评定供应商产品质量的条件。

一、统计过程控制（statistical process control，SPC）

SPC 是一种制造控制方法，是将生产中的控制项目，依其特性收集的数据，通过过程能力分析与过程标准化，发现过程中的异常，并立即采取改善措施，使过程恢复正常的方法。

控制项目的特性分为计数型和计量型，最终的 SPC 图表也分为计数型图表和计量型图表。常用计量型图表是通过单值、均值、中位数与移动极差、标准差、极差相互搭配形成双图表控制的形式来表现控制项目的波动情况的。

二、测量系统分析（measurement system analysis，MSA）

用数理统计分析和图表展示的方法，对测量系统的误差进行分析，来评估测量系统的综合误差是否满足要求，并分析测量系统误差产生的原因。最终保证测量系统处于稳定的受控状态，保证测量结果的准确性，夯实产品测量结果的可靠性。同 SPC 一样，MSA 也需要看监控的特性是计数型还是计量型。计数型的特性 MSA 采用大样法，着重关注一致性；而计量型的特性关注五性（重复性、再现性、线性、偏倚性以及稳定性）。MSA 主要分析测量过程中的人、机、环、测（料和法通常固定不变）对测量结果的影响。

12 英寸晶圆厂的自动化程度比较高，基本测量过程中都不需要人工干预，所以 MSA 主要分析的是来自于设备本身的测量误差。

三、失效模式和效果分析（failure mode & effect analysis，FMEA）

FMEA 是一种风险评估工具。FMEA 是在产品设计阶段和过程设计阶段，对构成产品的子系统、组成部件，对构成过程的各个工序逐一进行分析，找出所有潜在的失效模式，并分析其可能的后果，从而预先采取必要的措施，以提高产品的质量和可靠性的一种系统化的活动。简而言之，FMEA 是在设计阶段预想了产品生产过程中的各个方面可能发生的异常，然后根据异常采取措施预防的活动。

四、产品质量先期策划（advanced product quality planning，APQP）

APQP 是 IATF16949 体系中的重要部分，贯穿整个产品开发过程。它是一种产品开发的结构化方法，用来定义和执行为确保产品满足顾客需求所必需的活动。APQP 包括五个阶段：计划和确定项目阶段、产品设计和开发阶段、过程设计和开发阶段、产品与过程确认阶段，以及反馈、评定和纠正措施阶段。APQP 由一系列的表单组成，记录产品开发的整个过程。一般在有新产品开发或产品变更的时候实施。APQP 的好处是减少工程变更的次数，在产品研发初期识别设计缺陷；对产品进行持续改进，延长使用寿命。

五、生产件批准程序（production part approval process，PPAP）

生产件批准程序，规定了包括生产材料和散装材料在内的生产件批准的一般要求。用来确定供方是否已经正确理解了顾客工程设计记录和规范的所有要求，并且在执行所要求的生产节拍条件下的实际生产过程中，具有持续满足这些要求的潜能。

23.2　FAB结构及设计

FAB的设计对后期生产有着至关重要的影响，一个优秀的合理的设计能降低很多生产事件，甚至安全事件。

23.2.1　FAB结构

一、FAB空间布局

FAB空间布局可以大致分为以下四个区域。

（1）洁净区：包括生产车间、洁净室、设备间等。洁净区需要保持高度洁净，以避免尘埃、微生物等污染物对半导体制造过程的影响。

（2）辅助区：包括电力、空调、纯水、废水、气体、化学品、废气处理、真空、冷却水系统等辅助设施，为洁净区提供必要的支持和保障。

（3）办公区：管理人员的办公区域，通常与洁净区有一定的隔离。

（4）仓储区：存放原材料、半成品、成品等物品的区域，需要进行严格的库存管理。

二、自动物料搬送系统

8～12英寸FAB通常会设置自动物料搬送系统（automatic material handling system，AMHS），俗称天车（OHT），其主要用途如下。

（1）物料运输：天车主要用于在洁净室内进行物料运输。它可以悬挂在预设的轨道上，并通过编程控制器实现精确的定位和移动，从而有效地将原材料、半成品或成品从一个位置运送到另一个位置。

（2）空中贮存：天车还可以用于在空中进行临时贮存。在某些情况下，物料可以被悬挂在天车上，从而释放地面空间，提高生产效率。

（3）组织生产：通过编程控制和自动识别系统，天车能够按照生产计划自动完成多种工件的输送，有助于实现自动化生产。

（4）动态实现与自动认址：天车具有动态实现和自动认址功能，可以精确地定位到指定的位置，完成物料搬运任务。

23.2.2　FAB设计

一、洁净室的定义

为有效控制产品质量，需将一独立空间范围内空气的洁净度、温度、湿度、流速、噪声、照度及震动控制在一定需求范围内，这一专门设计的空间称为洁净室（clean room）。

洁净不是绝对的没有任何尘埃颗粒，只是把空气里的悬浮微颗粒物控制在一定范围内，以符合生产制造需求。管控的颗粒物是 0.1 μm 以上直径颗粒物。

二、FAB 无尘室洁净等级

目前主流 FAB 无尘室生产车间洁净度控制标准：0.3 μm 颗粒物小于 100 颗 / 立方英尺（3 531 颗 / 立方米）。对应 ISO14644 标准，半导体工厂无尘室洁净等级落在 ISO Class 4 与 ISO Class 5 之间，经换算为 ISO Class 4.5，是百级无尘室。如表 23-2-1 所示。

表 23-2-1　半导体工厂无尘室洁净等级表

空气洁净度等级（N）	大于或等于所标粒径的粒子最大浓度限值（个 / 每立方米空气粒子）					
	0.1 μm	0.2 μm	0.3 μm	0.5 μm	1 μm	5 μm
ISO Class 1	10	2				
ISO Class 2	100	24	10	4		
ISO Class 3	1 000	237	102	35	8	
ISO Class 4	10 000	2 370	1 020	352	83	
ISO Class 5	100 000	23 700	10 200	3 520	832	29
ISO Class 6	1 000 000	237 000	102 000	35 200	8 320	293
ISO Class 7				352 000	83 200	2 930
ISO Class 8				3 520 000	832 000	29 300
ISO Class 9				35 200 000	8 320 000	293 000

注：由于涉及测量过程的不确定性，故要求用不超过三个有效的浓度数字来确定等级水平。

三、无尘室的管控因子

1. 名词定义

MAU：make-up air unit 新风机组。

FFU：fan filter unit 风机过滤单元。

DCC：dry cooling coil 干式冷却盘管。

AMC：airborne molecular contamination 气态分子污染物。

2. 管控因子

洁净度：由 MAU、FFU、Filter 控制。

温度：由 MAU、DCC 控制。

湿度：由 MAU 控制。

静压：由 MAU 控制。

静电：由静电消除器、抗静电材料控制。

照度：由照明灯具控制。

噪声：由隔音减噪材料控制。

气态分子污染物：由化学滤网控制。

四、无尘室分类

按照无尘室气流流向划分为:单向流无尘室、非单向流无尘室、混合流无尘室、矢流无尘室。

1. 单向流(层流)无尘室

如图 23-2-1 所示,单向流(层流)无尘室分为垂直单向流和水平单向流气流流型。净化原理是活塞和挤压原理,把尘埃粒子从一端向另一端挤出,用洁净气流置换污染气流。优点是洁净等级高,缺点是建置费用较高。

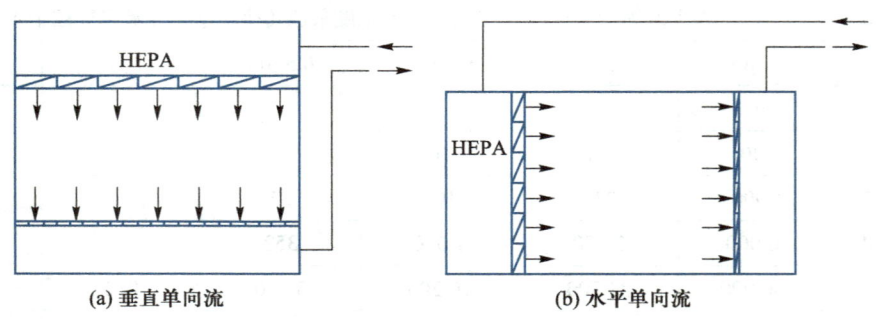

(a) 垂直单向流 (b) 水平单向流

图 23-2-1 单向流无尘室气流流型

2. 非单向流无尘室

如图 23-2-2 所示,非单向流无尘室分为顶送下回、顶送下侧回、顶送顶回等气流流型。净化原理是稀释原理,高效过滤器送风口顶部送风,回风的型式有下部回风、侧下部回风和顶部回风等。优点是建置费用较低,缺点是洁净等级较低。

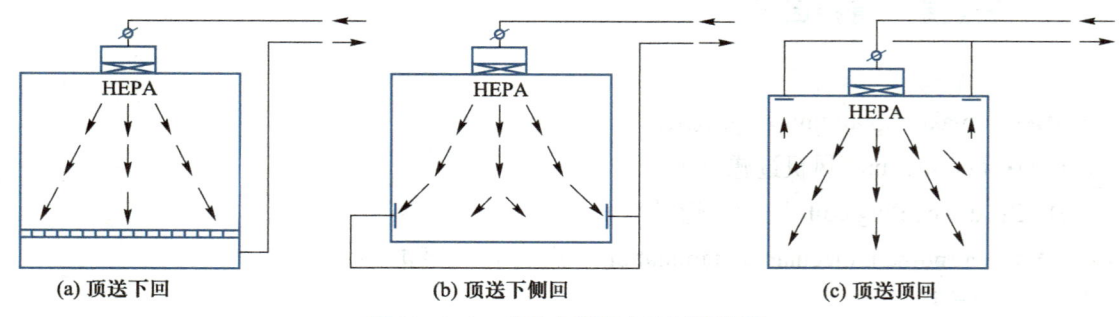

(a) 顶送下回 (b) 顶送下侧回 (c) 顶送顶回

图 23-2-2 非单向流无尘室气流流型

3. 混合流无尘室

如图 23-2-3 所示,混合流无尘室气流既有层流,又有非层流。混合流无尘室的特点是将垂直单向流面积压缩到最小,用大面积非单向流替代大面积单向流以节省投资和运行费,亦能达到较高的洁净度。

4. 矢流无尘室

如图 23-2-4 所示,矢流无尘室用圆弧形高效过滤器风口送风,对面侧下部回风的气流流型。矢流无尘室的气流是以放射形的流线流出,流线之间没有竖向交叉,可用相对少量的送风获得较高级别的洁净度。多用在医药和电子等行业的小洁净室中。

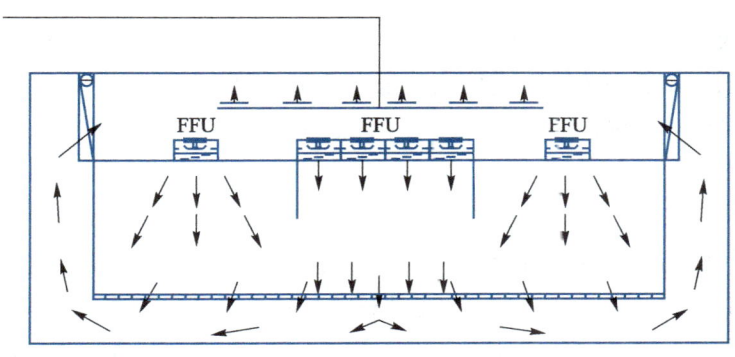

图 23-2-3 混合流无尘室

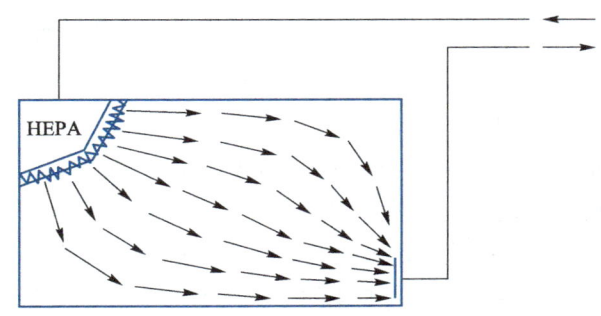

图 23-2-4 矢流无尘室气流流型

5. 无尘室气流回风

无尘室气流回风流程如图 23-2-5 所示。

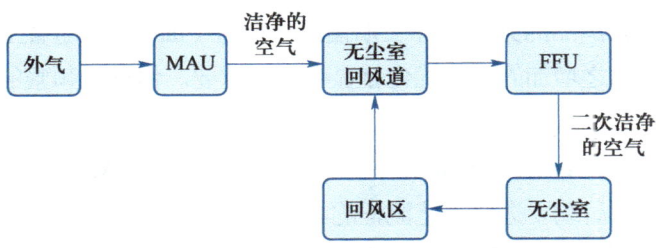

图 23-2-5 无尘室气流回风流程图

MAU：为无尘室提供补充洁净的外气。
FFU：过滤洁净的空气送入无尘室生产区，带动无尘室气流循环。
MAU 与 **FFU** 均装有高效滤网，用以过滤空气中的微颗粒，保证无尘室洁净度。

6. MAU（make-up air uint）新风供应

MAU 功用：控制无尘室湿度，为无尘室补充外气，保证正压，参与无尘室温度控制，过滤外气中微颗粒物。

23.3 集成电路FAB智慧制造

由于集成电路晶圆厂是高技术高投资的项目,所以如何提高产品规格、提高产能、降低不良率、降低成本就成为至关重要的竞争力源泉。随着时代的发展,工业4.0、大数据以及人工智能等名词常常被芯片代工界提及。下面将对一些常见的晶圆厂系统逐一介绍。

23.3.1 程式管理系统(RMS)

晶圆流片的每一个工艺步骤都对应某台生产设备,而该设备要进行的工艺处理类型是由工艺程式决定的。简单来说,一个工艺程式是一个工艺参数集合,该参数集合包含了随时间变化的设备的状态(温度、压力、电压等)、运动部件的行为(移动速度、转动速度、移动距离等)、消耗性物料的状态和用量等。传统的工艺程式存储于设备的硬盘端,主要由工艺工程师负责建立并维护。但由于数据量庞大,无尘服及手套影响操作,或者工程师的细心度等因素导致参数输入错误、程式命名错误等情况屡见不鲜。此类错误的操作会导致重大返工、低良率甚至报废等生产事件。

因此,RMS(recipe management system)的出现可以大幅预防此类人为疏忽。在RMS模式下,当一个程式被验证完毕,工艺工程师会把关键参数或者全部参数上传到服务器端。每当设备流片开始时,系统会将设备硬盘端程式内容与服务器端进行比对,以确保设备端程式正确无误。针对某些可在一定范围内变化的工艺参数(如光刻能量等),我们可以适当添加数值范围控制。

23.3.2 先进工艺控制(APC)

早期的关键工艺参数是输入在程式里面的,如果工艺工程师不去作更新,关键参数是不会改变的,这样会带来产品的某些指标长期偏离目标值(target)。随着工艺制程的微缩,芯片的规格越来越严,随之增加的工艺优化就显得尤为重要。但过于频繁的更新则又会增加错误的发生。

因此APC(advanced process control)概念便被业界推广,APC会通过对相关的已发生的测量数值分析,来对后续要进行工艺流程的晶圆片进行参数合理化定义(例如根据光刻后关键尺寸ADICD测量值来调整后续光刻能量的大小)。上述的关键参数存储于APC服务器端,当流片开始时,系统会将APC端的最新参数数值赋予生产设备作为流片参数。APC是一个灵活的系统,工艺工程师可以定义特定的工艺参数进行实时更新或定期更新,并且赋予每个参数一个数值范围,避免调整过大或者误调整。上述关于光刻能量energy相对光刻后关键尺寸ADICD的调整是一种常见的APC模式,还有其他的模式,如阻挡层蚀刻时间长短可以参考光刻后关键尺寸大小,某些薄膜生长的厚度可以参考化学机械研磨后的剩余厚度等。APC的设计就是为了关键步骤的各指标能尽量靠近目标值,而测量数据的真实性是保证其准确性的基础。

23.3.3 设备自动化（EAP）

设备自动化（equipment automation programming，EAP）是晶圆厂智能制造系统（CIM）中重要的底层子系统，是晶圆厂自动化生产的一大利器。一般来说，EAP 是通过半导体设备通信标准（SEMI equipment communications standard，SECS）与生产设备进行数据传输的，EAP 是生产设备与 CIM 中各系统连接的重要桥梁，其中最重要的功能便是可以给设备发送携带工艺参数的生产指令。在流片生产时，EAP 将接收到生产执行系统（manufacturing execution system，MES）的生产任务，同时 EAP 将与其他子系统（如 RMS，APC 等）联系以获取必需的判断或者工艺参数等，然后 EAP 将参数及生产指令发送至设备端进行生产任务。此环节可以节省诸多人工判断及操作。

EAP 除了可以给设备发送参数及指令，也可以在设计范围内读取所有资料，包含设备状态、生产进度和生产过程中产生的数据等。EAP 采集的数据反馈给 CIM 中各子系统以便进行后续数据分析等。

23.3.4 自动物料搬运系统（AMHS）

自动物料搬运系统（automatic material handling system，AMHS）一般包含天车系统（overhead hoist transfer，OHT）、晶圆盒存储柜（FOUP stocker）和光刻版搬运系统、光刻版存储柜（reticle stocker）等。其中天车系统比较常见，而光刻版搬运系统由于受限于空间以及早期洁净室设计等因素，不少晶圆厂尚未普及。

天车系统由吊车、轨道及控制系统组成，其轨道安装于天花板上。当生产任务产生时，天车系统会接收到来自制造系统的指令，把指定的晶圆盒（FOUP）按最优的路线搬运至特定设备进行生产。天车系统拥有多线程处理能力，可以同时处理多个搬运任务。所以合理的轨道设计，最优化的搬运速度，最优化的吊车距离可以最大程度地提高生产效率。

小结

本章学习了集成电路制造中的品质认证体系，文中着重介绍了质量体系中相关的 ISO9001 质量管理体系和 IATF16949 质量体系，并对晶圆制造过程中的智慧制造系统作了列举说明。

在智慧制造的时代，晶圆厂的建设、运营、质量体系管控方面都加入了很多的智慧制造、人工智能元素。希望通过本章节的学习，可以理解晶圆厂的构成、智慧系统的应用、质量管控体系的重要性。

思考与习题

1. 请简述 ISO9001 质量管理体系。
2. 请简述 IATF16949 质量体系。

3. FAB 空间布局分为哪四个区域？各自功能是什么？
4. 何为 RMS？其有何优点？
5. 何为 APC？其有何优点？

第 23 章进阶习题

参考文献

参考文献

郑重声明

高等教育出版社依法对本书享有专有出版权。任何未经许可的复制、销售行为均违反《中华人民共和国著作权法》，其行为人将承担相应的民事责任和行政责任；构成犯罪的，将被依法追究刑事责任。为了维护市场秩序，保护读者的合法权益，避免读者误用盗版书造成不良后果，我社将配合行政执法部门和司法机关对违法犯罪的单位和个人进行严厉打击。社会各界人士如发现上述侵权行为，希望及时举报，我社将奖励举报有功人员。

反盗版举报电话　（010）58581999　58582371
反盗版举报邮箱　dd@hep.com.cn
通信地址　北京市西城区德外大街4号
　　　　　高等教育出版社知识产权与法律事务部
邮政编码　100120

读者意见反馈

为收集对教材的意见建议，进一步完善教材编写并做好服务工作，读者可将对本教材的意见建议通过如下渠道反馈至我社。

咨询电话　400-810-0598
反馈邮箱　gjdzfwb@pub.hep.cn
通信地址　北京市朝阳区惠新东街4号富盛大厦1座
　　　　　高等教育出版社总编辑办公室
邮政编码　100029

防伪查询说明

用户购书后刮开封底防伪涂层，使用手机微信等软件扫描二维码，会跳转至防伪查询网页，获得所购图书详细信息。

防伪客服电话　（010）58582300